Perspektiven der Mathematikdidaktik

Herausgegeben von
G. Kaiser, Hamburg, Deutschland
R. Borromeo Ferri, W. Blum, Kassel, Deutschland

T0156149

In der Reihe werden Arbeiten zu aktuellen didaktischen Ansätzen zum Lehren und Lernen von Mathematik publiziert, die diese Felder empirisch untersuchen, qualitativ oder quantitativ orientiert. Die Publikationen sollen daher auch Antworten zu drängenden Fragen der Mathematikdidaktik und zu offenen Problemfeldern wie der Wirksamkeit der Lehrerausbildung oder der Implementierung von Innovationen im Mathematikunterricht anbieten. Damit leistet die Reihe einen Beitrag zur empirischen Fundierung der Mathematikdidaktik und zu sich daraus ergebenden Forschungsperspektiven.

Herausgegeben von
Prof. Dr. Gabriele Kaiser
Universität Hamburg

Prof. Dr. Rita Borromeo Ferri,
Prof. Dr. Werner Blum,
Universität Kassel

Ulrich Böhm

Modellierungs-
kompetenzen langfristig
und kumulativ fördern

Tätigkeitstheoretische Analyse des mathematischen Modellierens in der Sekundarstufe I

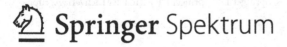 Springer Spektrum

Ulrich Böhm
Technische Universität Darmstadt
Deutschland

Dissertation Technische Universität Darmstadt, Deutschland, 2012

D 17

ISBN 978-3-658-01820-7   ISBN 978-3-658-01821-4 (eBook)
DOI 10.1007/978-3-658-01821-4

Die Deutsche Nationalbibliothek verzeichnet diese Publikation in der Deutschen Nationalbibliografie; detaillierte bibliografische Daten sind im Internet über http://dnb.d-nb.de abrufbar.

Springer Spektrum
© Springer Fachmedien Wiesbaden 2013
Das Werk einschließlich aller seiner Teile ist urheberrechtlich geschützt. Jede Verwertung, die nicht ausdrücklich vom Urheberrechtsgesetz zugelassen ist, bedarf der vorherigen Zustimmung des Verlags. Das gilt insbesondere für Vervielfältigungen, Bearbeitungen, Übersetzungen, Mikroverfilmungen und die Einspeicherung und Verarbeitung in elektronischen Systemen.

Die Wiedergabe von Gebrauchsnamen, Handelsnamen, Warenbezeichnungen usw. in diesem Werk berechtigt auch ohne besondere Kennzeichnung nicht zu der Annahme, dass solche Namen im Sinne der Warenzeichen- und Markenschutz-Gesetzgebung als frei zu betrachten wären und daher von jedermann benutzt werden dürften.

Gedruckt auf säurefreiem und chlorfrei gebleichtem Papier

Springer Spektrum ist eine Marke von Springer DE. Springer DE ist Teil der Fachverlagsgruppe
Springer Science+Business Media.
www.springer-spektrum.de

Geleitwort

Ulrich Böhm hat nach seinem ersten Staatsexamen in Mathematik und Sport für das gymnasiale Lehramt seit 2007 als Assistent in der AG Fachdidaktik sehr erfolgreich am Fachbereich Mathematik der Technischen Universität Darmstadt gearbeitet und nun mit einer anspruchsvollen theoretischen Grundlagenarbeit zur Didaktik der Mathematik promoviert. Die hier vorliegende Arbeit greift das für den Mathematikunterricht der Sekundarstufe I normativ gesetzte und zunächst nicht weiter ausdifferenzierte, eher grundsätzliche Ziel des Erwerbs von Modellierungskompetenz auf und fragt danach, auf der Grundlage welcher Vorstellungen von kognitiven Prozessen des mathematischen Modellierens schließlich didaktische Konzepte entwickelt werden können, um langfristig (und nachhaltig) Modellierungskompetenz auszubilden.

Ulrich Böhm arbeitet als grundlegendes theoretisches Defizit für die Implementierung der Bildungsstandards fehlende theoretisch fundierte Kompetenzentwicklungsmodelle heraus. Hier setzt seine Arbeit mit einem tätigkeitstheoretischen Ansatz an. Die zur Förderung von Modellierungskompetenz durchaus reichhaltige Literatur sowie empirische Studien werden gleich zu Beginn der Arbeit vor dem Hintergrund der Frage nach einem fundierten Kompetenzentwicklungsmodell eingeordnet. Tatsächlich muss der aktuelle Erkenntnisstand zum mathematischen Modellieren in der Schule trotz vielfältiger Bemühungen um geeignete Aufgaben und um das Verständnis und Beobachten von Herangehensweisen von Lernenden beim Modellieren als eher phänomenologisch eingeordnet werden. In einigen Bereichen gibt es bereits Klassifikationen, z.B. zu verschiedenen Arten des Modellierens und zu entsprechenden Aufgaben. Das sind wichtige Voraussetzungen für den nächsten, jetzt anstehenden Schritt zur Theoriebildung, über die Aufklärung der Kompetenzstruktur zu möglichen Kompetenzentwicklungsmodellen im mathematischen Modellieren zu gelangen.

Ulrich Böhm hat sich dafür entschieden, Grundlagen bereitzustellen, die geeignet sind, curriculare Zielvorstellungen zum mathematischen Modellieren in der Sekundarstufe I zu begründen. Die gewählte Zielstellung für die Arbeit ist schulpraktisch und fachdidaktisch hoch relevant, um Bestrebungen zur Implementierung der Bildungsstandards überhaupt ausreichend theoretisch zu fundieren. Die Arbeit berücksichtigt den aktuellen Erkenntnisstand, da es zunächst darauf ankommt, die beim Modellieren wünschenswerten und die real ablaufenden kognitiven Prozesse schlüssig beschreiben zu können. Mit Hilfe des entwickelten Theorierahmens zur Analyse von Modellierungsaktivitäten ist eine differenzierte modellhafte Beschreibung der Handlungselemente beim mathematischen Modellieren möglich. Dabei gelingt auch das Einbeziehen und Aufklären von Problemlöseaktivitäten beim Modellieren, was einen deutlichen Erkenntnisfortschritt darstellt. So werden auch unterschiedliche Bearbeitungsniveaus von Schülerinnen und Schülern beschreibbar. Die Verknüpfung des entwickelten Theorierahmens mit dem Grundvorstellungskonzept führt bei anspruchsvolleren Mathematisierungen zu der wertvollen Erkenntnis, dass die Distanz zwischen Realsituation und einem passenden mathematischen Modell überwunden bzw. eine solche Passung hergestellt werden muss. Damit wird ein potenziell stufenbildendes Unterscheidungsmerkmal für mathematische Modellierungen generiert.

Ulrich Böhm hat mit seiner Arbeit einen wesentlichen Beitrag dazu geleistet, dass auch Kompetenzstufenmodelle künftig nicht mehr rein empirische Konstrukte bleiben müssen, sondern eine theoretische Dimension für sich in Anspruch nehmen können. Ohne elaborierte Vorstellungen über schwierigkeitsgenerierende Faktoren und kognitive Anforderungen in Aufgaben sind auch Lernentwicklungsprozesse nicht beschreibbar. Hierfür bietet die Arbeit einige wertvolle Ideen wiederum aus dem Tätigkeitskonzept, jetzt aber in Verbindung mit dem Grundvorstellungskonzept und schließlich mit dem spielgemäßen Konzept für die unterrichtliche Umsetzung.

Möge diese Arbeit Theoriebildungsprozesse und entsprechende konstruktive Diskussionen dazu in der Didaktik der Mathematik wieder beleben und auch voranbringen!

Regina Bruder

Danksagung

Mein erster Dank für eine großartige Unterstützung bei der Erstellung dieser Arbeit gilt meiner Doktormutter Prof. Dr. Regina Bruder, die den gesamten Entstehungsprozess dieser Arbeit betreut und unterstützt hat. Ein besonderer Dank gilt auch Frau Prof. Dr. Katja Maaß, die als international anerkannte Expertin zum mathematischen Modellieren als zweite Referentin ein Gutachten zu dieser Arbeit erstellt und im Entstehungsprozess durch einige Impulse Einfluss auf die Arbeit genommen hat.

Des Weiteren gilt ein besonderer Dank Frau Prof. Dr. Katja Lengnink, die im Laufe meines Studiums meine Neugier für fachdidaktische Fragen zum Lehren und Lernen von Mathematik gefördert hat und sich immer wieder für meine Arbeit interessiert hat.

Für sehr gewinnbringende Gespräche und den gedanklichen Austausch zu verschiedenen Aspekten dieser Arbeit danke ich Prof. Dr. Wolfram Meyerhöfer, Prof. Dr. Andreas Filler, Prof. Dr. Guido Pinkernell, Prof. Dr. Martin Kiehl, Kristina Richter, Sandra Gerhard, Julia Reibold, Oliver Schmitt und allen Mitgliedern und ehemaligen Mitgliedern der AG Didaktik.

Ein weiteres Dankeschön gilt Nadine Jacksteit für das Korrekturlesen sowie Britta Göhrisch-Radmacher für die Unterstützung bei der Fertigstellung der Druckversion.

Abschließend danke ich meiner ganzen Familie. Ohne Eure Unterstützung wäre es mir nicht möglich gewesen, diese Arbeit zu schreiben.

Ulrich Böhm

Inhaltsverzeichnis

Tabellenverzeichnis

Abbildungsverzeichnis

1 Einleitung

Now what would a curriculum look like? (...) If I were at
your wonderful meeting in Dortmund, I would be listening
for ideas, no, I would be pestering you for ideas.

(Pollak, 2007, S. 120)

1.1 Ausgangssituation

Anwendungs- und Realitätsbezüge haben im Mathematikunterricht und in der
Mathematikdidaktik eine lange Tradition. Greefrath (2010, S. 23f) verweist auf
Sachaufgaben im Rechenbuch von Adam Ries aus dem 16. Jahrhundert. Eine
Darstellung nationaler und internationaler Entwicklungen in der didaktischen
Diskussion über Anwendungs- und Realitätsbezüge seit Ende des 19. Jahr-
hunderts findet man bei Kaiser-Meßmer (1986). Mit dem Begriff *mathema-
tisches Modellieren*, der erst seit einigen Jahren in der deutschsprachigen
didaktischen Diskussion gebräuchlich ist (vgl. Blum, 2007, S. 3), wird diese
Diskussion über Anwendungs- und Realitätsbezüge fortgesetzt (vgl. Kaiser &
Sriraman, 2006; Borromeo Ferri & Kaiser, 2008).

Seit der Einführung der KMK-Bildungsstandards Mathematik für den mittleren Schulabschluss gehört das mathematische Modellieren zu den allgemeinen mathematischen Kompetenzen (vgl. Kultusministerkonferenz [KMK],
2004, S. 7f). Diese Kompetenzen sollen im Lauf der Sekundarstufe I systematisch und kumulativ erworben werden (vgl. KMK, 2004, S. 3). Mit den KMK-
Bildungsstandards ist der Anspruch zur Bereitstellung einer Orientierungsfunktion verbunden. Nach Klieme et al. (2003, S. 71) sollen Standards und
Kompetenzmodelle „Modellvorstellungen über den Erwerb von Kompetenzen"
bereitstellen und „Wege zum Wissen und Können" aufzeigen.

Die folgende Ausgangsthese für diese Arbeit benennt jedoch Zweifel, ob
die geforderte Orientierung für einen systematischen und kumulativen Kompetenzaufbau zur Zeit eingelöst wird:

Ausgangsthese: Gegenwärtig wird die geforderte Orientierung für einen systematischen und kumulativen Aufbau der Kompetenz mathematisch Mo-

dellieren innerhalb der Sekundarstufe I nicht eingelöst. Dies liegt an unzureichenden Kenntnissen über die langfristige Entwicklung von Modellierungskompetenzen und an unzureichenden Modellvorstellungen über den kognitiven Prozess des mathematischen Modellierens.

Dass die geforderte Orientierung für einen langfristigen, systematischen und kumulativen Aufbau von Modellierungskompetenzen aktuell nicht eingelöst wird, lässt sich exemplarisch am neuen hessischen Kerncurriculum (Hessisches Kultusministerium, 2011) belegen. Dort werden zwar für die Klassenstufen 6 und 8 sowie für das Ende der Sekundarstufe I lernzeitbezogene Kompetenzerwartungen formuliert, in den Formulierungen dieser Kompetenzerwartungen ist jedoch keine substanzielle Progression für das mathematische Modellieren erkennbar. Somit bietet das hessische Kerncurriculum keine Orientierung zur Realisierung eines langfristigen, systematischen und kumulativen Aufbaus von Modellierungskompetenzen innerhalb der Sekundarstufe I.

Im Folgenden werden unzureichende Kenntnisse über die Kompetenzentwicklung als mögliche Ursache diskutiert, um die Ausgangsthese zu erhärten. So benennt etwa Reiss (2009) ein zentrales Defizit, das sie als vorrangiges Desiderat bezeichnet:

> Noch immer wissen wir viel zu wenig über die Entwicklungsprozesse mathematischer Kompetenz. Es ist daher von wesentlicher Bedeutung, gezielt an entsprechenden Kompetenzstruktur- und Kompetenzentwicklungsmodellen zu arbeiten. Die bereits vorliegenden Studien sind ein wichtiger, aber keinesfalls ein ausreichender Schritt (Reiss, 2009, S. 200).

Dass diese Problemlage auch für die Entwicklung und Förderung von Modellierungskompetenzen gültig ist, lässt sich durch Pollak (2007) belegen, wenn er mit Blick auf die Förderung von Modellierungskompetenzen im Rahmen eines Konferenzbeitrags zum mathematischen Modellieren schreibt: „Now what would a curriculum look like? (...) If I were at your wonderful meeting in Dortmund, I would be listening for ideas, no, I would be pestering you for ideas" (Pollak, 2007, S. 120).

Insbesondere für die Kompetenz mathematisch Modellieren kann mit Blick auf die theoretischen Grundlagen des Kompetenzmodells der Bildungsstandards im Fach Mathematik eine mögliche Ursache für dieses Defizit gefunden werden. Das Kompetenzmodell der Bildungsstandards für den mittleren Schulabschluss im Fach Mathematik stützt sich auf drei Modelle. Diese sind

1. die Principles and Standards (National Council of Teachers of Mathematics [NCTM], 2000), 2. das PISA-Rahmenkonzept Mathematik (OECD, 2003b), und 3. das Konzept mathematischer Kompetenz aus dem dänischen KOM-Projekt (Niss, 2003a) (vgl. Ehmke, Leiß, Blum & Prenzel, 2006, S. 223; Blum, 2006a, S. 19f; Blum, o.J., S. 1). Hinterfragt man den Zweck dieser verschiedenen Modelle, wird deutlich, dass nur die Principles and Standards die Realisierung einer systematischen Förderung über mehrere Jahrgangsstufen hinweg zum Ziel hat (vgl. NCTM, 2000, S. 6f; Engel, 2000, S. 72). Allerdings sucht man in den Principles and Standards vergeblich nach dem mathematischen Modellieren. Somit können die Principles and Standards nicht herangezogen werden, um die geforderte Orientierungsfunktion für das mathematische Modellieren einzulösen.

Das mathematische Modellieren findet sich als Kompetenz im PISA-Framework (vgl. OECD, 2003b, S. 26) und im Rahmen des KOM-Projekts (vgl. Niss, 2003b, S. 218f) wieder. Die hier verwendeten Modelle haben jedoch eigene Ziele und Zwecke, die nicht unmittelbar auf eine Konkretisierung einer langfristigen und kumulativen Kompetenzentwicklung abzielen.

Das Konzept, das im KOM-Projekt entwickelt wurde, soll ein Vokabular bereitstellen und Inspirationen liefern, um die Frage mathematischer Bildung auf der Grundlage mathematischer Aktivitäten und übergreifenden mathematischen Ideen auf allen Stufen im Bildungssystem diskutieren zu können. Das KOM-Projekt stellt also keine curriculare Umsetzung dar, es ist vielmehr eine theoretische Grundlage, die zentrale Aspekte mathematischer Literalität beschreibt (vgl. Niss, 2003a; Niss, 2003b, S. 7-9). Niss (2003a, S. 12) nennt zwei Zielrichtungen für den Gebrauch der Kompetenzen: zum einen den normativen Zweck, indem beschrieben wird, was mathematische Bildung auszeichnet, jedoch curricular noch spezifiziert werden muss, zum anderen einen deskriptiven Zweck, um Lernprozesse und Lernergebnisse, mathematische Curricula und Konzepte mathematischer Bildung beschreiben und vergleichen zu können. Anhand des Konzeptes aus dem KOM-Projekt lässt sich somit zwar eine Vision für Ziele mathematischer Bildung ableiten, eine Realisierung, etwa in Form von Curricula, ist jedoch nicht Gegenstand des Projektes.

In Rahmen von PISA soll gemessen werden, ob es Lernenden gelingt, das im Mathematikunterricht Gelernte im täglichen Leben anwenden zu können. Das Verfügen über solche Fähigkeiten und Fertigkeiten wird dann im Rahmen von PISA als „mathematical literacy" bezeichnet (vgl. OECD, 2003b, S. 24). Im mathematics framework zur Erfassung der mathematical literacy spielt das mathematische Modellieren (mathematising), das durch ein Kreislaufschema

beschrieben wird, eine zentrale Rolle (vgl. OECD, 2003b, S. 26; Blum, Neubrand et al., 2004, S. 48). Für das Rahmenkonzept von PISA stellen Klieme et
al. (2003, S. 77) jedoch fest:

> Die Kompetenzstufen-Modelle von TIMSS und PISA sind beispielsweise dezidiert
> nicht als Entwicklungsmodelle gedacht, sondern als Beschreibung von Niveaustu-
> fen der mathematischen Kompetenz innerhalb der untersuchten Schülerpopulati-
> on.

Auch Brand, Hofmeister und Tramm (2005, S. 5) sind der Auffassung,
dass empirisch gewonnene Kompetenzstufen nicht mit Entwicklungsmodellen
gleichzusetzen sind, „denn aus der Tatsache der Abstufung ergibt sich weder
zwingend, dass der individuelle Entwicklungsprozess der Abfolge dieser Niveaustufen folgt, noch, dass es didaktisch geboten wäre, Sequenzen entlang
dieser Stufung zu konzipieren."

Eine zweite Ursache, die einer erfolgreichen Umsetzung der Orientierungsfunktion für das mathematische Modellieren im Wege steht, ist die aktuell unzureichende Kenntnislage über kognitive Aspekte des mathematischen Modellierens. So liegt dem Beitrag von Niss (2010) ebenfalls das Motiv zugrunde, den kognitiven Prozess beim mathematischen Modellieren und insbesondere den Prozess zur Erarbeitung eines mathematischen Modells besser zu
beschreiben, um auf Grundlage solcher Modellvorstellungen Konsequenzen
für den Erwerb und die Vermittlung von Modellierungskompetenzen ziehen zu
können.

Zwar gibt es inzwischen verschiedene Studien und Beiträge, die das mathematische Modellieren aus kognitiver Perspektive studieren, jedoch liegt bislang keine umfassende Modellvorstellung über den kognitiven Prozess vor.
So werden in den Arbeiten wichtige Aspekte benannt und relevante Phänomene beschrieben, eine Integration der Erkenntnisse steht jedoch aus. Einen
Überblick über Studien mit einer kognitiven Perspektive zum mathematischen
Modellieren findet man bei Borromeo Ferri (2011, S. 23-40). Für diese Arbeiten zentral sind die Studien von Borromeo Ferri (2011), der Beitrag von Niss
(2010), der Beitrag von Lesh und Doerr (2003) und ergänzend die Arbeit von
Treilibs (1979).

Bei Treilibs (1979) liegt der Schwerpunkt der Analyse auf dem Prozess der
Übersetzung der außermathematischen Situation in ein mathematisches Modell. Diese Handlung nennt er *formulation process*. Diese Phase hält er für die
schwierigste im Bearbeitungsprozess. Im Rahmen der Studie werden die Bearbeitungsprozesse von ungeübten und fortgeschrittenen Lernenden im Modellieren beobachtet und rekonstruiert (vgl. Treilibs, 1979, S. 3). Als Ergeb-

nisse der Studie werden interessante Unterschiede zwischen den Bearbeitungsprozessen von ungeübten und fortgeschrittenen Lernenden beschrieben (vgl. Treilibs, 1979, S. 59-68). Einige der von Treilibs (1979) für das Modellbilden beobachteten Phänomene lassen sich jedoch anhand der gegenwärtig in Form von Modellierungskreisläufen verbreiteten Modellvorstellung[1] über den Prozess des mathematischen Modellierens nicht befriedigend erklären.

Auch Borromeo Ferri (2011) analysiert Lösungsprozesse bei der Bearbeitung von Modellierungsaufgaben. Beschrieben werden individuelle Modellierungsrouten und Gruppenverläufe bei der Bearbeitung von Modellierungsaufgaben. Dabei werden die individuellen Modellierungsrouten mit individuellen Denkstilen in Beziehung gesetzt. Die beschriebenen Phänomene wie Minikreisläufe und der Bezug zu individuellen Denkstilen ist eine bedeutende und interessante Erkenntnis, die durchaus auch die vorherrschende Modellvorstellung zum Prozess des mathematischen Modellierens in Frage stellt. Diese Erkenntnisse werden von Borromeo Ferri (2011) jedoch nicht genutzt, um die Modellvorstellungen über den kognitiven Prozess beim mathematischen Modellieren und insbesondere zum Prozess der Übersetzung der außermathematischen Situation in ein mathematisches Modell neu zu modellieren.

Eine solche „andere" Modellvorstellung lässt sich bei Lesh und Doerr (2003) finden. Auf Grundlage ihrer Beobachtungen beschreiben Lesh und Doerr (2003) den Prozess der Modellbildung als zyklischen und iterativen Prozess, in dem mit Hilfe verschiedener Repräsentationsformen verschiedene Interpretationen der außermathematischen Situation entwickelt und getestet werden, bis schließlich ein stabiles System für eine umfassende Interpretation gefunden wird.

Es ist sehr interessant, dass in allen genannten Arbeiten ein zyklischer Prozess bei der Bearbeitung von Modellierungsproblemen beobachtet wird (vgl. Treilibs, 1979, S. 68; Borromeo Ferri, 2011, S. 146; Lesh & Doerr, 2003, S. 17). Doch lediglich Lesh und Doerr (2003) entwickeln eine Modellvorstellung, mit der dieses Phänomen erklärt werden kann.

---

[1] An dieser Stelle wird darauf verzichtet, die konkreten Modellvorstellungen zum Prozess des mathematischen Modellierens vorzustellen. Natürlich bleibt damit die Kritik an dieser Stelle unscharf. Im Laufe der Arbeit wird jedoch an entsprechender Stelle (z.B. auf Seite 166 oder 176) die Kritik, nachdem notwendige begriffliche Grundlagen bereitgestellt und einzelne Phänomene beschrieben wurden, wieder aufgegriffen.

1.2 Desiderat, Ziele und erkenntnisleitende Fragestellungen

Aus der im vorangehenden Absatz genannten und erhärteten Ausgangsthese ergibt sich das folgende, für diese Arbeit zentrale, Desiderat:

Desiderat: Die von Klieme et al. (2003, S. 9) geforderte Orientierungsfunktion für die allgemeine mathematische Kompetenz *mathematisch Modellieren* der KMK-Bildungsstandards (vgl. KMK, 2004, S. 8) wird zur Zeit nicht in notwendigem Maße erfüllt und die fachdidaktischen Erkenntnisse über das mathematische Modellieren sind zur Zeit nicht ausreichend, um die notwendige Orientierung für eine langfristige und kumulative Kompetenzförderung geben zu können.

Damit für das mathematische Modellieren die geforderte Orientierungsfunktion eingelöst werden kann, ist erhebliche Entwicklungsarbeit mit folgenden Zielen nötig:

- Als Voraussetzung zur Einlösung der Orientierungsfunktion müssen die Modellvorstellungen über den Prozess des mathematischen Modellierens weiter entwickelt werden, so dass insbesondere der zentrale Prozess der Modellbildung plausibel beschrieben wird.
- Ein Kompetenzstrukturmodell, in dem die Vorstellungen über die kognitiven Prozesse berücksichtigt sind, muss als Konkretisierung des Lerngegenstands für den langfristigen und kumulativen Aufbau erarbeitet werden.
- Aufbauend auf dieser Grundlage ist ein Modellierenteilcurriculum für die Sekundarstufe I als Vorschlag zur langfristigen, systematischen und kumulativen Förderung der Kompetenz mathematisch Modellieren zu erarbeiten.

In Verbindung mit den genannten Zielen steht die zentrale Forschungsfrage dieser Arbeit:

Forschungsfrage: Wie kann die Kompetenz mathematisch Modellieren innerhalb der Sekundarstufe I über die Klassenstufen hinweg systematisch und kumulativ gefördert und entwickelt werden?

Diese Frage zielt darauf ab, der Orientierungsfunktion von Kompetenzmodellen, im Sinne eines Kompetenzentwicklungsmodells für die Förderung von

Modellierungskompetenzen, Konturen zu geben und präzisiert die für dieses Promotionsvorhaben in Böhm (2009, S. 483) formulierte Forschungsfrage. Aus dieser Frage ergeben sich weitere erkenntnisleitende Fragen, denen nachgegangen werden muss. Dies sind zunächst Fragen an den Forschungsgegenstand, also das mathematische Modellieren:

Frage 1.1 Was ist mit „mathematischem Modellieren" gemeint?

Frage 1.2 Wie kann der zentrale kognitive Prozess der Modellbildung, also die Übersetzung eines außermathematischen Problems in ein mathematisches Modell, modellhaft erklärt werden?

Frage 1.3 Welches Wissen und Können ist für eine erfolgreiche Bearbeitung von Modellierungsanforderungen notwendig?

Diese ersten Forschungsfragen müssen zunächst beantwortet werden, um Vorstellungen über das notwendige Wissen und Können als Elemente der Struktur von Modellierungskompetenzen zu gewinnen. Erst aufbauend auf einem so entwickelten Kompetenzstrukturmodell[2] können Vorschläge zur langfristigen und kumulativen Förderung von Modellierungskompetenzen entwickelt werden. Diese Vorschläge sollen einen Beitrag leisten, die geforderte Orientierungsfunktion einzulösen. Zur Erarbeitung eines solchen Vorschlags ist eine weitere erkenntnisleitende Frage für diese Arbeit notwendig:

Frage 2.1 Wie können die im Kompetenzstrukturmodell beschriebenen Inhalte als Lerngegenstände über mehrere Klassenstufen sinnvoll strukturiert werden, um einen systematischen und kumulativen Kompetenzerwerb zu ermöglichen?

1.3 Mathematikdidaktik als Design Science

Die zuvor genannten Ziele für diese Arbeit verlangen eine Theorieentwicklung. Eine solche Theorieentwicklung, die als übergeordnetes Ziel die Entwicklung eines Modellierenteilcurriculums hat, lässt sich in einer als Design Science

---

[2]Eine Präzisierung des Begriffs *Kompetenzstrukturmodell* für diese Arbeit wird in Kapitel 4 ab Seite 117 vorgenommen.

verstandenen Fachdidaktik verorten. Das übergeordnete Motiv einer so verstandenen Fachdidaktik ist die Weiterentwicklung des Unterrichts, auch durch die Erarbeitung theoretischer Konzepte.

Nach Lesh und Sriraman (2005, S. 490) hat die Fachdidaktik Mathematik als ein junges, wissenschaftliches Gebiet noch keine einheitlichen Theorien und Methoden sowie keine kohärenten und klar abgegrenzten Sammlungen von vorrangigen Forschungsfragen und Problemen. Mit Blick auf die vielfältigen Forschungsaktivitäten innerhalb der Fachdidaktik Mathematik stehen verschiedene Möglichkeiten offen, wie sich Fachdidaktiker identifizieren können:

> Should mathematics education researchers think of themselves as being applied educational psychologists, or applied cognitive psychologists, or applied social scientists? Should they think of themselves as being like scientists in physics or other „pure" sciences? Or, should they think of themselves as being more like engineers or other „design scientists" whose research draws on multiple practical and disciplinary perspectives - and whose work is driven by the need to solve real problems as much as by the need to advance relevant theories? (Lesh & Sriraman, 2005, S. 490)

Lesh und Sriraman (2005, S. 490) schlagen vor, die Fachdidaktik Mathematik als Design Science zu konzeptualisieren. Dieser Vorschlag ist allerdings weder in der nationalen noch in der internationalen fachdidaktischen Diskussion völlig neu. So gibt es bis in die 1990er Jahren einige Veröffentlichungen, in denen die Entwicklungsarbeit als zentrale Aufgabe der Fachdidaktik genannt, begründet und illustriert wird. Einflussreich für die Mathematikdidaktik sind etwa die Beiträge von Wittmann (1974), Freudenthal (1991), Gravemeijer (1994) oder Artigue (1994). Zwar unterscheiden sich diese Beiträge in den Begrifflichkeiten für die Art und Weise der Forschung, hinsichtlich der Ziele und der Motive gibt es jedoch große Übereinstimmungen.

So versteht Wittmann (1974) die Fachdidaktik Mathematik als Ingenieurswissenschaft und Artigue (1994) bezeichnet die Forschungsaktivität als „Didactic engineering". Gravemeijer (1994) spricht von „Educational Development and Developmental Research". Burkhardt (2006a) verwendet den Begriff „design research" und „engineering research". Die Bezeichnung „Design Science" findet man u.a. bei Wittmann (1995, 1998) und Lesh und Sriraman (2005).

Unabhängig vom Fach Mathematik werden für fachdidaktische und erziehungswissenschaftliche Entwicklungsforschung auch die Bezeichnungen „Design-Based Research" (Themenheft: Journal of the Learning Sciences 13(1), 2004) oder „Educational Design Research" (vgl. van den Akker, Gravemeijer, McKenney & Nieveen, 2006b) verwendet. Gegenwärtig hat es den

Anschein, dass sich die letztgenannten Bezeichnungen international durchsetzen könnten (vgl. van den Akker, Gravemeijer, McKenney & Nieveen, 2006a).

Im Rahmen dieser Arbeit wird jedoch am Begriff *Design Science* im Sinne von Wittmann festgehalten. In diesem wittmannschen Sinne der Fachdidaktik wird das zugrundeliegende zentrale Motiv, einen Beitrag zur Weiterentwicklung des Mathematikunterrichts zu leisten, deutlich (vgl. u.a. Wittmann, 1998, S. 330; Freudenthal, 1991, S. 164; Lesh & Sriraman, 2005, S. 494). Dabei ist der Gegenstand der Entwicklungsarbeit und der methodische Rahmen zur Einlösung dieses Anspruchs deutlich weiter gefasst als dies im Rahmen des neueren Verständnisses von „design research" oder „design-based research" der Fall ist. So sehen etwa Wittmann (1998, S. 330) und Lesh und Sriraman (2005, S. 494) sowohl in der Theorieentwicklung als auch in der Curriculumsentwicklung einen wesentlichen Gegenstand einer als Design Science verstandenen Fachdidaktik. Es geht also nicht nur um die konkrete Entwicklung, Evaluation und Weiterentwicklung von unmittelbar unterrichtsrelevanten Materialien oder Lernumgebungen, wie es in einem engeren Verständnis etwa von „design research" nach Burkhardt (2006b) der Fall ist.

Ein solcher Anspruch zur Durchführung eines zyklischen und iterativen Designprozesses, der die Entwicklung, Evaluation und Überarbeitung verlangt (vgl. van den Akker et al., 2006b, S. 5), ist für den ausgewählten Forschungsgegenstand im Rahmen dieser Arbeit ohnehin nicht einlösbar. Im Rahmen dieser Arbeit kann jedoch im Sinne des integrative learning design framework (ILD-Framework) nach Bannan-Ritland (2003) insbesondere im Sinne der Theorieentwicklung im ersten der drei wesentlichen Abschnitte (1. informed exploration, 2. enactment und 3. evaluation) ein substanzieller Beitrag geleistet werden.

Dabei soll in dieser Arbeit die theoretische Fundierung durch die Tätigkeitstheorie dazu beitragen, den Anspruch von Lesh und Sriraman (2005, S. 494) einzulösen, wenn sie fordern, dass es bei der Entwicklung curricularer Innovationen bedeutsam ist, erklären zu können, warum und wie die Innovation wirksam werden soll bzw. werden kann.

1.4 Zum methodischen Vorgehen als theoriegestützte Theorieentwicklung

Die Bearbeitung der formulierten Fragen zur Erreichung der für die Arbeit genannten Ziele erfolgt theoriegestützt und hat theoretische Konzepte zum Ergebnis. Dabei spielen beide von Prediger (2010, S. 169f) genannten Konzeptualisierungen von Theorien eine Rolle. Die Bearbeitung des Forschungsgegenstands erfolgt dabei insbesondere anhand der Tätigkeitstheorie als *Hintergrundtheorie*. Die in der Arbeit entwickelten Konzepte, Vorstellungen und Begriffe entsprechen dann der *Theorie als Beschreibungsmittel*. Da anschließend zur Entwicklung des Modellierenteilcurriculums mit den in der Arbeit entwickelten Modellvorstellungen weiter gearbeitet wird, werden diese dann wieder zu einer Hintergrundtheorie. Innerhalb der Arbeit lassen sich verschiedene Theorieebenen identifizieren und benennen.

Ausgehend vom Forschungsgegenstand, dem mathematischen Modellieren auf Ebene 1, wird die Tätigkeitstheorie auf Ebene 2 als Hintergrundtheorie genutzt, um das mathematische Modellieren zu analysieren. Dazu ist es zunächst notwendig, das mathematische Modellieren als Tätigkeit zu charakterisieren. Anschließend können konkrete Phänomene des mathematischen Modellierens verallgemeinert als Tätigkeit analysiert, beschrieben und verstanden werden.

Dabei wird die Tätigkeitstheorie im Sinne von Giest und Lompscher (2006, S. 11) „als offener theoretischer Rahmen, der es gestattet, die Konturen des angestrebten Gesamtbildes zu entwerfen, ohne zu eng zu sein, um die Aufnahme von Bezügen zu anderen Theorieansätzen zu verhindern", verstanden. Von den zahlreichen in der Tätigkeitstheorie enthaltenen theoretischen und wissenschaftlichen Perspektiven sind im Rahmen dieser Arbeit die Modelle geistiger Operationen nach Galperin (1967, 1973) sowie das theoretische Denken (siehe Giest & Lompscher, 2006, S. 217-227) als kognitionspsychologische Perspektive, die Vorstellungen zur Orientierung und Regulation der Tätigkeit nach Kossakowski und Lompscher (1977) als handlungspsychologische Perspektive und die Theorie der Lerntätigkeit nach Giest und Lompscher (2006) als Perspektive der pädagogischen Psychologie als Hintergrundtheorien von zentraler Bedeutung. In der Tätigkeitstheorie lassen sich auch entwicklungspsychologische Grundlagen (siehe Kossakowski et al., 1987) finden. Im Rahmen dieser Arbeit treten diese Aspekte jedoch hinter die Analyse des Lerngegenstands und einer auf Grund des Lerngegenstands begründeten

Systematik für die langfristige Förderung zurück.

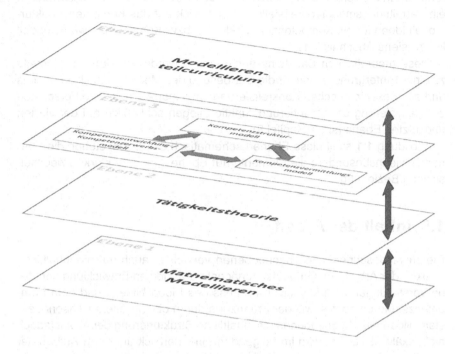

Abbildung 1.1: Schematische Darstellung der verschiedenen Theorieebenen
            im Rahmen der Arbeit

Diese tätigkeitstheoretischen Grundlagen werden als Hintergrundtheorie genutzt, um zum einen eine Modellvorstellung des Modellbildungsprozesses zu entwickeln (siehe Abschnitt 5.5), die insbesondere die wiederholt beobachteten und in der Literatur beschriebenen zyklischen Bearbeitungsprozesse berücksichtigt und zum anderen, um ein Kompetenzstrukturmodell zur Beschreibung der Anforderungsstruktur zu entwickeln (siehe Kapitel 6). Dabei wird die Modellvorstellung über den Modellbildungsprozess im Kompetenzstrukturmodell aufgegriffen.

Die so entwickelten Modellvorstellungen und das Kompetenzstrukturmodell stellen Theorien als Beschreibungsmittel in dieser Arbeit dar und liegen auf Ebene 3. Ebenfalls auf Ebene 3 liegt ein weiterer Theoriebaustein, das spielgemäße Konzept, der als Rahmen für die langfristige und kumulative Förderung von Modellierungskompetenzen genutzt wird und somit gewissermaßen ein Vermittlungsmodell bereitstellt, das mit Blick auf das Kompetenzstrukturmodell Ideen für ein Kompetenzentwicklungs- bzw. Kompetenzerwerbsmodell liefert (siehe Abschnitt 7.1).

Diese theoretischen Bausteine auf Ebene 3 werden schließlich ihrerseits zu einer Hintergrundtheorie für die Erarbeitung des Modellierenteilcurriculums und einer exemplarischen Konkretisierung einzelner Aspekte. Die Vorschläge zur Realisierung der Orientierungsfunktion liegen schließlich auf der vierten und letzten Ebene (siehe Kapitel 8).

Abbildung 1.1 stellt diese Ebenen schematisch dar. Dabei stehen die Ebenen sowie insbesondere die Elemente auf Ebene 3 in einer starken wechselseitigen Beziehung.

1.5 Inhalt der Arbeit

Die zuvor beschriebenen Theorieebenen verweisen auch auf die inhaltliche Struktur der Arbeit. Auf Grund der zunächst notwendigen Entwicklung der Modellvorstellungen zum kognitiven Prozess des Modellbildens und dem Kompetenzstrukturmodell sowie der Ergänzung durch einen weiteren Theoriebaustein bilden die Theorieebenen die inhaltliche Strukturierung der Arbeit jedoch nicht exakt ab. Daher wird im Folgenden ein Überblick über den Aufbau der Arbeit gegeben.

In Teil I wird in Kapitel 2 der Forschungsgegenstand dargestellt und relevante Begriffe zum mathematischen Modellieren bereitgestellt. Des Weiteren wird in diesem Kapitel der Arbeit das mathematische Modellieren als Gegenstand der mathematikdidaktischen Diskussion dargestellt.

In Kapitel 3 werden die für die Arbeit relevanten Aspekte der Tätigkeitstheorie vorgestellt. Dabei wird zunächst die Tätigkeit als spezifische Form der menschlichen Aktivität charakterisiert (Abschnitt 3.1) und das mathematische Modellieren als Tätigkeit beschrieben (Abschnitt 3.2). Diese Interpretation des mathematischen Modellierens als Tätigkeit stellt eine notwendige Voraussetzung dar, um das mathematische Modellieren als Tätigkeit analysieren zu können. Aus diesem Grund werden die zentralen Merkmale von Tätigkeit unmittelbar mit dem mathematischen Modellieren in Beziehung gesetzt. Dabei wird deutlich, dass das mathematische Modellieren als Tätigkeit verstanden werden kann. Es wird jedoch auch deutlich, dass nicht jede Bearbeitung einer

Modellierungsaufgabe eine Tätigkeit des mathematischen Modellierens darstellt. Anschließend werden in den Abschnitten 3.3 und 3.4 die relevanten tätigkeitstheoretischen Grundlagen vorgestellt.

Die Analyse des Gegenstands erfolgt in Teil II der Arbeit. Dabei wird zunächst mit Bezug auf die bereitgestellten theoretischen Grundlagen das Vorgehen der Analyse beschrieben (Kapitel 4). In Kapitel 5 werden die zuvor differenzierten Modellierungsaktivitäten analysiert. Die im Rahmen der Analyse entwickelten Modellvorstellungen zum kognitiven Prozess des Modellbildens werden in Abschnitt 5.5 zusammengefasst. Das Kompetenzstrukturmodell wird dann als zentrales Ergebnis der Analyse in Kapitel 6 dargestellt.

Der ergänzende Theoriebaustein für einen Rahmen zur langfristigen Förderung von Modellierungskompetenzen sowie die vierte Theorieebene und die exemplarischen Konkretisierungen sind Gegenstand des abschließenden Teils der Arbeit (Teil III). In Kapitel 7 wird zunächst das *spielgemäße Konzept* aus der Sportdidaktik vorgestellt, das die langfristige Förderung und Entwicklung einer situationsangemessenen Handlungsfähigkeit in komplexen Anforderungssituationen im Blick hat. Die aus dem Konzept resultierenden Überlegungen zum Aufbau einer langfristigen und systematischen Förderung werden anschließend auf das mathematische Modellieren übertragen. Das Modellierenteilcurriculum und die Aspekte zur Förderung stellen das Resultat dieser Übertragung auf das mathematische Modellieren dar (siehe Kapitel 8).

Formale Hinweise

Die Quellenangaben in dieser Arbeit erfolgen in Anlehnung an den APA-Standard. Wörtliche Zitate werden dabei entweder durch Anführungszeichen kenntlich gemacht oder, falls das wörtliche Zitat länger als drei Zeilen ist, als Blockzitat behandelt. Das Blockzitat wird eingerückt und in einer kleineren Schriftart als der umgebende Text gesetzt. Die Verweise auf die Quellen erfolgen durch Kurzverweise, so dass die Quelle über das Literaturverzeichnis am Ende der Arbeit nachvollzogen werden kann. Wörtliche Zitate werden grundsätzlich im Wortlaut, der originalen Verschriftlichung, also inklusive enthaltener Tippfehler und entsprechend des Textsatzes, also inklusive Hervorhebungen, Unterstreichungen o.ä. übernommen, ohne dass dies explizit erwähnt wird. Wird im wörtlichen Zitat eine Ergänzung oder Veränderung vorgenommen, wird diese Ergänzung in runde Klammern gesetzt und durch den Zusatz „[Anmerkung UB]" oder einen ähnlichen Hinweis in eckigen Klammern kenntlich gemacht. Sinngemäße Zitate werden ebenfalls durch Kurzverweise ausgewiesen, dabei wird das sinngemäße Zitat durch den Zusatz „vgl." kenntlich gemacht. Abbildungen und Tabellen, die aus anderen Quellen in der Arbeit verwendet werden, werden wie Zitate behandelt. Wird eine Abbildung in leicht veränderter Form in der Arbeit wiedergegeben, wird dies durch den Zusatz „modifiziert nach" ausgewiesen.

Teil I

Theoretischer Hintergrund

Wir finden heute in der ständig zunehmenden Flut von
Literatur (...) vor allem Teilantworten, vergleichbar den
Teilen in einem Puzzle. Dabei fehlen dem Puzzle viele
Teile, das ist jedoch nicht sein Hauptproblem. Wer sich
nämlich daran wagt, aus den Teilen ein Gesamtbild
zusammenzusetzen, wird vor ein unlösbares Problem
gestellt: Dem Puzzle fehlt die Anleitung.

(Giest & Lompscher, 2006, S. 9)

2 Hintergrund zum Forschungsgegenstand: Mathematisches Modellieren

In diesem Abschnitt wird das mathematische Modellieren als Gegenstand dieser Arbeit und Gegenstand der mathematikdidaktischen Diskussion vorgestellt. Dabei sollen zum einen wichtige Begriffe für die Arbeit geklärt werden, zum anderen soll das mathematische Modellieren als Lerngegenstand präzisiert werden.

Eine Präzisierung für diese Arbeit ist erforderlich, da die Diskussion zum mathematischen Modellieren auf Grund ihrer Breite weder in den verwendeten Begriffen einheitlich ist, noch die unter dem Begriff mathematisch Modellieren verstandenen Gegenstände identisch sind. Zwar wird der Begriff *mathematisch Modellieren* in der nationalen fachdidaktischen Diskussion noch nicht lange benutzt (vgl. Blum, 2007, S. 3), dennoch zeigt sich auch in der nationalen Diskussion eine uneinheitliche Verwendung.

Eine erste Annäherung an den Begriff erfolgt daher in Abschnitt 2.1 anhand zweier historischer Beispiele, die als mathematische Modellierungsaktivitäten bezeichnet werden können. Anschließend werden die Beispiele genutzt, um verschiedene Facetten des mathematischen Modellierens zu benennen. Anhand verschiedener Fokusse, die zentrale Aspekte des mathematischen Modellierens benennen, wird der Gegenstand differenziert diskutiert. Im Rahmen dieser Diskussion werden verschiedene Positionen berücksichtigt. Dieser Teil schließt mit einem Fazit zur Begriffsbildung, in dem insbesondere auf das Verständnis des mathematischen Modellierens im Zusammenhang mit den KMK-Bildungsstandards eingegangen wird (siehe Abschnitt 2.1.5.1). In diesem Abschnitt wird auch geklärt, in welchem Sinne zentrale Begriffe im Rahmen dieser Arbeit verstanden werden.

Das mathematische Modellieren als Gegenstand der fachdidaktischen Forschung mit „verschiedenen Gesichtern" ist Gegenstand in Abschnitt 2.2. In diesem Abschnitt werden auch verschiedene Modellierungsperspektiven als Richtungen innerhalb der Fachdidaktik Mathematik benannt. Dabei wird auch knapp auf verschiedene Strömungen und ihre Entwicklung zurückgeblickt, die die aktuellen Perspektiven beeinflusst haben.

In einem abschließenden Teil (Abschnitt 2.3) werden weitere Aspekte des mathematischen Modellierens als Gegenstand der fachdidaktischen Forschung benannt, die im Rahmen dieser Arbeit relevant sind. Dazu gehört die Diskussion verschiedener Konzepte von Modellierungskompetenz und die Darstellung einiger Studien zum mathematischen Modellieren, um den aktuellen Stand der mathematischen Forschung darzustellen. Des Weiteren wird in diesem Abschnitt kurz der Technologieeinsatz beim mathematischen Modellieren angesprochen.

2.1 Diskussion des Forschungsgegenstandes zur Begriffsklärung

In diesem Abschnitt wird das mathematische Modellieren als Kompetenz der KMK-Bildungsstandards und somit als Lerngegenstand für den Unterricht (vgl. KMK, 2004) sowie als Gegenstand der fachdidaktischen Diskussion behandelt. Dazu werden verschiedene Facetten des mathematischen Modellierens diskutiert. Diese Facetten werden anhand verschiedener Fokusse auf den Gegenstand zum Ausdruck gebracht.

Für diese Diskussion wird der Gegenstand in einer ersten Annäherung durch zwei Beispiele illustriert. Diese beiden Beispiele verweisen auf historische Modellierungsaktivitäten. Das erste Beispiel ist die Erdumfangsberechnung, wie sie nach der Überlieferung von Cleomedes von Eratosthenes vorgenommen wurde. Das zweite Beispiel geht auf das Teilungsproblem zurück.

Auf Grundlage der Diskussion der Beispiele unter den verschiedenen Fokussen wird schließlich geklärt, in welchem Sinne zentrale Aspekte und Begriffe im Rahmen dieser Arbeit verstanden werden.

Beispiel 1: Die Bestimmung des Erdumfangs

In Schulbüchern findet man die Beschreibung der Erdumfangsberechnung nach Eratosthenes, wie sie von Cleomedes überliefert wurde (siehe z.B. Griesel, Postel & Suhr, 2007, S. 191). Zwar existieren Zweifel, ob die Darstellung von Cleomedes historisch korrekt ist (vgl. Goldstein, 1984), dennoch lässt sich die auf Cleomedes zurückgehende Beschreibung als Beispiel für einen Modellierungsprozess nutzen. Ausgangspunkt ist die Frage: „Wie groß ist der Erdumfang?"

Der Überlieferung zufolge stellt Eratosthenes am Tag der Sonnenwende in Syene fest, dass die Sonne mittags senkrecht über der Erde stand. Denn in einem tiefen Brunnen, in dem der Wasserspiegel an allen anderen Tagen im Schatten lag, sah er zur Mittagszeit das Spiegelbild der Sonne. Zur gleichen Zeit warf in Alexandria, das nördlich von Syene gelegen war, ein hoher Obelisk einen Schatten. In Alexandria fielen also die Sonnenstrahlen nicht senkrecht auf die Erde, sondern mit einer Abweichung zur Senkrechten, die mit dem Winkel α angegeben werden soll. Eratosthenes bestimmte den Wert des Winkels mit $\alpha \approx 7,2°$. Unter den Annahmen, dass die Erde eine Kugel sei und die Sonnenstrahlen alle parallel zueinander auf die Erde treffen, kann die Situation wie in Abbildung 2.1 geometrisiert werden (vgl. Aumann, 2006, S. 116f).

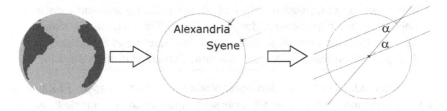

Abbildung 2.1: Geometrisierung zur Erdumfangsberechnung.

Das geometrische Modell auf der rechten Seite der Abbildung 2.1 zeigt nun, dass sich der Abstand zwischen Alexandria und Syene zum Erdumfang verhält wie α zu $360°$. Mit einem Wert von 5040 Stadien für den Abstand zwischen Alexandria und Syene konnte der Erdumfang U berechnet werden (vgl. Aumann, 2006, S. 116f) mit:

$$U \approx \frac{360° \cdot 5040}{7,2°} = 252000$$

Will man das Ergebnis von Erathostenes heute überprüfen, ist eine Umrechnung der Einheit Stadien erforderlich. Es gibt jedoch verschiedene Angaben über die Länge eines Stadions, so dass der von Eratosthenes ermittelte Wert zwischen 39300 km und 41675 km liegt (vgl. Ludwig, o. J., S. 2).

Beispiel 2: Das Problem der abgebrochenen Partie

Das Problem der abgebrochenen Partie oder das Teilungsproblem ist eines der Probleme, über die sich Fermat und Pascal in einem Briefwechsel im Jahr 1654 ausgetauscht hatten. „Dieses Jahr gilt seither als die Geburtsstunde der Wahrscheinlichkeitstheorie als mathematische Teildisziplin" (Büchter & Henn, 2007, S. 265).

Die folgende Formulierung des Teilungsproblems in heutiger Sprache stammt von Büchter und Henn (2007, S. 263).

Das Teilungsproblem

Zu Beginn eines Glücksspiels, das aus mehreren Einzelspielen besteht, hinterlegen die Spieler Armin und Beate einen Einsatz in gleicher Höhe. Bei jedem Einzelspiel haben sie die gleiche Chance, zu gewinnen; „unentschieden" ist nicht möglich. Den gesamten Einsatz bekommt derjenige Spieler, der als erster 5 Einzelspiele gewonnen hat. Vor Erreichen des Spielziels muss das Spiel beim Spielstand 4 : 3 abgebrochen werden. Wie soll mit dem Einsatz verfahren werden?

Von Schneider (1988) wurden verschiedene Texte zu diesem Problem in ihrer historischen Reihenfolge als Übersetzungen zusammengestellt. Als älteste vollständig erhaltene Aufzeichnung nennt Schneider (1988) den Beitrag von Luca Pacioli aus dem 15. Jahrhundert. Eine ausführlichere Darstellung der Beiträge von Pacioli, Cardano und Tartaglia zum Teilungsproblem enthält Abschnitt 5.4.3 (ab Seite 224). Ohne die Details der Vorschläge an dieser Stelle vorwegzunehmen, sei hier erwähnt, dass die drei Lösungen von Pacioli, Cardano und Tartaglia alle unterschiedlich ausfallen. Zum oben formulierten Problem würde nach Pacioli der Einsatz im Verhältnis 4 : 3, nach Cardano im Verhältnis 3 : 1 und nach Tartaglia im Verhältnis 6 : 4 geteilt (vgl. Büchter & Henn, 2007, S. 264).

Der von Pascal und Fermat erarbeitete Vorschlag zum Teilungsproblem beruht darauf, die Wahrscheinlichkeiten für den Sieg beider Spieler bei gegebenem Spielstand zu ermitteln und den Gewinn entsprechend dieser Wahrscheinlichkeiten zu teilen. Das Baumdiagramm in Abbildung 2.2 enthält die möglichen Spielverläufe ausgehend vom Spielstand 4 : 3. Gewinnt Armin das nächste Einzelspiel, ist das Spiel für Armin entschieden. Gewinnt Beate das nächste Einzelspiel, ist der Spielstand 4 : 4 und ein weiteres Einzelspiel ist für eine Entscheidung notwendig.

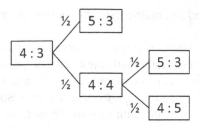

Abbildung 2.2: Baumdiagramm zum Teilungsproblem nach Büchter und Henn (2007, S. 266).

Mit den Pfadregeln ergeben sich unter der Annahme einer gleichen Gewinn-wahrscheinlichkeit von 50% für Armin und Beate folgende Wahrscheinlichkeiten (vgl. Büchter & Henn, 2007, S. 266):

$$P(\text{Armin gewinnt}) = \frac{1}{2} + \frac{1}{2} \cdot \frac{1}{2} = \frac{3}{4} \text{ und } P(\text{Beate gewinnt}) = \frac{1}{2} \cdot \frac{1}{2} = \frac{1}{4}$$

Diesem Beispiel liegt das reale Problem einer gerechten Aufteilung zugrunde. Die vorgeschlagenen Aufteilungen sind normative Vorschläge und „können im Hinblick darauf diskutiert werden, ob sie mehr oder weniger angemessen und akzeptabel sind, aber keinesfalls, ob sie richtig oder falsch sind" (Büchter & Henn, 2007, S. 266). Eine solche kritische Reflexion über die Unangemessenheit des Vorschlags von Pacioli durch Cardano ist auf Seite 225 zu finden.

2.1.1 Fokus I: Modellauffassung

Bei der Erdumfangsberechnung wird zunächst die Realität idealisiert, in dem die Erde als Kugel und die Sonnenstrahlen als parallel angenommen werden. Anschließend wird das Problem auf eine elementargeometrische Berechnung am Kreis übertragen. In diesem mathematischen Modell (siehe die Darstellung ganz rechts in Abbildung 2.1) sind von der ursprünglichen realen Situation mit dem Schatten des Obelisken in Alexandria und dem Brunnen in Syene nur noch abstrakte Repräsentationen übrig. Die für die Berechnung notwendigen Informationen werden durch geometrische Objekte und Beziehungen repräsentiert. Diese Geometrisierung ist motiviert durch das Ziel, den Erdumfang zu bestimmen und das mathematische Modell ist ein gutes Mittel, diesen Zweck zu erreichen.

Auch im Teilungsproblem wird die außermathematische Situation der abgebrochenen Partie in ein mathematisches Ersatzsystem übertragen. Interessant ist dabei, dass im Lösungsvorschlag von Pascal und Fermat die vom Zeitpunkt des Spielabbruchs an möglichen weiteren Spielverläufe zum Gegenstand der Modellierung im Baumdiagramm werden und nicht das reale Geschehen bis zum Spielabbruch. In anderen historischen Lösungsvorschlägen finden sich Modelle, in denen die Verteilung aus den bisher absolvierten Einzelspielen ermittelt wird (siehe Seite 224). Abhängig vom Zweck, mit mathematischen Mitteln eine faire Aufteilung des Einsatzes zu ermitteln, muss also eine Entscheidung getroffen werden, welche Aspekte der realen Situation relevant sind und wie damit umgegangen werden soll.

In beiden historischen Beispielen finden sich somit drei Merkmale, die nach Stachowiak (1973) für Modelle charakteristisch sind und von Filler (2009, S. 4f) zur theoretischen Fundierung der Diskussion in der Fachdidaktik aufgegriffen werden. Diese drei Merkmale sind:

Abbildungsmerkmal: Modelle sind Abbildungen bzw. Repräsentationen von natürlichen oder künstlichen Originalen (Prototypen), also „Modelle von etwas". Solche Modelle können selbst wieder zu Modellen werden.

Verkürzungsmerkmal: Das Modell enthält nicht alle Merkmale des repräsentierten Originals, sondern nur diejenigen, die als relevant erachtet werden.

Pragmatisches Merkmal: Modelle erfüllen für eine bestimmte Zeit eine bestimmte Funktion für bestimmte Subjekte. Der Modellbildung liegt also ein spezifischer Zweck zugrunde.

Dabei arbeitet Filler (2009, S. 4) mit Bezug auf Apostel (1961) auch heraus, dass ein modellbildendes Subjekt ein Modell immer auf Grund des Zweckes auswählt oder erstellt. Bei der Bearbeitung von Modellierungsaufgaben im Unterricht kann nun der Zweck durch den unterrichtlichen Kontext stark beeinflusst werden. So liegt bei der Behandlung der Erdumfangsbestimmung nach Eratosthenes durch Griesel et al. (2007, S. 191) sicher nicht das Erkenntnisinteresse an einem Wert für den Erdumfang als Zweck der Bearbeitung im Mittelpunkt. Vielmehr geht es wohl darum, den Lernenden zu zeigen, wozu die mathematischen Mittel genutzt werden können, bzw. in der Geschichte genutzt wurden, die in den nächsten Unterrichtsstunden behandelt werden. Wieder ein anderer Zweck ergibt sich für die Lernenden, wenn eine Modellierungsaufgabe in einer Bewertungssituation zu bearbeiten ist. Sicher wird es dann auch darum gehen, gewissen Erwartungen an die Bearbeitung von Prüfungsaufgaben gerecht zu werden[1]. In dieser allgemeinen Modellauffassung können Modelle und Originale

> Bilder, Wahrnehmungen, Zeichnungen, Formalismen, Kalküle, Sprache oder physische Systeme sein; sie können gleichen oder verschiedenen dieser Kategorien angehören. Insbesondere können *Prototyp und Modell ihre Rolle tauschen* (Filler, 2009, S. 4).

So kann ein verkleinertes Bauwerk ein Modell eines vorhandenen Bauwerks sein, das etwa als Souvenir verkauft wird. Das verkleinerte Bauwerk kann aber auch Prototyp eines zu schaffenden Bauwerkes sein. Im Mathematikunterricht gilt das gleiche z.B. für den geometrischen Begriff „Pyramide" und eine Holzpyramide. So kann der geometrische Begriff Modell der Holzpyramide als Original sein, wenn an der Holzpyramide Größen bestimmt werden sollen. Es ist jedoch auch denkbar, dass die Holzpyramide zum Modell wird, um den geometrischen Begriff als Original zu veranschaulichen (vgl. Filler, 2009, S. 4f).

Dabei wird das hier genannte Beispiel zur Veranschaulichung des mathematischen Begriffs Pyramide als Original durch eine Holzpyramide als Modell in der Regel nicht als mathematisches Modellieren verstanden. Anhand der Begriffe Original und Modell kann also das Spezifische des mathematischen Modellierens präziser gefasst werden. Ein einheitliches Bild lässt sich für die Präzisierung des Modells erkennen. So hat beim mathematischen Modellieren eine Repräsentation aus „der Welt der Mathematik" als mathematisches Modell eine zentrale Position (vgl. u.a. Niss, Blum & Galbraith, 2007, S. 4; Kaiser & Sriraman, 2006, S. 302; Leiß & Blum, 2006, S. 40; Henn, 2002, S. 9). Es geht immer darum, dass beim mathematischen Modellieren Mathematik als Mittel zum Zweck eingesetzt wird. Weniger eindeutig ist die Lage für eine Präzisierung des Originals. Zwar wird für das mathematische Modellieren häufig gefordert, dass es um außermathematische Originale gehen soll (vgl. u.a. Niss et al., 2007, S. 4; Leiß & Blum, 2006, S. 40; Henn, 2002, S. 9), im Anspruch an den Realitätsgehalt lassen sich jedoch deutliche Unterschiede erkennen (siehe dazu ausführlicher Abschnitt 2.1.3, ab Seite 29).

---

[1] Mein Dank gilt der Anregung von Andreas Filler in einer E-Mail vom 21.07.2011. Siehe dazu auch Filler (2009, S. 4).

Doch es gibt auch Positionen, bei denen das Original nicht außermathematisch sein muss. So nennt etwa Kuntze (2010, S. 5) auch innermathematisches Modellieren. Die Aufgabe „Beweise mit algebraischen Mitteln, dass die Summe zweier aufeinander folgender ungerader Zahlen durch vier teilbar ist" nennt Kuntze (2010, S. 11) als Beispiel. Nach Kuntze (2010, S. 11) besteht in der Überführung des Textes in ein algebraisches Modell eine Modellierungsanforderung. Ein solches Verständnis im Sinne eines innermathematischen Modellierens spielt jedoch im Rahmen dieser Arbeit keine Rolle, da im Rahmen dieser Arbeit ein mathematisches Modell als Abbild eines außermathematischen Originals verstanden wird.

Für das mathematische Modellieren als Mittel zur Bearbeitung außermathematischer Probleme werden in der Literatur verschiedene Zwecke bzw. Funktionen genannt. In der nationalen Literatur recht verbreitet ist eine Differenzierung von *normativen Modellen* (z.B. zur Gestaltung einer Ampelschaltung oder Festlegung der Einkommenssteuer) als Modelle, die vorschreiben und *deskriptiven Modellen* (z.B. Modelle vom Bierschaumzerfall oder zum Kugelstoßen) als Modelle, die beschreiben (vgl. Leiß & Blum, 2006, S. 41; Henn, 2000, S. 10; Blum, 1996, S. 19). Henn (2000, S. 10) ergänzt *Modelle, die erklären* (z.B. das Phänomen des Regenbogens oder warum der Bumerang zurückkommt) und *Modelle, für Vorhersagen* (z.B. zur Wettervorhersage). Jablonka (1996, S. 7) nennt als weitere Zweckkategorien mathematischer Modelle noch „Planung, Entwurf, Kontrolle, Steuerung und Entscheidung", die z.T. wiederum auf normative Modelle führen können.

Auf Grund der oben genannten Merkmale ist es in der Regel unangemessen, mathematische Modelle als richtig oder falsch zu bezeichnen. Es ist viel eher sinnvoll, mathematische Modelle vor dem Hintergrund des intendierten Zwecks als angemessen oder unangemessen zu bezeichnen (vgl. Henn, 2000, S. 11).

2.1.2 Fokus II: Bearbeitungsprozess

Die Beschreibung des Vorgehens, wie Eratosthenes den Erdumfang berechnet haben soll, stellt einen idealisierten Prozess mit verschiedenen Teilhandlungen und typischen Zwischenergebnissen dar. Reale Gegenstände werden idealisiert (z.B. die Erde als Kugel), des Weiteren werden Daten beschafft. Das so entwickelte Modell der Realität wird in eine mathematische Repräsentation übertragen, in der dann eine mathematische Bearbeitung möglich wird, um zunächst ein mathematisches Ergebnis für das mathematische Problem zu bestimmen. Dieses Ergebnis muss anschließend auf die Realität übertragen und überprüft werden.

Die Beschreibung des Teilungsproblems lässt zwar weniger Details erkennen, doch auch hier wird deutlich, dass ein außermathematisches Problem in eine mathematische Fragestellung übersetzt wird, um das mathematische Resultat dann wieder auf das außermathematische Problem zu übertragen. Die Darstellungen zum Teilungsproblem in Abschnitt 5.4.3 lassen erkennen, wie auf Grund von kritischen Prüfungen Lösungsvorschläge verworfen werden und ein anderes Modell für das Problem vorgeschlagen wird.

Für die Charakterisierung des mathematischen Modellierens ist ein solcher mehrschrittiger Prozess zur Bearbeitung außermathematischer Probleme mit mathematischen Mitteln und den Übersetzungsprozessen zwischen der Mathematik und der realen Welt von zentraler Bedeutung (vgl. Blum, 2007, S. 5f). In deutschsprachigen Beiträgen wird dieser Bearbeitungsprozess meist als *Modellierungsprozess* bezeichnet (vgl. u.a. Blum, 2007, S. 5; K. Maaß, 2007, S. 13; K. Maaß, 2004, S. 18; Greefrath, 2010, S. 45; J. Humenberger & Reichel, 1995, S. 35). International finden sich noch die Bezeichnungen *mathematical modelling* (vgl. Niss et al., 2007, S. 9f) oder weniger verbreitet *applied problem solving* (vgl. Blum & Niss, 1991, S. 38f; Niss et al., 2007, S. 11).

Zur Beschreibung dieses Prozesses wird in der Regel eine idealisierte und schematische Darstellung mit verschiedenen Bearbeitungsschritten und Zwischenergebnissen verwendet. In der deutschsprachigen Diskussion wird eine solche schematische Darstellung als *Modellierungskreislauf* (vgl. Borromeo Ferri, 2011, S. 5), als *Modellbildungskreislauf* (vgl. Greefrath, 2010, S. 45) oder in älteren Beiträgen in Anlehnung an die englischsprachige Diskussion mit dem Begriff *applied problem solving process* (Blum & Niss, 1991, S. 38) auch als *Modell des angewandten Problemlöseprozesses* (Blum, 1996, S. 18) bezeichnet. Im PISA-Framework findet man für einen Kreislauf mit den Stationen *Real-world problem, Mathematical problem, Mathematical solution* und *Real solution* auch die Bezeichung „mathematisation cycle" (OECD, 2003b, S. 38).

Als Prototyp für viele der aktuellen Darstellungen, insbesondere für die ausdrückliche Trennung zwischen Mathematik und „Rest der Welt", kann Abbildung 2.3 nach Pollak (1977, S. 256) angesehen werden.

Der von Schupp (1988) als Regelkreis bezeichnete Modellierungskreislauf stellt eine frühe Darstellung des Modellierungsprozesses in der deutschsprachigen Diskussion dar, die den aktuell verwendeten Modellierungskreisläufen

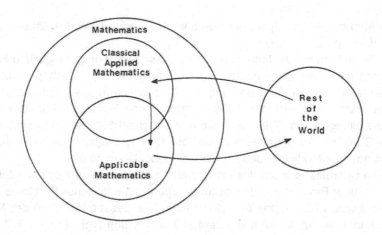

Abbildung 2.3: Modellierungsprozess nach Pollak (1977, S. 256).

sehr ähnlich ist (Abbildung 2.4).

In der gegenwärtigen, nationalen Diskussion werden Darstellungen verwendet, die den beiden folgenden Modellierungskreisläufen ähnlich sind (siehe Abbildung 2.5 und Abbildung 2.6).

In einer Klassifikation nach Verwendungszweck der Modellierungskreisläufe unterscheidet Borromeo Ferri (2011, S. 14-23) folgende vier Typen von Modellierungskreisläufen:

Typ 1: Modellierungskreislauf aus der angewandten Mathematik
Typ 2: Didaktischer Modellierungskreislauf
Typ 3: Modellierungskreislauf als Basis für die Rekonstruktion des Situations-
        modells bei der Verwendung von Textaufgaben
Typ 4: Diagnostischer Modellierungskreislauf

Im Rahmen dieser Klassifikation sind die Stationen und Phasen zwischen den Stationen im Modellierungsprozess von zentraler Bedeutung (vgl. Borromeo Ferri, 2011, S. 14). Im Kreislauf aus dem DISUM-Projekt, der von Borromeo Ferri (2011, S. 20f) zum Typ 4 gezählt wird und in Abbildung 2.6 dargestellt ist, sind die Stationen die *Realsituation*, das *Realmodell*, das *mathematische Modell*, das *mathematische Resultat* und das *reale Resultat*. Die Phasen sind die sieben beschriebenen Teilhandlungen *Verstehen*, *Ver-*

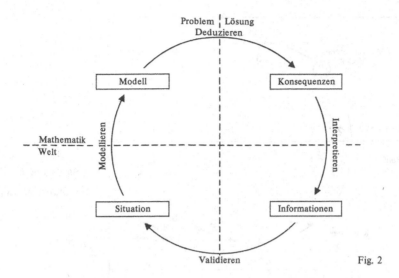

Abbildung 2.4: Modellierungsprozess nach Schupp (1988, S. 11).

einfachen/Strukturieren, Mathematisieren, Interpretieren, Validieren und Darlegen/Erklären.

Dieser Modellierungskreislauf aus dem DISUM-Projekt „wurde auf Grund von theoretischen und empirischen Erkenntnissen über Lösungsprozesse von Schülern bei der Bearbeitung komplexer Modellierungsaufgaben, (...) entwickelt" (Schukajlow-Wasjutinski, 2010, S. 76).

Der Ausgangspunkt eines solchen Lösungsprozesses ist eine Textaufgabe. Das Lesen der Aufgabenstellung ist die erste Teilhandlung und hat das Ziel, „die in der Aufgabe beschriebene Situation zu verstehen und das Situationsmodell zu bilden" (Schukajlow-Wasjutinski, 2010, S. 76). Weitere Teilhandlungen (Vereinfachen, Strukturieren, Präzisieren) überführen das Situationsmodell in ein Realmodell. Anschließendes Mathematisieren führt auf das mathematische Modell. Im Rahmen des mathematischen Arbeitens wird das mathematische Resultat bestimmt. Das mathematische Resultat wird durch Interpretation auf die Realität übertragen und „in Hinblick auf das vorhandene Situationsmodell validiert" (Schukajlow-Wasjutinski, 2010, S. 76). Abschließend wird der Bearbeitungsprozess vom Modellbildner dargelegt (vgl. Schukajlow-

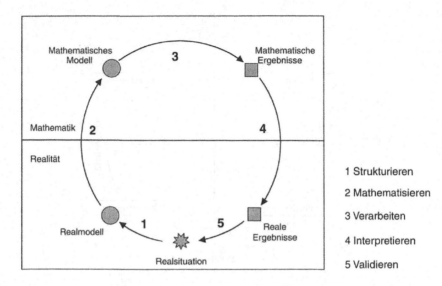

Abbildung 2.5: Modell des Modellierungskreislaufs von Blum et al. (2004, S. 48)

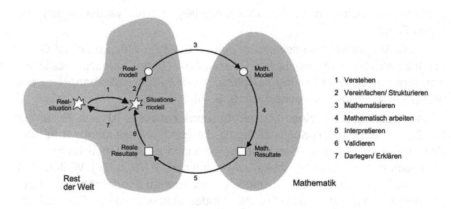

Abbildung 2.6: Modellierungskreislauf mit sieben Schritten aus dem DISUM-Projekt. Die hier abgebildete Darstellung in deutscher Sprache stammt von Schukajlow-Wasjutinski (2010, S. 76).

Wasjutinski, 2010, S. 76; Blum & Leiß, 2006, S. 1626).

Eine differenzierte Betrachtung des *Validieren* als kritische Überprüfung der erarbeiteten Resultate und des gesamten bisherigen Bearbeitungsprozesses findet man bei Marxer (2005). Abhängig vom Ergebnis dieser Qualitätsprüfung wird der Bearbeitungsprozess anschließend abgeschlossen, oder weitere Bearbeitungsschritte werden vorgenommen (vgl. Marxer, 2005, S. 25).

In der Diskussion zum mathematischen Modellieren ist eine Orientierung an diesen schematischen Darstellungen des Modellierungsprozesses zur Begriffsklärung weit verbreitet. So spielt bei K. Maaß (2010, S. 288) ein Modellierungskreislauf zur Charakterisierung des mathematischen Modellierens und bei K. Maaß (2007, S. 12) zur Begriffsklärung von Modellierungsaufgaben eine zentrale Rolle. Auch bei Blum (2007, S. 3) sind die Übersetzungsprozesse zwischen Realität und Mathematik das kennzeichnende Merkmal für die Begriffsklärung zum mathematischen Modellieren und für Modellierungsaufgaben.

Es gibt jedoch auch Positionen, die schematische Darstellungen des Modellierungsprozesses als unangemessen ablehnen. Eine solche Position in der internationalen Diskussion ist das soziokritische Modellieren (vgl. Barbosa, 2006, S. 296 ; Kaiser & Sriraman, 2006; Borromeo Ferri & Kaiser, 2008, S. 3).

2.1.3 Fokus III: Realitätsgehalt der zu bearbeitenden Problemstellung

In den Abschnitten zur Modellauffassung und zum Bearbeitungsprozess wurde bereits erwähnt, dass der Ausgangspunkt einer mathematischen Modellierung, also das Original, ein außermathematisches Problem ist.

Die beiden gewählten Beispiele verweisen nun auf außermathematische Fragestellungen, für die aus heutiger Sicht ein außermathematisches Erkenntnisinteresse plausibel erscheint. Es bestehen zwar Zweifel daran, ob Eratosthenes tatsächlich die Bestimmung des Erdumfangs in der überlieferten und dargestellten Form durchgeführt hat, es ist aber nachvollziehbar, dass es auch in der Antike Interesse an einer Vorstellung über die Größe des Erdumfangs gab. Ähnlich verhält es sich bei dem zweiten Beispiel. Zwar verweist die Darstellung des Teilungsproblems nach Büchter und Henn (2007) auf keine konkrete historische Situation, in der eine Lösung dieses Problems tatsächlich relevant ist. Doch auch hier erscheint es plausibel, dass es in der Geschichte

Situationen im Zusammenhang mit Glücksspielen oder Wettkämpfen gab, in denen das geschilderte Problem tatsächlich auftrat.

An den gewählten Beispielen zeigt sich aber auch, dass der Realitätsgehalt des Gegenstands der Beschäftigung im Unterricht sehr unterschiedlich ausfallen kann. So gibt es neben dem Realitätsgehalt der „ursprünglichen" Situation auch einen Realitätsgehalt der Aufgabenstellung auf Grund der Darstellung des Problems als konkrete Aufgabe z.B. in Textform. So kann eine Aufgabenstellung, wie die nach Büchter und Henn (2007, S. 263) (siehe Seite 20), wohl eher nicht als authentisches Problem an sich bezeichnet werden. Dabei ist zwar denkbar, dass es reale Fälle für das Teilungsproblem gibt, die Aufgabenstellung selbst stellt jedoch höchstens einen wagen Bezug zu einem solchen realen Fall her. Dass der Aufgabenstellung in dieser Form bereits eine Abstraktion zugrunde liegt, wird dadurch deutlich, dass nur von einem „Glücksspiel" die Rede ist. Es wird kein konkretes Spiel genannt. Des Weiteren wird in der Aufgabenstellung eine für die weitere Modellierung wichtige Bedingung genannt. Es heißt in der Aufgabenstellung nämlich, dass beide Spieler die gleiche Chance haben, ein Einzelspiel zu gewinnen. Die Aufgabenstellung verweist zwar auf das ursprüngliche, außermathematische Problem, tut dies jedoch vermittelt. Es ist auch davon auszugehen, dass der Formulierung der Aufgabenstellung selbst Zwecke zugrunde lagen, die von der Lösung des realen Problems abweichen. Bei Büchter und Henn (2007) kann ein solcher Zweck die didaktische Aufbereitung des Problems sein, damit der Leser das Problem gut erfassen kann. Eine solche Rahmung einer Aufgabenstellung auf Grund des Kontextes, in der die Aufgabenstellung bedeutsam ist, kann auch den Zweck der Modellbildung beeinflussen.

Die bisherigen Ausführungen zum Realitätsgehalt führen somit auf eine Differenzierung hinsichtlich des Gegenstandes, der durch das Merkmal charakterisiert wird. Zum einen kann der Realitätsgehalt eines außermathematischen Problems bzw. einer Situation charakterisiert werden, zum anderen der Realitätsgehalt der Aufgabenstellung.

Eine recht klare Definition für eine *authentische Situation* gibt K. Maaß (2004):

> Eine **authentische Situation** ist eine außermathematische Situation, die in ein bestimmtes Gebiet eingebettet ist und sich mit Phänomenen und Fragen beschäftigt, die für dieses Gebiet bedeutsam sind und von den entsprechenden Fachleuten auch als solche erkannt werden. Dabei gilt auch der Alltag als „Gebiet" und hier die Menschen, die in ihm leben als „Fachleute". Eine Situation wird auch als authentisch angesehen, wenn sie im Unterricht nur simuliert wird (K. Maaß, 2004, S. 22).

Auch in dieser Definition zeigt sich die Differenzierung zwischen Situation und Konkretisierung der Situation im Unterricht. Eine vergleichbare Definition für einen *authentischen Kontext* findet man bei Neubrand et al. (2001, S. 56): „die verwendeten Daten sind einer wirklichen Situation entnommen und das Problem entspricht einer relevanten Fragestellung". Ein *realitätsbezogener Kontext* wird wie folgt beschrieben: „die Aufgabe enthält zwar Daten mit realer Bedeutung, diese sind jedoch konstruiert zum Zwecke des Stellens einer mathematischen Aufgabe" (Neubrand et al., 2001, S. 56). Anschließend wird zum Begriff „realitätsbezogener Kontext" weiter ausgeführt: „Die realitäsbezogenen Kontexte reichen von realitätsnaher, aber zum Zwecke der Rechnung vereinfachter Datenauswahl bis zu den sog. ‚eingekleideten Aufgaben'" (Neubrand et al., 2001, S. 56). Unmittelbar im Anschluss wird der Begriff *authentische Aufgabe* verwendet: „Im PISA-Framework wird ausdrücklich betont, dass im internationalen Test authentische Aufgaben den Vorrang haben" (Neubrand et al., 2001, S. 56). Dieser Abschnitt lässt vermuten, dass in diesem Beitrag keine Trennung zwischen Kontext und Aufgabe zur Charakterisierung des Realitätsgehalts vorgenommen wurde. Das heißt, dass eine authentische Aufgabe vorliegt, wenn der Kontext authentisch ist.

Diese Interpretation wurde von Jahnke (2005) kritisch diskutiert und die Existenz authentischer Aufgaben grundsätzlich in Frage gestellt (vgl. Jahnke, 2005, S. 273). Denn Aufgaben „sind didaktische Konstrukte" (Jahnke, 2005, S. 274). Sie werden gestellt, um Lernprozesse auszulösen, die auf die Aneignung curricularer Inhalte abzielen. Daher treten außermathematische Probleme den Lernenden in der Regel „nur" vermittelt über einen schulischen Zweck entgegen. Das gilt auch dann, wenn der schulische Zweck auf die Aneignung von Modellierungskompetenzen gerichtet ist.

In der Diskussion zum mathematischen Modellieren gibt es nun verschiedene Ansprüche bezüglich des Realitätsgehaltes. In den Vorschlägen von Kaiser zur Klassifikation verschiedener Modellierungsperspektiven werden das epistemologische Modellieren und das realistische Modellieren als polarisierende Ansätze dargestellt (vgl. Kaiser, 2006, Kaiser & Sriraman, 2006, Borromeo Ferri & Kaiser, 2008). So wird im realistischen Modellieren „Modellierung verstanden als Aktivität zur Lösung authentischer Probleme" (Borromeo Ferri & Kaiser, 2008, S. 2) und im epistemologischen Modellieren ist „der Realitätsgehalt der Beispiele (…) nicht bedeutsam" (Borromeo Ferri & Kaiser, 2008, S. 2).

In der nationalen Diskussion wird insbesondere von Kaiser die Bearbeitung authentischer Probleme durch Lernende gefordert. Dabei werden authenti-

sche Modellierungsprobleme mit Blick auf die angewandte Mathematik verstanden als reale Probleme, die Mathematikern aus der realen Welt begegnen und durch ihre Komplexität und Offenheit hinsichtlich der Lösung gekennzeichnet sind (vgl. Kaiser & Schwarz, 2010, S. 55; Kaiser & Schwarz, 2006,
S. 196). Ein gemäßigter Anspruch an den Realitätsgehalt für das Modellieren
bzw. für Modellierungsaufgaben zeigt sich bei Blum (2007, S. 3). Ein „Realitätsbezug" in der Aufgabe ist ausreichend, die Frage selbst muss in außerun-
terrichtlichen Kontexten nicht zwangsläufig relevant sein. Dies wird an der von
Blum (2007, S. 3) verwendeten Beispielaufgabe deutlich, in der nach der Größe eines Riesenmenschen gefragt wird, dem ein 5,29m langer Schuh passt.
Der von Blum (2007, S. 3) geforderte Realitätsbezug wird dadurch eingelöst,
dass es einen solchen Riesenschuh tatsächlich gibt (vgl. Drüke-Noe & Leiß,
2004, S. 55). Diese Position von Blum (2007) lässt es also zu, von mathematischem Modellieren bzw. von einer Modellierungsaufgabe zu sprechen, wenn
ein realitätsbezogener Kontext im Sinne von Neubrand et al. (2001, S. 56) in
der Aufgabenstellung verarbeitet wurde.

2.1.4 Fokus IV: Zur Rolle von Anwendungs- und Realitätsbezügen und dem mathematischen Modellieren im Mathematikunterricht

Die genannten Beispiele zur Erdumfangsbestimmung und zum Teilungsproblem bieten grundsätzlich verschiedene Möglichkeiten zum Einsatz im Unterricht und zur Ausbildung verschiedener Lernziele. So kann etwa das Beispiel
der Erdumfangsberechnung genutzt werden, um elementargeometrische Untersuchungen am Kreis zu motivieren. Das Lernziel steht dann im Zusammenhang mit innermathematischen Inhalten. Die Beispiele können allerdings auch
genutzt werden, um daran etwas über den Prozess des mathematischen Modellierens zu lernen oder diesen Prozess zu üben. Das Lernziel ist dann der
Erwerb oder die Erweiterung der individuellen Modellierungskompetenzen.

Im Rahmen dieses vierten und letzten Fokus geht es also um die Rolle,
die Anwendungs- und Realitätsbezügen bzw. dem mathematischen Modellieren im Mathematikunterricht hinsichtlich der Zielbildung für Lernprozesse
zugeschrieben werden. Dabei wird an dieser Stelle die Diskussion stark vereinfacht und nur zwei verschiedene Funktionen berücksichtigt. Daher wird im
Folgenden nur zwischen der Rolle von Anwendungs- und Realitätsbezügen
als didaktisches Mittel und zum anderen dem mathematischen Modellieren

als Lerngegenstand im Mathematikunterricht unterschieden. Insbesondere in den Arbeiten von Kaiser (vgl. Kaiser-Meßmer, 1986; Kaiser, 1995; Kaiser & Sriraman, 2006) lassen sich verschiedene Klassifikationen didaktischer Positionen innerhalb der fachdidaktischen Diskussion über Anwendungs- und Realitätsbezüge sowie dem mathematischen Modellieren finden, denen das Ziel als Kriterium zur Charakterisierung verschiedener Positionen zugrunde liegt. So nennt Kaiser (1995, S. 69-70) für die Berücksichtigung von Realitätsbezügen etwa stoffbezogene Ziele zur Organisation des Unterrichts, psychologische Ziele zur Verbesserung der Motivation und Einstellung oder wissenschaftsorientierte Ziele zur Entwicklung eines angemessenen Bildes von Mathematik. Im Sinne der oben genannten Rollen werden bei diesen Zielen Anwendungs- und Realitätsbezüge zu einem didaktischen Mittel zum Zweck.

Eine andere Rolle werden Anwendungs- und Realitätsbezügen innerhalb der pragmatischen Richtung zugeschrieben (vgl. Kaiser-Meßmer, 1986, S. 84-89; Kaiser, 1995, S. 71). Dabei wird das mathematische Modellieren selbst zum Lerngegenstand im Mathematikunterricht. Anwendungsbezüge sind nicht mehr „nur" ein Mittel zum Zweck, sondern stellen selbst den Zweck des unterrichtlichen Handelns dar. Lernende sollen zur Bewältigung realitätsbezogener Probleme mit Hilfe mathematischer Mittel befähigt werden. Ziel ist also die Entwicklung und Erweiterung von Modellierungskompetenzen. Innerhalb der Perspektive des realistischen oder angewandten Modellierens wird dieses Ziel fortgesetzt (vgl. Kaiser & Sriraman, 2006, S. 304, Borromeo Ferri & Kaiser, 2008, S. 2). In diesem Zusammenhang ist auch folgender Anspruch des PISA-Mathematik-Tests zu sehen, wenn „mathematisches Wissen gezielt daraufhin untersucht werden soll, ob es funktional, mit Einsicht und flexibel eingesetzt werden kann zur Bearbeitung kontextbezogener Probleme" (Neubrand et al., 2001, S. 45).

In diesem zweiten Sinne, also als Lerngegenstand, wird auch das mathematische Modellieren im Rahmen dieser Arbeit angesehen. Auf Grundlage der Bildungsstandards ist das mathematische Modellieren eine allgemeine mathematische Kompetenz (vgl. KMK, 2004), die mit Kompetenzerwartungen verbunden ist. Im Sinne der Output-Orientierung wird dabei erwartet, dass Lernende im Laufe der Sekundarstufe I eine gewisse Kompetenz erworben haben. Im Rahmen dieser Kompetenz sollen Lernende das ihnen zur Verfügung stehende mathematische Wissen zur Bearbeitung realitätsbezogener Probleme flexibel, funktional und mit Einsicht nutzen können.

Der entscheidende Unterschied dieser beiden Positionen ergibt sich aus der Beziehung zwischen Realität und Mathematik. In der ersten Position wird die Realität genutzt, um etwa mathematische Inhalte zu motivieren oder aus einem Anwendungsproblem zu entwickeln. Mit Blick auf die zweite Position ist es notwendig, dass den Lernenden mathematische Kenntnisse und Fähigkeiten in einer bestimmten Qualität zur Verfügung stehen. Erst dann kann ein funktionaler, flexibler und einsichtiger Umgang mit mathematischen Mitteln erwartet werden.

Diese Vorstellung vom mathematischen Modellieren als Lerngegenstand, der im Lernprozess die Entwicklung von Kenntnissen und Fähigkeiten in einer bestimmen Qualität verlangt und als Kompetenzerwerb verstanden wird, ist für diese Arbeit zentral, denn dieser Anspruch liegt den folgenden Analysen von Modellierungsprozessen und den anschließenden Überlegungen zur Entwicklung von Modellierungskompetenzen zugrunde.

2.1.5 Fazit zur Begriffsklärung

Insgesamt zeigen sich bei Versuchen zur Begriffsklärung für das *mathematische Modellieren* drei Probleme. Das erste Problem ergibt sich aus der großen Breite verschiedener Interpretationen des Begriffs. Bezogen auf die verschiedenen Fokusse lassen sich jeweils verschiedene Merkmale mit unterschiedlichen Ausprägungen benennen, die mal größere, mal kleinere Relevanz in einer Interpretation des Begriffs haben. So lassen sich unter dem Fokus der Modellauffassung unterschiedliche Zwecke mathematischen Modellierens finden. Auch hinsichtlich des Originals wurde auf unterschiedliche Positionen hingewiesen. Unter dem Fokus Bearbeitungsprozess wurde herausgearbeitet, dass die Bewältigung von Modellierungsanforderungen in der Regel eine mehrschrittige Bearbeitung verlangt, die häufig anhand von Modellierungskreisläufen als idealisierte Darstellungen beschrieben werden. Es gibt jedoch auch Positionen, die eine solche schematische Darstellung als unangemessen ablehnen. Die größten Differenzen zeigten sich beim geforderten Realitätsgehalt der Situation, also des Originals. Auf der einen Seite gibt es Positionen, die einen authentischen Bezug auf außermathematische Situationen verlangen, auf der anderen Seite gibt es Positionen, die sich mit einem realitätsbezogenen Kontext zufrieden geben.

Das zweite Problem besteht darin, dass der Begriff „mathematisches Modellieren" bzw. „Modellbilden" in der nationalen Diskussion zwar nicht völlig neu ist (siehe z.B. Kaiser, 1995, S. 67 und Blum, 1996, S. 19), die Verwendung in den letzten Jahren jedoch enorm zugenommen hat. So schreibt etwa

Blum (2007, S. 3): „Das Wort ‚Modellieren' selbst (das inzwischen geradezu ein Modewort geworden ist) kam dabei erst relativ spät auf." Damit verbunden ist auch die Verwendung des Begriffs *mathematisches Modellieren* für Gegenstände, die vorher in der didaktischen Diskussion mit anderen Begriffen bezeichnet wurden. So wurde das, was heute auch als *mathematisches Modellieren* verstanden wird, bis in die 1990er Jahre in der deutschsprachigen Diskussion mit dem Begriff *Anwendungsorientierter Mathematikunterricht* (siehe exemplarisch Schupp, 1994), Anwendungen im Mathematikunterricht (siehe exemplarisch Kaiser-Meßmer, 1986), Anwendungsbezüge im Mathematikunterricht (siehe Blum, 1996) oder als Realitätsbezüge im Mathematikunterricht (etwa von Kaiser, 1995) bezeichnet. Auch das Verständnis des *neuen Sachrechnens* im Sinne von Franke (2003) weist eine enorme inhaltliche Nähe zu aktuellen Interpretationen des Begriffs mathematisches Modellieren auf. In der internationalen Diskussion findet man u.a. die Bezeichnung *applied problem solving* (siehe exemplarisch Blum & Niss, 1991).

Ein drittes Problem ergibt sich aus der Bedeutung, die dem Begriff *mathematisches Modellieren* für den Mathematikunterricht zukommen soll. So kann das mathematische Modellieren im Zusammenhang mit der Kompetenzdiskussion als Kompetenz oder aber als Idee (für einen Überblick über verschiedene Konzepte für Ideen im Mathematikunterricht siehe das erste Kapitel in Vohns (2007)) verstanden werden. Die jeweilige Hintergrundtheorie führt auf Unterschiede im Begriffsverständnis. Die Zuordnung des mathematischen Modellierens als Kompetenz oder Idee ist keinesfalls einheitlich. So zählt etwa Heymann (1996, S. 174) das mathematische Modellieren zu den zentralen Ideen. Auch in den Bildungsstandards für das Fach Mathematik in Baden-Württemberg (Baden-Württemberg: Ministerium für Kultus, Jugend und Sport, 2004, S. 93) oder im Rahmenplan für das Fach Mathematik in der gymnasialen Oberstufe in Hamburg (Freie und Hansestadt Hamburg, Behörde für Schule und Berufsbildung, 2009, S. 11) findet man das (mathematische) Modellieren als Leitidee.

Als Kompetenz findet man das mathematische Modellieren etwa im PISA-Framework (OECD, 2003b, S. 40) und in den nationalen Bildungsstandards (KMK, 2004, S. 7f).

Wird nun das mathematische Modellieren als Kompetenz verstanden, kann für die Bildungsstandards die Forderung von Klieme et al. (2003) als bindend angesehen werden. Demnach legen Bildungsstandards fest, „welche *Kompetenzen* die Kinder oder Jugendlichen bis zu einer bestimmten Jahrgangsstufe mindestens erworben haben sollen" (Klieme et al., 2003, S. 9).

Ein anderer Anspruch ergibt sich aus der Interpretation des mathematischen Modellierens als Idee. So findet man zwar im Vertikalkriterium für fundamentale Ideen die Forderung, dass eine fundamentale Idee „auf jedem intellektuellen Niveau aufgezeigt und vermittelt werden" (Klika, 2003, S. 5) können muss. Dies ist jedoch nicht gleichbedeutend mit deren Zielerreichung im Sinne einer Kompetenz. So verstehen etwa Schubert und Schwill (2004, S. 78) mit Bezug auf den Ideenbegriff von Kant unter einer Idee das Folgende:

> Ideen sind idealisierte Vorstellungen, mit denen möglicherweise nicht erfahrbare Ziele verbunden sind; sie kanalisieren jedoch den menschlichen Forschungsdrang und leiten den Verstand an, seinen Erkenntnisbestand in Richtung auf das Ziel auszudehnen, ohne es womöglich jemals erreichen zu können.

Einem langfristigen Lernprozess kann dann der Anspruch im Sinne des Zielkriteriums nach Schubert und Schwill (2004, S. 85) zugrunde liegen. Das Verständnis des mathematischen Modellierens dient als idealisierte Zielvorstellung, „die jedoch faktisch möglicherweise unerreichbar ist" (Schubert & Schwill, 2004, S. 85). Mathematisches Modellieren im Unterricht ist dann eine didaktisch reduzierte Form der leitenden Idee.

Das mathematische Modellieren als Kompetenz der Bildungsstandards beinhaltet den Anspruch, Ziele zu formulieren, die von Lernenden verbindlich zu erreichen sind (vgl. Klieme et al., 2003, S. 21-23) sowie den Anspruch, den Lernstand über Testverfahren zu erfassen (vgl. Klieme et al., 2003, S. 23f). Dabei verengt der Anspruch, die Kompetenz empirisch zu erfassen und eine damit verbundene Operationalisierung, das Verständnis des mathematischen Modellierens weiter (vgl. Kuntze, 2010).

Daraus ergeben sich drei Verständnisse, die theoretisch unterschieden werden können:

1. Mathematisches Modellieren als Idee für einen Bildungsprozess
2. Mathematisches Modellieren als didaktisch reduzierter Gegenstand im Mathematikunterricht
3. Mathematisches Modellieren als operationalisierte und empirisch erfassbare Kompetenz

Im Rahmen dieser Arbeit liegt der Schwerpunkt auf einem didaktischen Verständnis des mathematischen Modellierens als Gegenstand schulischer Lernprozesse. Daraus ergibt sich insbesondere, dass der Anspruch an den Realitätsgehalt grundsätzlich gemäßigt ist. Dabei soll jedoch das mathematische Modellieren auch als Idee nicht aus den Augen verloren werden. Das heißt, dass mathematisches Modellieren in der Schule auch für Lernende nachvollziehbar auf die Bearbeitung außermathematischer Probleme z.B. durch Ingenieure oder Mathematiker in authentischen Situationen verweisen soll. Es wird jedoch nicht erwartet, dass Lernende am Ende der Schulzeit in der Lage sind, in vergleichbarer Weise authentische Probleme zu bearbeiten und erst recht nicht am Ende der Sekundarstufe I, um die es im Rahmen dieser Arbeit geht. Versteht man das mathematische Modellieren als Idee, ist es möglich, aus didaktischen Gründen Verkürzungen oder Verengungen einzelner Aspekte des mathematischen Modellierens zu akzeptieren. So kann z.B. der Anspruch an den Realitätsgehalt reduziert werden. Dabei soll jedoch mit solchen Veränderungen, Verkürzungen oder Reduktionen offen und intellektuell ehrlich umgegangen werden, so dass die Idee des mathematischen Modellierens, also z.B. die Bearbeitung authentischer Probleme, nicht aus dem Blick verloren geht.

Diese didaktische Interpretation des mathematischen Modellierens passt nun auch zum Verständnis des mathematischen Modellierens als Kompetenz der Bildungsstandards Mathematik, welches im Rahmen dieser Arbeit grundlegend ist.

2.1.5.1 Mathematisches Modellieren im Sinne der Bildungsstandards Mathematik

Eine unmittelbar auf die KMK Bildungsstandards (vgl. KMK, 2004, S. 8 und KMK, 2004, S. 14) bezogene Begriffsklärung der Kompetenz (K3) „Mathematisch modellieren" geben Leiß und Blum (2006):

> Beim *Modellieren* geht es darum, eine realitätsbezogene Situation durch den Einsatz mathematischer Mittel zu verstehen, zu strukturieren und einer Lösung zuzuführen sowie Mathematik in der Realität zu erkennen und zu beurteilen. Eine Schlüsselrolle spielen dabei mathematische Modelle. Als mathematisches Modell bezeichnet man in diesem Kontext ein vereinfachtes mathematisches Abbild der Realität, das nur gewisse Teilaspekte berücksichtigt (...).
> Der Prozess des Bearbeitens realitätsbezogener Fragestellungen lässt sich dabei idealtypisch durch folgende Teilschritte beschreiben:
>
> 1. Verstehen der realen Problemsituation
> 2. Vereinfachen und Strukturieren der beschriebenen Situation
> 3. Übersetzen der vereinfachten Realsituation in die Mathematik
> 4. Lösen der nunmehr mathematischen Problemstellung durch mathematische Mittel
> 5. Rückinterpretation und Überprüfung des mathematischen Resultats anhand des realen Kontexts

(...) Das Wesentliche sind die *Übersetzungsprozesse*, die der Schüler zu leisten
hat, um eine zielführende Verbindung zwischen einem außermathematischen Kontext und einem innermathematischen Inhalt herzustellen. (Leiß & Blum, 2006, S.
40f)

Im Folgenden werden die drei zuvor genannten Fokusse auf das mathematische Modellieren im Sinne der Bildungsstandards gerichtet, um das zugrunde
liegende Verständnis auszuschärfen.

Der Bearbeitungsprozess
Die oben genannte Aufzählung von Teilschritten hat unmittelbaren Bezug auf
einen sogenannten *Modellierungskreislauf* als idealisierte und schematische
Darstellung des Bearbeitungsprozesses von Modellierungsanforderungen. Zu
den oben genannten Teilschritten passen die Abbildung 2.5 (siehe Seite 28)
und 2.6 (siehe Seite 28).

Da im Rahmen dieser Arbeit die Teilhandlung des Modellbildens, also die
Übersetzung eines realitätsbezogenen Problems in ein mathematisches Modell, aus tätigkeitstheoretischer Perspektive analysiert und präzisiert wird, wird
im Rahmen dieser Arbeit gegenüber Modellierungskreisläufen eine differenzierte Position entwickelt.

Realitätsgehalt
Der Anspruch an den Realitätsgehalt kann auf Grund der Formulierungen
„realitätsbezogene Situation" bzw. „realitätsbezogene Fragestellung" als gemäßigt angesehen werden. Dabei sind bei dieser Formulierung authentische
Problemstellungen natürlich nicht ausgeschlossen, nach diesem Begriffsverständnis sind sie aber auch nicht ausdrücklich notwendig.

Modellauffassung
Die Modellauffassung ist ebenfalls relevant und es kommen verschiedene Objekte als mathematische Modelle in Frage. In den Bildungsstandards Mathematik werden „Formeln, Gleichungen, Darstellungen von Zuordnungen, Zeichnungen, strukturierte Darstellungen, Ablaufpläne" (KMK, 2004, S. 14) explizit
genannt. Solche Darstellungen heißen *mathematisches Modell*, wenn durch
diese ein spezifischer Teil der Realität, meist reduziert auf strukturelle oder
funktionale Aspekte (Verkürzungsmerkmal), wiedergegeben wird (Abbildungsmerkmal) und dies auf Grund eines bestimmten Zwecks geschieht (pragmatisches Merkmal).

Dabei wird im Rahmen dieser Arbeit davon ausgegangen, dass den Lernenden zur Bearbeitung realitätsbezogener Probleme notwendige mathema-

tische Mittel bekannt sind. Im Rahmen des Bearbeitungsprozesses müssen also nicht für die Schüler neue bzw. unbekannte mathematische Mittel entwickelt und erlernt werden.

Des Weiteren werden verschiedene Zwecke bzw. Funktionen genannt, die einer mathematischen Modellierung zugrunde liegen könnten. Leiß und Blum (2006, S. 41) differenzieren zwischen *normativen Modellen* und *deskriptiven Modellen.*

2.1.5.2 Probleme und Aufgaben

Die oben entwickelten Fokusse können nun auch genutzt werden, um den Begriff *Modellierungsaufgabe* zu fassen. Insbesondere unter dem dritten Fokus zum Realitätsgehalt (siehe Seite 29) wurde der Begriff Modellierungsaufgabe bereits diskutiert. Vor dem Hintergrund des zuvor gefassten Begriffs mathematisch Modellieren im Sinne der Bildungsstandards, sind Modellierungsaufgaben nun Aufgabenstellungen, in denen eine realitätsbezogene Situation mit mathematischen Mitteln bearbeitet werden soll. Dieser Bearbeitung können verschiedene Zwecke zugrunde liegen, es ist dabei jedoch ein mehrschrittiger Bearbeitungsprozess erforderlich, der insbesondere Übersetzungsprozesse zwischen der außermathematischen Situation und dem mathematischen Modell erfordert.

Im Rahmen dieser Arbeit spielen zur langfristigen Förderung von Modellierungskompetenzen weitere Aufgabentypen und Aufgabenformate mit Potenzial zur Förderung von Modellierungskompetenzen eine wichtige Rolle. Dabei können nicht alle Aufgabentypen und -formate als Modellierungsaufgaben im oben genannten Sinne angesehen werden. Im Rahmen einer langfristigen Förderung von Modellierungskompetenzen haben jedoch auch andere Aufgaben ihre Berechtigung. Welche Rolle solche Aufgaben konkret übernehmen, wird im letzten Teil dieser Arbeit dargestellt. Im Rahmen des dort entwickelten Konzepts zur langfristigen Förderung von Modellierungskompetenzen lässt sich die konkrete Funktion verschiedener Aufgabentypen für eine langfristige Förderung präzisieren.

Daher sei an dieser Stelle nur die Breite und Vielfalt verschiedener Probleme und Aufgaben angedeutet, die einen Bezug zwischen der Mathematik und dem Rest der Welt im Unterricht herstellen können und Potenzial zur Förderung von Modellierungskompetenzen haben.

Auf der einen Seite gibt es authentische Probleme und Fragestellungen, auf der anderen Seite Textaufgaben (word problems), in denen ein mathematischer Inhalt durch außermathematische Begriffe eingekleidet ist. Bereits Burkhardt (1981, S. 8) nimmt eine Klassifikation von Aufgaben in Abhängigkeit der Relevanz der Aufgaben vor. Unterschieden werden *action problems* mit unmittelbarem Lebensbezug für die Lernenden, *believable problems* als Probleme für andere Menschen, oder die in der Zukunft für die Lernenden relevant sein werden, *curious problems* als interessante Fragestellungen, *dubious problems* als Probleme zum Anwenden und Einüben mathematischer Inhalte ohne eine Relevanz für außermathematische Probleme und *educational problems* als Aufgaben zur Veranschaulichung mathematischer Inhalte.

Niss et al. (2007, S. 11f) verwenden zur Charakterisierung von word problems, standard applications und modelling problems die zur Bearbeitung nötigen Teilhandlungen in einem Modellierungsprozess. Demnach ist nur bei modelling problems die Durchführung aller Teilhandlungen erforderlich. Zur Klassifikation von Aufgaben schlägt K. Maaß (2010) weitere Kategorien vor, z.B. Daten, Art des Kontexts, Art der Repräsentation(en) innerhalb der Aufgabenstellung und Offenheit.

Eine differenzierte Darstellung von Aufgaben mit Potenzial zur Förderung von Modellierungskompetenzen im Rahmen des langfristigen Kompetenzaufbaus erfolgt in 8.2. Dort werden die verschiedenen Aufgaben mit ihren spezifischen Funktionen im Rahmen des langfristigen Kompetenzaufbaus mit Beispielen vorgestellt. Für eine aktuelle und ausführliche Klassifikation von Modellierungsaufgaben sei auf K. Maaß (2010) verwiesen.

Eine weitere Anmerkung gilt dem Begriff *Problem*. Dieser wird auch im Rahmen des mathematischen Modellierens immer wieder verwendet. Insbesondere ist in der Regel von einem *außermathematischen Problem* die Rede, welches Gegenstand des Bearbeitungsprozesses beim mathematischen Modellieren ist. Dabei gibt es einen Unterschied zum Problembegriff des Problemlösens. Im Rahmen der fachdidaktischen Diskussion zum Problemlösen wird eine Aufgabe dann zu einem Problem, wenn die zu bewältigende Anforderung individuell als problematisch beurteilt wird, also wenn für den Problemlöser im Rahmen der Bearbeitung eine Hürde überwunden werden muss (vgl. Bruder & Collet, 2011, S. 11; Zawojewski, 2010, S. 237f). Im Sinne dieser Begriffsbildung gibt es somit keine Aufgaben, die an sich Probleme sein können, Probleme entstehen immer nur mit Bezug auf ein konkretes Individuum. Beim mathematischen Modellieren wird die zu bearbeitende außermathematische Situation auch als Problem bezeichnet, wenn die Anforderung für den Modellbildner als Routineaufgabe bearbeitet werden kann und im Sinne des Problemlösens kein Problem vorliegt.

2.2 Modellierungsperspektiven und relevante Forschungslinien

In der internationalen Diskussion zum mathematischen Modellieren werden maßgeblich durch Kaiser, in Abhängigkeit der Ziele für den Mathematikunterricht, verschiedene Modellierungsperspektiven differenziert (vgl. Kaiser, 2006; Kaiser & Sriraman, 2006; Borromeo Ferri & Kaiser, 2008, S. 2). Dabei lassen sich abhängig von den Zielen mehrere Perspektiven mit unmittelbarem Bezug zur Förderung von Modellierungskompetenzen im Sinne dieser Arbeit finden. So ist die Förderung von Modellierungskompetenzen durch die Integration authentischer Probleme in den Unterricht Ziel des *realistischen oder angewandten Modellierens*. Die Vermittlung von Metawissen zum Modellierungsprozess und der Beschäftigung mit verschiedenen Aufgabentypen zum Erwerb von Modellierungskompetenzen sind Ziele des *pädagogischen Modellierens*. Und die Befähigung zur kritischen Reflexion mathematischer Modelle und Modellierungsprozesse im Sinne einer mathematischen Mündigkeit sind Ziele des *soziokritischen Modellierens*. Im Rahmen dieser Arbeit sind diese drei Perspektiven relevant, da sie jeweils einen Beitrag zur Förderung von Modellierungskompetenz bzw. von bestimmten Aspekten von Modellierungskompetenz beitragen.

Andere Perspektiven (das *kontextbezogene Modellieren* und das *epistemologische Modellieren*) verfolgen nach Borromeo Ferri und Kaiser (2008) insbesondere stoffbezogene oder wissenschaftsorientierte Ziele. Da bei diesen beiden Perspektiven die Förderung von Modellierungskompetenzen kein primäres Ziel darstellt, spielen sie für diese Arbeit eine nachgeordnete Rolle.

Insbesondere mit Blick auf die nationale Diskussion zum mathematischen Modellieren lohnt es sich, die als pädagogisches Modellieren bezeichnete Modellierungsperspektive genauer zu studieren. So setzen Kaiser und Sriraman (2006, S. 204) das pädagogische Modellieren in Beziehung zu der von Kaiser-Meßmer (1986, S. 100) als *integrative Richtung* bezeichnete Position. Innerhalb der von Kaiser-Meßmer (1986, S. 82-161) als (damals) aktuelle Positionen zu Anwendungen im Mathematikunterricht rekonstruierten Positionen werden u.a. Blum und Winter als Vertreter dieser Richtung genannt (vgl. Kaiser-Meßmer, 1986, S. 113-116). Diese Position wird als integrativ bezeichnet, da von den Vertretern jeweils mehrere Ziele für den Mathematikunterricht bzw. mehrere Argumente für eine Berücksichtigung von Realitätsbezügen benannt werden (vgl. Kaiser-Meßmer, 1986, S. 100-104).

Blum (1985, S. 210-215) nennt pragmatische, formale, wissenschaftstheoretische und lernpsychologische Argumente für Anwendungen im Mathematikunterricht. Dabei sieht Kaiser-Meßmer (1986, S. 196) grundsätzlich jedoch auch „starke Verbindungen von BLUM mit der pragmatischen Richtung".

Auf Grund der langjährigen Beteiligung von Werner Blum an der fachdidaktischen Diskussion um Anwendungs- und Realitätsbezüge im Mathematikunterricht (siehe exemplarisch Blum, 1985; Blum & Niss, 1991; Blum, 1996; Blum, 2007; Blum, 2011), seiner Tätigkeit im deutschen PISA-Konsortium sowie seines Engagements im Zusammenhang mit den Bildungsstandards (vgl. Henn & Kaiser, 2005) ist die aktuelle nationale Diskussion zum mathematischen Modellieren sowie das Verständnis des mathematischen Modellierens als Kompetenz in den Bildungsstandards stark von Blum geprägt. Dabei kann die zentrale Rolle des Bearbeitungsprozesses sowie die idealisierte Darstellung durch Modellierungskreisläufe mit der typischen Trennung zwischen der außermathematischen Welt und der Welt der Mathematik auf den Einfluss der pragmatischen Richtung zurückgeführt werden (vgl. Kaiser & Sriraman, 2006; Borromeo Ferri & Kaiser, 2008, S. 2). Des Weiteren kann mit Blick auf die Nähe zur pragmatischen Richtung mit ihrem Ausgangspunkt in der angewandten Mathematik (vgl. Burkhardt, 2006b) der Zugang von Blum zum mathematischen Modellieren als Gegenstand des Mathematikunterrichts interpretiert werden. So verlangen die frühen Beiträge von Blum mathematische Inhalte der Sekundarstufen I und II (vgl. Blum, 1985, S. 199; Blum, 1995, S. 2-5; Blum, 1996, S. 17f).

Im Zusammenhang mit dem Gegenstand dieser Arbeit, einer langfristig angelegten Förderung von Modellierungskompetenzen in der Sekundarstufe I, kann dieser Zugang auch als „Zugang von oben" angesehen werden. Ein „Zugang von unten" ergibt sich aus der Forschungslinie zum Sachrechnen.

Nun kann Winter, dem von Kaiser-Meßmer (1986, S. 100) auch auf Grund der von ihm formulierten Lernziele für den Mathematikunterricht ein bedeutender Einfluss auf die integrative Richtung zugesprochen wird, auch als Vertreter des *neuen Sachrechnens* angesehen werden (vgl. Franke, 2003, S. 19f). Dieses Sachrechen hat sich seine Eigenständigkeit als Forschungslinie neben dem mathematischen Modellieren bewahrt (vgl. Greefrath, 2010, S. 35). Nun hat zwar das Sachrechnen eine lange und wechselhafte Geschichte, die in den Darstellungen zur Entwicklung des Sachrechnens bei Kaiser-Meßmer (1986), Franke (2003) und Greefrath (2010) zu finden sind, jedoch weist das neue Sachrechnen eine große Nähe zum mathematischen Modellieren als Kompetenz der Bildungsstandards auf (vgl. Franke, 2003, S. 21; Greefrath,

2010, S. 37). Dies ist auch kaum verwunderlich, da in beiden Linien die Lernziele von Winter eine wesentliche Rolle spielen (vgl. Kaiser-Meßmer, 1986, S. 100; Franke, 2003, S. 21-29). International können auch Forschungsaktivitäten zum Umgang von Lernenden mit sogenannten „word problems" im Zusammenhang mit dem neuen Sachrechnen angesehen werden. Gerade aus dieser Richtung lässt sich aktuell ein gemeinsames Interesse an einer langfristigen Förderung von Modellierungskompetenzen (vgl. Greer & Verschaffel, 2007; Verschaffel, Van Dooren, Greer & Mukhopadhyay, 2010) und in diesem Zusammenhang eine aktuelle Integration dieser Richtung in die Diskussion zum mathematischen Modellieren (vgl. Biehler & Leiss, 2010) erkennen.

Hintergrund: Sachrechnen und word problems

Für das Verständnis des Sachrechnens und dessen Bedeutung in dieser Arbeit ist das folgende Verständnis von *Textaufgaben* und *Sachaufgaben* nach Franke (2003, S. 33f) von zentraler Bedeutung. Da im späteren Teil der Arbeit auch der Begriff der eingekleideten Aufgabe eine Rolle spielt, wird dieser hier ebenfalls nach Franke (2003) wiedergegeben.

Eingekleidete Aufgaben
Ziel dieser Aufgaben ist vorrangig das Anwenden von Rechenverfahren, das Festigen mathematischer Begriffe und das Erfassen von Zahlbeziehungen. Der Sachkontext an sich ist unwichtig, die Kinder bekommen keine neuen Informationen über die Sache. Es ist schon an der Formulierung erkennbar, wie gerechnet werden soll. Eigentlich kann der Sachtext beliebig ausgetauscht werden. (...)
Diese Aufgaben können als Text oder auch mit Hilfe eines Bildes dargestellt werden. Die Objekte (...) sind austauschbar, es geht um das Erkennen einer Rechenoperation und um das Ermitteln des Ergebnisses.

Textaufgaben
Ziel dieser Aufgaben ist das Erfassen des Zusammenhangs zwischen den angegebenen Zahlen und das Zuordnen einer mathematischen Zeichenreihe (Term oder Gleichung). Die Schwierigkeit liegt im Übertragen der Textstruktur in eine mathematische Struktur. Obwohl die Reihenfolge der Angaben im Text nicht deren Verwendung in der mathematischen Aufgabe entsprechen muss, sind diese Aufgaben eindeutig zu bearbeiten, enthalten meist passende Zahlen und oft genau eine Lösung. Zu diesem Typ werden verbalisierte Zahlenaufgaben (Beispiel 1) Aufgaben in Textform, bei denen die Sache zwar sinnvoll, aber nebensächlich ist, gezählt (Beispiel 2). Die Vielfalt und Komplexität des Sachkontextes in der Realität wird nicht berücksichtigt. Teilweise würde sich das Problem im Alltag nicht so stellen. So ist die Frage in Beispiel 2 Unsinn, denn in der Realität muss vor dem Einkaufen ermittelt werden, wie viel gebraucht wird. (...)
Beispiele:

(1) Subtrahiere von 348 das Sechsfache von 8.
(2) Frau Schneider kauft für € 88 Vorhangstoff. Der Preis für 1 m beträgt € 8. Wie
     viel Stoff hat Frau Schneider gekauft?

Für solche Aufgaben, in denen zwar ein realer, wenn auch nicht unbedingt interessanter Sachverhalt beschrieben und für den Unterricht stark vereinfacht dargestellt wird, findet man auch die Bezeichnung Sach*rechen*aufgabe (...). *Diese Aufgaben bilden den Schwerpunkt des traditionellen Sachrechnens* [Hervorhebung von UB] und haben bis heute als Übungsform ihren Stellenwert im Unterricht behalten (...).

Sachaufgaben
Ziel dieser Aufgaben ist ebenfalls das Mathematisieren von Sachbeziehungen und damit das Zuordnen einer adäquaten mathematischen Operation. Nach dem Ermitteln der Lösung ist das Rechenergebnis auf die Situation zurück zu beziehen. Allerdings ist auch die Sachsituation wichtig: Sie stellt einen Bezug zur Realität, zu den Alltagserfahrungen der Kinder her. Die mathematische Bearbeitung soll das Verständnis für die Sache unterstützen. Die Mathematik dient als Hilfsmittel, um tiefer in den Sachkontext eindringen zu können (Franke, 2003, S. 32-34).

Für das Folgende ist das „neue Sachrechnen" aus den 80er Jahren des 20. Jahrhunderts nach der Mengenlehreära (vgl. Franke, 2003, S. 19) von Bedeutung . Dabei sind, entsprechend des oben genannten Verständnisses von Sachaufgaben, „sowohl der mathematische Inhalt als auch die Sache gleichberechtigte Komponenten in der Aufgabe" (Franke, 2003, S. 35). Mathematik ist dann ein Mittel zum Zweck zur Bearbeitung der Sache (vgl. Franke, 2003, S. 34f). Franke (2003, S. 19f) nennt verschiedene Vorschläge, die für das neue Sachrechnen unterbreitet wurden und „in ihrer Gesamtheit gesehen, eine umfassende Sicht auf das Sachrechnen liefern":

- **Sachrechnen, das von den Alltagserfahrungen der Schüler ausgeht** (...)
- **Sachrechnen an Texten,** die lesenswert sind und auch zu mathematischen Betrachtungen anregen (...)
- **Projekte,** also Echtsituationen, die die Kinder mit Hilfe der Mathematik bewältigen können (...)
- **Fantasiegeschichten, Knobel- und Kapitänsaufgaben,** die neben den bereits genannten Konzepten der Entwicklung der Problemlösefähigkeiten dienen (...)

Im letzten Punkt verweist Franke (2003) auf „Kapitänsaufgaben" und damit implizit auf Baruk (1989), durch deren Veröffentlichung die Kapitänsaufgabe international bekannt wurde. Die Aufgabe „Auf einem Schiff befinden sich 26 Schafe und 10 Ziegen. Wie alt ist der Kapitän?" ist der Prototyp sogenannter Kapitänsaufgaben. Diese Bezeichnung wird für Aufgaben in Textform verwendet, die nicht lösbar sind. Die zweifelhafte Berühmtheit dieser Aufgabe beruht auf Untersuchungsergebnissen aus dem Jahr 1980 in Frankreich. Von 97 befragten Schülern der zweiten und dritten Klasse „haben 76 auf die Frage so geantwortet, daß sie die in der Aufgabe angegebenen Zahlen in irgendeiner Weise miteinander kombiniert haben" (Baruk, 1989, S. 29).

In der Folge wurden ähnlich gravierende Probleme beim Arbeiten mit ähnlichen Aufgaben (word problems) auch im Mathematikunterricht anderer Länder nachgewiesen (vgl. Greer & Verschaffel, 2007, S. 90; Verschaffel, Greer & De Corte, 2000, S. 5f). International entwickelten sich verschiedene Forschungsaktivitäten um word problems. In schriftlichen Tests wurden parallelisierte Itempaare aus einem standard word problem (S-Problems) und einer „problematischen" Aufgabe (P-Problems) verwendet. Das unreflektierte Anwenden einer arithmetischen Operation führt bei solchen P-Problems in der Regel zu einer unrealistischen oder unvollständigen Antwort (vgl. Greer, Verschaffel, van Dooren & Mukhopadhyay, 2009, S. xii; Verschaffel & De Corte, 1997; Reusser & Stebler, 1997).

Ein Beispiel für ein solches Itempaar aus S-Problem und P-Problem ist das Folgende aus Verschaffel, De Corte und Lasure (1994, S. 276):

- S-Problem: Pete's piggy bank contains 690 franks. He spends all that money to buy 20 toy cars. How much was the price of one toy car?
- P-Problem: 450 soldiers must be bused to their training site. Each army bus can hold 36 soldiers. How many buses are needed?

Nach dem ersten Anschein lassen sich nach der oben vorgenommenen Begriffsklärung für verschiedene Aufgaben nach Franke (2003) beide Aufgaben als *Textaufgaben* bezeichnen und stimmen auch gut mit der Beispielaufgabe für eine Textaufgabe überein (siehe Seite 43). Bei dem oben genannten P-Problem ergibt sich bei der Division jedoch ein Rest und es muss abhängig vom Sachkontext entschieden werden, wie mit diesem innermathematischen Ergebnis zur Beantwortung der Frage verfahren werden muss. Damit sind Forschungsaktivitäten um word problems und Sachaufgaben für eine langfristige Förderung von Modellierungskompetenzen durchaus von Relevanz. Insbesondere, da die hier angesprochenen Forschungen zu word problems im Übergang zwischen Primar- und Sekundarstufe angesiedelt sind (vgl. u.a. Selter, 1994; Verschaffel & De Corte, 1997; Reusser & Stebler, 1997). Eine langfristige Entwicklung innerhalb der Sekundarstufe I sollte schließlich an diesem Punkt anknüpfen.

Auch wenn die inhaltlichen Gemeinsamkeiten zwischen Sachrechnen und mathematischem Modellieren herausgestellt wurden, wird auf eine begriffliche

Vereinheitlichung verzichtet. Auch wenn auf Grund der Gemeinsamkeiten für eine konkrete Aufgabe auf Grund ihrer inhaltlichen Merkmale wohl nicht mehr entschieden werden kann, ob es sich um eine Sachaufgabe oder eine Modellierungsaufgabe handelt, wird im Rahmen dieser Arbeit aus drei Gründen an einer begrifflichen Trennung festgehalten. Erstens stellt das Sachrechnen eine eigenständige Linie innerhalb der fachdidaktischen Forschung und des Mathematikunterrichts dar, die nach wie vor aktuell ist (vgl. Greefrath, 2010, S. 37). Zweitens soll auf Grund dieser begrifflichen Differenzierung klar werden, dass mit dem Bezug auf das Sachrechnen der langfristige Kompetenzaufbau „von unten", also vom Übergang der Primar- zur Sekundarstufe im Fokus liegt. Drittens soll mit dieser Differenzierung für den Leser ersichtlich bleiben, auf welche Linie innerhalb der fachdidaktischen Diskussion Bezug genommen wird.

2.3 Weitere Aspekte des mathematischen Modellierens in der aktuellen fachdidaktischen Diskussion

Im Folgenden werden zwei Aspekte der fachdidaktischen Forschung vorgestellt, die vor dem Hintergrund des in der Arbeit verfolgten Anliegens zentral sind. In Abschnitt 2.3.1 werden Konzepte von Modellierungskompetenzen vorgestellt und diskutiert. In Abschnitt 2.3.2 werden einige Studien und Ergebnisse der fachdidaktischen Forschung mit Bezug auf die Förderung von Modellierungskompetenzen dargestellt. Abschließend wird das Thema des Technologieeinsatzes beim mathematischen Modellieren angerissen, da die Bearbeitung einiger Beispielaufgaben sinnvollerweise mit Technologie erfolgt. Eine ausführliche Diskussion des Themas Technologieeinsatz und mathematisches Modellieren ist jedoch im Rahmen dieser Arbeit nicht möglich. Im Folgenden soll der aktuelle Forschungsstand der Fachdidaktik für einige relevante Aspekte dargestellt werden.

2.3.1 Konzepte für Modellierungskompetenz

In der fachdidaktischen Literatur wird der Begriff „Modellierungskompetenz" in unterschiedlichen Zusammenhängen für verschiedene Zwecke und mit unterschiedlichen Bedeutungen verwendet. In diesem Abschnitt werden einige der

vom Autor rezipierten Konzepte von Modellierungskompetenzen vorgestellt[2].
Dazu werden die Konzepte hinsichtlich ihres Zwecks klassifiziert, da die Konzeption von Modellierungskompetenzen maßgeblich vom Anliegen abhängig ist. Die Konzepte werden entsprechend der drei folgenden Kategorien dargestellt:

- Konzepte zur Begriffsklärung und begrifflichen Differenzierung
- Konzepte zur Operationalisierung von Modellierungskompetenz in empirischen Studien
- Konzepte hinsichtlich Aspekten zur Förderung und Entwicklung von Modellierungskompetenz

Eine solche Klassifikation von Konzepten ist nicht immer eindeutig möglich, da Konzepten von Modellierungskompetenzen häufig mehrere Funktionen und mögliche Verwendungen zugeschrieben werden. Ausschlaggebend für die hier vorgenommene Klassifikation waren zum einen explizit in den Beiträgen genannte Ziele und zum anderen die im Beitrag referierte Verwendung (z.B. die empirisches Bestimmung von Schülerleistungen im mathematischen Modellieren auf Grundlage des Konzeptes von Modellierungskompetenz).

2.3.1.1 Konzepte zur Begriffsklärung und begrifflichen Differenzierung

Als für diese Kategorie grundlegendes Konzept von mathematischer Kompetenz im allgemeinen und Modellierungskompetenz im Speziellen kann das Konzept von Niss (2003a) im Rahmen des KOM-Projects angesehen werden. Das Konzept wird dieser Kategorie zugeordnet, da auf der Grundlage einer Begriffsklärung von mathematischer Kompetenz ein Rahmenkonzept zur Vereinheitlichung des Mathematikunterrichts aller Schulstufen in Dänemark angestrebt wurde (vgl. Niss, 2003a, S. 1-6)

Im Rahmen dieses Konzepts wird zunächst zwischen einer übergreifenden *mathematical competence* und einer spezifischen *mathematical competency* unterschieden. „Mathematical competence then means the ability to understand, judge, do, and use mathematics in a variety of intra- and extra-mathematical contexts and situations in which mathematics plays or could play a role" (Niss, 2003a, S. 6f). Als notwendige, aber nicht hinreichende Voraussetzung für eine solche mathematische Kompetenz weist Niss (2003a, S. 7)

---

[2]Auf Grund der unterschiedlichen Konzepte für Modellierungskompetenz und deren unterschiedlichen theoretischen Grundlagen wird an dieser Stelle noch kein Bezug zum Kompetenzbegriff nach Weinert (2001) hergestellt. Dieser, den Bildungsstandards zugrunde liegende Kompetenzbegriff, wird in Abschnitt 3.1.3 auf Seite 74 dargestellt.

auf vielfältige Sachkenntnisse, Fähigkeiten und Fertigkeiten hin, ohne diese weiter zu konkretisieren. Modellierungskompetenz ist nach diesem Konzept als eine *mathematical competency* zu verstehen. „A mathematical competency is a clearly recognisable and distinct, major constituent of mathematical competence."(Niss, 2003a, S. 7) Als eine von insgesamt acht solcher spezifischen mathematischen Kompetenzen, in denen es darum geht, Fragen in und mit Mathematik zu stellen und zu beantworten, beschreibt Niss (2003a, S. 7f) das mathematische Modellieren bzw. das Analysieren und Bilden von Modellen wie folgt:

- *analysing* foundations and properties of *existing models*, including assessing their range and validity
- *decoding* existing models, i.e. translating and interpreting model elements in terms of the 'reality' modelled
- *performing* active modelling in a given context
  - structuring the field
  - mathematising
  - working with(in) the model, including solving the problems it gives rise to
  - validating the model, internally and externally
  - analysing and criticising the model, in itself and vis-à-vis possible alternatives
  - communicating about the model and its results
  - monitoring and controlling the entire modelling process.

Auf dieser Grundlage differenziert Niss (2003a, S. 9) einen analytischen und einen produktiven Aspekt:

The analytical aspect of a competency focuses on understanding, interpreting, examing, and assessing mathematical phenomena and processes, (...) whereas the productive aspect focuses on the active construction or carrying out of processes.

Zur Beschreibung eines individuellen Grads der Aneignung bzw. Verfügbarkeit einer spezifischen Kompetenz differenziert Niss (2003a, S. 10) drei Dimensionen:

The *degree of coverage* is the extent to which the person masters the characteristic aspects of the competence at issue as indicated in the above characterisation of it. The *radius of action* indicates the spectrum of contexts and situations in which the person can activate that competence. The *technical level* indicates how conceptually and technically advanced the entities and tools are with which the person can activate the competence.

Diese drei Dimensionen werden von Blomhøj und Jensen (2007) für mathematical modelling competency konkretisiert:

A dimension describing the *degree of coverage*, meaning which parts of the modelling process the students are working with and at what level of reflection, a dimension that has to do with the *technical level* of the students activities involved in the modelling process, meaning what kind of mathematics they use and how flexible they do it, and a dimension that has to do with variation in the types of situations and contexts in which the students can actually activate their mathematical modelling competency, in short called the *radius of action* (Blomhøj & Jensen, 2007, S. 51) [Hervorhebungen von UB].

Dabei weisen Blomhøj und Jensen (2007, S. 51) darauf hin, dass mit diesen drei Dimensionen der Vorschlag verbunden ist, die individuelle Kompetenzentwicklung zu beschreiben.

Mit diesem Konzept von Modellierungskompetenz durch Niss (2003a) und seiner Konkretisierung durch Blomhøj und Jensen (2007) werden bereits verschiedene Facetten von Modellierungskompetenz genannt. Die nun folgenden Konzeptionen lassen sich daher auch in das bisher genannte Konzept und seine Konkretisierung eingliedern. Da die folgenden Konzepte jedoch z.T. einzelne Aspekte differenzierter darstellen, werden sie kurz referiert.

Niss et al. (2007, S. 12f) verstehen unter Modellierungskompetenz die Fähigkeit, Handlungen ausführen zu können, die für die Entwicklung und das Arbeiten mit mathematischen Modellen notwendig sind. Diese Fähigkeiten, die die Charakterisierung von modelling competency nach Niss (2003a) weiter ausdifferenziert, sind:

So mathematical modelling competency means the ability to identify relevant questions, variables, relations or assumptions in a given real world situation, to translate these into mathematics and to interpret and validate the solution of the resulting mathematical problem in relation to the given situation, as well as the ability to analyse or compare given models by investigating the assumptions being made, checking properties and scope of a given model etc.

Diese Fähigkeiten sind jedoch, so Niss et al. (2007, S. 13), nicht hinreichend, um reale Probleme erfolgreich zu bearbeiten:

Typically, *other competencies* such as representing the mathematical objects involved in an appropriate way, arguing and justifying what problems are solved in a group (typical for learning environments where modelling is required), social competencies not specific to mathematics are needed for effective cooperative teamwork and for the mutual construction and testing of knowledge generated during modelling activitiy. The use of the term „competencies" in the context of modelling may involve several of these domains, typically in combination.

Diese Ergänzung macht deutlich, dass Modellierungskompetenzen alleine keine hinreichenden subjektiven Voraussetzungen darstellen, wenn ein Modellierungsproblem als objektive Anforderung bearbeitet werden soll. Dies ist

dem Umstand geschuldet, dass die Konzeptionen von Modellierungskompetenz versuchen, einen möglichst spezifischen Kern der Kompetenz zu beschreiben und damit allgemeinere Aspekte wie die oben genannten sozialen
Kompetenzen im Rahmen der Begriffsklärung verständlicherweise nicht genannt werden. Will man die objektive Anforderungsstruktur jedoch vollständig
erfassen, müssen auch diese „other competencies" berücksichtigt werden.
Als letztes Konzept in diesem Abschnitt sei auf Blum (2007, S. 6) verwiesen, der die Fähigkeit, die Prozessschritte zum Erhalten des Realmodells, das
Mathematisieren, Interpretieren und Validieren ausführen zu können, als Modellierungskompetenz beschreibt. Als notwendige Handlungen zum Erhalten
des Realmodells nennt er, ausführlicher als in den bisher genannten Konzepten, „Vereinfachungs-, Idealisierungs- und Strukturierungsaktivitäten".

Die hier genannten Konzepte verweisen insbesondere auf die Komplexität
von Modellierungskompetenzen. Diese Komplexität kommt zum einen zustande, da das mathematische Modellieren ein Prozess mit verschiedenen Teilhandlungen ist, die zur Bearbeitung eines außermathematischen Problems
mit mathematischen Mitteln notwendig ist. Zum anderen ergibt sich die Komplexität auf Grund verschiedener Dimensionen der Kompetenz, die sich differenzieren lassen. Damit geben diese Konzepte wichtige Hinweise auf vielfältige Aspekte, die im Rahmen einer langfristigen Förderung berücksichtigt werden müssen, um Modellierungskompetenzen umfassend zu entwickeln. Die
genannten Konzepte enthalten dabei jedoch keine unmittelbaren Vorschläge,
wie Modellierungskompetenzen systematisch und kumulativ vermittelt werden
können. Auf Grund der differenzierten Aspekte von Modellierungskompetenzen ist es denkbar, die einzelnen Aspekte im Sinne einzelner Segmente oder
Teile von Modellierungskompetenzen zu vermitteln und zu erwerben. Wie sich
auf Grund der Ausführungen in Kapitel 7 zeigen wird, ist gerade eine solche
Segmentierung oder Atomisierung zur Vermittlung von Modellierungskompetenzen nicht geeignet.

2.3.1.2 Konzepte zur Operationalisierung von Modellierungskompetenz in empirischen Studien

In diesem Abschnitt werden Konzepte vorgestellt, die zur Ermittlung von Modellierungskompetenzen in empirischen Studien entwickelt wurden.

Das Konzept von Blum und Kaiser (1997) basiert auf der Differenzierung
von Teilkompetenzen entsprechend dem Modellierungskreislauf. Weiter oben
wurden bereits andere Konzepte von Modellierungskompetenzen genannt, die

ebenfalls diesen Ansatz nutzen, jedoch wird an dieser Stelle das Konzept von Blum und Kaiser (1997) nach K. Maaß (2006, S. 116f) zitiert, da die Beschreibung der sogenannten sub-competencies sehr differenziert ausfällt:

Competencies to understand the real problem and to set up a model based on reality: Competency

- to make assumptions for the problem and simplify the situation;
- to recognize quantities that influence the situation, to name them and to identify key variables;
- to construct relations between the variables;
- to look for available information and to differentiate between relevant and irrelevant information;

Competencies to set up a mathematical model from the real model; Competency

- to mathematize relevant quantities and their relations
- to simplify relevant quantities and their relations if necessary and to reduce their number and complexity;
- to choose appropriate mathematical notations and to represent situations graphically;

Competencies to solve mathematical questions within this mathematical model. Competency

- to use heuristic strategies such as division of the problem into part problems, establishing relations to similar or analog problems, rephrasing the problem, viewing the problem in a different form, varying the quantities or the available data etc.;
- to use mathematical knowledge to solve the problem;

Competencies to interpret mathematical results in a real situation: Competency

- to interpret mathematical results in extramathematical contexts;
- to generalize solutions that were developed for a special situation;
- to view solutions to a problem by using appropriate mathematical language and/or to communicate about the solutions;

Competencies to validate the solution. Competency

- to critically check and reflect on found solutions;
- to review some parts of the model or again go through the modelling process if solutions do not fit the situation;
- to reflect on other ways of solving the problem or if solutions can be developed differently;
- to generally question the model.

Blum und Kaiser (1997) zitiert nach K. Maaß (2006, S. 116f)

Diese differenzierte Darstellung von Aktivitäten im Rahmen von Teilschritten zeigt, wie vielfältig individuelle Voraussetzungen sein müssen, um bestimmte Modellierungsanforderungen bewältigen zu können. Ein ähnliches, allerdings weniger ausdifferenziertes Konzept wurde von Ludwig und Xu (2010) zur Erfassung von Modellierungskompetenzen genutzt.

Auch dem konzeptuellen Rahmen der Studie PALMA (Projekt zur Analyse der Leistungsentwicklung in Mathematik) (vom Hofe, Hafner, Blum & Pekrun, 2009) liegt zur Erfassung von Modellierungskompetenz ein Modellierungskreislauf zu Grunde. Bei der empirischen Operationalisierung wurden jedoch die Übersetzungsvorgänge zwischen Realität und Mathematik als zentrale Aktivitäten definiert. Um diese Übersetzungsvorgänge erfolgreich realisieren zu können, müssen nach vom Hofe et al. (2009, S. 128) Grundvorstellungen mathematischer Begriffe und Verfahren als tragfähige mentale Modelle vorhanden sein.

Grundvorstellungen „beschreiben Beziehungen zwischen Mathematik, Realität und individuellen mentalen Strukturen. Grundvorstellungen von einem mathematischen Inhalt sollen dessen inhaltlichen *Kern* erfassen" (Blum, vom Hofe, Jordan & Klein, 2004, S. 145). Dabei haben Grundvorstellungen verschiedene Aspekte. Über den *normativen* Aspekt wird beschrieben, „was sich Menschen unter mathematischen Inhalten vorstellen *sollen*. Mit dem *deskriptiven* Aspekt soll erfasst werden, was Individuen sich *tatsächlich* vorstellen; man spricht hier dann besser von *individuellen Vorstellungen*" (Blum, vom Hofe et al., 2004, S. 146).

Diese beiden Aspekte haben deutlich unterschiedliche Gegenstände im Blick, wenn der Begriff Grundvorstellung verwendet wird. In Bezug auf den normativen Aspekt, geht es um den (außermathematischen) Bedeutungsumfang mathematischer Begriffe, Zusammenhänge und Verfahren, die als Anschauungen für den mathematischen Gegenstand adäquat sind. Hinsichtlich des deskriptiven Aspekts geht es um (subjektive) Vorstellungen von mathematischen Begriffen, Zusammenhängen und Verfahren, die ein Individuum mit dem mathematischen Inhalt vernetzt hat. Daher ist es nach Auffassung des Autors bedauerlich, dass die von Blum, vom Hofe et al. (2004, S. 146) vorgeschlagene begriffliche Präzisierung hinsichtlich des deskriptiven Aspekts als individuelle Vorstellungen nicht konsistent durchgehalten wird. So bezeichnen etwa vom Hofe, Kleine, Blum und Pekrun (2006, S. 142) mentale Modelle als Grundvorstellungen und verzichten auf eine ausdrückliche begriffliche Differenzierung bei der Erklärung der zwei Aspekte von Grundvorstellungen (vgl. vom Hofe et al., 2006, S. 143).

Im Rahmen dieser Arbeit, in dem es um individuell verfügbare Modellierungskompetenzen gehen soll, ist daher der deskriptive Aspekt von Grundvorstellungen zentral. Wie sich noch zeigen wird, ist jedoch die Beschreibung von Grundvorstellungen (oder besser adäquaten individuellen Vorstellungen im Sinne des Grundvorstellungskonzepts) anhand der Aspekte der psychischen Tätigkeitsregulation nicht trivial. Grund dafür ist, dass das Grundvorstellungskonzept auf die Aneignung von Können abzielt, Grundvorstellungen aber häufig über das Wissen (also Kenntnisse) über mathematische Stoffelemente beschrieben werden. Dieser Zusammenhang zwischen Wissenselementen und Können wird auch durch die Begriffe „deklaratives Wissen" (als „Wissen, was") und „prozedurales Wissen" (als „Wissen, wie") beschrieben (vgl. Mietzel, 2007, S. 225; Krapp & Weidenmann, 2006, S. 733 und S. 742). Auf der anderen Seite macht dieser Zusammenhang die Wechselbeziehungen zwischen den verschiedenen Aspekten der psychischen Tätigkeitsregulation (Abschnitt 3.3.1 Seite 85) wunderbar deutlich. Diese wechselseitigen Beziehungen der Aspekte von individuellen Vorstellungen im Sinne des Grundvorstellungskonzepts werden auch durch die folgende Charakterisierung deutlich:

> Grundvorstellungen beschreiben Beziehungen zwischen mathematischen Inhalten und dem Phänomen der individuellen Begriffsbildung. Sie charakterisieren insbesondere drei Aspekte dieses Phänomens:
>
> • Sinnkonstituierung eines Begriffs durch Anknüpfung an bekannte Sach- oder Handlungszusammenhänge,
> • Aufbau psychologischer Repräsentationen bzw. ‚Verinnerlichungen', die operatives Handeln auf der Vorstellungsebene ermöglichen,
> • Fähigkeiten zur Anwendung eines Begriffs auf die Wirklichkeit durch Erkennen der entsprechenden Struktur in Sachzusammenhängen oder durch Modellieren des Sachproblems mit Hilfe der mathematischen Struktur.
>
> In diesem Sinne kann man Grundvorstellungen als die Basis für inhaltliches Denken betrachten. Ohne vermittelnde Grundvorstellungen stehen sich Zahlenrechnen und Anwendungszusammenhänge beziehungslos gegenüber(vom Hofe, 1996, S. 6).

Es geht also um verinnerlichte Vorstellungen zu mathematischen Begriffen, die auf eine Handlungsfähigkeit zum Anwenden von Mathematik auf Sachprobleme abzielen. Daher bezeichnet vom Hofe (1996, S. 6) Grundvorstellungen auch als „Objekte der Vermittlung". Diese zwischen Mathematik und außermathematischer Welt vermittelnde Funktion wird durch die Integration von Grundvorstellungen in den Modellierungskreislauf auf der Grenze veranschaulicht (siehe Abbildung 2.7).

Die Studie PALMA, die die Entwicklung mathematischer Kompetenz anhand einer Längsschnittuntersuchung verfolgt, hat nun ein besonderes Interesse an „der Ausprägung solcher zwischen Realität und Mathematik vermittelnden Grundvorstellungen und ihrer Bedeutung für die Entwicklung mathematischer

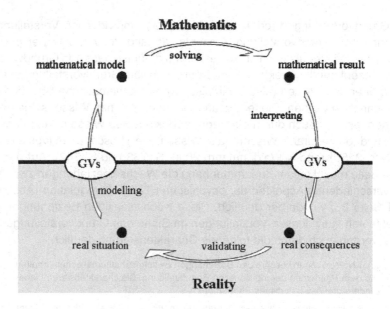

Abbildung 2.7: Durch Grundvorstellungen erweiterter Modellierungskreislauf (vom Hofe et al., 2006, S. 146).

Grundbildung" (vom Hofe et al., 2009, S. 128). Im Rahmen des Tätigkeitsansatzes können Aspekte von Grundvorstellungen als eine besondere Qualität von Sach- und Verfahrenskenntnissen verstanden werden, die eine notwendige Voraussetzung für erfolgreiches Modellieren darstellen.

Die Rolle von Grundvorstellungen für das Modellbilden wird in Abschnitt 5.1.1.3 ab Seite 133 im Rahmen der tätigkeitstheoretischen Analyse wieder aufgegriffen.

Eine levelorientierte Beschreibung von Modellierungskompetenzen schlagen Henning und Keune (2007) bzw. Keune (2004a) vor. Zwar wird das Konzept von den Autoren auch als normatives Konzept, das zur Stundenplanung oder der Bestimmung von Lernstoff genutzt werden kann, verstanden, jedoch finden sich keine konkretisierenden Hinweise für eine langfristige Förderung, die über die Nennung der unterschiedlichen Levels hinaus geht. Aus diesem Grund wird das Konzept in diesem Abschnitt als Konzept zur empirischen Erfassung von Modellierungskompetenzen dargestellt. In der ursprünglichen, deutschsprachigen Version wurde eine Unterscheidung von „Niveaustufen der Modellierungskompetenz" (Keune, 2004a, S. 290) vorgenommen:

Stufe 1: Erkennen und Verstehen des Modellbildungskreislaufes
Stufe 2: Selbständige Modellbildung
Stufe 3: Metareflexion über Modellbildung

Das englischsprachige Konzept (Henning & Keune, 2007) weist Ähnlichkeiten zu den zuvor genannten Levels of modelling activity nach Greer und Verschaffel (2007) auf, unterscheidet sich jedoch im ersten Level deutlich von diesem Konzept. So sind die Levels nach Henning und Keune (2007, S. 226):

Level 1: Recognition and understanding of modelling
Level 2: Independent modelling
Level 3: Meta-reflection on modelling

Level 1 wird charakterisiert durch die Fähigkeit, ein mathematisches Modell zu erkennen und den Prozess des mathematischen Modellierens zu beschreiben. Des Weiteren sollen die einzelnen Phasen eines Modellierungskreislaufs beschrieben, voneinander unterschieden und bei fertigen Modellierungen identifiziert werden können (vgl. Henning & Keune, 2007, S. 227).

Nach Keune (2004a, S. 290) wird die erste Stufe durch folgende Fähigkeiten näher charakterisiert:

- die Fähigkeit den Modellbildungsprozess zu beschreiben
- die Fähigkeit einzelne Phasen zu charakterisieren
- die Fähigkeit einzelne Phasen zu unterscheiden bzw. während eines Modellbildungsprozesses zu lokalisieren

Eigenständiges Durchlaufen eines Modellierungsprozesses ist charakteristisch für das zweite Level.

Pupils who have reached this second level are able to solve a problem independently. Whenever the context or scope of the problem changes, then pupils must be able to adapt their model or to develop new solution procedures in order to accommodate the new set of circumstances that they are facing (Henning & Keune, 2007, S. 227).

Charakteristisch für diese Stufe sind nach Keune (2004a, S. 290f):

- die Fähigkeit verschiedene Lösungsansätze zu entwickeln
- die Fähigkeit zur Einnahme verschiedener Modellbildungsperspektiven (z.B. Algebra, Geometrie, Stochastik)
- die Fähigkeit zur selbständigen Modellbildung (Informationen abstrahieren; Auswahl und Verknüpfung von Größen; Mathematisieren; Modelllösung; Interpretation)

Dabei unterscheidet Keune (2004a, S. 291) einen geringeren „Grad innerhalb dieser Stufe". Dieser geringe Grad ist gekennzeichnet durch

das bloße Ausprobieren verschiedener Lösungsansätze. Ein höherer Grad innerhalb dieser Stufe ist gegeben, wenn selbständig neue Lösungsverfahren (die nicht
zum bisherigen Wissensumfang der Schülerinnen und Schüler gehört haben) entwickelt werden (Keune, 2004a, S. 291).

Die Fähigkeiten, ein mathematisches Modell kritisch zu analysieren, Kriteri-
en für die Evaluation von Modellen zu formulieren sowie über den Zweck des
mathematischen Modellierens und über Anwendungen von Mathematik zu reflektieren, kennzeichnet Level 3. Nach Henning und Keune (2007, S. 227)
ist auf diesem Level von Modellierungskompetenz das Gesamtkonzept des
mathematischen Modellierens gut verstanden sowie Fähigkeiten zum Erkennen und kritischen Beurteilen zentraler Beziehungen vorhanden. Des Weiteren sind Kenntnisse über die Rolle von Modellen in verschiedenen Wissen-
schaften sowie Kenntnisse über die Bedeutung von Mathematik als Werkzeug
in verschiedenen Bereichen ausgebildet.

Metareflexion über den Modellbildungsprozess und über die Anwendung von Mathematik wird charakterisiert durch:

- die Fähigkeit (unabhängig vom konkreten Problem) über Anwendungen der
  Mathematik zu reflektieren
- die Fähigkeit zur kritischen Analyse des Modellbildungsprozesses
- die Fähigkeit über den Anlass von Modellbildung zu reflektieren
- die Fähigkeit Kriterien der Modellbildungsevaluation zu charakterisieren

(Keune, 2004a, S. 291)

Kuntze (2010, S. 13-16) stellt zwei Kompetenzmodelle zum mathematischen Modellieren vor, die jeweils auf bestimmte Leitideen bezogen sind. Dabei stellt das Kompetenzmodell „Nutzung von Darstellungen und Modellen in
statistischen Kontexten" das bislang einzige, dem Autor bekannte Kompetenzmodell dar, dem ein Testinstrument zugrunde liegt, dass auf Grundlage einer
Raschmodellierung eine Abbildung auf eine Fähigkeitsdimension ermöglicht.
Das Kompetenzmodell differenziert dabei vier Niveaustufen. Der Unterschied
zwischen den Stufen lässt sich im Wesentlichen auf die Komplexität der Anforderung im Umgang mit Darstellungen in statistischen Kontexten erklären.

An diesem Kompetenzmodell zeigt sich die oben angesprochene Veren-
gung, die mit einer Operationalisierung zur empirisch reliablen Erfassung
notwendig ist. Da das mathematische Modellieren als komplexe Kompetenz

angesehen werden muss (siehe dazu Abschnitt 6.2 und Abschnitt 6.3), ergibt sich für die empirische Erfassung von Modellierungskompetenzen das „bandwith-fidelity dilemma", auf das K. Maaß und Mischo (2011, S. 123) hinweisen. Ein komplexes Konstrukt kann nicht (oder höchstens sehr schwer) empirisch exakt erfasst werden. Eine Lösung besteht dann darin, die Breite des Konstrukts einzugrenzen, wie dies in den Kompetenzmodellen, die Kuntze (2010) vorstellt, geschehen ist, indem das mathematische Modellieren u.a. für einzelne Leitideen spezifiziert wird. Dabei stellt sich jedoch die Frage, ob oder in wie weit solche, aus testtheoretischen Begründungen hervorgehenden Verengungen für eine langfristige Vermittlung von Modellierungskompetenzen berücksichtigt werden müssen oder sollen.

Die in diesem Abschnitt vorgestellten Konzepte zur Operationalisierung von Modellierungskompetenzen weisen einige Unterschiede auf. Die zuerst genannten Konzepte haben einen Schwerpunkt in der Berücksichtigung der Teilhandlungen im Modellierungsprozess. Im Projekt PALMA spielen Grundvorstellungen eine zentrale Rolle. Der Vorschlag von Henning und Keune (2007) differenziert verschiedene Niveaustufen anhand verschiedener Aktivitäten. Das Kompetenzmodell nach Kuntze (2010) beschreibt Modellierungskompetenzen für spezifische mathematische Inhalte. Insgesamt zeigt sich, dass es verschiedene Vorschläge zur Operationalisierung gibt. Doch auch die hier genannten Konzepte von Modellierungskompetenzen geben keine weiteren Hinweise auf eine kumulative und langfristige Kompetenzförderung. Auch hier lässt sich in fast allen Konzepten einzig eine Segmentierung ableiten, die sich entweder auf Teilhandlungen im Modellierungsprozess, spezifische Wissenselemente, unterschiedliche Aktivitäten im Zusammenhang mit dem mathematischen Modellieren oder unmittelbar auf konkrete Inhalte bezieht.

2.3.1.3 Konzepte hinsichtlich Förderung und Entwicklung von Modellierungskompetenz

Auch in diesem Abschnitt soll mit dem differenziertesten Modell begonnen werden. Dies ist das Konzept von Modellierungskompetenzen nach K. Maaß (2006). Das Konzept wird dieser Kategorie zugeschrieben, da es im Zusammenhang mit einer Interventionsstudie zu sehen ist, in der die Vermittlung von Modellierungskompetenzen in einem Zeitraum von über einem Schuljahr Gegenstand im regulären Mathematikunterricht war. Die Aspekte von Modellierungskompetenz wurden im Rahmen der Studie als Einflussfaktoren für das erfolgreiche Ausführen von Modellierungskompetenzen identifiziert (vgl.

K. Maaß, 2006, S. 136-139).

In Detail modelling competencies contain

A. Sub-competencies to carry out the single steps of the modelling process
   • Competencies to understand the real problem and to set up a model based on reality.
   • Competencies to set up a mathematical model from the real model.
   • Competencies to solve mathematical questions within this mathematical model.
   • Competencies to interpret mathematical results in a real situation.
   • Competencies to validate the solution.
B. Metacognitive modelling competencies
C. Competencies to structure real world problems and to work with a sense of direction for a solution
D. Competencies to argue in relation to the modelling process and to write down this argumentation
E. Competencies to see the possibilities mathematics offers for the solution of real world problems and to regard these possibilities as positive.

(K. Maaß, 2006, S. 139)

Auch in diesem Konzept spielen Teilkompetenzen als Schritte des Modellierungsprozesses, wie auch bei Blomhøj und Jensen (2003), eine zentrale Rolle. Das Konzept greift jedoch auch Metakognition, motivationale Aspekte, Zielorientierung und eine positive Einstellung zur Mathematik als notwendige bzw. förderliche Aspekte für die Bearbeitung realer Probleme auf, wodurch sich zahlreiche Verbindungen zu Strukturkomponenten des Tätigkeitsansatzes ergeben und Modellierungskompetenzen in einem weiteren Rahmen gefasst werden.

Insgesamt zeigt sich, dass K. Maaß (2006) zur Beschreibung von Modellierungskompetenzen spezifisches Können (A,C und D), Wissen (B) und Einstellungen (E) unterscheidet. Diese Unterscheidung wird auf Grundlage der psychischen Eigenschaften als Aspekte der Tätigkeitsregulation (siehe Seite 3.3.4) zur Entwicklung des tätigkeitstheoretischen Kompetenzstrukturmodells aufgegriffen.

K. Maaß und Mischo (2011) nutzen diese Grundlage auch zur emipirischen Erfassung von Modellierungskompetenzen. Dabei kommt den einzelnen Schritten zur Bearbeitung des außermathematischen Problems für die empirische Erfassung eine zentrale Bedeutung zu. Im theoretischen Rahmen wird postuliert, dass zwischen den einzelnen Schritten im Modellierungsprozess und den weiteren Aspekten von Modellierungskompetenzen eine Beziehung existiert.

Vorschläge zur konkreten Förderung solcher Modellierungskompetenzen in der Sekundarstufe I gibt K. Maaß (2007, S. 24-33). Dort findet man neben umfangreichen Hinweisen zur praktischen Unterrichtsgestaltung (K. Maaß, 2007, S. 25-31) und Anregungen zur Hilfestellung durch die Lehrperson im Sinne der minimalen Hilfe (K. Maaß, 2007, S. 31-33) auch Hinweise, um das Problem mit der Komplexität von Modellierungskompetenzen zu bewältigen. Durch eine geeignete Auswahl und Anordnung von Aufgaben sollen Modellierungskompetenzen allmählich aufgebaut werden (K. Maaß, 2007, S. 24f). Dabei enthält der Vorschlag drei Phasen, die sich als *gewöhnen an Modellierungsaufgaben*, *Förderung von Modellierungskompetenzen* und *Nutzen von Modellierungskompetenzen in Projekten* bezeichnen lassen (vgl. K. Maaß, 2007, S. 24f).

Als geeignete Aufgaben für die Gewöhnung nennt K. Maaß (2007, S. 24)

- Aufgaben, die mehr Angaben haben als nötig oder auch solche, bei denen einige Informationen fehlen (über- und unterbestimmte Aufgaben (...))
- Aufgaben, die das Argumentieren einfordern („Was meinst du dazu?", „Begünde!")
- Aufgaben, die nicht lösbar sind (...)
- Aufgaben, die mehrere Lösungen haben.
- Aufgaben, die etwas mehr Zeit erfordern als übliche Aufgaben.

Die Förderung von Modellierungskompetenzen soll, wie von Blomhøj und Jensen (2003) vorgeschlagen, durch eine Kombination aus Aufgaben zur Förderung von Teilfähigkeiten und Aufgaben, die das Ausführen des gesamten Modellierungsprozesses verlangen, erfolgen (vgl. K. Maaß, 2007, S. 24f). Blomhøj und Jensen (2003, S. 137) sprechen von einer Mischung aus einem *holistic* und einem *atomistic approach*, für den eine Balance gefunden werden muss. Dabei betonen sie, dass keiner der beiden Zugänge alleine angemessen für die Förderung von Modellierungskompetenzen ist. Insbesondere weisen sie ausdrücklich auf die Unangemessenheit einer Förderung hin, die ausschließlich nach dem atomistischen Ansatzes erfolgt, auch wenn dieses Vorgehen in traditionellen Lehrformen weit verbreitet ist. In exakt die gleiche Richtung geht die Kritik von Bell, Burkhardt, Crust, Pead und Swan (2004, S. 129) an der „traditionellen Form des Unterrichtens von Mathematik":

> There has been a long tradition of teaching mathematical skills out of relation to their use in meaningful activity; this is comparable with a curriculum in woodwork in which students learn how to use hammers, chisels, saws and planes but without ever designing and constructing an article of furniture.

Für den dritten Teil zur Förderung von Modellierungskompetenzen schlägt K. Maaß (2007, S. 25) vor, im Unterricht Modellierungsprojekte zu behandeln, wenn die Lernenden über ausreichend Erfahrung verfügen. Dieses Arbeiten mit geeigneten Aufgaben ist im Sinne der Lerntätigkeit (siehe Kapitel 3.4) und vor dem Hintergrund von Aufgaben im Mathematikunterricht (vgl. Bruder, 2008b; Bruder, 2010, S. 114f) ein ganz wesentlicher Aspekt bei der langfristigen Kompetenzförderung.

Ein weiteres Konzept, das als Orientierungsrahmen für einen langfristigen Aufbau von Modellierungskompetenzen dienen soll, sind die levels of modeling activity nach Greer und Verschaffel (2007, S. 219).

> In this overview, we consider how modelling competencies may be characterized, using a framework of three levels of modelling activity that we label implicit modelling (in which student is essentially modelling without being aware of it), explicit modelling (in which attention is drawn to the modelling process), and critical modelling (whereby the roles of modelling within mathematics and science, and within society, are critically examined) (Greer & Verschaffel, 2007, S. 219).

Dieser Rahmen wird von Verschaffel et al. (2010, S. 25) etwas konkretisiert. Das implizite Modellieren ist demnach im Zusammenhang mit den Grundrechenarten in der Primarstufe zu sehen. Dabei werden die elementaren arithmetischen Operationen im Sinne des mathematischen Modellierens als mathematische Modelle genutzt, ohne den Modellaspekt explizit zu machen. Auf diesem ersten Level sollten Lernende jedoch bereits dafür sensibilisiert werden, dass nicht jede Aufgabe eindeutig lösbar ist. Daher sollen Lernende auf diesem Level in der Lage sein, zu entscheiden, ob eine mathematische Operation die reale Situation exakt beschreibt, annähert oder unangemessen ist (vgl. Verschaffel et al., 2010, S. 25).

Mit explizitem Modellieren ist das Durchlaufen der Schritte eines Modellierungsprozesses gemeint. Dieses Level ist nach Verschaffel et al. (2010, S. 25) typisch für die Sekundarstufe.

Im Rahmen des dritten Levels, dem critical modelling, geht es um die Reflexion von Modellen und deren Bedeutung in der Gesellschaft. Im Rahmen des Bildungsauftrags halten es Verschaffel et al. (2010, S. 25) für bedeutsam, Lernende auf unsere Gesellschaft und Kultur angemessen vorzubereiten, in der vielfach Mathematik verborgen enthalten ist. Heranwachsende müssen daher in die Lage versetzt werden, kritisch über verwendete mathematische Modelle reflektieren zu können. Jedoch fehlt für dieses Level eine zeitliche Einordnung.

Die Konzepte von Greer und Verschaffel (2007) und Henning und Keune (2007) zeigen in den Leveln 2 und 3 große Überschneidungen, unterscheiden sich im jeweiligen Level 1. Die Übereinstimmungen in den beiden Konzepten

werden genutzt, um zwei verschiedene Modellierungsaktivitäten zu differenzieren. Aus tätigkeitstheoretischer Perspektive müssen produktive und analytische Modellierungsaktivitäten unterschieden werden. Die beiden Aktivitäten
sind u.a. durch jeweils eigene Ziele und unterschiedliche Gegenstände gekennzeichnet (siehe ausführlich Abschnitt 4.2).

Auch die in diesem Abschnitt genannten Konzepte verweisen auf die Komplexität von Modellierungskompetenz und geben Hinweise darauf, wie diese
Kompetenz entwickelt werden kann. Dabei empfehlen K. Maaß (2007) und
Blomhøj und Jensen (2007) eine Kombination aus einer holistischen Förderung von Modellierungskompetenzen durch offene Modellierungsprobleme
und einer atomistischen Förderung einzelner Aspekte von Modellierungskompetenzen. Insbesondere bleibt dabei jedoch offen, welche Balance zwischen
holistischen und atomistischen Anforderungen gefunden werden soll und wie
eine Kompetenzentwicklung nach diesen Vorstellungen über mehrere Jahrgangsstufen hinweg realisiert werden kann.

Eine Vorschlag zur Förderung von Modellierungskompetenzen über mehrere Klassen hinweg machen Greer und Verschaffel (2007). Ähnlich wie im
Konzept von Henning und Keune (2007) werden drei Level von Modellierungskompetenzen unterschieden. Dabei lassen sich auf Grund der Ziele die Aktivitäten in Level 1 und 2 jedoch von Aktivitäten in Level 3 unterscheiden. Dieser
hier nur angerissene Aspekt wird in Abschnitt 3.2.5 (Seite 82) vertieft diskutiert. Des Weiteren kann aus tätigkeitstheoretischer Persepktive und mit Blick
auf Erkenntnisse zum Problem des word problem game das vorgeschlagene implizite Modellieren (Level 1) in Frage gestellt werden (siehe dazu auch
Abschnitt 4.2.1, Selte 127). Somit liefert auch dieser Vorschlag keine zufrie-
denstellende Orientierung für eine langfristige und kumulative Förderung von
Modellierungsaktivitäten.

2.3.1.4 Fazit zu den Konzepten von Modellierungskompetenzen

Auch, wenn anhand der vorgestellen Konzepte von Modellierungskompetenzen die geforderte Orientierungsfunktion nicht unmittelbar abgeleitet werden
kann, stellen einige dieser Konzepte wichtige Grundlagen für diese Arbeit dar.
So ist sicher der spezifische Prozess bei der Bearbeitung außermathematischer Probleme mit mathematischen Mitteln ein zentraler Aspekt, der auch
im Rahmen der langfristigen Förderung von Modellierungskompetenzen eine
Rolle spielen wird.

Des Weiteren geben verschiedene Konzepte wertvolle Hinweise auf relevante Aspekte und Facetten von Modellierungskompetenz. Dazu gehören neben dem Bearbeitungsprozess mit typischen Teilhandlungen verschiedene Dimensionen im Sinne des KOM-Projektes, die wiederum auf Wissen aus verschiedenen Domänen verweist. Das im PALMA-Projekt verwendete Konzept der Grundvorstellungen hat nun unmittelbar die Vermittlung zwischen außermathematischer Welt und mathematischem Inhalt im Blick.

Ebenfalls relevant für diese Arbeit ist die in den Vorschlägen von Henning und Keune (2007) sowie Greer und Verschaffel (2007) zu findende Differenzierung verschiedener Modellierungsaktivitäten. Solche verschiedenen Modellierungsaktivitäten werden Gegenstand der Analyse in Abschnitt 5 sein.

Zusammenfassend lässt sich somit festhalten, dass die vorgestellten Konzepte von Modellierungskompetenz zwar nicht geeignet sind, unmittelbar die Orientierungsfunktion einzulösen, sie stellen jedoch unmittelbare Grundlagen zur Analyse von Modellierungsaktivitäten dar (siehe Kapitel 5 ab Seite 131) und liefern grundlegende Ideen für eine langfristige Förderung und Entwicklung von Modellierungskompetenzen. Auf Grundlage der Analyse werden ein tätigkeitstheoretisches Kompetenzstrukturmodell und Modellvorstellungen über den kognitiven Prozess des Modellbildens entwickelt. Aufbauend auf diesen Analyseergebnissen wird im abschließenden Teil III der Arbeit das Konzept zur langfristigen Förderung von Modellierungskompetenzen dargestellt. Dabei spielt auch die Orientierung an holistischen und atomistischen Anforderungen eine Rolle, jedoch geht das Modellierenteilcurriculum insofern über die bisher dargestellten Konzepte hinaus, da verschiedene holistische Anforderungen unterschieden werden. So kann eine Progression über holistische Anforderungen beschrieben werden, ohne dass zur Vermeidung von Überforderungen ausschließlich eine Segmentierung oder Atomisierung notwendig ist.

2.3.2 Einige Ergebnisse empirischer Studien hinsichtlich der Förderung und Entwicklung von Modellierungskompetenzen

Klassifikation von Textaufgaben: Van Dooren, de Bock, Vleugels und Verschaffel (2011) erforschen die Wirkung einer Klassifikation von Textaufgaben (siehe Seite 302) von Lernenden auf den Bearbeitungserfolg von Textaufgaben von Sechstklässlern. Dabei knüpft die Studie zum einen am Problem des word problem games an (siehe Seite 141), zum anderen am Problem der Übergeneralisierung von proportionalen bzw. linearen Modellen (vgl. Van Dooren et al., 2011, S. 48). Die Ergebnisse der Studie zeigen, dass Lernende zur Bearbeitung von Textaufgaben angemessene mathematische Modelle häufiger wählen, wenn zuvor die Klassifikationsaufgabe durchgeführt wurde. Die Annahme im Rahmen der Studie, dass Lernende durch andere Aufgabenformate, hier die Klassifikationsaufgabe, eher über mathematische Strukturen in Textaufgaben nachdenken und erkennen und seltener nach den Regeln des word problem games arbeiten, konnte bestätigt werden (vgl. Van Dooren et al., 2011, S. 54).

Anfänglicher Erwerb von Modellierungskompetenzen: Im Rahmen des Projekts KOMMA wurde die Wirksamkeit von heuristischen Lösungsbeispielen für den anfänglichen Erwerb von Modellierungskompetenzen überprüft (vgl. Zöttl & Reiss, 2010; Zöttl, Ufer & Reiss, 2010). „Insgesamt zeigte sich bei einem Vergleich der Modellierungsfähigkeit vor und nach der Intervention, dass im Durchschnitt ein merklicher Lernfortschritt erzielt werden konnte" (Zöttl & Reiss, 2010, S. 26).

Förderung von Modellierungskompetenzen in Klasse 7 und 8: Im Rahmen der empirischen Studie hat K. Maaß (2004, S. 11) Beliefs von Schülern, Modellierungskompetenzen, den Einfluss der Integration von Modellierungsaufgaben sowie den Zusammenhang zwischen Beliefs und Modellierungskompetenzen untersucht. Für diese Arbeit sind insbesondere die Ergebnisse zur Entwicklung von Modellierungskompetenzen von Bedeutung. K. Maaß (2004, S. 159) stellte fest, „dass bereits in Klasse 7 und 8 Modellierungskompetenzen vermittelt werden können. Die meisten Schülerinnen und Schüler waren am Ende der Studie in der Lage, selbständig Probleme zu modellieren." Allerdings zeigte sich Entwicklungspotenzial für die Bearbeitung von Problemen mit anspruchsvollem Kontext und von Problemen, die auf ein komplexes mathematisches Modell führen (vgl. K. Maaß, 2004, S. 159). Des Weiteren konnten „bei einem großen Teil der Lernenden am Ende der Studie angemessene metakognitive Modellierungskompetenzen" (K. Maaß, 2004, S. 161) rekonstruiert werden. „Ein großer Anteil der Untersuchten schien nach 15 Monaten über ein vernetztes, tiefer gehendes Wissen über den Modellierungsprozess zu verfügen, das Kenntnisse über die Subjektivität des Prozesses, Fehlerfortpflanzung und die Überprüfung des Modells einschloss" (K. Maaß, 2004, S. 162).

Lösungsplan in Schülerhand: Im Rahmen der Studie wurde die Wirksamkeit der Integration eines Lösungsplans für Modellierungsaufgaben in einen operativ-strategischen Unterricht zur Förderung von Modellierungskompetenzen untersucht (vgl. Schukajlow et al., 2010, S. 771). Die Ergebnisse dieser Studie „deuten darauf hin, dass der Lösungsplan in Schülerhand positive Wirkungen auf Schülerleistungen, -einstellungen und -strategien hat" (Schukajlow et al., 2010, S. 773). Bei der Integration des Lösungsplans sehen die Autoren jedoch noch Entwicklungspotenzial. In weiteren Studien sollen Möglichkeiten zur verbesserten Integration des Lösungsplans in den Unterricht untersucht werden (vgl. Schukajlow et al., 2010, S. 773f).

Authentische Modellierungsprobleme für Lernende: Seit dem Jahr 2000 finden unter der Beteiligung der Fachbereiche Mathematik und Erziehungswissenschaften der Universität Hamburg Modellierungsprojekte statt, in denen authentische Modellierungsprobleme von 16 bis 18-jährigen Lernenden bearbeitet werden (vgl. Kaiser & Schwarz, 2006, S. 198; Kaiser, Schwarz & Buchholtz, 2011, S. 592). Die Aktivitäten wurden evaluiert und als eine wichtige Erkenntnis kann festgehalten werden, dass authentische und komplexe Modellierungsprobleme erfolgreich von „normalen" Lernenden der Sekundarstufe II bearbeitet werden können (vgl. Kaiser & Schwarz, 2006, S. 206f; Kaiser & Schwarz, 2010, S. 70; Kaiser et al., 2011, S. 600).

Schüler-Schwierigkeiten beim Bearbeiten von Modellierungsaufgaben: Schukajlow-Wasjutinski (2010) arbeitet in einer qualitativen Studie Schwierigkeiten von Lernenden der Klasse neun bei der Bearbeitung von Modellierungsaufgaben heraus. Schukajlow-Wasjutinski (2010, S. 191) fasst die im Rahmen der Studie beobachteten Schüler-Schwierigkeiten in drei Bereichen zusammen:

> (1) die Aufgabe lesen und verstehen, (2) den Zusammenhang zwischen Gegebenheiten der Situation und mathematischer Lösungsstruktur verstehen sowie (3) Umformung mathematischer Strukturen, Ausführung der Rechenoperationen und Interpretieren der Ergebnisse.

Kognitive Prozesse bei der Bearbeitung von Modellierungsaufgaben: Gegenstand der Untersuchungen von Borromeo Ferri (2011) sind die bei der Bearbeitung von Modellierungsaufgaben ablaufenden kognitiven Prozesse von Lernenden. Vor dem Hintergrund einer langfristigen

Förderung von Modellierungskompetenzen sind insbesondere zwei Ergebnisse von Interesse. So stellt Borromeo Ferri (2011, S. 171) fest, dass „Präferenzen für verschiedene mathematische Denkstile (...) Einfluss auf den jeweiligen Modellierungsverlauf" haben und das Präferenzen von Lehrenden zu unterschiedlichen Schwerpunktsetzungen bei der Behandlung von Modellierungaufgaben im Unterricht führen (vgl. Borromeo Ferri, 2011, S. 173). Aus dem ersten Ergebnis lassen sich Konsequenzen für eine individuelle Diagnose und Förderung ableiten, aus dem hier genannten zweiten Ergebnis ergeben sich Konsequenzen für ein reflektiertes Lehrerhandeln zur Förderung von Modellierungskompetenzen.

Diese empirischen Erkenntnisse unterstreichen die Aussagen von Blum (2007, S. 8): „Modellieren ist schwer, aber nicht zu schwer" und „Several studies have shown that mathematical modelling *can* be learnt in certain environments" (Blum, 2011, S. 22). Aufbauend auf diesen Erkenntnissen macht Blum Vorschläge zur Behandlung des mathematischen Modellierens im Unterricht (vgl. Blum, 2007, S. 8f; Blum, 2011, S. 24-27). Eine dieser Forderungen ist die langfristige und gestufte Förderung von Modellierungskompetenzen durch eine Steigerung der Komplexität der Aufgaben, ein breites Spektrum von Aufgabentypen und eine systematische Variation der Kontexte, dem parallelen Aufbau heuristischer Fähigkeiten und häufige Übungs- und Festigungsphasen mit Beginn in der Grundschule. Dabei soll sich die Förderung von Modellierungskompetenzen lehrplanmäßig in die Stoffinhalte integrieren (vgl. Blum, 2007, S. 9).

Diese relativ abstrakten Forderungen müssen jedoch zur unterrichtlichen Umsetzung konkretisiert werden. Dazu ist, um die Metapher von Giest und Lompscher (2006, S. 9) aufzugreifen (siehe auch Seite 14), eine Anleitung für das Puzzle aus einzelnen Erkenntnissen erforderlich. Diese Arbeit hat den Anspruch, durch den Rahmen der Tätigkeitstheorie für das mathematische Modellieren und die Förderung von Modellierungskompetenzen eine solche Anleitung zu entwickeln.

Ein wesentlicher Teil, der dieses Anliegen einlösen soll, ist das in Abschnitt 8.1 dargestellte Modellierenteilcurriculum und die exemplarischen Vorschläge in Abschnitt 8.2. Damit wird in dieser Arbeit kein fertiges und unmittelbar im Unterricht einsetzbares Konzept inklusive geeigneter Lernumgebungen bereitgestellt, aber doch ein Orientierungsrahmen für eine langfristige, systematische und kumulative Förderung von Modellierungskompetenzen.

2.3.3 Mathematisches Modellieren und Technologieeinsatz

Bereits Blum (1996, S. 27-29) diskutiert Möglichkeiten und Gefahren für die Nutzung von Computern im anwendungsorientierten Unterricht. Als Vorteile für Anwendungen im Unterricht sieht er die Möglichkeit zur Behandlung komplexer Probleme mit realistischen Daten, die Unterstützung durch den Computer bei Rechnungen und Zeichnungen sowie neue Möglichkeiten z.b. zur Simulation (vgl. Blum, 1996, S. 27). Weitere Möglichkeiten zum Technologieeinsatz im Zusammenhang mit dem mathematischen Modellieren nennt Greefrath (2011, S. 301f). Diese Möglichkeiten integriert er in einen Modellierungskreislauf, um darzustellen, dass Technologie in allen Phasen des Modellierungskreislaufs zum Einsatz kommen kann (siehe Abbildung 2.9, Seite 67). Konkretisiert wird der verschiedenartige Technologieeinsatz im Beitrag von Greefrath, Siller und Weitendorf (2011) an drei verschiedenen Problemen und einer Prüfungsaufgabe.

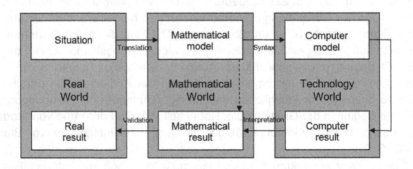

Abbildung 2.8: Erweiterung des Modellierungskreislaufs um eine technologische Welt (Siller und Greefrath, 2010, S. 2137).

Insgesamt gilt für den Technologieeinsatz als Unterstützung zum mathematische Modellieren, dass nur dann sinnvoll gearbeitet werden kann, „wenn die Schüler sicher mit den zur Verfügung stehenden Hilfsmitteln umgehen können" (Ingelmann, 2009a, S. 74). Im Projekt CALiMERO wurden Möglichkeiten für einen CAS-gestützten Mathematikunterricht in Niedersachsen entwickelt, erprobt und von Ingelmann (2009a) positiv für die Jahrgangsstufen 7 und 8 evaluiert (siehe auch Ingelmann, 2009b).

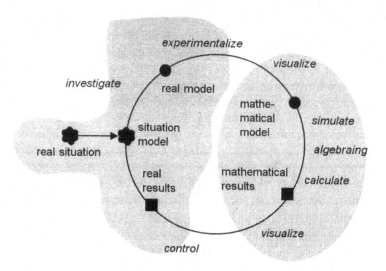

Abbildung 2.9: Modellierungskreislauf mit Möglichkeiten des Technologieeinsatzes an verschiedenen Stellen im Bearbeitungsprozess (Greefrath, 2011, S. 303).

Die im Projekt erprobten und erarbeiteten Unterrichtseinheiten sind als Arbeitsmaterialien für Schülerinnen und Schüler sowie als methodische und didaktische Handreichungen veröffentlicht (siehe exemplarisch für Jahrgangsstufe 7 das Arbeitsheft Bruder & Weiskirch, 2007a sowie die Handreichung Bruder & Weiskirch, 2007b).

3 Hintergrundtheorie: Tätigkeitstheorie

Im Mittelpunkt dieser Arbeit steht die Frage nach einer Möglichkeit zur langfristigen Förderung von Modellierungskompetenzen. Um diese Frage angemessen beantworten zu können, muss zunächst geklärt werden, was mit Modellierungskompetenzen gemeint ist. Bereits in den vorherigen Abschnitten dieser Arbeit wurden der Begriff des mathematischen Modellierens (siehe Abschnitt 2.1 ab Seite 18) und verschiedene Konzepte von Modellierungskompetenz diskutiert (siehe Abschnitt 2.3.1 ab Seite 46). Dabei wurde auch festgestellt, dass die in der Literatur vorgefundenen Konzepte von Modellierungskompetenzen nicht ausreichen, um innerhalb der Sekundarstufe I eine systematische und kumulative Förderung zu realisieren.

Damit das Ziel dieser Arbeit, ein Vorschlag zur langfristigen Förderung von Modellierungskompetenzen zu erarbeiten, erreicht werden kann, ist die Entwicklung eines tieferen, differenzierten und konsistenten Verständnisses des mathematischen Modellierens notwendig. Dieses Teilziel soll dadurch erreicht werden, dass das mathematische Modellieren als Tätigkeit charakterisiert wird, um die Kenntnisse der Tätigkeitstheorie auf das mathematische Modellieren anwenden zu können.

Dazu wird in Abschnitt 3.1 die Tätigkeit als spezifische menschliche Aktivität beschrieben und der Bezug zwischen Tätigkeit und Kompetenz geklärt (Abschnitt 3.1.3). Diese grundlegende Konzeption von Tätigkeit aus der kulturhistorischen Schule wird in Abschnitt 3.2 genutzt, um anhand von Merkmalen darzustellen, dass das mathematische Modellieren als Tätigkeit verstanden werden kann.

Für ein als Tätigkeit verstandenes mathematisches Modellieren werden in Abschnitt 3.3 Konzepte zur Orientierung und Regulation der Tätigkeit als Rahmen zur Beschreibung von Modellierungskompetenzen genutzt. Die Aspekte der Lerntätigkeit bilden einen weiteren tätigkeitstheoretischer Theoriebaustein, der zum Abschluss dieses Kapitels in Abschnitt 3.4 behandelt wird.

In diesem Kapitel werden also die für die Arbeit relevanten Aspekte der Tätigkeitstheorie als Hintergrundtheorie behandelt. Dabei wird zunächst sicher gestellt, dass das mathematische Modellieren als Tätigkeit interpretiert werden kann. Schließlich wird ein Begriffs- und Theorierahmen für die im nächsten Kapitel folgende Analyse von Modellierungsaktivitäten bereitgestellt.

3.1 Tätigkeit als spezifische Aktivität

Tätigkeit ist nach Giest und Lompscher (2006, S. 27) die „spezifisch menschliche Form der Aktivität, der Wechselwirkung mit der Welt, in der der Mensch diese und zugleich sich selbst verändert". Dabei geht es stets um die „Bewältigung von bestimmten, mehr oder weniger komplexen Anforderungen, die aus der Auseinandersetzung des Menschen mit der (Um)Welt erwachsen" (Giest & Lompscher, 2006, S. 41).

Diese spezifische Form der Aktivität ist gekennzeichnet durch geistige Bewusstheit, d.h. Antizipation sowie willkürliche Veränderbarkeit der Orientierung und Regulation (vgl. Giest & Lompscher, 2006, S. 34; Kossakowski & Otto, 1977, S. 29). Diese Bewusstheit zur Orientierung und Regulation der Tätigkeit wird als besondere Qualität von Tätigkeit angesehen und entspricht aktuellen Konzepten der Metakognition zur Planung, Überwachung und Regulation kognitiver Aktivitäten (vgl. Renkl, 2008, S. 117f; Hasselhorn, 2010). Auf die Metakogniton, die auch von K. Maaß (2006) als Aspekt von Modellierungskompetenz genannt wurde, wird daher später ausführlicher Bezug genommen (Seite 92).

Tätigkeit entstand ursprünglich aus den Lebensumständen des archaischen Menschen. Durch Kommunikation wurde das Zusammenleben in der Gruppe und die Kooperation geregelt. Durch Arbeitsteilung sowie die Herstellung und Nutzung von Werkzeugen war und ist der Mensch in der Lage, seine Umwelt nach seinen Bedürfnissen zu verändern. Diese Aktivität zur Veränderung der Umwelt kann der Mensch bewusst durchführen und das Ergebnis solcher Aktivität geistig antizipieren. Diese bewusste, spezifisch menschliche Aktivität zur Gestaltung der Lebensumwelt ist die Arbeitstätigkeit und ursprüngliche Form der Tätigkeit (vgl. Giest & Lompscher, 2006, S. 29-30). Mit dieser nach außen gerichteten Wirkung der Tätigkeit erschafft der Mensch seine Kultur (vgl. Giest & Lompscher, 2006, S. 27).

Die geistige Bewusstheit der Tätigkeit wird möglich durch die psychische Widerspiegelung der Realität. Unmittelbar Erlebtes kann zum Zweck des Reflektierens über Ziele, Gegenstände, Bedingungen, Motive sowie Beziehungen zwischen gemeinsam handelnden Menschen der Tätigkeit geistig abstrahiert werden (vgl. Kossakowski & Otto, 1977, S. 29-30). Diese Widerspiegelung, die Abstraktion, die mentale oder ideelle Abbildung wird im Rahmen des Tätigkeitsansatzes durch die Möglichkeit des Menschen zur Begriffsbildung bzw. zur symbol- und zeichenvermittelte Kommunikation erklärt (vgl. Kossakowski & Otto, 1977, S. 31-33; Giest & Lompscher, 2006, S. 78-80).

Die ursprüngliche und grundlegende Form der Arbeitstätigkeit als konkrete Aktivität in praktischem Kontakt mit den Gegenständen der Umwelt hat stets zwei Wirkungslinien: eine nach außen gerichtete und eine nach innen gerichtete Wirkung. Die nach außen gerichtete Wirkung ergibt sich aus der Veränderung der Umwelt bzw. der Gegenstände der Umwelt, auf die der tätige Mensch einwirkt. Resultat dieser Aktivität sind konkrete Produkte, die schon zu Beginn der Tätigkeit ideell vorhanden sind. Die nach innen gerichtete Wirkung ermöglicht das Lernen[1]. Notwendige Voraussetzung dafür ist die Bewusstheit über die Tätigkeit. Wirkt der tätige Mensch auf ein Objekt ein, bringt das Objekt dem Menschen einen Widerstand entgegen. Auf Grund des antizipierten Handlungsergebnisses kann die Reaktion des Gegenstandes auf das Einwirken interpretiert werden. So können Eigenschaften des Gegenstandes erschlossen werden und das Einwirken auf den Gegenstand kann angepasst werden. Eine so erfolgte Anpassung der Tätigkeit ist immer auch mit einer geistigen Anpassung des Subjekts verbunden (vgl. Giest & Lompscher, 2006, S. 29f). Durch diese innere Wirkung der Tätigkeit entwickelt sich der tätige Mensch. Diese Aneignung von Wissen und Können ist im Tätigkeitsansatz der kultur-historischen Schule eingebettet in die Entwicklung der Persönlichkeit (vgl. Giest & Lompscher, 2006, S. 27).

Diese äußere Tätigkeit des konkreten Handelns mit materiellen Gegenständen entspricht nun nicht der geistigen Tätigkeit des mathematischen Modellierens. Doch aufbauend auf dieser ursprünglichen Form der Tätigkeit gibt es auch die geistige Tätigkeit.

---

[1] Lernen wird von Giest und Lompscher (2006, S. 68) verstanden als Aneignung. Aneignung ist der „Prozess der Transformation gesellschaftlicher Kulturinhalte und -formen in individuell-psychische Prozesse, Zustände, Inhalte und Eigenschaften sowie in die damit in Zusammenhang stehenden äußeren Formen von Verhalten und Tätigkeit" (Giest & Lompscher, 2006, S. 47). Hier werden zentrale Aspekte der Tätigkeitsregulation angesprochen, die in Abschnitt 3.3 ab Seite 84 behandelt werden. An dieser Stelle sei jedoch bereits erwähnt, das sich Lernen in diesem Verständnis auf Verhaltensänderung im Zusammenhang mit Wissenserwerb bezieht.

3.1.1 Denken als geistige Tätigkeit

Tätigkeit kann sich auf einer höheren Entwicklungsebene auch alleine auf „Geistiges" beziehen (vgl. Giest & Lompscher, 2006, S. 79). Geistige Tätigkeit ist dann inneres Handeln „mit reproduzierten psychischen Abbildern, also mit Vorstellungen auf anschaulicher Grundlage und mit Begriffen bzw. Gedanken auf verbaler Grundlage" (Kossakowski et al., 1987). Dabei kommt der Sprache für das Denken einen zentrale Rolle zu. „Denken ist dem Wesen nach inneres Sprechen - mentales Handeln mit Bedeutungen, die in Form von sprachlichen Symbolen kodiert sind" (Giest & Lompscher, 2006, S. 79).

Bereits Galperin (1967, S. 368) sieht in der Sprache „das Grundsystem der Hilfsmittel der psychischen Tätigkeit." Vermittelt über die Sprache kann Tätigkeit auf eine innere Ebene verlagert werden und so „zu Formen des sprachlichen Denkens werden. In diesem Fall wird (...) die gesamte Tätigkeit von der äußeren Welt entlehnt und verwandelt sich in innere psychische Tätigkeit" (Galperin, 1967, S. 368).

Dabei werden weitere Formen des Denkens, die sich auch als verschiedene Stufen in der Denkentwicklung verstehen lassen, unterschieden. Die folgenden Ausführungen zur Denkentwicklung und verschiedenen Formen des Denkens sind für die Betrachtung des mathematischen Modellierens relevant.

Grundsätzlich wird die Denkentwicklung „u.a. durch die fortschreitende Fähigkeit zur Abstraktion beschrieben" (Giest & Lompscher, 2006, S. 217f). Ausgangspunkt dabei sind Phänomene, „die sinnlich erscheinenden Dinge und Prozesse, sie sind uns in unseren sinnlichen Wahrnehmungen gegeben, die wir auf der Basis unseres Vorwissens unserer Alltagserfahrungen konstruieren" (Giest & Lompscher, 2006, S. 217). Auf dieser Grundlage

> erfolgt die Aneignung von Begriffen ausgehend von besonderen Konkreten (natürlichen Begriffen - z.B. Baum, Haus, Auto (...)). Darauf aufbauend wird das allgemeine Abstrakte (z.B. abstrakte Begriffe - Pflanze, Gebäude, Fahrzeug) bzw. auch das einzelne Konkrete (z.B. Rotbuche, Blockhütte, Doppelstockbus) angeeignet. (Giest & Lompscher, 2006, S. 218)

Damit beginnt die Denkentwicklung mit dem *empirischen Denken*, dass sich auf die Erscheinungen der Dinge bezieht. Abstrakte Begriffe stehen am Ende einer Begriffsentwicklung im Rahmen des empirischen Denkens (vgl. Giest & Lompscher, 2006, S. 218). Nach Kossakowski et al. (1987) ist für die kognitive Entwicklung

> der *Aufbau interner Begriffssysteme* empirischen Charakters sowie die Ausbildung entsprechender *geistiger Operationen* charakteristisch. Die Kinder bleiben

in der Regel noch längere Zeit beim empirischen Verallgemeinern und erfassen auf dieser Grundlage einfache Raum-, Zeit- und Kausalbeziehungen. Dennoch vollziehen sich die Denkoperationen zunehmend unabhängig von der unmittelbaren Wahrnehmung auf der Grundlage interner Repräsentationen der Wirklichkeit. (Kossakowski et al., 1987, S. 219)

Die Differenzierung und Anreicherung empirischer Kenntnisse sowie die Weiterentwicklung der empirisch gewonnenen Begriffe führen dazu, dass die Widerspiegelung der Wirklichkeit in fachspezifischen Begriffen und Begriffssystemen erfolgen kann. Dazu gehören auch spezifische Begriffe des Fachs Mathematik (vgl. Kossakowski et al., 1987, S. 220). Das *theoretische Denken* bezieht sich dabei auf „wesentliche Merkmale und Relationen (...), die nicht an der Oberfläche der Lerngegenstände liegen, sondern Abstraktionen von den Erscheinungen und Eindringen in das jeweilige Wesen erfordern" (Giest & Lompscher, 2006, S. 219). Damit baut das theoretische Denken auf dem empirischen auf und hat dieses als Voraussetzung.

3.1.2 Wesentliche Merkmale von Tätigkeit

Nach Giest und Lompscher (2006, S. 34) ist Tätigkeit gekennzeichnet durch die folgenden wesentlichen Merkmale:

• Bewusstheit
• Strukturiertheit
• Kontextuiertheit
• Entwicklung

In der obigen Beschreibung der Tätigkeit wurde Bewusstheit als zentrales Merkmal bereits herausgestellt, um die besondere Qualität der menschlichen Aktivität zu kennzeichnen. Das Merkmal der Strukturiertheit besagt, dass sich Tätigkeit immer auszeichnet durch eine spezifische Struktur. Die äußere Struktur der Tätigkeit besteht aus den Komponenten Subjekt (dem tätigen Subjekt), Objekt (der Gegenstand auf den die Tätigkeit gerichtet ist), Zielen und Motiven (als Antrieb für die Tätigkeit) sowie Mitteln (Hilfsmittel oder Handlungen, mit denen das aktive Einwirken auf den Gegenstand realisiert wird). Dabei bestehen zwischen diesen Komponenten wechselseitige Beziehungen. Diese Struktur der Tätigkeit ist eingebettet in innere und äußere Bedingungen. Die sozialen und natürlichen Bedingungen der Tätigkeit werden mit der Kontextuiertheit beschrieben. Das Merkmal der Entwicklung hat wie die Tätigkeit selbst zwei Aspekte in denen Entwicklung stattfindet: zum einen die individuelle Entwicklung durch Tätigkeit, auf der anderen Seite eine äußere Wirkung, bezogen auf die Entwicklung der Gesellschaft und Kultur durch Tätigkeit. Auf der bisher beschriebenen Grundlage werden im nächsten Abschnitt der Tätigkeitsbegriff und der Kompetenzbegriff in Beziehung gesetzt. Anschließend werden in Abschnitt 3.2 die wesentlichen Merkmale der Tätigkeit ausführlich dargestellt und in Bezug zum mathematischen Modellieren gesetzt. Dabei soll gezeigt werden, dass das mathematische Modellieren ebenfalls diese Merkmale trägt und somit als Tätigkeit charakterisiert werden kann.

3.1.3 Tätigkeit und Kompetenzen

Bereits auf dieser ersten knappen Charakterisierung von Tätigkeit sollen erste Bezüge zum Kompetenzbegriff hergestellt werden. Nach Weinert (2001)

> versteht man unter Kompetenzen die bei Individuen verfügbaren oder durch sie erlernbaren kognitiven Fähigkeiten und Fertigkeiten, um bestimmte Probleme zu lösen, sowie die damit verbundenen motivationalen, volitionalen und sozialen Bereitschaften und Fähigkeiten, um Problemlösungen in variablen Situationen erfolgreich und verantwortungsvoll nutzen zu können. (Weinert, 2001, S. 27f)

Kompetenzen als individuell verfügbare kognitive Fähigkeiten und Fertigkeiten zum Lösen von Problemen stehen mit der Bewusstheit, der Stukturiertheit und der Kontextuiertheit der (geistigen) Tätigkeit in Beziehung. Ein Problem als Gegenstand der Tätigkeit kann sich auf Grund bestimmter Motive ergeben. Bedingt durch das Motiv erfolgt eine Zielbildung. In der tätigen Auseinandersetzung mit dem Gegenstand ist das Subjekt bestrebt, die Ziele zu erreichen. Ist diese Anforderung komplex bzw. keine Routinehandlung zur Bewältigung verfügbar, liegt ein Problem vor. Dabei werden bei der Tätigkeit, wie im Kompetenzbegriff, motivationale, volitionale und soziale Aspekte berücksichtigt. Motivationale und volitionale Aspekte beinhalten innere Aspekte der Tätigkeit, der soziale Aspekt ergibt sich aus der Kooperation, die schon für die ursprüngliche Arbeitstätigkeit typisch ist.

Bereits auf dieser noch sehr allgemeinen Ebene scheint also das Konzept der Tätigkeit auf den Kompetenzbegriff übertragbar zu sein. Im Folgenden wird ein tieferer Vergleich angestellt und auf Grundlage der Tätigkeitsmerkmale das mathematische Modellieren als Tätigkeit charakterisiert.

3.1.4 Geistige Operationen, Handlungen und Tätigkeit

Bisher wurde Tätigkeit als spezifische Form der menschlichen Aktivität beschrieben. Im Rahmen solcher Tätigkeiten werden Handlungen und Operationen als weitere Formen von Aktivitäten ausgeführt. Diese drei Aktivitäten (Tätigkeiten, Handlungen und Operationen) werden im Rahmen der Tätigkeitstheorie von Giest und Lompscher (2006, S. 39f) unterschieden. Auf Grundlage des Verständnisses geistiger Operationen lassen sich einige Phänomene des mathematischen Modellierens erklären. Aus diesem Grund wird in diesem Abschnitt die *geistige Operation* als Aktivität von der (geistigen) Tätigkeit und Handlung abgegrenzt und präzisiert.

Ein Kriterium zur Unterscheidung der drei Aktivitäten ist der Auslöser. Das Motiv ist konstituierend für die Tätigkeit. Ist das übergeordnete Motiv das Bedürfnis, ein reales Problem zu lösen, wird die Aktivität, in der an dem realen Problem gearbeitet wird, als Tätigkeit bezeichnet. Innerhalb dieser Tätigkeit werden Teilziele gebildet. Diese Ziele werden in weiteren (Teil-)Aktivitäten (z.B. das Anfertigen einer Skizze oder das innermathematische Arbeiten) realisiert. Solche Aktivitäten zum Erreichen von Teilzielen innerhalb einer Tätigkeit heißen Handlungen. Das übergeordnete Motiv ist also entscheidend für die Charakterisierung einer Aktivität als Tätigkeit, ein (Teil-)Ziel charakterisiert die Handlung. Das heißt aber auch, dass die gleiche Aktivität sowohl Tätigkeit als auch Handlung sein kann und diese Unterscheidung nicht auf Grund äußerlicher Merkmale erfolgen kann (vgl. Giest & Lompscher, 2006, S. 40f).

Auslöser für Operationen sind konkrete Handlungsbedingungen. Operationen liegt also keine bewusste Motiv- oder Zielbildung zugrunde. Dies liegt an der besonderen Qualität von Operationen als automatisierte, verkürzte und unbewusst ablaufende Aktivitäten (vgl. Giest & Lompscher, 2006, S. 39). Diese Unterscheidung der drei Aktivitäten, die hier allgemein vorgenommen wurde, gilt auch für das Denken als geistige Tätigkeit (siehe Abschnitt 3.1.1, Seite 72).

Im Sinne eines kompetenten Handelns spielen nun geistige Operationen als automatisierte und verkürzte Handlungen zur unmittelbaren Bewältigung von Anforderungen eine wichtige Rolle. Schließlich ist ein solches Verhalten als Ergebnis einer kumulativen Kompetenzentwicklung wünschenswert. Aus dieser Qualität der Aktivität ergibt sich jedoch das zentrale Problem, die geistige Aktivität zu rekonstruieren.

Auf Grund der spezifischen Eigenschaften lassen sich geistige Operationen nur sehr schwer bzw. überhaupt nicht feststellen, beobachten oder nachvollziehen. Auf Grundlage der Theorie der etappenweisen Ausbildung geistiger Handlungen bietet Galperin (1967, 1973) ein Erklärungsmodell. Demnach sind geistige Operationen verkürzte Formen psychischer Tätigkeit. Bringt eine geistige Operation etwa eine Lösung für eine Aufgabe in Form eines neuen

Gedankens hervor, entspricht dieser Prozess einer verkürzten, automatisierten Handlung, „von deren wirklichen Inhalt wir in der Regel nichts mehr wissen und deren Vollzug lediglich durch einige unbestimmte Empfindungen signalisiert wird" (Galperin, 1973, S. 102). Solche geistigen Operationen

> sind ihren Ursprungsformen ganz unähnlich, sie sind, für sich genommen, wegen ihrer Blitzartigkeit, Produktivität und schwierigen Feststellbarkeit für die unmittelbare Beobachtung wahrhaft erstaunlich und kaum verständlich (Galperin, 1967, S. 372).

Das Wesen geistiger Operationen wird nach Galperin (1967, S. 389-396) nur ersichtlich, wenn die Operation entfaltet bzw. auseinander gefaltet wird, so dass die im Rahmen der Aneignung allmählich verkürzten Handlungen wieder ersichtlich werden. Dabei meint entfalten bzw. auseinander falten „alle ihre Teiloperationen in ihrer Wechselbeziehung zeigen" (Galperin, 1967, S. 380). Nach Galperin (1967, S. 395) ist ein solches Erfassen des tatsächlichen Inhalts einer geistigen Operation nur in der Analyse der genetischen Entwicklung einer Operation über die verschiedenen Etappen ihrer Aneignung möglich. Im Rahmen der Aneignung durch wiederholtes Ausführen der Aktivität vollzieht sich unter entsprechenden Bedingungen allmählich der Prozess der Verkürzung, dies entspricht dem von Steiner (2006, S. 155) beschriebenen chunking. Der Vorteil solcher Operationen besteht in der kognitiven Entlastung, „die Aufmerksamkeit kann auf andere Aspekte der Aktivität gerichtet werden" (Steiner, 2006, S. 155).

Im Zusammenhang mit dem mathematischen Modellieren findet man bei Blum (1996, S. 17) ein Beispiel einer solchen geistigen Operation. Diese Operation betrifft die Mathematisierung des Verkehrsdurchsatzes, wie sie von Blum (1996) dargestellt wird. Im Rahmen der Strukturierung des Problems werden zunächst verschiedene Annahmen getroffen und Variablen eingeführt. Die dann beschriebene Mathematisierung kann nur als verkürzte Operation interpretiert werden. Im Folgenden wird der entsprechende Text von Blum (1996, S. 17) dargestellt:

> Wir *strukturieren* und *vereinfachen* die Situation:
>
> • Alle Autos gleich schnell (v).
> • Alle Autos gleich lang (l).
> • Selber Abstand (d) zwischen je zwei Autos (...)
>
> Wir nehmen eine feste Registrierstelle und definieren Durchsatz (F) als Anzahl der Autos pro Zeit an dieser Stelle.
> *Mathematisierung* liefert sofort die Formel
>
> $$F = \frac{v}{l + d}$$

Die an dieser Stelle von Blum (1996) vollzogene oder wenigstens auf Grund der Formulierung „liefert sofort die Formel" dargestellte Mathematisierung kann als eine solche geistige Operation verstanden werden. Entspricht die Formulierung von Blum der Tatsache, dass ihm bei der Mathematisierung sofort die genannte Formel eingefallen ist, ist dieser Gedanke, der die Lösung der Mathematisierung enthält, das Ergebnis einer geistigen Operation. Entsprechend der Theorie der etappenweisen Ausbildung geistiger Handlungen kann eine solche, sofortige Mathematisierung jedoch nur als Ergebnis eines Aneignungsprozesses verstanden werden. Von Lernenden kann nicht erwartet werden, dass diese ebenfalls „sofort die Formel" nennen können.

Für die Rekonstruktion der kognitiven Prozesse ergibt sich dadurch ein erhebliches Problem. Der eigentliche Prozess verschwindet „aus dem Bewußtsein und läßt in diesem nur sein Endresultat - den gegenständlichen Inhalt der Operation - zurück" (Galperin, 1967, S. 389 und vgl. Galperin, 1973, S. 96f).

Für die Förderung von Modellierungskompetenzen, in deren Rahmen die Förderung der Mathematisierung von zentraler Bedeutung ist, ist die Entfaltung des Mathematisierens eine notwendige Voraussetzung. Nur die entfaltete Form kann systematisch angeeignet werden. Im Rahmen dieser Arbeit werden daher die Modellvorstellungen über die kognitiven Prozesse des Modellbildens im Sinne des Auffaltens bzw. des Entfaltens der geistigen Aktivitäten entwickelt. Dazu ist es nach Galperin (1973, S. 97) notwendig, den Prozess der geistigen Aktivitäten in seiner Genese zu analysieren. Nur, wenn die Aktivitäten noch nicht in verkürzter Form vorliegen, können die entsprechenden Handlungen festgestellt werden. Diese Erkenntnis ist zentral für das Vorgehen in der Analyse der Modellierungsaktivitäten in Kapitel 5.

3.2 Mathematisches Modellieren als Tätigkeit

In diesem Abschnitt werden die in Abschnitt 3.1.2 auf Seite 73 genannten typischen Merkmale für Tätigkeit präzisiert und mit dem mathematischen Modellieren in Beziehung gesetzt. Dabei ist es das Ziel, das mathematische Modellieren als Tätigkeit zu charakterisieren. Diese Charakterisierung des mathematischen Modellierens als Tätigkeit ist notwendig, damit für die in Teil II durchgeführte Analyse von Modellierungsaktivitäten eine tätigkeitstheoretische Perspektive gerechtfertigt ist.

3.2.1 Bewusstheit und mathematisches Modellieren

Bewusstheit bezeichnet „vor allem die gedankliche Zugänglichkeit und damit willkürliche Veränderbarkeit der Orientierung und Regulation der Aktivität eines Menschen für ihn selbst" (Giest & Lompscher, 2006, S. 34). Von besonderer Bedeutung ist dabei die geistige Vorwegnahme, die Antizipation. „Sie ist die Voraussetzung dafür, dass Aktivität mit großer individueller Flexibilität an hoch variierende Umweltanforderungen angepasst werden kann" (Giest & Lompscher, 2006, S. 34). Renkl (1996, S. 82) nennt als Voraussetzung solcher mentaler Simulationen konzeptuelles Wissen, also Verständniswissen über Zusammenhänge, die über einen engen Kontext der Lernsituation hinausgehen.

> Durch das ‚Laufenlassen' mentaler Modelle können auch in neuen Situationen, in denen noch keine Erfahrungen gesammelt wurden, Vorhersagen über Handlungsauswirkungen getroffen werden, auf deren Grundlage wiederum effektive Handlungen ausgewählt werden können (Renkl, 1996, S. 82).

Ein in dieser Form bewusstes Ausüben von Tätigkeiten auf Grundlage von konzeptuellem Wissen nennt Renkl (1996, S. 82) nach Hatano und Inagaki (1986) adaptive Expertise. De Bock, Van Dooren und Janssens (2007) argumentieren, dass Modellierungskompetenzen notwendigerweise adaptive Expertise implizieren. Dabei beziehen sich De Bock et al. (2007, S. 241f) auf Hatano (2003), der adaptive Expertise als „ability to apply meaningfully learned procedures flexibly and creatively" beschreibt.

Dabei bedeutet Bewusstheit nicht, dass jede einzelne Handlung im Rahmen der Tätigkeit bewusst abläuft und reguliert werden muss. Es kann durchaus im Rahmen der Tätigkeit auch wie oben beschrieben automatisiert ablaufende Operationen geben (siehe Seite 74). Solche Operationen können aus Handlungen entstehen, die verinnerlicht (interiorisiert), verkürzt und automatisiert werden. Solche aus Handlungen entstandenen Operationen sind nach Meinung von Giest und Lompscher (2006) prinzipiell bewusstseinsfähig, d.h., die in der verkürzten Form enthaltenen Teiloperationen können bei Bedarf entfaltet und somit bewusstseinsfähig werden. Dies ist jedoch nicht voraussetzungslos möglich, so dass auch nicht bewusstseinsfähige (unbewusste) Operationen entstehen können. Solche nicht bewusstseinsfähige Operationen können entstehen, wenn die praktizierte Aktivität keine Tätigkeit ist, z.B. Drill in Form von formalem Üben zum Erzielen bestimmter Fertigkeiten. Diesen Aktivitäten, die im Rahmen der Aneignung ausgeführt werden, fehlt insbesondere das Merkmal der Bewusstheit über die Aktivität. So erworbene Fertigkeiten können dann wechselnden Anforderungen und Aufgabenbedingungen häufig nicht angepasst werden, sondern sind nur unter den Bedingungen nutzbar, unter denen sie eingeübt wurden (vgl. Giest & Lompscher, 2006, S. 39f). Da gerade beim mathematischen Modellieren das erworbene Wissen und Können entsprechend variablen Anforderungen und Aufgabenbedingungen angepasst werden muss, ist es notwendig, dass mathematisches Modellieren als bewusste Tätigkeit ausgeführt und angeeignet wird. In der Konzeption von Modellierungskompetenz nach K. Maaß (2006) wird Metakognition als ein zentraler Bestandteil von Modellierungskompetenz angesehen. K. Maaß (2006, S. 117f) greift dabei auf die Begriffsklärung von Metakognition nach Sjuts (2003, S. 18f) zurück, in der zwischen deklarativer, prozeduraler und motivationaler Metakognition unterschieden wird. Im Zusammenhang mit der Bewusstheit über Ziele, der Antizipation und Kontrolle sowie der damit verbundenen Regulation von Handlungen im Rahmen von Tätigkeit ist hier insbesondere die prozedurale Metakognition relevant. Nach Sjuts (2003, S. 19) verbindet die prozedurale Metakognition die Aktivitäten vor, während und nach einer Aufgabenbearbeitung „des Planens, Überwachens und Prüfens, bei denen eine Person sich gewissermaßen selbst über die Schulter blickt." Dieser kontrollierende Blick über die eigene Schulter setzt eine gedankliche Zugänglichkeit der eigenen Aktivität voraus, was oben als Bewusstheit bezeichnet wurde. Der Aspekt der Kontrolle der eigenen Aktivitäten spielt auch in der Tätigkeitstheorie eine zentrale Rolle. Die Kontrolle wird später als eine Teilfunktion der psychischen Tätigkeitsregulation wieder aufgegriffen (siehe Abschnitt 3.3.2.6, Seite 92).

3.2.2 Strukturiertheit und mathematisches Modellieren

Strukturiertheit sagt, dass Tätigkeit „keine konturlose Ganzheit sondern strukturell gegliedert" (Giest & Lompscher, 2006, S. 36) ist. „Der Strukturbegriff berücksichtigt die Tatsache, dass ein gegebenes System einen nicht beliebigen, zufälligen Aufbau aus Elementen aufweist, sondern dass diese sich in genau bestimmten Beziehungen (Relationen) befinden" (Giest & Lompscher, 2006, S. 36). Zur Charakterisierung des mathematischen Modellierens als Tätigkeit wird hier zunächst die Subjekt-Objekt-Struktur der Tätigkeit nach Giest und Lompscher (2006, S. 36-38) genutzt. Diese beschreibt die allgemeine, äußere Struktur der Tätigkeit.

Hinsichtlich der Subjekt-Objekt-Struktur ist

Tätigkeit charakterisiert durch:

- das aktive, bewusste (mit bestimmten subjektiven, psychischen Tätigkeits-
  voraussetzungen ausgestattet - innere Bedingungen) Subjekt der Tätigkeit
  welches
- unter bestimmten (äußeren) Bedingungen der Tätigkeit und in einem kom-
  plizierten Wechselspiel mit den inneren Bedingungen
- Ziele und Bedürfnisse generiert und entsprechend den Zielen und Bedürfnissen sowie den (inneren und äußeren) Tätigkeitsbedingungen (und
  -voraussetzungen) bestimmte
    - Mittel der Tätigkeit einsetzt, um auf den
    - Gegenstand der Tätigkeit entsprechend den Zielen und Bedürfnissen
      einzuwirken.

(Giest & Lompscher, 2006, S. 37)

subjektives	Vermittlungsmoment	objektives Moment
Moment		*äußere*
Bedürfnis, Motiv		*Bedingungen*

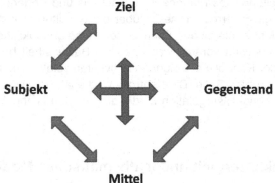

Abbildung 3.1: Subjekt-Objekt-Struktur der Tätigkeit (Giest & Lompscher,
2006, S. 38)

Diese äußere Subjekt-Objekt-Struktur der Tätigkeit lässt sich auf das in Abschnitt 2.1.5 auf Seite 37 beschriebene mathematische Modellieren übertragen. Das Subjekt ist die Person, die unter bestimmten Bedingungen eine außermathematische Situation, also das Objekt bzw. den Gegenstand der Tätigkeit, mit mathematischen Mitteln bearbeitet. Den Handlungsantrieb bilden

Motive, z.B. soll ein reales Problem gelöst werden oder eine reale Situation besser verstanden werden. Damit diese Bedürfnisse und Motive befriedigt werden können, werden im Rahmen der Tätigkeit (Teil-)Ziele gebildet. Mittel der Tätigkeit ist zum einen die Mathematik als Werkzeug (vgl. Giest & Lompscher, 2006, S. 37), zum anderen sämtliche (Teil-)Handlungen (vgl. Giest & Lompscher, 2006, S. 39) im gesamten Modellierungsprozess. Modellierungskompetenzen bilden somit das individuelle Repertoire an Mitteln zur Bearbeitung des Problems.

3.2.3 Kontextuiertheit und mathematisches Modellieren

Kontextuiertheit bezieht sich auf die äußeren Bedingungen, die sowohl natürliche Bedingungen der Umwelt als auch soziale Bedingungen der Tätigkeit umfassen. „Die Tätigkeit eines Menschen ist dadurch jeweils in einen bestimmten natürlichen und vor allem sozialen Kontext eingebunden, anders ist Tätigkeit nicht denkbar" (Giest & Lompscher, 2006, S. 41). Dabei ergeben sich für den Menschen in der Auseinandersetzung mit der Umwelt auf Grund der äußeren Bedingungen jene Anforderungen, die im Rahmen der Tätigkeit als mehr oder weniger komplexe Probleme bearbeitet werden (vgl. Giest & Lompscher, 2006, S. 41).

Auch dieses Merkmal trifft für das mathematische Modellieren zu. Der Ausgangspunkt des mathematischen Modellierens, die reale Situation, ist immer in einen Kontext eingebettet. Und auch die Problembearbeitung findet unter natürlichen und sozialen Bedingungen, also kontextuiert statt.

Im Zusammenhang mit diesem Merkmal wird deutlich, dass eine Unterscheidung des mathematischen Modellierens auf der einen Seite im schulischen Kontext zum Erwerb von Modellierungskompetenzen und dem mathematischen Modellieren in außerschulischen Situationen sinnvoll ist, da sich die Kontexte jeweils erheblich unterscheiden können. Dass die Bearbeitung realitätsbezogener Aufgaben im schulischen Kontext spezifische Probleme mit sich bringen kann, wurde von Gellert und Jablonka (2009) ausführlich diskutiert und dargestellt. Prediger (2010) spricht in diesem Zusammenhang auch von einem Rekontextualisierungsproblem, das im Weiteren (Seite 144) noch einmal aufgegriffen wird.

3.2.4 Entwicklung und mathematisches Modellieren

Auf Grund der zwei Wirkungen der Tätigkeit ergeben sich für das Merkmal der Entwicklung zwei Perspektiven. Die äußere Wirkung der Tätigkeit „steht im Mittelpunkt der Arbeistätigkeit im Sinne der Gestaltung von Gesellschaft, menschlicher Kultur, natürlicher und sozialer Umwelt" (Giest & Lompscher, 2006, S. 54). Wird durch das mathematische Modellieren ein reales Problem gelöst, kann dies einen Beitrag zur Entwicklung der Gesellschaft, Kultur und Umwelt darstellen.

> Die von den Menschen geschaffene Mathematik hat sich in der Entwicklung der neuzeitlichen Wissenschaften als tiefgreifendes Mittel zur verstehenden Beschreibung (und in der Folge zur Beherrschung) der von den Menschen vorgefundenen natürlichen Welt bewährt (Heymann, 1996, S. 183f).

Genau diese Anpassung der Lebensbedingungen an die Bedürfnisse des menschlichen Lebens sind ein wesentliches Motiv der Arbeitstätigkeit.

Die zweite Wirkung der Tätigkeit ist nach innen gerichtet und spielt im Rahmen der Persönlichkeitsentwicklung eine zentrale Rolle. Da in diesem Abschnitt das mathematische Modellieren hinsichtlich der Ziele mit der Arbeitstätigkeit verglichen wird, um das mathematische Modellieren als Tätigkeit zu charakterisieren, ist die individuelle Entwicklung in diesem Zusammenhang nachgeordnet. Wenn es später in dieser Arbeit aber um die Aneignung des mathematischen Modellierens als Tätigkeit im Rahmen von Lerntätigkeit gehen wird, rückt die innere Wirkung der Tätigkeit in den Mittelpunkt des Interesses.

3.2.5 Fazit: Mathematisches Modellieren als Tätigkeit

Mathematisches Modellieren kann also als bewusste und kontextualisierte Aktivität beschrieben werden, die einen Beitrag zur Entwicklung der Kultur und Gesellschaft leisten kann. Da sich das mathematische Modellieren auch hinsichtlich der Subjekt-Objekt-Struktur der Tätigkeit beschreiben lässt, kann das Tätigkeitskonzept auf das mathematische Modellieren übertragen werden.

Nutzt man nun die äußere Struktur (siehe Seite 79) der Tätigkeit für eine differenzierte Betrachtung des mathematischen Modellierens, ergibt sich eine Klassifikation verschiedener Tätigkeiten, die alle im Rahmen der Kompetenz bzw. in Konzepten für Modellierungskompetenzen genannt werden.

3.2.5.1 Analyse nach dem Ziel

Aus der Differenzierung von Niss (2003a, S. 9) (siehe auch Seite 48) in einen analytischen und einen produktiven Aspekt von Modellierungskompetenzen ergibt sich eine erste Unterscheidung verschiedener Tätigkeiten abhängig vom konkreten Ziel der Tätigkeit. So liegen unterschiedliche Tätigkeiten vor, wenn zum einen das Ziel im Verstehen, Interpretieren, Überprüfen oder Bewerten eines gegebenen mathematischen Modells bzw. dem Ergebnis eines Modellierungsprozesses besteht oder zum anderen selbst ein mathematisches Modell erarbeitet werden soll bzw. ein Modellierungsprozess erarbeitet werden soll.

Mit diesem Unterscheidungskriterium lassen sich auch die Levels von Modellierungsaktivitäten nach Greer und Verschaffel (2007) (siehe auch Seite 60) bzw. die Level zur Beschreibung von Modellierungskompetenzen nach Henning und Keune (2007) (siehe auch Seite 54) differenzieren. Das erste Level nach Henning und Keune (2007) hat das Ziel, Modellierungsprozesse erkennen und beschreiben zu können. Eine selbständig erarbeitete Antwort für eine realitätsbezogene Aufgabe ist Ziel des zweiten Levels (eigenständiges Modellieren) nach Henning und Keune (2007) sowie das Level 1 (implizites Modellieren) und 2 (explizites Modellieren) nach Greer und Verschaffel (2007).

Entsprechend den Zielen des analytischen Aspekts nach Niss (2003a) lassen sich die Levels 3 (kritisches Modellieren) nach Henning und Keune (2007) sowie Greer und Verschaffel (2007) charakterisieren.

Diese Differenzierung nach den Zielen steht auch in Beziehung zur Unterscheidung nach dem Gegenstand der Tätigkeit.

3.2.5.2 Analyse nach dem Gegenstand

Betrachtet man eine Modellierungsaktivität, die dem produktiven Aspekt nach Niss (2003a) entspricht, ist der Gegenstand der Tätigkeit ein reales bzw. realitätsbezogenes Problem. So soll etwa beim eigenständigen Modellieren (vgl. Henning & Keune, 2007) sowie beim impliziten und expliziten Modellieren (vgl. Greer & Verschaffel, 2007) ein reales Problem mit Hilfe der Mathematik bearbeitet werden oder für eine reale Situation ein mathematisches Modell konstruiert werden.

Sowohl beim Nachvollziehen und Verstehen (Level 1 nach Henning und Keune (2007)) als auch beim kritischen Modellieren (Level 3 bei Henning und

Keune (2007) sowie Greer und Verschaffel (2007)) ist der Gegenstand entweder ein mathematisches Modell oder Ergebnis eines Modellierungsprozesses. Diese Unterschiede hinsichtlich der Ziele und Gegenstände von Tätigkeiten des mathematischen Modellierens lassen vermuten, dass es auch eine Unterscheidung hinsichtlich der Mittel für die verschiedenen Aktivitäten gibt. Dazu sind jedoch weitere Analysen notwendig.

Anhand der äußeren Struktur der Tätigkeit werden also Aspekte deutlich, die für eine langfristige Förderung von Modellierungskompetenzen relevant sind. So zeichnet sich das mathematische Modellieren durch spezifische Ziele aus, die mit speziellen Mitteln an bestimmten Gegenständen erreicht werden sollen. Diese Strukturkomponenten müssen bei einer langfristigen Förderung von Modellierungskompetenzen zum Lerngegenstand werden. Die Frage, die sich nun stellt, ist: Wie können Aspekte des individuellen Wissens und Könnens von Modellierungskompetenzen beschrieben werden, so dass eine differenzierte Entwicklung und Förderung beschreibbar wird?

Diese Frage zielt auf ein Kompetenzstrukturmodell als Konzeptualisierung von Modellierungskompetenzen. Die bisherige Charakterisierung der Tätigkeit bietet jedoch noch keinen differenzierten Begriffsrahmen, um das notwendige Wissen und Können zu beschreiben. Da nun das mathematische Modellieren als Tätigkeit beschrieben werden kann und der Kompetenzerwerb somit als Aneignung notwendigen Wissens und Könnens zur Ausführung situationsangemessener Tätigkeit verstanden werden kann, werden als nächstes Aspekte zur psychischen Orientierung und Regulation der Tätigkeit nach Kossakowski und Lompscher (1977) beschrieben. Insbesondere die in diesem Konzept enthaltenen psychischen Eigenschaften der Tätigkeitsregulation bieten differenzierte Kategorien zur Beschreibung der Aspekte von Modellierungskompetenz.

3.3 Orientierung und Regulation der Tätigkeit

Gegenstand dieses Abschnitts ist ein Modell zur Orientierung und Regulation der Tätigkeit. Dabei werden Aspekte und Komponenten genannt, die eine bewusste und situationsangemessene Tätigkeit ermöglichen. Das Modell geht zurück auf Kossakowski und Lompscher (1977). Mit dieser Konzeption wurden reine Anpassungsmodelle überwunden. Die Persönlichkeit wird als Subjekt seiner Entwicklung verstanden. In einem pädagogischen Prozess nehmen dabei u.a. Kenntnisse, Fähigkeiten, Fertigkeiten, Gewohnheiten und Einstellungen Einfluss auf die Persönlichkeitsentwicklung. Dabei wurde in diesem Modell noch keine Entwicklungs- bzw. Altersspezifik berücksichtigt (vgl. Kühn, 2005, S. 17). Solche Entwicklungsstufen wurden später in der entwicklungstheoretischen Konzeption von Kossakowski berücksichtigt, die in einer interdisziplinären Entwicklungspsychologie im Kindes- und Jugendalter (Kossakowski et al., 1987) zusammengefasst wurde (vgl. Kühn, 2005, S. 21). Diese entwicklungstheoretische Konzeption baut auf dem Konzept von Kossakowski und Lompscher (1977) zur Tätigkeitsregulation auf (vgl. Kossakowski et al., 1987, 45-447). Nach Kühn (2005, S. 22) „stellt der Ansatz von Kossakowski u.E. einen originellen und weiter diskussionswürdigen Beitrag zur Entwicklungspsychologie dar. Jedoch ist seine Diskussion abgebrochen und noch nicht wieder aufgenommen worden."

Im Folgenden wird zunächst ein Überblick über das Konzept der Tätigkeitsregulation nach Kossakowski und Lompscher (1977) gegeben, das aus verschiedenen Ebenen der Handlungsregulation besteht. Anschließend werden die einzelnen Ebenen mit ihren jeweiligen Komponenten dargestellt. Im Rahmen dieser Arbeit sind dabei die psychischen Eigenschaften als habitualisierte Komponenten der Tätigkeitsregulation (siehe Seite 98) von besonderem Interesse, da diese im Rahmen der Konzeption situationsgemäß orientierte und regulierte Tätigkeit erklären.

3.3.1 Aspekte der psychischen Tätigkeitsregulation

Die Orientierung und Regulation der Tätigkeit wird nach Kossakowski et al. (1987, S. 46) durch das Psychische realisiert. Dies geschieht

> durch Widerspiegelung der äußeren und inneren Tätigkeitsbedingungen sowie durch innere Operationen auf der Grundlage gedächtnismäßig gespeicherter psychischer Abbilder der objektiven Realität, einschließlich der individuellen Zustände (Kossakowski et al., 1987, S. 46).

Für diese Orientierung und Regulation lassen sich Teilfunktionen unterscheiden (Erkennen, Erleben, Bewerten, Streben, Entscheiden, Kontrollieren, Behalten) (ausführlich siehe 3.3.2), die sich jedoch gegenseitig stark durchdringen und wechselseitig bedingen. Diese Teilfunktionen werden durch aktuelle Komponenten der psychischen Tätigkeitsregulation (psychischen Inhalten, Prozessen und Zuständen) (siehe 3.3.3) realisiert. Von zentraler Bedeutung sind dabei psychische Operationen, wie „Analyse, Synthese, Abstraktion, Verallgemeinerung, Klassifikation" (Kossakowski et al., 1987, S. 46), die

Grundlage für die Verarbeitung von Informationen und somit für die Handlungsregulation sind. Diese aktuellen Komponenten sind zunächst nur im Rahmen konkreter Tätigkeit existent. Erst durch wiederholtes, gleichartiges Auftreten in Verbindung mit Generalisierung, Integration und Differenzierung verfestigen sie sich zu psychischen Eigenschaften (siehe Abschnitt 3.3.4 ab Seite 98), die zeitlich überdauern und relativ stabil sind (habitualisiert). Diese Eigenschaften stellen die individuellen Handlungsvoraussetzungen dar (vgl. Kossakowski et al., 1987, S. 46; Kossakowski & Lompscher, 1977, S. 109-111). Dieses in Abbildung 3.2 dargestellte Konzept der Tätigkeitsregulation ist als System zu verstehen:

> Dabei ist allerdings zu beachten, daß alle diese psychischen Komponenten im konkreten Handlungsverlauf stets integrativ zusammenwirken. Es handelt stets die Persönlichkeit als Ganzes. Ihre Differenzierung in kognitive, emotionale, motivationale und volitive Prozesse, Inhalte und Zustände sowie in deren habitualisierte Entsprechungen, die Eigenschaften, stellt lediglich eine aspekthafte Hervorhebung der einen oder anderen Seite der in der Reatlität integrativ vernetzten Regulationskomponenten dar (Kossakowski et al., 1987, S. 47).

3.3.2 Teilfunktionen der psychischen Tätigkeitsregulation

Die Teilfunktionen der psychischen Regulation der Tätigkeit sind einander durchdringende und sich gegenseitig bedingende Vorgänge, die die Grundlage zur Orientierung und Regulation der Tätigkeit darstellen. Diese Teilfunktionen sind Erkennen, Erleben, Streben, Bewerten, Entscheiden, Kontrollieren und Behalten. Auch wenn diese im Folgenden getrennt voneinander beschrieben werden, ist zu beachten, dass sie vielfältig miteinander verflochten sind und somit als Einheit zu verstehen sind (vgl. Kossakowski & Lompscher, 1977, S. 110f).

3.3.2.1 Erkennen

Beim Erkennen geht es nach Kossakowski und Lompscher (1977, S. 111f) darum, hinter die Erscheinungen der widergespiegelten Realität zu dringen. Dazu müssen die Gegenstände, Ereignisse und Relationen des jeweiligen Ausschnitts der Wirklichkeit, dem das Subjekt tätig gegenübertritt, intellektuell weiterverarbeitet und durchdrungen werden. Dies entspricht einer konstruktivistischen Vorstellung zum Aufbau von Wissen (vgl. Renkl, 2008, S. 114-118).

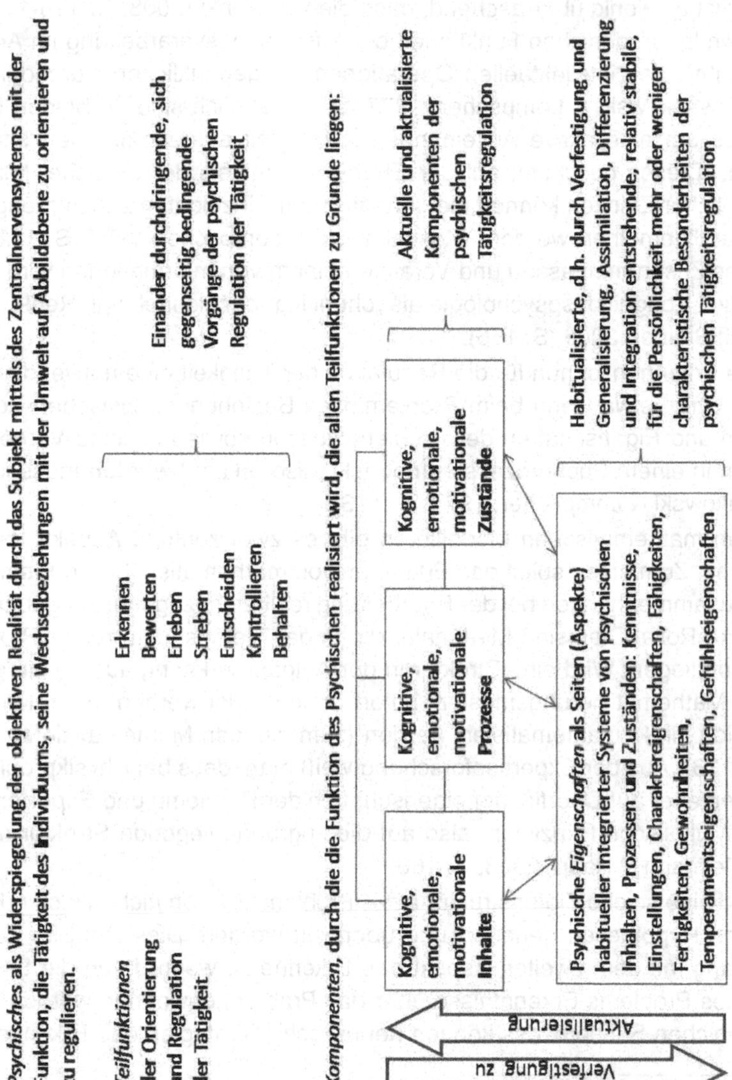

Abbildung 3.2: Aspekte der psychischen Tätigkeitsregulation (Kossakowski &
Lompscher, 1977, S. 110)

Daher ist es wenig überraschend, dass die von Renkl (2008, S. 116-118) genannten lernförderlichen Funktionen der Informationsverarbeitung im Arbeits-
gedächtnis den intellektuellen Operationen zur gedanklichen Durchdringung
(vgl. Kossakowski & Lompscher, 1977, S. 12) ähnlich sind. In beiden Fällen
geht es um eine aktive Auseinandersetzung mit aufgenommenen Informationen. „Dieses geschieht auf der Ebene und mittels der Sprache. Mit Hilfe
sprachlicher Zeichen können die sensorischen Einzeldaten zusammengefaßt
und verallgemeinert werden" (Kossakowski & Lompscher, 1977, S. 112). Ein
solches Zusammenfassen und Verallgemeinern von Informationen wird in der
aktuellen Kongnitionspsychologie als „chunking" bezeichnet (vgl. Renkl, 2008,
S. 115; Steiner, 2006, S. 166).

Das Erkennen ist nun für die Regulation der Tätigkeit eine notwendige Voraussetzung, etwa wenn beim Problemlösen Beziehungen zwischen Komponenten und Eigenschaften der Problemsituation sowie mögliche Vorgehensweisen in einem Suchprozess aufgedeckt, also erkannt werden müssen (vgl.
Kossakowski & Lompscher, 1977, S. 113).

Beim mathematischen Modellieren gibt es zwei zentrale Aspekte des Erkennens. Zum einen spielt das Erkennen von mathematisierbaren Elementen
und Zusammenhängen bei der Bearbeitung realitätsbezogener Aufgaben eine
wichtige Rolle. Dies sind Merkmale, die in der Tiefenstruktur einer Problemsituation liegen. Wird eine Struktur in der Aufgabe erkannt, auf die ein geeignetes Mathematisierungsmuster[2] sofort angewendet werden kann, kann die
Situation direkt mathematisiert werden (zum direkten Mathematisieren siehe
Seite 133). Aus der Expertiseforschung weiß man, dass bei Physikproblemen
Novizen eher auf Oberflächeneigenschaften der Probleme und Experten eher
auf physikalische Prinzipien, also auf die zugrunde liegende Struktur achten
(vgl. Reimann & Rapp, 2008, S. 160).

Wird eine solche Tiefenstruktur einer Problemsituation nicht gleich erkannt,
müssen Hypothesen generiert und überprüft werden. Dies steht im Zusammenhang mit dem zweiten Aspekt des Erkennens, wenn durch die Bearbeitung des Problems Erkenntnisse über das Problem gewonnen werden. In einem solchen Suchprozess können heuristische Strategien das Erkennen un-

---

[2]Nach Bruder (2006, S. 137) sind Mathematisierungsmuster zur Anwendung verallgemeinerte
mathematische Wissenselemente wie Begriffe, Sätze oder Verfahren. Dabei stehen einem
Individuum diese Wissenselemente in einer solchen Qualität zur Verfügung, dass diese in
Anwendungssituationen genutzt werden können. Eine Präzisierung des Begriffs auf Grund
der Analyse von Modellierungstätigkeiten in dieser Arbeit erfolgt in Abschnitt 5.5.3 auf Seite
242.

terstützen (vgl. Kossakowski & Lompscher, 1977, S. 113). Dieses Gewinnen von Kenntnissen über die Tiefenstruktur eines realen Problems ist auch im Rahmen des Modellbildens relevant und wird später wieder aufgegriffen (siehe z.B. Abschnitt 5.2.4).

Diese zwei Aspekte des Erkennens im Zusammenhang mit dem mathematischen Modellieren verweisen auf eine zweifache Bedeutung für die Tätigkeit. Das Erkennen der Tiefenstruktur einer Aufgabe ist die Voraussetzung für eine angemessene Mathematisierung, das Erkennen der Tiefenstruktur kann aber auch Ergebnis einer Modellbildung sein. Somit kann Erkennen von unterschiedlicher Qualität sein. Denn das Erkennen ist „immer eine notwendige Bedingung des Erfolgs der Tätigkeit und eines ihrer wichtigsten Ergebnisse" (Kossakowski & Lompscher, 1977, S. 113f).

3.3.2.2 Erleben

Erleben meint die emotionale Widerspiegelung der Beziehungen des tätigen Menschen zu den Komponenten der Tätigkeit. „Die Tätigkeit des Menschen ist immer von mehr oder weniger anhaltender, mehr oder weniger starken Emotionen unterschiedlichen Inhalts begleitet" (Kossakowski & Lompscher, 1977, S. 114). Die emotionalen Beziehungen können sich auf Verlauf und Erfolg der Tätigkeit stimulierend oder hemmend auswirken und stellen somit einen wichtigen Faktor der Orientierung und Regulation der Tätigkeit dar.

3.3.2.3 Streben

Das Streben bezieht sich auf die Antriebe, die Tätigkeit „auslösen und in Gang halten, die Anspannung der Kräfte und die Überwindung von Schwierigkeiten ermöglichen, d.h. die *Motivation* dieser Tätigkeit" (Kossakowski & Lompscher, 1977, S. 114). Dabei liegt dem Auslösen und In-Gang-Halten von Tätigkeit in der Regel nicht ein Motiv, sondern ein mehr oder weniger vielschichtiges Motivgefüge zugrunde. Diese Motive nehmen Einfluss auf den subjektiven Kraftaufwand über längere Zeit oder bei Schwierigkeiten und beeinflussen die Sinnkonstruktion von Tätigkeit (vgl. Kossakowski & Lompscher, 1977, S. 115).

3.3.2.4 Bewerten

Die z.B. im Prozess des Lösens eines praktischen oder theoretischen Problems aufgedeckten Eigenschaften und Beziehungen werden vom Menschen im Hinblick auf das Ziel und die Bedingungen seiner Tätigkeit bewertet (brauchbar - nicht brauchbar, sogleich brauchbar - eventuell im weiteren notwendig, sehr wichtig - weniger wichtig usw.) (Kossakowski & Lompscher, 1977, S. 115).

Grundlage solcher Bewertungen sind Erfahrungen, Erkenntnisse und Einstellungen des Individuums. Das Niveau des Bewertens hängt wesentlich von der Qualität dieser Grundlage ab.

Klare, fundierte und differenzierte Hypothesen begünstigen es, im Prozeß des Problemlösens die wesentlichen Merkmale und Zusammenhänge relativ schnell und zielstrebig zu finden und ihre Bedeutung für die Lösung entsprechend zu bewerten (Kossakowski & Lompscher, 1977, S. 116).

Dazu werden präzise Bewertungsmaßstäbe benötigt. Hat das tätige Subjekt gelernt, seine Einschätzungen an solchen Maßstäben zu orientieren, kann das weitere Vorgehen eingeengt, bestimmte Entscheidungen nahegelegt und Unsicherheit und Ungewissheit in bestimmtem Umfang eingeschränkt werden. Die Grundlage solcher Bewertungsmaßstäbe bilden Erfahrungen, Erkenntnisse und Einstellungen, die so angeeignet wurden, dass sie subjektiv bedeutsam sind und auf neue Situationen und Erscheinungen angewendet werden können. Dabei ist es wichtig, dass solche Maßstäbe nicht auf der äußeren Erscheinung, sondern auf wissenschaftlichen Kriterien und Positionen beruhen (vgl. Kossakowski & Lompscher, 1977, S. 116). Das Bewerten ist im Zusammenhang mit dem Validieren für das mathematische Modellieren zentral. Folgt man den Ausführungen, sind Kenntnisse und Erfahrungen als Orientierungsgrundlage für die Bewertung von Lösungswegen und Lösungen entscheidend. Diese Grundlagen zur Bewertung müssen erarbeitet werden. Wie sich implizit erworbene Bewertungsgrundlagen beim Bearbeiten von realitätsbezogenen Sachaufgaben auswirken können, wird im „word problem game" und der damit verbundenen „suspension of sensmaking" deutlich (siehe Seite 141). Auf Grund mangelnder Kenntnisse zur Bewertung von Lösungsansätzen, in denen realistische Überlegungen eine Rolle spielen, werden Lösungswege, in denen das mathematische Resultat im Widerspruch zur Realität steht, als eine eher erwartete Lösung für die Aufgabe bewertet. Solche Bewertungen sind dann Grundlage für Entscheidungen.

3.3.2.5 Entscheiden

Auf Grundlage des Erkennens, Erlebens, Strebens und Bewertens kann das tätige Subjekt bestimmte Positionen einnehmen und sich für bestimmte Handlungsvarianten entscheiden. Tätigkeit als eigenverantwortliches und selbständiges Handeln setzt immer auch eigenverantwortliche Entscheidungen voraus. Abhängig von der Anforderungssituation eine adäquate, also eine der Situation und den Zielen angemessene, Entscheidung zu treffen, ist ein komplexes Geschehen, das von der Erfahrung, den Motiven, emotionalen Beziehungen sowie bewussten und unbewussten psychischen Vorgängen beeinflusst wird. Dabei muss der Wert eines zu erwartenden Handlungsergebnisses mit der Wahrscheinlichkeit seiner Erreichung und den daraus zu erwartenden Konsequenzen unter Berücksichtigung der subjektiven Voraussetzungen in Beziehung gesetzt werden. Um solche Entscheidungen treffen zu können, muss das Subjekt über Kenntnisse und intellektuelle Fähigkeiten verfügen (vgl. Kossakowski & Lompscher, 1977, S. 117f).

Auf dieser Grundlage lässt sich das Phänomen der „suspension of sensmaking" weiter erklären. Wenn Lernende im Unterricht das Ziel verfolgen, die Aufgabe so zu bearbeiten, dass der von ihnen gewählte Lösungsweg und die daraus resultierende Lösung vom Lehrer als richtig angesehen wird, werden solche Handlungsvarianten bevorzugt, die auf Grund der bisherigen Unterrichtserfahrung als erfolgversprechend beurteilt werden, auch wenn die dann bevorzugte Lösung im Widerspruch zur realen Situation steht. Dabei ist es sogar möglich, dass sich Lernende im Handlungsprozess dieses Widerspruchs bewusst sind (vgl. Selter, 1994, S. 21; Prediger, 2010, S. 180).

Nicht immer müssen dem Subjekt alle Entscheidungsvorgänge bewusst werden. Die im Rahmen von Tätigkeit entwickelten Einstellungen, Gewohnheiten, Fähigkeiten usw. können dazu führen, dass Entscheidungen „wie von selbst" getroffen werden, bzw. bestimmte Handlungsvarianten sofort ausgeschlossen oder überhaupt nicht wahrgenommen werden. Dieses scheinbar nicht mehr notwendige Entscheiden ist aber wiederum das Ergebnis von bewussten Entscheidungen in vergangenen Tätigkeiten. Durch die dort gewonnenen Einstellungen und Erfahrungen können dann Entscheidungen in aktuellen Situationen überflüssig werden. „Sich richtig entscheiden zu können, heißt in vielen Situationen, sich (...) nicht erst entscheiden zu müssen" (Kossakowski & Lompscher, 1977, S. 118).

Auch hier lassen sich Bezüge zu Erkenntnissen zur Bearbeitung von Sachaufgaben herstellen. Es kann nämlich sein, dass die Handlungsvorschriften aus dem „word problem game" zu Gewohnheiten werden. Dann kommen Handlungsalternativen z.T. überhaupt nicht in Betracht (vgl. Reusser & Stebler, 1997, S. 316) oder werden auf Grund anderer Gewohnheiten verworfen (siehe Seite 141).

3.3.2.6 Kontrollieren

Die im Rahmen von Tätigkeit ausgeführten geistigen oder materiell-gegenständlichen Handlungen müssen im Verlauf ständig mit der geistig vorweggenommenen Handlung in Beziehung gesetzt werden. Im Vergleich mit diesem ideellen Programm muss die Handlung überprüft werden, bei Schwierigkeiten analysiert und bei Bedarf angepasst werden. Somit spielt das Kontrollieren eine wesentliche Rolle bei der Regulation der Handlung. Dabei ist die Kontrolle „immanenter Bestandteil der psychischen Regulation in allen Phasen einer Handlung" (Kossakowski & Lompscher, 1977, S. 119). Selbstkontrolle und damit verbundene Handlungsregulation ist also vor, während und nach der Handlung notwendig. Richtet sich die Kontrolle erst nach der Handlung auf das Ergebnis, kann die Handlung im Verlauf unrational, ungenau und nicht zielführend sein (vgl. Kossakowski & Lompscher, 1977, S. 119).

Das Kontrollieren bezieht sich direkt auf das Validieren, steht aber auch in direktem Bezug zur Selbstregulation im gesamten Bearbeitungsprozess realitätsbezogener Aufgaben.

3.3.2.7 Ergänzung: Exekutive Metakognition

Aus den zuvor genannten Teilfunktionen der Orientierung und Regulation der Tätigkeit besteht eine große Nähe zum aktuellen Verständnis von Metakognition als Steuerung und Überwachung kognitiver Prozesse. Nach Hasselhorn (2010, S. 542) gehören Aspekte der „Planung, Überwachung und Steuerung bzw. Regulation eigener kognitiver Aktivitäten" zur sogenannten exekutiven Metakognition. Dabei sieht Hasselhorn (2010, S. 541) im Tätigkeitsmerkmal Bewusstheit „ein wesentliches Bestimmungsstück von Metakognition".

Insbesondere die in den Teilfunktionen Erkennen, Bewerten, Entscheiden und Kontrollieren genannten Aspekte zur Regulation und Orientierung der Tätigkeit stehen dieser Konzeption von Metakognition sehr nahe. Ein Unterschied ist jedoch darin zu sehen, dass Tätigkeit zwar in Form der geistigen Tätigkeit auch ausschließlich aus kognitiven Prozessen bestehen kann, Handlungen im Rahmen von Tätigkeit aber auch konkrete, äußerlich sichtbare, körperliche Handlungen sein können. Es ist jedoch davon auszugehen, dass auch körperliche Handlungen von psychischen Prozessen ausgelöst, begleitet, überwacht und interpretiert werden (vgl. Nitsch, 2006, S. 31).

3.3.2.8 Behalten

Ohne die Fähigkeit, Ergebnisse des Erkennens und Erlebens, des Bewertens und Entscheidens usw. zu behalten, d.h. gedächtnismäßig zu speichern, sie wieder zu aktualisieren und einzusetzen, wäre überhaupt keine sinnvolle, gezielte und erfolgreiche Tätigkeit möglich (Kossakowski & Lompscher, 1977, S. 120).

Dabei kann zwischen unwillkürlichem und willkürlichem Einprägen unterschieden werden.

„Im Verlauf einer Tätigkeit prägt sich dem Menschen vieles vom Gegenstand und den Bedingungen sowie Ergebnissen dieser Tätigkeit ein, ohne daß er sich dessen bewußt wäre bzw. es speziell berücksichtigt hätte" (Kossakowski & Lompscher, 1977, S. 120). Ein solches unbewusstes Einprägen findet auch bei der Ausbildung von Operationen statt. Hierbei werden nicht aktuelle psychische Inhalte, sondern Besonderheiten des psychischen Verlaufs eingeprägt und verfestigt (vgl Kossakowski & Lompscher, 1977, S. 120).

Für die Aneignung umfangreicher, wissenschaftlich fundierter, disponibler Kenntnissysteme und die Beherrschung dementsprechender Handlungsverfahren (Können) (...) reicht unbeabsichtigtes Einprägen jedoch nicht aus (Kossakowski & Lompscher, 1977, S. 121).

Hierzu sind spezielle (Lern-)Handlungen notwendig, deren Ziel das gedächtnismäßige Einprägen (willkürliche Einprägen) ist (vgl. Kossakowski & Lompscher, 1977, S. 121).

Die so im Rahmen abgeschlossener Tätigkeit gewonnenen Gedächtnisinhalte werden schließlich im Rahmen (neuer) Tätigkeit auf Grund der Bedürfnisse, Ziele und Bedingungen aktualisiert (reproduziert) und in die Orientierung und Regulation der Tätigkeit einbezogen (vgl. Kossakowski & Lompscher, 1977, S. 122). Solche disponiblen Kenntnissysteme stehen also zur flexiblen Anwendung zur Verfügung.

3.3.3 Grundlegende Komponenten der psychischen Tätigkeitsregulation

Die im vorherigen Abschnitt (Abschnitt 3.3.2) dargestellten Teilfunktionen „werden durch psychische Prozesse auf der Grundlage psychischer Inhalte realisiert, wobei die psychischen Prozesse von psychischen Zuständen beeinflußt werden" (Kossakowski & Lompscher, 1977, S. 122f). Diese psychischen Komponenten der Tätigkeitsregulation (psychische Inhalte, Zustände und Prozesse) existieren (nur) aktuell im Verlauf einer Tätigkeit. Mit Hilfe des Behaltens können diese Komponenten jedoch zu habituellen, also stabilen und zeitlich überdauernden Eigenschaften der Persönlichkeit werden, „die in neuen Handlungssituationen in aktualisierter (reproduzierter) Form in die psychische Tätigkeitsregulation eingehen (Kossakowski & Lompscher, 1977, S. 123)."

Im Folgenden werden zunächst die aktuellen Komponenten der psychischen Tätigkeitsregulation dargestellt. Im Abschnitt 3.3.4 werden dann die psychischen Eigenschaften der Tätigkeitsregulation behandelt.

3.3.3.1 Psychische Inhalte

Psychische Inhalte sind

> innere Abbilder der Gegenstände, Beziehungen, Vorgänge und Zustände des eigenen Organismus sowie der Beziehung des Individuums zur Umwelt in Form von Wahrnehmungen, Vorstellungen, Begriffen, Urteilen, Meinungen, Emotionen u.a. (Kossakowski & Lompscher, 1977, S. 123),

die im Prozess der Auseinandersetzung des Subjekts mit der Umwelt entstehen. Solche psychischen Inhalte werden von Kossakowski und Lompscher (1977) nach folgenden Aspekten klassifiziert:

1. Dem Aspekt der Komponente der Tätigkeit
2. Dem Aspekt des Abstraktionsgrades
3. Dem Aspekt der Beziehung des Subjekts zu den widergespiegelten Objekten

Nach dem ersten Aspekt können psychische Inhalte unterschieden werden, die entweder die Ziele der Tätigkeit oder die Mittel bzw. Verfahren der Tätigkeit betreffen. Ziele sind die auf Abbildebene vorweggenommenen Handlungsresultate, auf die sich die zielgerichtete Tätigkeit bezieht (vgl. Kossakowski & Lompscher, 1977, S. 123). Dabei können die Ziele sehr unterschiedlich sein:

> So können die Ziele in anschaulich-konkreter oder in einer stärker abstrakt-verbalen Form auftreten, sie können die Veränderung der Außenwelt oder der eigenen Persönlichkeit betreffen, sie können den objektiven Gegebenheiten und den subjektiven Voraussetzungen entsprechen oder in mehr oder weniger großem Widerspruch dazu stehen, sie können ganz nahe liegen oder zeitlich bzw. räumlich weiter entfernte Sachverhalte, eng umgrenzte oder mehr umfassende Aktivitäten betreffen usw. (Kossakowski & Lompscher, 1977, S. 123).

Ziel- und gegenstandsadäquate Tätigkeit ist nur möglich, wenn das Subjekt der Tätigkeit ein klares Bild davon hat, mit welchen Mitteln und Methoden das angestrebte Ziel erreicht werden kann. Es geht also nicht nur um das Produkt der Tätigkeit, sondern auch um den Prozess und die durch Mittel und Methoden möglichen Veränderungen. Psychische Inhalte werden nur zur Orientierungsgrundlage der Handlung, wenn nicht nur der Inhalt bekannt ist, sondern wenn darüber hinaus auch seine Handhabung beherrscht wird (vgl. Kossakowski & Lompscher, 1977, S. 123).

Unter dem zweiten Aspekt des Abstraktionsgrades werden sensorische und intellektuelle Inhalte unterschieden. *„Empfindungen* und *Wahrnehmungen* sind psychische Inhalte, die durch sinnliche Widerspiegelung von Objekten, Situationen, Prozessen usw. entstehen und deren Erscheinung erfassen" (Kossakowski & Lompscher, 1977, S. 124). Die Entstehung von Wahrnehmungsinhalten ist das Ergebnis eines vielschichtigen Prozesses, an dem Nervenimpulse, Ergebnisse früherer Wahrnehmungen und sprachlich vermittelte und in sprachlicher Form gespeicherte Kenntnisse beteiligt sind.

> Ohne diese Einheit und gegenseitige Durchdringung aktueller und aktualisierter Widerspiegelung ist keine sinnerfüllte Wahnehmung, keine den jeweiligen Tätigkeitsabsichten adäquates Wahrnehmen möglich (Kossakowski & Lompscher, 1977, S. 124).

Während Wahrnehmungen durch sensorische Prozesse entstehen, werden Begriffe und Urteile auf der Ebene der intellektuellen Widerspiegelung gebildet. Vorstellungen nehmen dabei als gedächtnismäßig gespeicherte Ergebnisse sensorischer Widerspiegelung eine Zwischenstellung zwischen sensorischen und intellektuellen Widerspiegelungen ein, da Vorstellungen das „Ergebnis des Zusammenwirkens von sensorischer und intellektueller Widerspiegelung im Prozeß des Entstehens, des Speicherns und des Aktualisierens der Abbilder" (Kossakowski & Lompscher, 1977, S. 124) sind. Wesentliches der objektiven Realität wird dabei in Vorstellungen zumindest angedeutet, da einzelne Komponenten hervorgehoben werden, andere verändert werden oder verblassen. So enthalten sie einige mehr oder weniger wesentliche Merkmale der Erscheinung, können aber nicht das ganze Wesen eines Objektes erfassen.

> Vorstellungen haben immer etwas Fragmentarisches, Unbestimmtes, Zerfließendes an sich. Nichtsdestoweniger sind sie ein wichtiger Bestandteil der psychischen Inhalte, die die Orientierung in der Umwelt und die Regulation der Tätigkeit entsprechend den Zielen des Subjekts und den Bedingungen des Objekts gewährleisten (Kossakowski & Lompscher, 1977, S. 125).

Begriffe sind abstrakt-unanschaulich, gedächtnismäßig gespeicherte Ergebnisse der Widerspiegelung, in denen Erfahrung gebündelt vorliegt.

> Durch die Bildung von Begriffen ist es dem Menschen möglich, den Rahmen ein-
> maliger Situationen und Erscheinungen zu überschreiten, das Regelhafte in der
> Wirklichkeit zu erkennen, bestimmte Ordnungen in die Vielfalt seiner Eindrücke zu
> bringen, und zwar in Übereinstimmung mit den Anliegen seiner Tätigkeit und den
> objektiven Gegebenheiten (Kossakowski & Lompscher, 1977, S. 125).

Begriffe, die nach Kossakowski und Lompscher (1977, S. 126) im Prozess
der wissenschaftlichen Erkenntistätigkeit ausgebildet worden sind, stellen das
höchste Niveau der Begriffsbildung dar und müssen in einer auf die Begriffs-
aneignung gerichteten Tätigkeit angeeignet werden (dies gilt auch für mathematische Inhalte, die als Mathematisierungsmuster verfügbar sein sollen sowie für andere Erkenntnisse, die als Metawissen zum mathematischen Modellieren gezählt werden können).

> Die Qualität der Begriffe (...) hängt ferner wesentlich mit davon ab, auf welche an-
> schaulichen Inhalte sie sich stützen können. Das ist gerade für die Aneignung wis-
> senschaftlicher Begriffe außerordentlich wichtig. Ohne eine genügend breite und
> vielfältige Basis im Anschaulich-Konkreten kann die wissenschaftliche Abstraktion
> nicht voll begriffen werden, und die Begriffe werden formal angeeignet, die sprach-
> liche Hülle wird zwar übernommen, der damit bezeichnete Begriffsinhalt jedoch
> nur zum Teil und mit Verzerrung (Kossakowski & Lompscher, 1977, S. 126).

Auf das Erreichen einer solchen Qualität von mathematischen Begriffen, in
der der wissenschaftlich-abstrakte Begriff mit anschaulich-konkreten Vorstellungen verknüpft wird, zielt das mathematikdidaktische Konzept der Grundvorstellungen (siehe Seite 52). Diese Überlegungen verweisen auf die Diskussion über Transferbedingungen von abstraktem Wissen im Gegensatz zu
abstrahiertem Wissen (vgl. Steiner, 2006, S. 197). So lässt sich abstrahiertes Wissen, also Wissen „das im Laufe des Lernprozesses von Lernenden
selbst allmählich aufgrund vielseitiger Anwendungen abstrahiert worden ist"
nach Steiner (2006, S. 197) auf neue Probleme besser transferieren als abstraktes Wissen, das in Problemlöseprozessen nicht aktiviert werden kann
und somit träge bleibt (vgl. auch Renkl, 1996).

Kossakowski und Lompscher (1977, S. 126) weisen aber auch auf negative
Folgen von anschaulichen Inhalten auf die Begriffsbildung hin, was zu sogenannten „Fehlvorstellungen" führen kann. Diese sind ebenfalls Gegenstand in
der mathematikdidaktischen Diskussion:

> Problematisch wird die Entwicklung, wenn es über längere Zeit hin nicht gelingt, zu
> neuen mathematischen Inhalten adäquate Vorstellungen aufzubauen. In diesem

Fall etablieren sich (...) implizit wirksame Fehlvorstellungen (...), die zu entsprechenden systematischen Fehlstrategien führen (vom Hofe et al., 2009, S. 129).

Und unter dem dritten Aspekt wird zwischen rationellen und emotionalen Widerspiegelungsinhalten unterschieden.

> Die psychischen Inhalte sind kein Produkt mechanisch-passiver Widerspiegelung der Umwelt. Sie entstehen vielmehr im Prozeß der aktiven Auseinandersetzung des Individuums mit der Umwelt und mit sich selbst, in der das Erkennen eine Einheit mit dem Erleben, Streben und Bewerten darstellt, d.h. die *Abbildung* der objektiven Sachverhalte ist untrennbar verwoben mit der subjektiven *Beziehung* zum Gegenstand und der Bedingungen (Kossakowski & Lompscher, 1977, S. 126).

Dieses Verhältnis des Subjekts zu den Objekten und psychischen Inhalten hat zur Folge, dass es sich nicht um eine neutrale, nur rationale Abbildung handelt, sondern immer auch eine emotionale Komponente beteiligt ist. In diesem Zusammenhang kann auch zwischen objektiver Bedeutung eines Inhalts und dem subjektiven Sinn unterschieden werden. Je größer der subjektive Sinn einer Tätigkeit, ihrer Ziele, des Gegenstands und den Bedingungen, desto größer ist die Anstrengungsbereitschaft und umso nachhaltiger ist das Erfolgs- oder Misserfolgserleben (vgl. Kossakowski & Lompscher, 1977, S. 127).

3.3.3.2 Psychische Prozesse

Auf der Grundlage psychischer Inhalte vollziehen sich auf Abbildebene die psychischen Prozesse. Diese Prozesse hängen eng mit den oben genannten Teilfunktionen zusammen. Im Prozess des Erkennens werden aktuelle Handlungsbedingungen erfasst, in weiteren psychischen Prozessen werden Handlungsmöglichkeiten geprüft oder Handlungskonsequenzen abgewogen und schließlich Handlungsentscheidungen getroffen (vgl. Kossakowski & Lompscher, 1977, S. 128). Diese psychischen Prozesse orientieren und regulieren die Handlungen des Individuums.

Dabei sind psychische Inhalte aber nicht nur Grundlage dieser Prozesse, sondern die Inhalte sind selbst von den psychischen Prozessen abhängig:

> Psychische Inhalte und Prozesse sind also sehr eng miteinander verwoben. Psychische Inhalte existieren nur im Verlauf der durch psychische Prozesse regulierten Tätigkeit, andererseits laufen psychische Prozesse auf der Grundlage psychischer Inhalte ab (Kossakowski & Lompscher, 1977, S. 128).

Des Weiteren entstehen psychische Inhalte und psychische Zustände durch psychische Prozesse (vgl. Kossakowski et al., 1987, S. 46).

3.3.3.3 Psychische Zustände

Das vom tätigen Subjekt mehr oder weniger bewusst erlebte Gesamtbefinden der Persönlichkeit wird als psychischer Zustand bezeichnet. Dieses Gesamtbefinden entsteht im Verlauf der Tätigkeitsregulation und weist einen zeitlichen Umfang auf, der den Hintergrund bildet, auf dem psychische Prozesse ablaufen und psychische Inhalte entstehen. Abhängig von Art und Dauer der Tätigkeit, vom Verhältnis zwischen objektiven Anforderungen und subjektiven Leistungsvoraussetzungen sowie den subjektiven Beziehungen zur Tätigkeit können verschiedene Zustände eintreten: Ermüdungszustand, Sättigungszustand, gespannte Erwartung, Zustand relativ großer Anspannung oder Zustand der Erregung (vgl. Kossakowski & Lompscher, 1977, S. 129f).

Damit wird deutlich, dass die Tätigkeit und ihre Regulation im Sinne von Kossakowski und Lompscher (1977) wie das Handeln in aktuelleren handlungspsychologischen Konzeptionen als ganzheitliches Geschehen in einem dynamischen System zu verstehen ist (vgl. Nitsch, 2006, S. 27).

3.3.4 Psychische Eigenschaften als habituelle Komponenten der Tätigkeitsregulation

Das System der sich gegenseitig durchdringenden und bedingenden aktuellen Komponenten der psychischen Tätigkeitsregulation, also die psychischen Inhalte, Prozesse und Zustände, die den aktuellen Tätigkeitsverlauf orientieren und regulieren, verfestigen sich bei wiederholtem Auftreten zu habituellen Systemen der psychischen Tätigkeitsregulation. Diese über einen längeren Zeitraum stabilen Systeme nennen Kossakowski und Lompscher (1977, S. 131) psychische Eigenschaften. In neuen Tätigkeitssituationen werden diese Eigenschaften wieder zu aktuellen Komponenten der psychischen Tätigkeitsregulation, wobei sie im Rahmen der neuen Tätigkeit auch aktualisiert und verändert werden können.

> Solche aktuellen Veränderungen der psychischen Komponenten sind zunächst labil und vorübergehend, sie sind erst ‚Persönlichkeitseigenschaft in Potenz'. Die in einer konkreten Situation auftretenden Komponenten der Tätigkeit brauchen durchaus noch nicht charakteristisch für die Persönlichkeit zu sein und mit einer gewissen inneren Notwendigkeit auch in anderen Situationen in Erscheinung treten (Kossakowski & Lompscher, 1977, S. 131).

Gedanken, die in ganz bestimmten Situationen entstanden sind, sind noch kein geistiger Besitz, noch keine Kenntnisse, die dem Subjekt in späteren

Anforderungssituationen und unter veränderten Bedingungen zur Verfügung stehen und genutzt werden können. Und geistige Beweglichkeit als eine bestimmte Qualität im aktuellen Tätigkeitsverlauf ist nicht automatisch ein entsprechendes Fähigkeitsniveau, das auch beim Lösen anderer Aufgaben genutzt wird. Nur durch entsprechende Lerntätigkeit, in der die Persönlichkeit „,gezwungen' ist, bestimmte psychische Inhalte, Prozesse und Zustände zu ,produzieren' und zu reproduzieren, können diese allmählich verfestigt werden" (Kossakowski & Lompscher, 1977, S. 131).

Solche spezifischen Lerngelegenheiten zum Produzieren und Reproduzieren von Inhalten und Prozessen, die für das mathematische Modellieren relevant sind, müssen für die Förderung von Modellierungskompetenzen berücksichtigt werden. Insbesondere müssen vor diesem Hintergrund Lerngelegenheiten geschaffen werden, in denen erarbeitete Mathematisierungsmuster in echten Übersetzungsprozessen zur Bearbeitung realitätsbezogener Probleme genutzt werden. Wird die Anwendung eines mathematischen Modells auf Grund der Inhaltsorientierung im Mathematikunterricht nahegelegt, lernen Schüler nicht, die ihnen zur Verfügung stehende Mathematik situationsangemessen anzuwenden.

Dabei ist zu beachten, dass sich Lerntätigkeit wie jede andere Tätigkeit durch Bewusstheit des tätigen Subjekts über Ziele, Gegenstand, Verlauf, Mittel und Bedingungen der Tätigkeit auszeichnet. In diesem konstruktivistischen Verständnis des Lernens sind auch die Anführungszeichen um „gezwungen" im Zitat von Kossakowski und Lompscher (1977, S. 131) zu verstehen. Denn die Aneignung solcher psychischen Eigenschaften, die in variablen Anforderungssituationen zur Verfügung stehen sollen, können nicht „erzwungen" werden, sondern können nur als Ergebnis von (echter) Lerntätigkeit entstehen.

Dieser Zusammenhang zur Aneignung von psychischen Eigenschaften und aktuellen Komponenten der psychischen Tätigkeitsregulation kann auf den Kompetenzerwerb übertragen werden. Kompetenzen sind nach Weinert (2001, S. 27f) verfügbare Fähigkeiten und Fertigkeiten, die in bestimmten Anforderungssituationen zum Lösen von Problemen genutzt werden können (siehe Seite 74). Kompetenz zeigt sich demnach in aktueller Tätigkeit, die durch psychische Inhalte, Prozesse und Zustände angemessen reguliert wird. Diese Regulation setzt psychische Eigenschaften als habitualisierte Komponenten der Tätigkeitsregulation voraus. Nur dann ist eine den Bedingungen und Zielen adäquate Tätigkeitsregulation möglich.

Kossakowski und Lompscher (1977, S. 110) nennen als psychische Eigenschaften Kenntnisse, Einstellungen, Charaktereigenschaften, Fähigkeiten,

Fertigkeiten, Gewohnheiten, Temperamentseigenschaften und Gefühlseigenschaften. Dabei ist jedoch zu beachten, dass jede Klassifikation von psychischen Eigenschaften „eine *aspekthafte* Rekonstruktion von in der Realität komplexen, integrativen Systemen (Funktionseinheiten) psychischer Inhalte, Prozeß- und Zustandsqualitäten" (Kossakowski & Lompscher, 1977, S. 135) darstellt. Dennoch ist es berechtigt, so Kossakowski und Lompscher (1977, S. 135) „diejenigen Seiten hervorzuheben, die unter dem Betrachtungsaspekt eine besondere Rolle spielen." Die hier verwendete Klassifikation wurde unter dem Aspekt der grundlegenden psychischen Komponente vorgenommen (vgl. Kossakowski & Lompscher, 1977, S. 136). So stellen (1.) Kenntnisse, Einstellungen und Charaktereigenschaften vor allem verfestigte psychische Inhalte dar (vgl. Kossakowski & Lompscher, 1977, S. 136) und (2.) sind Fähigkeiten, Fertigkeiten, Gewohnheiten sowie Temperamentseigenschaften als verfestigte Verlaufsformen der Tätigkeitsregulation zu verstehen, die sich aus den psychischen Prozessen und Zuständen ergeben (vgl. Kossakowski & Lompscher, 1977, S. 142).

Im Folgenden werden die psychischen Eigenschaften der Tätigkeitsregulation vorgestellt. Da die Kenntnisse, Einstellungen, Fähigkeiten, Fertigkeiten und Gewohnheiten im Rahmen dieser Arbeit als Kategorien zur Beschreibung von Modellierungskompetenzen genutzt werden, wird die Beschreibung dieser Eigenschaften nach Kossakowski und Lompscher (1977) zum Zwecke der besseren Verständlichkeit und Präzisierung durch weitere Beiträge ergänzt, so dass die Begriffsklärung, wie sie hier vorgenommen wird, gleich als Beschreibung der Aspekte von Modellierungskompetenzen übernommen werden kann.

3.3.4.1 Kenntnisse

Verfestigte und verallgemeinerte individuelle Abbilder von Dingen, Eigenschaften, Vorgängen und Beziehungen der objektiven Realtität werden als Kenntnisse bezeichnet. Sie werden in Form von Vorstellungen, Begriffen und Urteilen im Gedächtnis gespeichert. Dabei unterscheiden Kossakowski und Lompscher (1977, S. 136f) Sachkenntnisse, Verfahrenskenntnisse, Normkenntnisse und Wertkenntnisse als Hauptarten. Solche Kenntnisse, die wechselseitig vielfältig verflochten sind und somit Kenntnissysteme von Sach-, Verfahrens-, Norm- und Wertkenntnissen darstellen, bilden eine entscheidende Grundlage für die Tätigkeitsregulation. „Kenntnisse über Ziele, Bedingungen, Verfahren der Handlung usw. sind Voraussetzung einer bewußten und gegenstandsadäquaten Handlungsregulation" (Kossakowski & Lompscher, 1977, S. 137). Kenntnisse sind somit eine wesentliche Voraussetzung für kompetentes Handeln.

Die hier dargestellten Vorstellungen von Kenntnissen entsprechen den aktuellen Vorstellungen der Wissensrepräsentation von deklarativem Wissen (vgl. Krapp & Weidenmann, 2006, S. 733). So lässt sich die Vorstellung verflochtener Kenntnissysteme auf die Vorstellung von Wissensstrukturen als semantische Netzwerke übertragen (vgl. Steiner, 2006, S. 164f). Die Erklärung zur Speicherung von Begriffen entspricht der Vorstellung des Chunking (vgl. Steiner, 2006, S. 166). Und die grundlegende Vorstellung, dass Kenntnisse aus psychischen Inhalten hervorgehen, entspricht einer konstruktivistischen Sicht des Wissenserwerbs (vgl. Steiner, 2006, S. 166-171; Renkl, 2008, S. 114-118).

Kenntnisse stehen also mit den oben genannten Teilfunktionen Erkennen und Behalten sowie den psychischen Inhalten als psychische Komponenten in direkter Beziehung. Diese Beziehung entspricht aktuellen psychologischen Vorstellungen zur Unterscheidung des Arbeitsgedächtnisses oder Arbeitsspeichers auf der einen und dem Langzeitgedächtnis oder Langzeitspeicher auf der anderen Seite. „Im Arbeitsspeicher ist die Information, die uns bewusst ist und die gegenwärtig verarbeitet wird" (Renkl, 2008, S. 115). Dies entspricht den widergespiegelten inneren Abbildern der psychischen Inhalte als aktuelle Komponente. Die habitualisierten und relativ überdauernden Kenntnisse als innere Abbilder entsprechen dem im Langzeitgedächtnis abgelegten Wissen (vgl. Renkl, 2008, S. 115).

Im Rahmen dieser Arbeit sind für Modellierungskompetenzen insbesondere Sach- und Verfahrenskenntnisse von Bedeutung. Eine weitere Differenzierung von Kenntnissen erscheint für den Forschungsgegenstand sinnvoll: so kann zum einen Weltwissen über die Sachsituation oder mathematisches Wissen für eine Aufgabe ganz konkret beschrieben werden, zum anderen gibt es aber auch ein abstraktes „Metawissen", dass zur Bearbeitung notwendig sein kann. Ein solches Metawissen sind z.B. Verfahrenskenntnisse über den Modellierungsprozess. So konnte K. Maaß (2005, S. 135) etwa Zusammenhänge zwischen „den Schwächen im Modellieren und den Fehlvorstellungen über den Modellierungsprozess" erkennen. Im Zusammenhang mit der Tätigkeitstheorie lässt sich dieses Metawissen auch als Ausgangsabstraktion verstehen, die eine vollständige Orientierungsgrundlage vom Typ 3 darstellt. Dieser Zusammenhang mit der entsprechenden Begriffsklärung für die Begriffe Ausgangsabstratkion und Orientierungsgrundlage wird wieder in Abschnitt 3.3.5 ab Seite 108 aufgegriffen.

3.3.4.2 Einstellungen

Verfestigte psychische Inhalte, die den subjektiven Sinn von Objekten, Vorgängen und äußeren Bedingungen widerspiegeln, werden nach Kossakowski und Lompscher (1977, S. 137) Einstellungen genannt. Da Einstellungen wertende, orientierende und motivierende Komponenten enthalten, können sie „auch als auf Kenntnissen basierende, relativ konstante, mehr oder weniger stark emotional gefärbte Richtungsdisposition der Persönlichkeit" (Kossakowski & Lompscher, 1977, S. 137) charakterisiert werden. Somit üben Einstellungen Orientierungs- und Motivierungsfunktionen aus (vgl. Kossakowski & Lompscher, 1977, S. 137f).

Der Begriff Einstellungen hat im Zusammenhang mit Beliefs eine große Bedeutung. Der Zusammenhang von Beliefs und Realitätsbezügen im Mathematikunterricht wurde von K. Maaß (2004) untersucht und diskutiert. So erwiesen sich nach K. Maaß (2005, S. 135) die „Einstellungen gegenüber den Modellierungsbeispielen und der Mathematik" sogar „als besonders wesentlicher Einflussfaktor" auf Modellierungskompetenzen.

Einstellungen werden von Kossakowski und Lompscher (1977) hinsichtlich des Objektbezugs, des Einstellungsgrades und ihrer Motivierungsfunktion weiter unterschieden. Im Rahmen der Förderung von Modellierungskompetenzen ist vor dem Hintergrund der Erkenntnisse von K. Maaß (2004) insbesondere die Motivierungsfunktion von Einstellungen interessant. Für eine weitere Ausführung zu Objektbezug und Einstellungsgraden wird daher an dieser Stelle verzichtet und auf Kossakowski und Lompscher (1977, S. 138) verwiesen.

Einstellungen treten nach Kossakowski und Lompscher (1977, S. 138f) unter der Motivierungsfunktion als Interessen, Strebungen und Überzeugungen auf, die spezifische Ausprägungen von Bedürfnissen darstellen. Interesse ist auf die Aneignung von Kenntnissen und Handlungen gerichtet und stellt somit ein spezifisches Bedürfnis nach Erkenntnis dar. Damit ist Interesse „eine wesentliche Bedingung für gründliches Eindringen in einen Gegenstand, für tieferes Verständnis und besseres Behalten, für höhere Leistungen auf dem entsprechenden Gebiet" (Kossakowski & Lompscher, 1977, S. 139).

Bedürfnisse, die auf Ziele gerichtet sind, die im Rahmen von Tätigkeit erreicht werden können, in der aktuellen Situation jedoch noch nicht vorliegen, werden als Strebungen bezeichnet. Sie können in Form eines Wunsches oder einer Absicht zum Ausdruck kommen. Auch Ideale, die in Beziehung zu einem Vorbild stehen, werden zu den Strebungen gezählt (vgl. Kossakowski & Lompscher, 1977, S. 140).

Auf Kenntnissen beruhende Einstellungen zu Verhältnissen sowie Auffassungen sind nach Kossakowski und Lompscher (1977, S. 140) Überzeugungen. All diesen Einstellungen ist sich der Mensch mehr oder weniger klar bewusst. Daneben gibt es weitere Motive, die unbewusst bleiben. Da Motive und Bedürfnisse Richtung, Intensität und Qualität der Tätigkeit maßgeblich beeinflussen, sind Einstellungen für die Entwicklung aller psychischen Eigenschaften von grundlegender Bedeutung (vgl. Kossakowski & Lompscher, 1977, S. 141).

3.3.4.3 Fertigkeiten

Heuer (2009, S. 327f) gibt für den Begriff *Fertigkeiten* drei Bedeutungen an.

Die zweite Bedeutung passt zum Konzept der psychischen Regulation der Tätigkeit: „Erklärender Begriff für menschliche Leistungen; erworbene spezielle Strukturen für die Steuerung bestimmter Handlungen (...), die dann weitgehend automatisch (...) vollzogen werden können" (Heuer, 2009, S. 327). Dieses Verständnis als habitualisierte und automatisierte Komponenten der Tätigkeits- bzw. Handlungsregulation entspricht dem von Kossakowski und Lompscher (1977, S. 144) verwendeten Begriff der Fertigkeit. Dabei wird auch auf die kognitive Entlastung hingewiesen:

> Fertigkeiten üben eine wichtige Entlastungsfunktion aus, die darin besteht, daß bestimmte Teilhandlungen ohne besondere Kontrolle des Bewußtseins ausgeführt werden können (solange sie nicht auf Hindernisse, neue Situationsbedingungen u.ä. treffen) (Kossakowski & Lompscher, 1977, S. 144).

Durch diese Automatisierung von sensorischen, intellektuellen und motorischen Handlungen kann sich das tätige Subjekt auf den Kern konzentrieren und komplizierte Handlungen können so überhaupt erst effektiv ausgeführt werden (vgl. Keiser, 1977, S. 253).

Fertigkeiten als psychische Voraussetzungen stehen also mit angeeigneten und automatisiert verfügbaren Handlungsroutinen (Operationen) in Verbindung. Diese Differenzierung zwischen Voraussetzung und konkreter Handlung ist in der ersten Begriffsklärung nach Heuer (2009, S. 327f) aufgehoben. Nach diesem Begriffsverständnis bezeichnen Fertigkeiten aufgabenbezogene menschliche Aktivitäten. Dabei werden u.a. motorische, kognitive und soziale Fertigkeiten unterschieden (vgl. Heuer, 2009, S. 327). Diese Begriffsklärung findet man auch im Lexikon der Psychologie (Fertigkeiten, 2001, S. 34), wobei hier ergänzt wird, dass diese Aktivitäten auch „eingeübte und automatisierte Bewegungsabläufe" sein können, die souverän beherrscht werden. Da im Rahmen der Konzeption in dieser Arbeit zwischen den Aktivitäten und ihren Voraussetzungen als habitualisierte Persönlichkeitseigenschaften unterschieden wird, ist diese erste Begriffsklärung nicht ausreichend differenziert.

Die dritte Begriffsklärung nach Heuer (2009, S. 327f) ist eine Abgrenzung vom Begriff *Fähigkeit*, auf die im nächsten Abschnitt Bezug genommen wird.

3.3.4.4 Fähigkeiten

Fähigkeiten werden als „zur Ausführung einer bestimmten Leistung erforderliche Bedingungen" (Häcker, 2009, S. 307) verstanden. Diese Bedingungen werden von Häcker (2009, S. 307) nach Hacker (1973) und von Sonntag (2001, S. 2) nach Hacker (1998) als „verfestigte Systeme verallgemeinerter psychischer Prozesse" beschrieben, die den Tätigkeitsvollzug steuern. Dieses Begriffsverständnis entspricht dem von Kossakowski und Lompscher (1977, S. 142), wenn Fähigkeiten als habitualisierte und verallgemeinerte „Bestandteile und Besonderheiten des Verlaufs der psychischen Prozesse" zur Tätigkeitsregulation bezeichnet werden.

Fähigkeiten beziehen sich also auf den Verlauf von Handlungen, kennzeichnen dabei aber allgemeine Aspekte, d.h. die „gleichen Fähigkeiten können aber an der Ausführung ganz unterschiedlicher Handlungen beteiligt sein und infolge dessen in verschiedenartiges Können eingehen" (Lompscher & Gullasch, 1977, S. 201). Hierin liegt ein wesentlicher Unterschied zu Fertigkeiten, die sich jeweils auf eine konkrete Anforderung beziehen.

Dennoch stehen Fähigkeiten und Fertigkeiten in einem wechselseitigen Verhältnis, das aus zwei Perspektiven jeweils unterschiedliche Beziehungen erkennen lässt. Die erste Beziehung zeigt sich in Erklärungsansätzen zur Entwicklung von Fertigkeiten aus Fähigkeiten. So ist es möglich, dass sich durch Üben auf Grundlage aufgabenübergreifender und personenspezifischer Fähigkeiten entsprechende Fertigkeiten herausbilden (vgl. Heuer, 2009, S. 328). Diese Beziehung ist mit der Ausbildung von Operationen auf Grundlage von Handlungen als bewusste Vorformen vergleichbar.

Die zweite Beziehung ergibt sich aus Erklärungsmodellen zum Verhältnis zwischen Fähigkeiten und Fertigkeiten hinsichtlich konkreter Anforderungen, für deren Bewältigung Fähigkeiten benötigt werden. So beschreibt Frey (2006, S. 142) Fähigkeiten als theoretisches Konzept, „welches alle psychischen und physischen Fertigkeiten planvoll bündelt". Diese Beziehung drückt Frey (2006) über eine hierarchische Struktur aus, in der Fähigkeiten auf einer höheren Ebene liegen als Fertigkeiten. Im Rahmen des Tätigkeitsansatz findet sich diese Beziehung im Verständnis, dass Tätigkeiten durch Teilhandlungen und Operationen realisiert werden, also Teilhandlungen und Operationen im Konzept der Tätigkeit planvoll gebündelt werden.

Auf Grund dieser Beziehungen wird der Begriff Fähigkeiten im Rahmen dieser Arbeit zur Beschreibung von habitualisierten Handlungsvoraussetzungen zur Bewältigung von Anforderungen verwendet, für die (noch) keine Operationen als automatisierte Handlungsroutinen ausgebildet wurden. Solche Fähigkeiten sind für das mathematische Modellieren bedeutsam, da im Rahmen der Bearbeitung von Modellierungsanforderungen nicht erwartet werden kann, dass für jedes Problem entsprechende Fertigkeiten verfügbar sind. Auf Grund von Fähigkeiten ist es jedoch möglich, die tätige Auseinandersetzung mit dem Problem durch bewusste Handlungen zu realisieren.

3.3.4.5 Gewohnheiten

Auch Gewohnheiten zählen zu den automatisierten Komponenten psychischer Prozesse, die jedoch nach Kossakowski und Lompscher (1977, S. 144) im Gegensatz zu Fertigkeiten auch ein Bedürfnis nach der Ausführung der entsprechenden Handlung einschließen und somit im Rahmen von Tätigkeit eine noch größere Entlastungsfunktion als Fertigkeiten haben. Eine solche Automatisierung kann aber auch dazu führen, dass Handlungen auf Grund der Gewohnheit auch dann ausgeführt werden, wenn sich die Situation verändert hat. Diese Wirkung von Gewohnheiten ist dann negativ, wenn die Handlung nicht den veränderten Umständen und Anforderungen angepasst wird. Das Ausführen von Gewohnheiten kann auch das sogenannte „word problem game" (vgl. Verschaffel et al., 2010, S. 17) erklären[3].

Sind Bereitschaft und Fähigkeit entwickelt, gewohnheitsmäßige Handlungen bei Bedarf den Anforderungssituationen anzupassen, sind Gewohnhei-

---

[3]Auf die Frage, warum ein Schüler eine Antwort gegeben hat, die in Bezug auf die Problemsituation der Aufgabe nicht realistisch ist, antwortet der Schüler: „I did think about the difficulty, but then I just calculated it the usual way. (Why?) Because I just had to find some sort of solution of the problem and that was the only way it worked. I've got to have a solution, haven't I?" (Verschaffel et al., 2010, S. 17). In diesem Beispiel ist das übliche (gewohnheitsmäßige) Vorgehen problematisch. Es fehlt die Bereitschaft und Fähigkeit, die Handlungen so anzupassen, dass eine Lösung erarbeitet wird, die den realen Kontext der Aufgabe ernst nimmt. Der hier geschilderte Fall steht auch in Beziehung zu den in den Abschnitten zum Bewerten und Entscheiden genannten Beispielen zum word problem game.

ten auf Grund ihrer Entlastungsfunktion durchaus sinnvoll und wertvoll (vgl. Kossakowski & Lompscher, 1977, S. 144). Bei der Ausbildung von Gewohnheiten ist jedoch darauf zu achten, dass angeeignete Gewohnheiten keine negativen Auswirkungen haben.

3.3.4.6 Temperamentseigenschaften

Habituelle Verlaufsqualitäten psychischer Prozesse, die durch individuelle Besonderheiten des Hormon- und Nervensystems bestimmt und im Rahmen von Tätigkeit modifiziert wurden, bezeichnen Kossakowski und Lompscher (1977, S. 144) als Temperamentseigenschaften. Dabei sind sie relativ unabhängig von Inhalt und Ziel der Tätigkeit, beeinflussen aber den Ablauf aller psychischen Prozesse hinsichtlich der Dimensionen Sensibilität, Emotionalität, Impulsivität, Intensität, Beweglichkeit (als Grad der Anpassungsfähigkeit an veränderte Umstände) und der Reaktionsgeschwindigkeit (vgl. Kossakowski & Lompscher, 1977, S. 144f).

3.3.4.7 Aktivitätsformen und Gefühlseigenschaften

Kossakowski und Lompscher (1977, S. 145f) fassen unter dem Begriff habitueller Zustandsqualitäten der Persönlichkeit unterschiedliche Aktivitätsformen (z.B. ein ständig hohes, überhöhtes oder gemindertes Aktivitätsniveau) und Gefühlsqualitäten bzw. Gefühlseigenschaften (als verfestigte Widerspiegelung der Beziehung des Subjekts zu den Gegenständen, objektiven Anforderungen und den sozialen Partnern der Tätigkeit) zusammen.

> Die Gefühle bringen als verfestigte Zustände vor allem die Beziehungen zwischen den Bedürfnissen der Persönlichkeit und den Objekten, die sie befriedigen können, zum Ausdruck. Sie signalisieren, was von den Objekten und Vorgängen der Umwelt für das Individuum in unmittelbar erlebnismäßiger Form der Zuneigung oder Abneigung, der Lust oder Unlust (impressive Funktion) bedeutsam ist und beeinflussen damit den gesamten Tätigkeitsverlauf der Persönlichkeit (expressive Funktion) (Kossakowski & Lompscher, 1977, S. 146).

Somit haben Gefühlseigenschaften eine besondere Bedeutung für den Handlungsantrieb, beeinflussen aber auch alle anderen Teilfunktionen der Tätigkeitsregulation.

3.3.5 Orientierungsgrundlage, Ausgangsabstraktion und antizipierendes Schema

Aus den habituellen Komponenten der Tätigkeitsregulation (insbesondere aus den Kenntnissen) geht die sogenannte *Orientierungsgrundlage* hervor. Nach Giest und Lompscher (2006, S. 192) geht der Begriff zurück auf Galperin (vgl. Galperin, 1967, 1973):

> Er bezeichnete das als *Orientierungsgrundlage der Handlung,* worunter er die psy-chische Abbildung (Repräsentation) und handlungsbezogene Vorwegnahme (An-tizipation) der objektiven Komponenten einer auszuführenden oder bereits ausge-führten Handlung verstand. Man kann das knapp in die Fragen nach dem *Was* (Anforderungsstruktur, Abfolge von Teilhandlungen), dem *Wie* (Prüfbedingungen, Mittel, Methoden, Qualität der Handlung), dem *Warum* (Begründung der Handlung, ihre inneren Zusammenhänge) und dem *Wozu* (Einordnung der Handlung in über-greifende Zusammenhänge, mögliche Folgen usw.) kleiden (Giest & Lompscher, 2006, S. 192).

Nach Lompscher (1985a, S. 55) bestimmt die Orientierungsgrundlage „das Niveau der Bewußtheit und Effektivität der Handlungsausführung." Dabei weist er darauf hin, dass der Begriff Orientierungsgrundlage einen psychi-schen Sachverhalt kennzeichnet. Materialien, wie Instruktionen, Erläuterun-gen, tabellarische Übersichten, Schrittfolgen, Verfahrensweisen u.a. können Hilfen sein, bestimmen aber „die Qualität und Effektivität der Handlungsaus-führung nicht direkt, sondern nur in dem Maße, wie sie von den Schülern geistig verarbeitet wurden, mit anderen Worten - wie sich bei ihnen im Pro-zeß ihrer Lerntätigkeit eine bestimmte Orientierungsgrundlage der Handlung herausgebildet hat" (Lompscher, 1985a, S. 55).

Abhängig von Art und Umfang der Kenntnisse werden drei Typen der Ori-entierung unterschieden:

Typ 1 Die Orientierung ist unvollständig. Die Handlung kann im Prinzip nur nach Versuch und Irrtum durchgeführt werden. Im Rahmen dieses Pro-bierens können Handlungen erfolgreich sein oder es kann aus Feh-lern gelernt werden. So kann eine gewisse Orientierung im Rahmen des Probierens erarbeitet werden und eine Handlung herausgebildet werden. Da spezifische Kenntnisse jedoch fehlen, sind die Handlun-gen durch Umwege, Fehler und Wiederholungen gekennzeichnet. Ins-besondere kann die Handlung kaum auf andere Anforderungen über-tragen werden (vgl. Giest & Lompscher, 2006, S. 193; Galperin, 1973, S. 111f; Galperin, 1973, S. 376).

Typ 2 Für die konkrete Anforderung liegt eine vollständige Orientierung vor. Konkrete Bedingungen, Aspekte und Schritte der Handlung sind bekannt. So kann die Handlung zielgerichtet ausgeführt werden. Auf Grund der fehlenden Verallgemeinerung wird jedoch die Anforderung als einzelne erfasst und nicht als Repräsentant einer ganzen Klasse von vergleichbaren Anforderungen wahrgenommen. Daher ist eine Übertragung auf ähnliche Anforderungen nur in begrenztem Maße möglich (vgl. Giest & Lompscher, 2006, S. 193; Galperin, 1973, S. 112f; Galperin, 1973, S. 376f).

Typ 3 Bei diesem Typ liegt eine vollständige und verallgemeinerte Orientierung vor. Die Orientierungsgrundlage besteht aus Kenntnissen über verallgemeinerte Merkmale, die einer ganzen Klasse von Anforderungen gemeinsam ist. Für eine konkrete Anforderung können so wesentliche Handlungen, Aspekte und Bedingungen abgeleitet werden. Dabei ist die Handlung einsichtig und kann sehr gut auf ähnliche Anforderungen übertragen werden (vgl. Giest & Lompscher, 2006, S. 193; Galperin, 1973, S. 113f; Galperin, 1973, S. 377).

Die *Ausgangsabstraktion* bezeichnet nun nach Giest und Lompscher (2006, S. 220) eine vollständige, verallgemeinerte und abstrahierte Orientierungsgrundlage.

> Die Ausgangsabstraktion enthält nur die wichtigsten Merkmale und Relationen des Lerngegenstands und bildet gewissermaßen einen ganzheitlichen Rahmen, in den die konkreten Einzelheiten integriert und gedächtnismäßig verankert werden können (Giest & Lompscher, 2006, S. 220).

Auf Grundlage der Ausgangsabstraktion kann der Gegenstandsbereich durchdrungen werden. Einzelheiten werden als konkrete Aspekte erkannt (vgl. Giest & Lompscher, 2006, S. 192), als Abbilder der Dinge. Diese Abbilder ermöglichen eine Orientierung in den Dingen (vgl. Galperin, 1973, S. 88).

Eine solche Orientierung für die weitere Tätigkeit ist eine notwendige Voraussetzung für kompetentes Handeln. Somit lässt sich die tätigkeitstheoretische Beschreibung kompetenten Handelns von Seite 99 weiter präzisieren: Kompetenz zeigt sich in aktueller Tätigkeit, die auf Grundlage einer vollständigen und verallgemeinerten Orientierung ausgeführt und angemessen reguliert wird.

Ist die Anforderung ein Problem, so dass eine Lösung für eine Aufgabe erst gefunden werden muss, wird die Tätigkeit auch auf Grund eines *antizipierenden Schemas* orientiert. Das antizipierende Schema spiegelt „ein System von

Anforderungen der gegebenen Aufgabe gegenüber der zukünftigen Lösung" (Galperin, 1973, S. 84) wider. Das antizipierende Schema orientiert den Problemlöseprozess in Hinblick auf eine vorweggenommene Lösung und führt so dazu, dass in der Aufgabenstellung nach den Anforderungen gesucht wird, die eine Bearbeitung nach dem antizipierten Schema erlaubt. Die Suche nach einer Lösung wird somit zur Suche nach notwendigen Handlungsvoraussetzungen in der Aufgabe (vgl. Galperin, 1973, S. 98-102).

Das Erkennen solcher Handlungsvoraussetzungen als spezifische Anforderungen oder Objekte in der Aufgabe wird durch die Ausgangsabstraktion ermöglicht. Das antizipierende Schema stellt jedoch keine Garantie für eine Problemlösung dar, denn das Erkennen der Handlungsvoraussetzungen kann zu einem neuen Problem werden.

3.4 Aneignung von Wissen und Können im Rahmen der Lerntätigkeit

Die „spezifische Tätigkeit mit dem Ziel und Inhalt der Aneignung von Wissen und Können" wird als *Lerntätigkeit* bezeichnet (Giest & Lompscher, 2006, S. 69). Dabei charakterisieren Giest und Lompscher (2006, S. 87) die Lerntätigkeit „als höchste Form einsichtigen Lernens, als bewusstes, intentionales Lernen", das darauf gerichtet ist, „sich selbst als Persönlichkeit zu verändern, Arbeit auf sich selbst bezogen zu leisten, um in der Lage zu sein, kulturelle Anforderungen zu erfüllen".

Die Struktur der Lerntätigkeit

Die Lerntätigkeit wird dabei durch folgende Struktur gekennzeichnet:

> Ausgehend von *Lernbedürfnissen* entstehen im Kontakt mit *Lerngegenständen* *Lernmotive*, die wiederum die gegenstandsspezifische Lerntätigkeit aktivieren. In Auseinandersetzung mit dem Lerngegenstand werden *Lernziele* gebildet und daraus *Lernaufgaben* abgeleitet, die über *Lernhandlungen* realisiert werden (Giest & Lompscher, 2006, S. 87).

Wie bei jeder anderen Tätigkeit auch wirkt im Rahmen der Lerntätigkeit das Subjekt auf den Lerngegenstand aktiv ein. „Nicht der Lerngegenstand oder sein ‚Vermittler', der Lehrer, das Lehrbuch oder andere Lehrmittel sind die eigentlichen Akteure, sondern die Lernenden selbst" (Giest & Lompscher,

2006, S. 88). Voraussetzung dafür sind Lernmotive, die auf die Aneigung des Lerngegenstandes gerichtet sind. „Deshalb kann Lerntätigkeit nicht einfach gefordert oder gar erzwungen werden. Lernmotive entstehen, wenn der Lerngegenstand und -situation so gestaltet werden, dass sie für die Lernenden Persönlichkeitssinn gewinnen" (Giest & Lompscher, 2006, S. 87).

Im Rahmen dieser Arbeit bilden die über die Kompetenzstrukturmodelle benannten Voraussetzungen zur Bewältigung der Modellierungsaktivitäten (siehe Abschnitt 6.2 und Abschnitt 6.3) den Lerngegenstand als „Ausschnitt der gesellschaftlichen Kultur" (Giest & Lompscher, 2006, S. 88). Dieser Lerngegenstand wird durch Aufgaben konkretisiert und repräsentiert, einzelne Aufgaben sind jedoch nicht gleichbedeutend mit dem Lerngegenstand.

> Die realen Objekte und Prozesse, mit denen sich der Schüler in der Lerntätigkeit auseinandersetzt, sind Repräsentationen des gesellschaftlichen Wissens und Könnens. Bleiben sie für ihn einzelne, für sich genommene Objekte und Prozesse, dringt er nicht bis zum eigentlichen Lerngegenstand vor (Lompscher, 1985b, S. 36).

Das bedeutet, dass der Lerngegenstand nicht aus einzelnen Aufgaben mit Modellierungsanforderungen als Objekte der Lerntätigkeit besteht, sondern aus dem zur Bewältigung der Aufgabe notwendigen Wissen und Können. Aufgaben vermitteln zwischen Subjekt und Lerngegenstand, indem sie als Repräsentanten den Lerngegenstand bzw. bestimmte Aspekte des Lerngegenstandes konkretisieren. Damit die Lerntätigkeit nun auf die Aneignung des Lerngegenstandes gerichtet ist, müssen angemessene Lernziele gebildet werden. „*Lernziele* sind die geistige Vorwegnahme (Antizipation) der durch die Lerntätigkeit angestrebten Ergebnisse und die Orientierung der Tätigkeit darauf, sie zu erreichen" (Lompscher, 1985b, S. 40).

Als *Ergebnisse* der Tätigkeit bezeichnet Lompscher (1985b) die psychischen Veränderungen, „also die Beherrschung (Aneignung) neuer Handlungen, Verhaltensweisen, Bedeutungen, Werte, Normen, Begriffe, Gesetzmäßigkeiten usw. in Form von Kenntnissen, Fähigkeiten, Einstellungen und den anderen psychischen Eigenschaften" (Lompscher, 1985b, S. 40).

Mündliche Aussagen, schriftliche Arbeiten, Tabellen, Zeichnungen u.ä. bezeichnet Lompscher (1985b) als *äußere Produkte* der Lerntätigkeit.

> Diese Tätigkeitsprodukte spielen eine wichtige Rolle in der Lerntätigkeit, sind aber nicht ihr eigentliches Ziel. Durch ihre Herstellung sollen die Aneignungseffekte bewirkt werden, und Lehrer wie Schüler können an der Qualität und Quantität der Tätigkeitsprodukte den Grad der Aneignung feststellen. Die *Tätigkeitsprodukte* sind

also gewissermaßen *Mittel zum Zweck*. Für die Kinder sind sie aber zunächst häufig das eigentliche Ziel ihrer Tätigkeit, und das kann zu Mißverständnissen und Fehlern in der Lerntätigkeit führen (Lompscher, 1985b, S. 40f).

Die Handlungen, mit denen der Lernende auf den Lerngegenstand einwirkt, um das Wesen des Gegenstandes zu erschließen, werden *Lernhandlungen* genannt (vgl. Giest & Lompscher, 2006, S. 88). „Lernhandlungen auszuführen bedeutet immer, irgenwelche Aufgaben zu lösen, d.h., ein bestimmtes Ziel unter bestimmten Bedingungen zu verfolgen. Abhängig vom Gegenstand, Bedingungen und Mittel der Lerntätigkeit konkretisieren sich Lernziele in *Lernaufgaben*" (Lompscher, 1985b, S. 47). Abhängig von der dominierenden Lernaufgabe unterscheidet Lompscher (1985b, S. 48) u.a. folgende Klassen von Lernhandlungen:

- das Aufnehmen sprachlicher Informationen, z. B. aus einem Lehrer- oder Schülervortrag, einem Unterrichtsgespräch oder Lehrtext oder aus anderen Wissensspeichern unterschiedlicher Art (Tabellen, Formelsammlungen, Lexika usw.),
- das Beobachten von Gegenständen, Prozessen, Situationen nach vorgegebenen oder nach selbständig entwickelten Kriterien,
- das Sammeln, Zusammenstellen, Aufbereiten von Daten oder Materialien für bestimmte Zwecke und unter bestimmten Aspekten,
- das Durchführen praktisch-gegenständlicher Handlungen zur Herstellung eines Produkts bzw. zu seiner Veränderung im Hinblick auf bestimmte Qualitäts- und Effektivitätsparameter,
- das mündliche und schriftliche Darstellen von Sachverhalten zu bestimmten Zwecken und unter Beachtung bestimmter Bedingungen, (...)
- das Vorbereiten, Durchführen und Auswerten von Experimenten (Fragestellung, Hypothesenbildung, Erarbeitung des experimentellen Paradigmas und seine Realisierung, Ergebnisfixierung und -interpretation),
- das Beurteilen und Bewerten einer fremden oder eigenen Leistung oder Verhaltensweise oder eines Ereignisses im Hinblick auf bestimmte Wertmaßstäbe,
- das argumentierende Beweisen oder Widerlegen von Auffassungen auf der Grundlage bestimmter Standpunkte, Erkenntnisse und Fakten,
- das Lösen von Problemen verschiedener Struktur und Inhalte,
- trainierendes Üben bestimmter Handlungen.

Auf dieser Grundlage der Lerntätigkeit nach Lompscher baut das Verständnis für eine Aufgabe als *Aufforderung zum Lernhandeln* nach Bruder (2010, S. 114f) auf. Dabei ist die von der Lehrkraft gestellte Aufgabe jedoch von der vom Schüler für die Lernhandlung selbst gestellte Lernaufgabe zu unterscheiden.

Zusammenfassend lässt sich festhalten, dass Aufgaben und Lernumgebungen in der Förderung von Kompetenzen eine zentrale Rolle einnehmen (vgl.

Bruder, 2010, S. 116), da diese die notwendigen Lernhandlungen zur Erreichung von Lernzielen initiieren können. Dabei ist jedoch darauf zu achten,
dass die Lernziele für die Ausführung der Lernhandlungen auch tatsächlich
auf die Aneignung des Lerngegenstandes gerichtet sind und nicht nur auf die
erfolgreiche Bearbeitung der einzelnen Aufgaben.

Am Beispiel des word problem games wird deutlich, dass sich das von
Prediger (2010, S. 180) als antrainiertes Ausblenden realistischer Überlegungen bezeichnete Verhalten von Lernenden (siehe auch Seite 138) über die
Struktur der Lerntätigkeit auch als Ergebnis einer spezifischen Lernzielbildung
beschreiben lässt. Dabei war das Lernziel nicht das „sinnvolle Bearbeiten von
Sachaufgaben mit mathematischen Mitteln", sondern viel mehr ein „ökono-
misches Bearbeiten von typischen Textaufgaben im Mathematikunterricht" im
Sinne des word problem games (siehe Seite 141). An diesem Beispiel zeigt
sich auch der Zusammenhang zwischen der Grundlage zu Orientierung und
Regulation der Handlungen und der Zielorientierung für die Lerntätigkeit.

Aufgaben haben somit als Aufforderungen zum Lernhandeln zwar eine
ganz entscheidende Bedeutung, sie sind jedoch nicht identisch mit dem Lerngegenstand. Der Lerngegenstand ist das von konkreten Anforderungen verallgemeinerte Wissen und Können sowie entsprechende Einstellungen, die
zur Bewältigung der Anforderungen erforderlich sind. Aufgaben vermitteln zwischen lernendem Subjekt und Lerngegenstand. Sie fordern zum Lernhandeln
auf und konkretisieren den Lerngegenstand. Aufgaben sind jedoch nicht mit
dem Lerngegenstand gleichzusetzen, da der intendierte Lerngegenstand von
der konkreten Anforderung abgelöst ist.

So steht die Lernzielbildung zwar mit einer konkreten Anforderung (z.B. einer Aufgabe) in Verbindung, dennoch darf sich das Lernziel nicht auf die Lösung dieser einen Aufgabe beschränken. Die Lernzielbildung sollte sich zum
einen auf eine ganze Klasse solcher Aufgaben beziehen und zum anderen auf
den Lerngegenstand gerichtet sein. Die konkrete Aufgabe ist dann als ein Repräsentant zu verstehen. Ein solches Lernziel kann dann eine entsprechende
Aneignung zur Folge haben, da abgelöst von der konkreten Anforderung nach
dem Wesen des Lerngegenstandes gesucht wird (vgl. Lompscher, 1985b, S.
41f).

Entwicklungszonen und das Aufsteigen vom Abstrakten zum Konkreten

Die Bildung von Lernzielen ist also ein wichtiger Aspekt im Rahmen der Lerntätigkeit. Die Lernzielbildung ist selbst eine geistige Aktivität, die von Anfor-

derungssituationen ausgelöst werden kann, wenn ein Widerspruch zwischen dem individuellen Leistungsvermögen und der darüber hinausgehenden Anforderung erlebt wird. Für die Lernzielbildung ist die Analyse der Anforderungen und die Bewertung der eigenen Voraussetzungen notwendige Grundlage. Dabei müssen Lernende gegebenenfalls unterstützt werden, dennoch ist zwischen den Lernzielen des Lernenden und den Lehrzielen zu unterscheiden (vgl. Lompscher, 1985b, S. 40f).

Giest und Lompscher (2006, S. 119-123) lösen dieses Problem, dass Lehren und Lernen zwei unterschiedliche Tätigkeiten darstellen, indem sie die Kooperation zwischen Lernendem und Lehrendem als gemeinsame Tätigkeit charakterisieren. In dieser Kooperation wird die jeweils äußere Aktivität der Lehr- und Lernhandlungen zum Gegenstand. Der Lehrer wirkt somit nicht auf den Schüler als Objekt einer Lehrtätigkeit ein, sondern der Lehrer wirkt auf die Lerntätigkeit des lernenden Subjektes ein. Somit kann der Lerner im Rahmen seiner Lerntätigkeit die Subjektrolle bewahren und der Lehrer kann trotzdem fördernd einwirken.

Die oben erwähnte Diskrepanz zwischen dem aktuellen Wissen und Können eines Lernenden und einer über dieses Wissen und Können hinausgehenden Anforderung greift das Modell der Entwicklungszonen nach Wygotski auf (vgl. Giest & Lompscher, 2006, S. 62-66). Darin ist die *Zone der aktuellen Leistung* charakterisiert durch das Wissen und Können, das der Lernende zur Bewältigung von Anforderungen nutzen kann. Die *Zone der nächsten Entwicklung* enthält Anforderungen, die der Lernende noch nicht alleine, jedoch mit Hilfen des Lehrenden bewältigen kann. Die Aufgabe des Lehrenden besteht darin, durch Hilfen auf die Lerntätigkeit des Lernenden einzuwirken, damit sich der Lernende den Lerngegenstand aneignen kann. Dabei sollen im Voranschreiten zur Zone der nächsten Entwicklung die Hilfen des Lehrenden allmählich reduziert werden, damit der Lernende in der Auseinandersetzung mit dem Lerngegenstand seine tätige Auseinandersetzung mit dem Lerngegenstand immer stärker alleine orientieren und regulieren muss. Gerade für das mathematische Modellieren als komplexe mehrschrittige Aktivität ist die Aneignung einer solchen Orientierungsgrundlage sowie die Aneignung von theoretischen Begriffen als Ausgangsabstraktionen von zentraler Bedeutung (vgl. Giest & Lompscher, 2006, S. 220f).

Diese allmähliche Reduktion der Unterstützung und eine damit verbundene höhere Selbständigkeit der Lernenden verlangt, dass die Lernenden über eine Grundlage zur Orientierung und Regulation ihrer Tätigkeit verfügen sowie selbständig und flexibel mit dem angeeigneten Wissen umgehen können.

Dazu muss das Problem des trägen Wissens überwunden werden. In der von Giest und Lompscher (2006, S. 217-227) als „Aufsteigen vom Abstrakten zum Konkreten" bezeichneten Lehrstrategie wird eine Möglichkeit gesehen, die als träges Wissen oder träge Kompetenzen bezeichneten Phänomene (siehe in Abschnitt 3.3.3.1, Seite 96) zu überwinden.

Im Rahmen des Aufsteigens vom Abstrakten zum Konkreten wird in einer ersten Etappe in einer Auseinandersetzung mit Anforderungen eine Ausgangsabstraktion als Orientierungsgrundlage entwickelt. Dies entspricht dem Prozess der Aneignung abstrahierten Wissens. Damit dieses Wissen nun jedoch auch in Anforderungssituationen flexibel genutzt werden kann, ist die zweite Etappe, das Aufsteigen vom Abstrakten zum Konkreten, notwendig. Dabei muss das abstrahierte Wissen in vielfältigen Situationen angewendet werden. In diesem handlungsorientierten Arbeiten mit der Ausgangsabstraktion entwickelt sich die Ausgangsabstraktion selbst weiter, in dem diese verallgemeinert wird. Dabei wird jedoch auch der flexible und situationsgemäße Einsatz der Ausgangsabstraktion geübt und dadurch angeeignet (vgl. Giest & Lompscher, 2006, S. 220-226).

Dabei wird in einer solchen Beschäftigung mit verschiedenen und vielfältigen Aufgaben die oben genannte Beziehung zwischen einer konkreten Aufgabe und den allgemeinen Lernzielen transparenter. Die vielfältigen Aufgaben konkretisieren in den invarianten Aufgabenbestandteilen den Lerngegenstand, anhand der variablen Aufgabenbestandteile wird jedoch auch deutlich, dass das Lernziel nicht auf die Bewältigung einer konkreten Aufgabe reduziert werden darf (vgl. Giest & Lompscher, 2006, S. 222).

Teil II

Tätigkeitstheoretische Analyse von Modellierungsaktivitäten

Was muss der Lernende wissen und können, vor allem welche Handlungen und Operationen muss er in welcher Qualität als Bestandteil welcher Kompetenz beherrschen? Wie kommt die entsprechende Kompetenz zustande?

(Giest & Lompscher, 2006, S. 272)

4 Konkretisierung des Ziels und des methodischen Vorgehens zur Erarbeitung des Kompetenzstrukturmodells

Nach Klieme et al. (2003, S. 74) haben Kompetenzmodelle zwei Zwecke:

> erstens beschreiben sie das Gefüge der Anforderungen, deren Bewältigung von Schülerinnen und Schülern erwartet wird (Komponentenmodell); zweitens liefern sie wissenschaftlich begründete Vorstellungen darüber, welche Abstufungen eine Kompetenz annehmen kann bzw. welche Grade oder Niveaustufen sich bei den einzelnen Schülerinnen und Schülern feststellen lassen (Stufenmodell).

In diesem Teil der Arbeit geht es um das Komponentenmodell, das auch als *Kompetenzstrukturmodell* bezeichnet wird (vgl. Schecker & Parchmann, 2006, S. 47). Dabei ist das mathematische Modellieren im Rahmen dieser Arbeit der spezifische Gegenstand des Kompetenzstrukturmodells und nicht, wie für die Kompetenzmodelle von Bildungsstandards, Anforderungen des Fachs Mathematik als Ganzes.

Das Kompetenzstrukturmodell soll „(kognitiven) Voraussetzungen, über die ein Lernender verfügen soll, um Aufgaben und Probleme in einem bestimmten Gegenstands- oder Anforderungsbereich lösen zu können" (Schecker & Parchmann, 2006, S. 47) beschreiben. Solche Kompetenzmodelle nennen Schecker und Parchmann (2006) *normative Kompetenzstrukturmodelle*. Sie fordern, dass solche Modelle „nicht allein aus fachlichen Bildungszielen abgeleitet werden. Sie sollen vielmehr eine theoretische Fundierung aus der Lernpsychologie aufweisen" (Schecker & Parchmann, 2006, S. 47). Die im Rahmen dieser Arbeit zugrundeliegende Lernpsychologie ist Teil der Tätigkeitstheorie. Dabei kommt den psychischen Eigenschaften (siehe Abschnitt 3.3.4, Seite 98) als Aspekte der Orientierung und Regulation der Tätigkeit (siehe Abschnitt 3.3, Seite 84) eine besondere Rolle zu.

Um solche psychischen Eigenschaften als kognitive Voraussetzungen formulieren zu können, muss die zu orientierende und regulierende Tätigkeit selbst jedoch gut verstanden werden. Zumindest ist eine Vorstellung über die kognitiven Prozesse bei der Bearbeitung solcher Anforderungen notwendige Voraussetzung. Diese kognitiven Prozesse (geistige Handlungen) stellen im Sinne der Tätigkeitstheorie die Mittel zur Bearbeitung des zu bearbeitenden Problems dar. Erst auf Grundlage einer solchen Vorstellung über den Bearbeitungsprozess ist es möglich, entsprechende psychische Eigenschaften als Elemente einer Grundlage zur Orientierung und Regulation der Handlung zu formulieren. Die in der fachdidaktischen Literatur zu findenden Vorstellungen über diesen Bearbeitungsprozess sind dabei keineswegs eindeutig. Insbesondere gehen die Vorstellungen über den Prozess der Modellbildung, also der Erarbeitung eines mathematischen Modells für ein reales Problem, erheblich auseinander. Auf der anderen Seite wird jedoch gerade dieser Prozess als zentrale Handlung des mathematischen Modellierens angesehen (vgl. Niss, 2010, S. 43; vom Hofe et al., 2009, 127f; Leiß & Blum, 2006, S. 41). Aus diesem Grund wird der Handlung des Modellbildens im Rahmen der Analyse besondere Aufmerksamkeit geschenkt.

Daraus ergibt sich die Notwendigkeit, dass für die Entwicklung des Kompetenzstrukturmodells zwei Bereiche relevant sind: zum einen die kognitiven Prozesse bei der Bearbeitung einer Aufgabe und zum anderen die psychischen Eigenschaften als Voraussetzung zur angemessenen Realisierung der Bearbeitungsprozesse. Eine Trennung dieser beiden Bereiche ist dabei natürlich von theoretischer Natur. Dies wird unter anderem daran deutlich, da sich die psychischen Eigenschaften unmittelbar auf die Handlungen beziehen. Schließlich orientieren und regulieren diese psychischen Eigenschaften die Handlungen.

Die Analyse zur Entwicklung eines Kompetenzstrukturmodells hat also zunächst kognitive Prozesse als Mittel der Tätigkeit im Blick (siehe Abschnitt 3.1.1). Dabei wird der Teilhandlung des Modellbildens besondere Aufmerksamkeit geschenkt. Ziel ist die Entwicklung einer tätigkeitstheoretischen Modellvorstellung des kognitiven Prozesses bei der Erarbeitung eines mathematischen Modells für ein realitätsbezogenes Problem. Darauf aufbauend werden Aspekte einer Grundlage zur Orientierung und Regulation anhand der psychischen Eigenschaften formuliert (siehe Abschnitt 3.3). In der so gewonnenen Struktur lassen sich dabei, wie oben bereits erwähnt, die Bereiche der geistigen Handlungen zur Bearbeitung der Anforderungen auf der einen Seite und den Aspekten zur Orientierung und Regulation in Form psychischer Eigenschaften auf der anderen Seite unterscheiden. Beide Bereiche enthalten dabei verschiedene Komponenten, die jedoch wechselseitig miteinander in Beziehung stehen. Aus diesen Elementen und Verbindungen ergibt sich die Struktur, die als kognitive Voraussetzung zur Bewältigung typischer Modellierungsanforderungen angesehen wird. Damit ergibt sich eine Beziehung zwischen der Struktur der Anforderung auf Seiten des Gegenstands sowie der Tätigkeit und den individuellen (kognitiven) Voraussetzungen auf Seiten des tätigen Subjekts. Erst durch die Berücksichtigung beider Seiten kann die Forderung von Bruder (2008b, S. 46) eingelöst werden: „im Unterricht nicht nur Lernanforderungen stellen, sondern auch zu deren Bewältigung befähigen".

Die Bestimmung eines solchen Kompetenzstrukturmodells erfolgt in Anlehnung an die von Giest und Lompscher (2006, S. 273) vorgeschlagene Analyse zur Aufdeckung der objektiven Anforderungsstruktur eines Lerngegenstands im Rahmen der Sachanalyse. Die Analyse wird im Rahmen dieser Arbeit (idealisiert[1]) in vier Teile gegliedert.

1. Breit angelegte Erschließung des Analysegegenstands, zur Aufdeckung der Anforderungsstruktur.
2. Tätigkeitstheoretische Modellierung des Modellbildungsprozesses.
3. Analyse und Beschreibung des Kerns des Analysegegenstands.
4. Beschreibung einzelner Aspekte einer Orientierungsgrundlage als Elemente der Kompetenzstruktur.

Im Folgenden werden zunächst diese vier Schritte der Analyse näher beschrieben. Anschließend wird der Gegenstand der Analyse in Abschnitt 4.2 ab Seite 127 weiter präzisiert.

4.1 Vorgehen der Analyse zur Aufdeckung der Anforderungsstruktur

4.1.1 Breit angelegte Erschließung des Analysegegenstands

Voraussetzung für die Aufdeckung der objektiven Anforderungsstruktur ist die individuelle Erschließung und Reflexion des Gegenstands der Sachanalyse. Das bedeutet ein Einlesen, Eindenken, Vertiefen und Weiterentwickeln des

---

[1] Der tatsächliche Vorgang der Analyse im Rahmen dieser Arbeit ist viel mehr geprägt durch ein mehrfaches Durchlaufen dieser Analyseschritte. Dabei haben sich die verschiedenen Schritte gegenseitig immer wieder beeinflusst.

Gegenstands mit dem Ziel zum wesentlichen Kern des Analysegegenstands vorzudringen (vgl. Giest & Lompscher, 2006, S. 273). Die Erschließung erfolgt auf Grundlage von Aufgaben mit Modellierungsanforderungen und Schülerlösungen aus der fachdidaktischen Literatur. Dabei werden auch verschiedene Forschungsperspektiven berücksichtigt und entsprechende Begriffe kursorisch dargestellt. Für die Analyse der Anforderungsstruktur sind konkrete Handlungen von besonderem Interesse. Daher wurden für die Analyse insbesondere Aufgaben ausgewählt, zu denen in der Literatur Schülerlösungen und/oder Ausführungen über Schülerlösungen zu finden sind. Dabei ist es ein wesentliches Teilziel der Analyse auf Grund der Schülerbearbeitungen die geistigen Handlungen im Sinne des Entfaltens der geistigen Tätigkeit nach Galperin (1967, 1973) zu rekonstruieren. Auf dieser Grundlage werden Modellvorstellungen über den kognitiven Prozess entwickelt (siehe auch Abschnitt 3.1.4 ab Seite 74).

Neben diesen Kriterien zur Aufgabenauswahl wurde darauf geachtet, dass die zur Bearbeitung notwendigen mathematischen Mittel Lerngegenstände in verschiedenen Jahrgangsstufen der Sekundarstufe I sind. Ein Schwerpunkt bei der Aufgabenauswahl wurde dabei auf die Leitideen (L1) Zahl, (L2) Messen und (L4) Funktionaler Zusammenhang der KMK-Bildungsstandards gelegt. Die zur Analyse ausgewählten Beispielaufgaben enthalten jedoch auch Bezüge zu den Leitideen (L3) Raum und Form sowie (L5) Daten und Zufall, so dass zur Bearbeitung der ausgewählten Beispielaufgaben mathematische Mittel aus allen Leitideen der KMK-Bildungsstandards erforderlich sind (vgl. KMK, 2004, S. 10-12).

Die Ausführungen zu den Beispielaufgaben als Analysegegenstand gliedern sich jeweils wie folgt:

1. Darstellung der Aufgabenstellung.
2. Beschreibung von Komponenten der Subjekt-Objekt-Struktur für den Bearbeitungsprozess der Aufgabe als Tätigkeit.
3. Darstellung eines Lösungshinweises.
4. Diskussion verschiedener Aspekte des Bearbeitungsprozesses.

Die Darstellung der Aufgabenstellung erfolgt im Wortlaut entsprechend der Publikation, aus der die meisten, der Analyse zugrunde liegenden Ausführungen über Schülerlösungen stammen. Zum Teil wird auf andere Publikationen verwiesen, in denen die gleiche Aufgabe oder eine Aufgabe in ähnlicher Form zu finden ist.

Die Beschreibung der Komponenten der Subjekt-Objekt-Struktur (siehe Abschnitt 3.2.2, Seite 79) für die Bearbeitung der Aufgabe ist insbesondere für die Beurteilung der Tätigkeit als Modellierungsaktivität von zentraler Bedeutung. Wie in Abschnitt 3.2 (ab Seite 77) ausgeführt, lässt sich das mathematische Modellieren als Tätigkeit charakterisieren. Damit eine Tätigkeit auch als Modellierungsaktivität bezeichnet werden kann, können anhand der Subjekt-Objekt-Struktur Kriterien formuliert werden. Ein wesentliches Kriterium ergibt sich aus dem Ziel für die Tätigkeit, ein zweites steht in Verbindung mit den Mitteln der Tätigkeit. Die Aufgabenbearbeitung eines Lernenden wird nur dann als Modellierungsaktivität bezeichnet, wenn der Lernende ein außermathematisches Problem mit mathematischen Mitteln bearbeiten will. Für das mathematische Modellieren ist es ein wesentliches Kriterium, dass für die Bearbeitung auch Mathematik genutzt wird, nur dann ist das Kriterium zur Nutzung spezifischer, eben mathematischer Mittel erfüllt. Für das Kriterium hinsichtlich des Tätigkeitsziels ist es entscheidend, dass im Rahmen der Tätigkeit ein außermathematisches Problem bearbeitet werden soll. Eine solche Zielbildung verweist nun auch auf den für eine Modellierungsaktivität typischen außermathematischen Gegenstand. Da über die zuvor formulierten Anforderungen an eine angemessene Zielbildung bereits auf einen außermathematischen, realitätsbezogenen Gegenstand verwiesen wird, kann auf ein weiteres Kriterium im Zusammenhang mit dem Gegenstand der Tätigkeit verzichtet werden.

In der Analyse von Schüleraktivitäten lässt sich zuweilen eine Zielbildung feststellen, die nicht dem hier formulierten Kriterium zur Bearbeitung eines außermathematischen Problems entspricht. Insbesondere im Zusammenhang mit dem word problem game (siehe Seite 141) spielt der außermathematische Sachverhalt für die Aufgabenbearbeitung eine nachgeordnete Rolle. Solche Phänomene, die als „verhängnisvolle Mutationen" sachadäquater Aktivitäten bezeichnet werden können, können aus einem „heimlichen Lehrplan" (vgl. Meyer, 1993, S. 290) hervorgehen und für einen kumulativen Aufbau von Modellierungskompetenzen hinderlich sein. Daher werden im Rahmen der Analyse ein paar solcher Aktivitäten ebenfalls berücksichtigt.

Auf Grund der hier vorgenommenen Charakterisierung des mathematischen Modellieren über das Ziel, ein außermathematisches Problem mit mathematischen Mitteln zu bearbeiten, werden die für das mathematische Modellieren typischen Übersetzungsprozesse zwischen außermathematischer Welt und der Welt der Mathematik als Handlungen im Rahmen der Tätigkeit notwendig. Im Rahmen der Analyse sind daher die Handlungen, in denen eine Beziehung zwischen dem außermathematischen Problem und einem mathematischen Modell hergestellt werden, von besonderem Interesse. Die Er-schließung solcher zentraler Aktivitäten erfolgt durch Auffalten von Handlun-gen und Operationen, so dass ein tieferes Verständnis für die Aktivitäten er-möglicht werden soll (vgl. Galperin, 1967, S. 389-396 und siehe Abschnitt 3.1.4 ab Seite 74).

Die so aufgefalteten Aktivitäten sind dann, als Mittel der Tätigkeit, selbst ein wesentlicher Teil der Anforderungsstruktur, verweisen jedoch auch auf not-wendige psychische Eigenschaften der Tätigkeitsregulation. Somit sind die so in der Analyse erarbeiteten Aspekte relevant für das zu entwickelnde Kom-petenzstrukturmodell. Hinter dem breiten Eindringen in den Analysegegen-stand stehen also, neben einem breit angelegten Informieren über Kenntnisse, Begriffe und Theorien des Analysegegenstands, insbesondere Fragen nach Aspekten der entfalteten Aktivitäten und Elementen einer Orientierungsgrund-lage. Sowohl einzelne Teilhandlungen der entfalteten Aktivitäten, als auch Ele-mente der Orientierungsgrundlage können zu Lernzielen einer Unterrichtsein-heit werden. Somit hat die Analyse das Potenzial, aus Kompetenzzielen für das langfristige Lernen klare Ziele für den Unterricht zu bestimmen. Lange (2006, S. 18) spricht davon, aus distalen Kompetenzen proximale Kompeten-zen abzuleiten. Eine solche Analyse und Beschreibung kleinschrittiger Lern-ziele erinnert an die Lernzielorientierung der 70er Jahre (vgl. Lange, 2006, S. 18; Ziener, 2008, S. 28; Drieschner, 2009, S. 71f), die u.a. als hinderliche Engführung (vgl. Jank & Meyer, 1997, S. 309f) oder als zu stark vereinfach-te Sicht auf Lernprozesse (vlg. Ziener, 2008, S. 29f) kritisiert wird. Dennoch hält Ziener (2008, S. 28) eine Operationalisierung nicht für einen „Sünden-fall", sondern für „ein Gebot der Redlichkeit". So sieht Ziener (2008, S. 28) in der Lernzielorientierung die „konstruktive Verbündete" der Kompetenzorien-tierung. Damit diese konstruktive Verbindung eingegangen werden kann, ist neben der Sicht auf einzelne Aspekte eine Sicht auf die gesamte Tätigkeit und deren Kern notwendig, um die einzelnen Aspekte in einen größeren Rah-men einordnen zu können und den spezifischen Kern der Aktivität nicht aus den Augen zu verlieren.

4.1.2 Tätigkeitstheoretische Modellierung des Modellbildungsprozesses

Wie bereits in der Einleitung zu diesem Kapitel erwähnt, findet man in der Lite-ratur verschiedene Vorstellungen darüber, wie der Prozess der Modellbildung realisiert wird. So findet man etwa bei Borromeo Ferri (2011, S. 41) die Vorstellung, dass im Rahmen der Teilhandlungen zur Erarbeitung des mathematischen Modells die Anwendung von außermathematischem Wissen von großer Bedeutung ist und insbesondere für das Mathematisieren die Anwendung außermathematischen Wissens „verstärkt notwendig" (Borromeo Ferri, 2011, S. 41) sei. Einen Hinweis auf die Rolle mathematischen Wissens für das Modellbilden findet man im Rahmen der Beschreibung des Modellierungskreislaufs unter kognitionspsychologischer Perspektive nach Borromeo Ferri (2011, S. 40-42) nicht.

Eine hervorgehobene Rolle des mathematischen Wissens im Rahmen des Mathematisierens findet man bei Niss (2010). So sieht Niss (2010, S. 55) in mathematischen Kenntnissen einen zentralen Aspekt zur Antizipation möglicher Modelle, die für die Erarbeitung eines mathematischen Modells ganz entscheidend sein sollen.

Neben diesen beiden quasi polarisierenden Ansätzen findet man in der Vorstellung über den Prozess der Modellbildung bei Schwarzkopf (2007, S. 215) eine vermittelnde Vorstellung. Er hält es für notwendig, zwischen einem Prozess der Strukturierung der außermathematischen Situation auf Grund von außermathematischem Wissen und einer strukturellen Erweiterung der außermathematischen Situation mit Hilfe mathematischer Kenntnisse eine Balance zu finden. An anderer Stelle spricht Schwarzkopf (2006, S. 97) davon, dass eine Passung zwischen Lebenswelt und Mathematik gefunden werden muss. Zur Herstellung einer solchen Passung ist es nicht ausreichend empirische Details der Sachsituation zu vernachlässigen, um ein Realmodell zu gewinnen, das anschließend in die Mathematik übersetzt wird.

Im Rahmen der Analyse der Aktivitäten an den verschiedenen Beispielaufgaben werden diese Vorstellungen zum Modellbildungsprozess aufgegriffen und diskutiert. Auf Grundlage des erkenntnistheoretischen Konzepts des antizipierenden Schemas von Galperin (1973) (siehe auch Abschnitt 3.3.5, Seite 108) und den Vorstellungen zur Modellbildung von Lesh und Doerr (2003) wird im Rahmen dieser Arbeit eine tätigkeitstheoretische Interpretation des Modellbildungsprozesses erarbeitet. Wie sich insbesondere für den letzten Teil der Arbeit zeigen wird, ist es möglich, auf Grund dieser Vorstellung vom Modellbilden die langfristige und kumulative Förderung von Modellierungskompetenzen geeignet zu strukturieren.

Auf Grund dieser Bedeutung des Modellbildungsprozesses für den im letzten Teil der Arbeit entwickelten Rahmen zur langfristigen Kompetenzförderung werden die jeweiligen Vorstellungen über den Modellbildungsprozess dargestellt, diskutiert und im Laufe der Analyse weiter differenziert.

4.1.3 Analyse und Beschreibung des Kerns

Bei der Analyse und Beschreibung des Kerns der Modellierungsaktivitäten soll der Blick im Sinne der Kompetenzorientierung auf die komplexen Aktivitäten gerichtet werden (vgl. Ziener, 2008, S. 30). Anders als im vorangehenden Analyseteil, in dem zur besseren Durchdringung einzelne Aspekte zergliedert wurden, geht es nun darum, von einem „höheren" Standpunkt mit Blick auf die gesamte Aktivität, deren Wesen zu erkennen. Die konstruktive Verbindung zwischen Lernzielorientierung und Kompetenzorientierung kommt dann zustande, wenn die Bedeutung einzelner Aspekte und Teilhandlungen für die gesamte, also die übergeordnete Tätigkeit transparent wird. Dies gelingt, wenn die Teilziele der entfalteten Teilhandlungen mit dem übergeordneten Ziel der Tätigkeit in Verbindung gebracht werden können.

Ein weiterer Aspekt bei der Analyse und Beschreibung des Kerns sind die für die Tätigkeit zentralen und spezifischen Handlungen, die zur Erreichung des Ziels von besonderer Bedeutung sind.

In der Literatur werden z.T. „Schlüsselprozesse" oder Aspekte des Kerns von Modellierungsaktivitäten genannt. Diese werden im Rahmen der Analyse und Beschreibung des Kerns aufgegriffen und eingeordnet. Solche den Kern der Tätigkeit betreffenden Handlungen werden als zentrale Handlungen innerhalb der Tätigkeit angesehen.

Unspezifische Handlungen liegen dann vor, wenn solche Handlungen auch im Rahmen völlig anderer Tätigkeiten eine Rolle spielen. So gibt es etwa bei der Bearbeitung von Textaufgaben immer die Notwendigkeit, in Teilhandlungen zunächst den Aufgabentext zu lesen und zu erfassen. Solche Teilhandlungen zum Lesen und Verstehen des Aufgabentextes sind zwar für das mathematische Modellieren notwendig, eine solche Lesefähigkeit spielt jedoch auch für Tätigkeiten in anderen Situationen, z.B. in anderen Schulfächern, ebenfalls eine Rolle und ist daher für das mathematische Modellieren nicht spezifisch.

Orientierung bei der Analyse und Beschreibung des Kerns geben die folgenden, nach Giest und Lompscher (2006, S. 273) sowie Müller (2002, S. 48) modifizierten, Fragen:

- Wodurch ist das Wesen der Sache gekennzeichnet, durch
  - welches Ziel,
  - welchen Gegenstand,

– welche (spezifischen) Mittel und
– welche Orientierung?

4.1.4 Beschreibung einzelner Aspekte einer Orientierungsgrundlage als Elemente der Kompetenzstruktur

Im vierten und letzten Schritt der Analyse werden Aspekte zur Orientierung und Regulation der Tätigkeit als Bestandteile eines Kompetenzstrukturmodells beschrieben. Grundlage für diese Kategorien sind die psychischen Eigenschaften als habitualisierte Komponenten der Tätigkeitsregulation, die bereits in Abschnitt 3.3.4 ab Seite 98 ausführlich dargestellt wurden. Im Rahmen des Kompetenzstrukturmodells wird nun eine Auswahl dieser Eigenschaften zur Beschreibung von Aspekten von Modellierungskompetenzen genutzt. *Kenntnisse* beschreiben Wissenselemente. *Fähigkeiten, Fertigkeiten* und *Gewohnheiten* beschreiben habitualisierte Eigenschaften als Voraussetzungen für die Ausführung von Aktivitäten, es geht also um das Können. Des Weiteren werden *Einstellungen* berücksichtigt.

Die weiteren psychischen Eigenschaften (wie etwa Temperamentseigenschaften oder Gefühlseigenschaften) werden nicht berücksichtigt, da diese Eigenschaften in erster Linie emotionale psychische Aspekte betreffen. Sicher haben emotionale Aspekte eine wichtige Funktion für die Tätigkeitsregulation, aus zwei Gründen werden sie im Folgenden jedoch nicht weiter berücksichtigt. Zum einen lassen sich solche Aspekte in einer Analyse der Anforderungsstruktur von Aufgaben nach Auffassung des Autors nicht sinnvoll berücksichtigen. Zum anderen legt der zugrunde liegende Kompetenzbegriff eine Fokusierung auf kognitive Aspekte nahe. Zwar spielen im Kompetenzbegriff nach Weinert (2001, S. 27f) auch motivationale und soziale Aspekte eine Rolle, diese berücksichtigt der Tätigkeitsbegriff jedoch an anderer Stelle. So entspricht das Motiv dem übergeordneten Ziel der Tätigkeit (siehe Seite 79) und menschliche Tätigkeit ist immer auch sozial kontextuiert (siehe Seite 81). Somit ist deren Berücksichtigung in den psychischen Eigenschaften nicht notwendig.

Den psychischen Eigenschaften zur Tätigkeitsregulation nahezu identische Aspekte zur Konkretisierung des Kompetenzbegriffs nennen Bruder, Leuders und Büchter (2008, S. 11). Sie weisen darauf hin, dass diese Facetten schon lange Gegenstand in der didaktischen Diskussion sind:

Der Kompetenzbegriff bündelt sie heutzutage nur neu:

- Kenntnisse und Fertigkeiten, die sich daran zeigen, dass Schülerinnen und Schüler mathematisches Wissen abrufen können oder mathematische Verfahren sicher ausführen.
- Fähigkeiten, die darüber hinausgehen und sich dadurch auszeichnen, dass Wissen und Kenntnisse in wechselnden Situationen flexibel angewendet werden können.
- Haltungen und Einstellungen, wie z.B. Problemlösebereitschaft oder eine kritische Haltung gegenüber Lösungen und Argumenten, die die Voraussetzung für die Anwendung von Fähigkeiten bedeuten.

Grundlage für diesen Teil der Analyse ist der folgende Fragenkatalog, der sich stark an Fragen zur Sachanalyse nach Giest und Lompscher (2006, S. 273) sowie Müller (2002, S. 48) orientiert:

- Welche Kenntnisse sollen Lernende erwerben, vertiefen oder erweitern?
- Welche
  - – Fähigkeiten,
  - – Fertigkeiten und
  - – Gewohnheiten

  sollen Lernende im Unterricht erwerben, festigen, ausweiten?
- Welche Einstellungen sollen Lernende entwickeln?

Dabei sei an dieser Stelle ausdrücklich darauf hingewiesen, dass sich das Kompetenzstrukturmodell, das im Rahmen der Analyse entwickelt wird, aus den Anforderungen ergibt, die zur Bewältigung der Beispielaufgaben notwendig sind. Damit hat das Kompetenzstrukturmodell, so wie es hier entwickelt wird, keinen unmittelbaren normativen Anspruch. Ein normativer Anspruch hinsichtlich des Kompetenzniveaus ergibt sich nur dann, wenn die Lernenden am Ende der Kompetenzentwicklung die in der Analyse verwendeten Beispielaufgaben auch bearbeiten können sollen. Daher ist das Niveau der Modellierungskompetenzen im Kompetenzstrukturmodell dieser Arbeit über die Beispielaufgaben vermittelt. Eine Entscheidung darüber, ob dieses Niveau auch im Rahmen der Kompetenzentwicklung innerhalb der Sekundarstufe I erreicht werden kann oder erreicht werden soll, kann im Rahmen dieser Arbeit nicht entschieden werden. Das mit dem Kompetenzstrukturmodell verbundene Niveau stellt jedoch für die Entwicklung des Vorschlags zur langfristigen Förderung von Modellierungskompetenzen eine notwendige Arbeitshypothese dar.

4.2 Differenzierung von Modellierungsaktivitäten als Analysegegenstände

Blum (2006a, S. 20) differenziert für jede Kompetenz der Bildungsstandards Mathematik „eine ‚aktive' und eine ‚passive' Komponente (...) selbst modellieren versus gegebene Modelle verwenden". Diese Unterscheidung schließt an der von Niss (2003a) als dual bezeichneten Natur der Kompetenzen an:

> All competencies have a dual nature, as they have an analytical and a productive aspect. The analytical aspect of a competency focuses on understanding, interpreting, examing, and assessing mathematical phenomena and processes, (...) whereas the productive aspect focuses on the active construction or carrying out of processes (...) (Niss, 2003a, S. 9).

Das Nachvollziehen oder Kontrollieren einer Argumentationskette oder das Verstehen des Zwecks von mathematischen Darstellungen sind Beispiele für analytische Aktivitäten. Das Entwickeln einer Argumentation oder das Nutzen von mathematischen Darstellungen zur Beschreibung einer Situation sind produktive Aktivitäten (vgl. Niss, 2003a, S. 9).

Diese Unterscheidung wird nun genutzt, um verschiedene Modellierungsaktivitäten zu unterscheiden und anschließend einzeln zu analysieren. In Anlehnung an die Begriffe von Niss (2003a, S. 7) werden *produktive* und *analytische Modellierungsaktivitäten* unterschieden. Die im Folgenden genannten Modellierungsaktivitäten wurden zunächst aus den Levels von Modellierungsaktivitäten nach Greer und Verschaffel (2007, S. 219) (siehe auch Seite 60) sowie aus den Levels bzw. Niveaustufen von Modellierungskompetenzen nach Henning und Keune (2007, S. 227) und Keune (2004b, S. 12-14) (siehe auch Seite 54) abgeleitet.

4.2.1 Produktive Modellierungsaktivitäten

Die aus den Niveaustufen bzw. Levels von Modellierungsaktivitäten hervorgehenden produktiven Modellierungsaktivitäten sind das *implizite Modellieren* und das *selbständige Modellieren* (vgl. Henning & Keune, 2007, S. 227; Greer & Verschaffel, 2007, S. 219; siehe auch Seite 60 und Seite 54).

Die zu bearbeitenden Probleme, also die Gegenstände und somit Ausgangspunkte der produktiven Modellierungsaktivitäten liegen in einem Kontinuum von realitätsbezogenen Problemen (überwiegend beim Sachrechnen), bis hin zu realen und authentischen Problemen (eher beim selbständigen Modellieren). Tätigkeitsziel kann es dann sein, für die reale Situation ein mathematisches Modell zu finden, möglicherweise um die Situation besser zu verstehen. Das Tätigkeitsziel kann auch darin bestehen, für ein realitätsbezogenes Problem eine Lösung zu erarbeiten. In jedem Fall ist die Erarbeitung oder das Finden eines geeigneten mathematischen Modells mindestens ein Teilziel innerhalb der beiden Modellierungsaktivitäten.

Die hier vorgenommene Charakterisierung des impliziten Modellierens anhand des Gegenstands (realitätsbezogenes Problem) und Ziels der Tätigkeit (Erarbeitung einer Lösung für das Problem) ist vergleichbar mit dem Verständnis des Sachrechnens nach Franke (2003, S. 5):

> Im Allgemeinen wird unter dem Sachrechnen das Bearbeiten von Aufgaben verstanden, die eine Situation aus dem Erfahrungsbereich der Schüler oder aus dem realen Leben beschreiben (auch wenn dies der Schüler noch nicht erfahren oder davon gehört, gelesen oder gesehen hat). (...) Sachrechnen beinhaltet nicht vordergründig Rechnen, sondern
>
> • es dient zur Erschließung der Umwelt mit mathematischen Mitteln
> • es unterstützt das Verstehen von Phänomenen und Erscheinungen des Alltags
> • es greift die kindliche Erfahrungswelt auf und erhellt diese
> • es eröffnet den Kindern neue Welten (Fernwelten).

Des Weiteren wird das „neue Sachrechnen", wie auch das Arbeiten mit word problems, mit dem Modellieren in Verbindung gebracht (vgl. Franke, 2003, S. 21-23; Greefrath, 2010, S. 35-37; Verschaffel et al., 2010). Und da beim Sachrechnen auftretende Probleme nach Franke (2003, S. 23) „durch Thematisieren des Lösungsprozesses im Unterricht reduziert werden" können, ist es höchst fraglich, ob das von Greer und Verschaffel (2007) vorgeschlagene erste Level als implizites Modellieren „in which the student is essentially modelling without being aware of it" tatsächlich sinnvoll ist.

Die bisher benannten produktiven Modellierungsaktivitäten lassen sich anhand der äußeren Subjekt-Objekt-Struktur der Tätigkeit nicht weiter unterscheiden. Zur Differenzierung dieser Tätigkeiten sind also weitere Kriterien notwendig. Als Kriterien sind Aufgabenmerkmale denkbar, wie sie in der fachdidaktischen Literatur zur Unterscheidung von anwendungsbezogenen Aufgaben oder für Modellierungsaufgaben diskutiert werden (z.B. Kaiser, 1995, S. 67; Förster, 2000, S. 137 oder K. Maaß, 2010). Jedoch ist auch auf Grund dieser Klassifikationen keine eindeutige, tätigkeitstheoretische Trennung von Modellierungsaktivitäten innerhalb des produktiven Modellierens zu erwarten.

Aus diesem Grund wird zur weiteren Differenzierung ein Ergebnis der Analyse vorweggenommen. Die Analyse der Beispielaufgaben hat ergeben, dass sich die folgenden produktiven Modellierungsaktivitäten unterscheiden lassen:

- Das unmittelbare Modellieren (siehe Abschnitt 5.1.2 ab Seite 146)
- Das idealisierende Modellieren (siehe Abschnitt 5.2.4 ab Seite 188)
- Das anzupassende Modellieren (siehe Abschnitt 5.3.2 ab Seite 206)

4.2.2 Analytische Modellierungsaktivitäten

Wie bereits oben nach Blum (2006a, S. 20) dargestellt, wird bei den analytischen Modellierungsaktivitäten mit einem gegebenen mathematischen Modell gearbeitet. Somit werden das mathematische Modell und der Bearbeitungsprozess zur Erarbeitung dieses mathematischen Modells zum Gegenstand der analytischen Modellierungsaktivität. Hierbei lassen sich zunächst wieder zwei Aktivitäten unterscheiden: zum einen das *Erkennen und Verstehen* und zum anderen das *kritische Modellieren* (vgl. Henning & Keune, 2007, S. 227; Greer & Verschaffel, 2007, S. 219; siehe auch Seite 60 und Seite 54).

Tätigkeitsziele des Erkennens und Verstehens sind das Nachvollziehen einer mathematischen Modellierung und das anschließende Erklären. Diese Aktivität stellt jedoch kein eigenständiges Kompetenzziel dar. Nur das Erkennen einer mathematischen Modellbildung kann für sich durch keine der in Abschnitt 2.1.5.1 (Seite 37) genannten Kompetenzen als eigenständige Modellierungsaktivität angesehen werden. Das Erkennen und Verstehen ist jedoch u.a. eine notwendige Teilhandlung des kritischen Modellierens.

Das Tätigkeitsziel des kritischen Modellierens besteht darin, einen Modellbildungsprozess inklusive seines Ergebnisses kritisch zu prüfen und zu bewerten. Um eine Modellbildung kritisch beurteilen zu können, muss diese zunächst erkannt und nachvollzogen werden. Das Erkennen und Verstehen einer Modellbildung ist somit ein notwendiges Teilziel innerhalb des kritischen Modellierens. Idealerweise können Verbesserungsvorschläge für mathematische Modellbildungsprozesse gemacht werden, wenigstens werden problematische Aspekte mathematischer Modelle bzw. der Modellbildung benannt.

Gegenstand der Analyse analytischer Modellierungsaktivitäten ist also das kritische Modellieren.

4.3 Fazit zum Vorgehen der tätigkeitstheoretischen Analyse

Nach dem in diesem Kapitel beschriebenen Vorgehen erfolgt im nächsten Kapitel die Analyse von Modellierungsaktivitäten anhand der Beispielaufgaben. Dabei werden die in Abschnitt 4.2 genannten Modellierungsaktivitäten in den folgenden Abschnitten analysiert:

- unmittelbares Modellieren (Abschnitt 5.1, ab Seite 131),
- idealisierendes Modellieren (Abschnitt 5.2, ab Seite 158),
- anzupassendes Modellieren (Abschnitt 5.3, ab Seite 203) und
- kritisches Modellieren (Abschnitt 5.4, ab Seite 213)

Das Vorgehen der Analyse erfolgt entsprechend der Beschreibung in Abschnitt 4.1. Somit werden zunächst zu jeder Aktivität Beispielaufgaben entsprechend dem in Abschnitt 4.1.1 beschriebenen Vorgehen tätigkeitstheoretisch analysiert. Es folgen eine Modellierung des kognitiven Prozesses der Modellbildung (siehe Abschnitt 4.1.2) und eine Charakterisierung des Kerns der analysierten Modellierungsaktivität (siehe Abschnitt 4.1.3). Abschließend werden Aspekte für eine vollständige Orientierungsgrundlage zur Bewältigung der jeweiligen Anforderungen benannt (siehe Abschnitt 4.1.4). Diese Aspekte sind für das Kompetenzstrukturmodell, das in Kapitel 6 dargestellt wird, relevant.

5 Analyse von Modellierungsaktivitäten zur Bestimmung der objektiven Anforderungsstruktur

In diesem Kapitel werden die in Abschnitt 4.2 (Seite 127) differenzierten Modellierungsaktivitäten analysiert. Dabei werden die produktiven Modellierungsaktivitäten weiter differenziert. Hintergrund dieser Differenzierung sind Unterschiede im Rahmen der Modellbildung, die sich aus der Analyse der Beispielaufgaben ergeben.

Das Vorgehen dieser Analyse erfolgt entsprechend der Darstellung in Abschnitt 4.1 (Seite 119).

5.1 Analyse des unmittelbaren Modellierens

5.1.1 Mehrperspektivische Analyse der Busaufgabe

Das auf Seite 45 genannte, auf Carpenter, Lindquist, Matthews und Silver (1983, S. 656) zurückgehende P-Problem ist durch die Veränderung des Kontexts zur „wohlbekannten sogenannten ‚Busaufgabe'" (Prediger, 2010, S. 174f) geworden. Diese Busaufgabe wurde 2004 im Rahmen der Lernstandserhebung 9 Mathematik in Nordrhein-Westfalen (Ministerium für Schule, Jugend und Kinder des Landes Nordrhein-Westfalen, 2004a, S. 22) verwendet und dient hier als Beispielaufgabe für das unmittelbare Modellieren.

Busaufgabe

1128 Schülerinnen und Schüler einer Schule sollen von der Schule aus zu einer Sportveranstaltung fahren. Ein Schulbus kann 36 Schülerinnen und Schüler befördern.
Wie viele Busse sind nötig, um alle Schülerinnen und Schüler zu einer Veranstaltung zu bringen?

5.1.1.1 Tätigkeitstheoretische Beschreibung von Strukturkomponenten

Gegenstand der Aktivität zur Bearbeitung der Busaufgabe ist das außermathematische Problem, die Anzahl nötiger Busse zu bestimmen. Das Ziel der Tätigkeit besteht nun darin, eine korrekte und sinnvolle Antwort auf diese Frage zu geben. Wie sich im Laufe der Analyse dieser und anderer Beispielaufgaben zeigen wird, bilden Lernende bei der Bearbeitung solcher Anforderungen nicht immer das hier formulierte Ziel. Insbesondere kann in Schülerbearbeitungen immer wieder festgestellt werden, dass Lernende anscheinend nicht das Ziel verfolgen, eine für die außermathematische Situation sinnvolle Antwort zu erarbeiten. Zur Bearbeitung des Problems sollte die Division als mathematisches Mittel eingesetzt werden.

5.1.1.2 Lösungshinweis

Entsprechend der Auswertungsanleitung sind Schülerlösungen wie folgt zu werten (Ministerium für Schule, Jugend und Kinder des Landes Nordrhein-Westfalen, 2004b, S. 24):

Rechnerische Lösung: $1128 : 36 = 31$ Rest 12 oder $31, \overline{3}$ oder $31\frac{1}{3}$
Antwort: Man benötigt 32 Busse
Die Aufgabe kann nur als richtig gewertet werden, wenn

- die oben genannte Lösung angegeben ist.
- kreative und richtige Antworten wie „Man benötigt 31 Busse (des Typs) und einen kleineren Bus ..." oder ähnliche Formulierungen angegeben sind.

Auf gar keinen Fall akzeptiert werden Antworten wie „31 Busse", „31,3 Busse" oder „ca. 32 Busse"

Die Auswertungsanleitung zeigt, dass für eine angemessene Lösung der Aufgabe mindestens zwei Schritte angenommen werden. Zunächst muss eine rechnerische Lösung (z.B. 31 Rest 12) bestimmt werden. Die so erhaltene innermathematische Lösung muss zur Beantwortung der Frage anschließend ganzzahlig gemacht werden.

Diese zwei Schritte stellen Teilhandlungen im Rahmen der gesamten Tätigkeit der Aufgabenbearbeitung dar. Die Analyse der Aufgabe und die Darstellung verschiedener Perspektiven erfolgen getrennt nach den beiden Teilhandlungen. Diese Unterscheidung ist sinnvoll, da sich anhand der Teilhandlungen bestimmte Phänomene und Forschungsperspektiven illustrieren lassen. Für die im Folgenden dargestellten Perspektiven ist der Beitrag von Prediger (2010) eine wesentliche Grundlage.

5.1.1.3 Analyse der Aktivität zur Erarbeitung der rechnerischen Lösung

Bei der Erarbeitung der innermathematischen Lösung ist im Folgenden vor allem der Prozess der Erarbeitung eines geeigneten mathematischen Modells interessant.

Wird die Rechnung $1128 : 36$ sofort als notwendiges mathematisches Modell erkannt, liegt eine direkte Mathematisierung vor. Wie Schülerlösungen im Folgenden zeigen, ist es aber auch möglich, dass die Division nicht sofort als angemessenes, mathematisches Modell erkannt wird. Dann ist ein mehrschrittiger Modellbildungsprozess mit weiteren Teilhandlungen notwendig. In den folgenden beiden Abschnitten werden das direkte Mathematisieren und das indirekte Mathematisieren durch Modellbilden unterschieden und einzeln betrachtet.

Direkte Mathematisierung durch „Aktivierung adäquater Grundvorstellungen"

Die Bedeutung von Grundvorstellungen für die Beispielaufgabe liegt in der verbindenden Funktion von Grundvorstellungen zwischen Mathematik und Realität. So sind etwa nach Blum, vom Hofe et al. (2004, S. 146) Grundvorstellungen *„unverzichtbar*, wenn zwischen Realität und Mathematik *übersetzt* werden soll, das heißt, wenn Realsituationen mathematisiert bzw. wenn mathematische Ergebnisse real interpretiert werden sollen, kurz: wenn *modelliert* werden soll." Nach vom Hofe et al. (2006, S. 146) ist ein gut verknüpftes System adäquater Grundvorstellungen eine zentrale Voraussetzung für erfolgreiches mathematisches Modellieren.

Adäquat für die Busaufgabe ist die zur Division gehörende Grundvorstellung *Aufteilen* bzw. *Passen-in* (vgl. vom Hofe et al., 2006, S. 143; Prediger, 2010, S. 178). Wird nun die reale Situation der Aufgabe direkt durch die Rechnung $1128 : 36$ mathematisiert, kann das auf eine angemessene individuelle Vorstellung hinweisen. Wird dann der Algorithmus zur schriftlichen Division beherrscht, ergibt sich das korrekte mathematische Resultat.

Wird die Situation nicht direkt mit dieser Division identifiziert, lässt sich dies mit einer fehlenden Aktivierung der Grundvorstellung des Passen-in erklären (vgl. Prediger, 2010, S. 177f).

Setzt man diesen Weg zum Erhalten der innermathematischen Lösung in Beziehung zu den Prozessschritten eines Modellierungskreislaufs, kann das Anwenden der Division auf Grund angemessen aktivierter Grundvorstellungen als *direktes Mathematisieren* oder *direktes Modellbilden* bezeichnet werden. Die individuell vorhandenen und nutzbaren Grundvorstellungen, als für die Modellbildung verfügbare Kenntnisse, fungiert dabei als Mathematisierungsmuster (vgl. Bruder, 2006, S. 137). Ist ein Individuum in der Lage, die Sachsituation sofort mit der Division zu identifizieren, kann die direkte Mathematisierung auch als verkürzte Form psychischer Aktivität, also als geistige Operation (siehe S. 74) interpretiert werden.

Hier wird das bereits auf Seite 52 angesprochene Problem deutlich, dass Grundvorstellungen zwar als Wissen (mentale Modelle) über mathematische Stoffelemente konzipiert sind, jedoch auf Können (z.B. eine direkte Mathematisierung) bezogen sind. Ist dabei das Ziel, eine automatisierte Übersetzungshandlung (also eine Operation) ausführen zu können, ist das Ziel im Rahmen der Kompetenzentwicklung die Ausbildung einer entsprechenden Fertigkeit. An diesem Beispiel zeigt sich somit auch der komplexe Zusammenhang von Wissen und Können.

Wird diese Übersetzung adäquat als verkürzte Operation ausgeführt, kann das implizite Wissen im Nachhinein nicht mehr direkt festgestellt werden. Dies lässt sich durch Galperins (1967, S. 372) Charakterisierung geistiger Operationen erklären (siehe auch S. 74). Wohl aus diesem Grund wird in der Literatur zu Grundvorstellungen nur selten von einer „erfolgreichen Aktivierung von Grundvorstellungen" (vgl. Blum & vom Hofe, 2003, S. 16) gesprochen. Demgegenüber steht die häufig vertretene Ansicht, dass Grundvorstellungen fehlen (vgl. Wartha & vom Hofe, 2005, S. 13) bzw. eine notwendige Grundvorstellung „nicht erfolgreich aktiviert werden konnte", wenn eine direkte Mathematisierung nicht gelungen ist (vgl. Prediger, 2010, S. 177f; Wartha, 2009, S. 65). Somit ist die Erfassung individueller mentaler Vorstellungen ein weiteres Problem (vgl. vom Hofe et al., 2006, S. 144).

Nach Galperin (1967, S. 377 und 379f) sowie Keiser (1977) können solche individuellen adäquaten Vorstellungen als Orientierungsgrundlage vom Typ 3 (siehe Abschnitt 3.3.5, S. 107) angesehen werden.

Indirekte „Mathematisierung" durch Modellbildung

Prediger (2010, S. 177) gibt auch Beispiele von Schülerlösungen, in denen es Schülern trotz fehlender Aktivierung der intendierten Grundvorstellung gelingt, ein korrektes mathematisches Ergebnis zu erarbeiten.

Wie die Bearbeitungen von Gaon und Robert (siehe Abbildung 5.1) zeigen, kann durchaus ohne direkte Mathematisierung ein angemessenes mathematisches Ergebnis ermittelt werden. Roberts Vorgehen kann man als systematisches Probieren mit mehrfacher Verwendung der Addition interpretieren. Da-

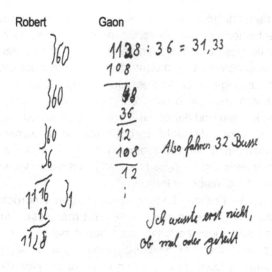

Abbildung 5.1: Schülerlösungen zur Busaufgabe, bei denen die notwendige Grundvorstellung des Passen-in nicht aktiviert wurde. (Prediger, 2010, S. 177)

bei muss er sich entweder Zwischenergebnisse merken oder am Ende des von ihm ausgeführten Verfahrens die drei Zehnerbündelungen und die einzelne Addition einer 36 als für die Lösung notwendige Teile erkennen. In seinem Verfahren ist sogar auch der Rest von 12 zu finden, was zeigt, dass es durchaus möglich ist, das mathematische Ergebnis auch ohne Anwendung der Division vollständig zu erhalten. Es ist jedoch auch recht offensichtlich, dass Roberts Vorgehen kognitiv anspruchsvoller ist als das Anwenden des Algorithmus zur schriftlichen Division, wenn dieser Algorithmus „gut beherrscht" wird, also als Fertigkeit angeeignet wurde.

Gaons Bearbeitung lässt, auf Grund der Bemerkung „Ich wusste erst nicht, ob mal oder geteilt" (siehe Abbildung 5.1), darauf schließen, dass auch hier nicht die notwendige Grundvorstellung aktiviert werden konnte. Gaon gelingt es dennoch, die richtige Antwort zu geben. Wenn Gaons Bemerkung nun wahr ist, muss Gaon eine andere Strategie genutzt haben, um sich die Division als angemessene Operation zu erschließen. Leider enthält die von Prediger

(2010, S. 177) dargestellte Schülerlösung keine weiteren Hinweise darauf, wie Gaon sich anscheinend davon überzeugen konnte, dass er doch dividieren muss. Denkbar ist, dass er durch „Versuch und Irrtum" ebenfalls zunächst eine Rechnung ausprobiert hat und dann das Ergebnis (oder die Ergebnisse[1]) bewertet hat. Grundlage einer solchen Bewertung könnten Sachkenntnisse über das Busfahren sein, die beinhalten, dass in einem Bus mehrere Menschen mitfahren können und daher die Anzahl benötigter Busse sicher kleiner sein wird als die Anzahl der Schüler, die transportiert werden sollen. Geht man von dem mathematischen Ergebnis $1128 \cdot 36 = 40608$ aus, ist es relativ naheliegend, dieses Ergebnis als falsches Ergebnis zu verwerfen und eine Entscheidung für die Division zu treffen.

Diese (z.T. hypothetischen) Lösungswege zeigen eindrücklich, dass der Schritt zur Bestimmung eines mathematischen Ergebnisses durchaus wieder in verschiedene Handlungen zerfallen kann, denen ganz unterschiedliche Teilfunktionen der psychischen Tätigkeitsregulation zugrunde liegen können.

Die Erarbeitung der Lösung wird, wenn keine adäquaten Grundvorstellungen aktiviert werden können, zu einer mehrschrittigen Aktivität, da keine verkürzte Operation zur Mathematisierung ausgeführt werden kann. Die Nutzung von Grundvorstellungen ist mit einer Entlastung verbunden, da die Verwendung solcher Kenntnisse den Entscheidungsprozess (im Vergleich zu Gaons Vorgehen im Zusammenhang mit Seite 90, Abschnitt 3.3.2.5) deutlich entlastet, bzw. auch den bewusst auszuführenden operativen Aufwand (im Vergleich zu Robert im Zusammenhang mit Seite 78, Abschnitt 3.2.1) durch das Ausführen eines Algorithmus reduziert werden kann.

5.1.1.4 Analyse der Aktivität zur Bestimmung der realen (ganzzahligen) Lösung der Busaufgabe

Der auf Grundlage der Auswertungsanleitung als zweiter Schritt bezeichnete Übergang der rationalen Lösung zu einer ganzzahligen kann entweder als „Interpretieren" des mathematischen Ergebnisses aus der Division in die außermathematische Welt oder als innermathematischer Vorgang zum ganzzahlig

---

[1] In der vorliegenden Bearbeitung von Gaon ist leider nicht ersichtlich, ob er auch eine Multiplikation durchgeführt hat, die er anschließend verworfen hat. Dieses Vorgehen wäre jedoch denkbar. Da es im Rahmen dieser Sachanalyse nicht das Ziel ist, Gaons Vorgehen zu rekonstruieren, sondern verschiedene Lösungsmöglichkeiten aufzuzeigen, wird dieses hypothetische Vorgehen, das durchaus von Gaons Bearbeitung inspiriert ist, hier als eine weitere Lösungsmöglichkeit verstanden.

Machen einer rationalen Zahl durch Runden verstanden werden. Wird dieser Vorgang in der zweiten Variante interpretiert, also als innermathematische Handlung, ist erneut eine Modellbildung erforderlich, deren Ziel die Bestimmung einer situationsangemessenen Rundungsregel ist. In Abhängigkeit der Sachsituation muss ein mathematisches Modell, eine Rundungsregel, ermittelt werden. Für die Zahlenangaben in der Busaufgabe ist die im Mathematikunterricht „übliche" Rundungsregel kein angemessenes mathematisches Modell.

Schülerlösungen, die von Prediger (2010, S. 180) dargestellt und diskutiert werden (siehe auch Abbildung 5.2), lassen erkennen, dass Lernende nicht nur Schwierigkeiten damit haben, eine angemessene Rundungsregel zu verwenden, sondern dass Lernende sehr wohl einen kognitiven Konflikt wahrnehmen. Der Auslöser dieses kognitiven Konflikts kann in der Verunsicherung über die Wahl eines angemessenen mathematischen Modells zur Verarbeitung des rechnerisch bestimmten Ergebnisses verstanden werden.

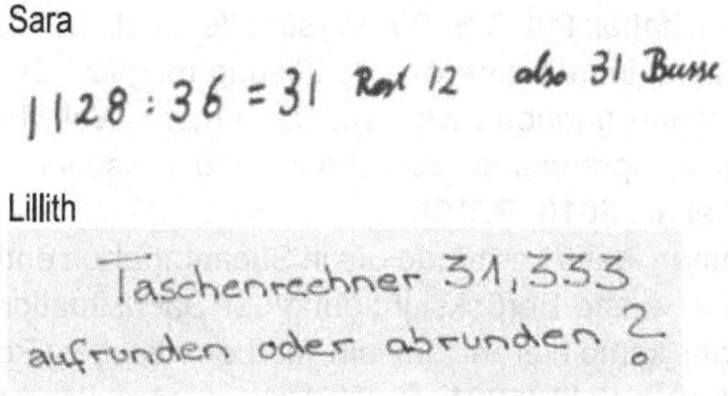

Sara

$$1128 : 36 = 31 \text{ Rest } 12 \quad \text{also } 31 \text{ Busse}$$

Lillith

Taschenrechner 31,333
aufrunden oder abrunden ?

Abbildung 5.2: Bearbeitungen der Busaufgabe, bei denen Unsicherheiten beim Runden deutlich werden. (Prediger, 2010, S. 178)

So gibt Prediger (2010, S. 181) die Antwort von Sara aus einer mündlichen Befragung zum Runden wieder: „Eigentlich Blödsinn, aber im Mathematikunterricht sollen wir hier immer abrunden." Sara hat sich an die Regel zum Abrunden aus dem Mathematikunterricht gehalten, hat aber auch erkannt, dass dieses Vorgehen hinsichtlich des realen Problems wenig sinnvoll ist. Sara hat den realen Kontext der Aufgabe verstanden, traut sich jedoch nicht, von der Regel, die im Mathematikunterricht „immer" gilt, abzuweichen. Bei einer anderen Schülerin führt eine ähnliche Verunsicherung über die Frage „aufrunden oder abrunden?" zum Abbruch der Bearbeitung. Diese Schülerin war nicht in der Lage eine Entscheidung zu treffen (vgl. Prediger, 2010, S. 181f).

Probleme bei der Bearbeitung der Busaufgabe dieser Art werden von Prediger (2010, S. 180-182) mit drei Forschungsperspektiven in Verbindung gebracht, die jeweils Rückschlüsse auf die Orientierung und Regulation der Tätigkeit ermöglichen. Im Folgenden werden diese drei Perspektiven diskutiert.

Bearbeitung unter Ausblendung realistischer Überlegungen

Als ein Ausgangspunkt für diese Forschungsperspektive kann die in Frankreich im Jahr 1980 durchgeführte Untersuchung mit der Kapitänsaufgabe angesehen werden. International wurden die Ergebnisse von Baruk (1989) repliziert und zahlreiche weitere Studien zur Bearbeitung von word problems wurden durchgeführt (siehe auch Seite 45). In anschließenden Studien mit den auf Seite 45 vergleichbaren Itempaaren in anderen Ländern zeigte sich jedoch, dass P-Problems von Schülerinnen und Schülern sehr häufig (scheinbar) ohne Berücksichtigung realistischer Überlegungen bearbeitet wurden (vgl. Greer & Verschaffel, 2007, S. 90; Verschaffel et al., 2010, S. 13). Zwar ist bei P-Problems nicht immer eine exakte Lösung möglich, es kann aber doch eine sinnvolle Antwort gegeben werden. Dazu muss Weltwissen herangezogen werden, um entsprechende Annahmen und Entscheidungen zu treffen (vgl. Verschaffel et al., 2010, S. 12).

Dieses Phänomen, dass Lernende die in Sachaufgaben enthaltenen Zahlen anscheinend ohne ernste Berücksichtigung der Sachsituation auf irgendeine Weise miteinander kombinieren, um ein mathematisches Resultat zu erhalten, wurde von Schoenfeld (1991, S. 316) als „suspension of sense-making" bezeichnet[2]. Greer (1997, S. 294) beschreibt auf Grundlage verschiedener Studien das Vorgehen wie folgt:

> The problem text guides the choice of one of the four basic arithmetic operations. This choice may be based on superficial features such as key words in the text (...) or on a matching of the situation described with a primitive model for one of the operations (anything that suggests putting together, for example, triggers the response „addition", anything that suggests taking away triggers „subtraction" and so on). The evoked operation is then applied to the two numbers embedded in the problem text and the result of the calculation is found, typically without reference back to the problem text to check for reasonableness (...).

---

[2]Selter (2009, S. 318) weist darauf hin, dass schriftliche Schülerlösungen auch fälschlich als suspension of sense-making beurteilt werden können. So konnte bei einem variierten Busproblem von Selter (2001) im Interview die schriftliche Schülerlösung „Es müssen $20\frac{1}{2}$ Busse fahren" als „Es müssen 20 und ein halbvoller Bus fahren", aufgeklärt werden.

Greer (1997, S. 295) stellt dieses Vorgehen durch das in Abbildung 5.3 enthaltene Schema dar.

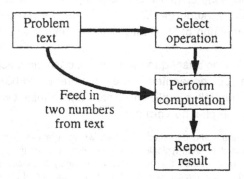

Abbildung 5.3: Typisches, aber problematisches Schema zur Bearbeitung von Sachaufgaben nach Greer (1997, S. 295), ohne ernsthafte Berücksichtigung des Sachkontextes.

Auch, wenn Schoenfeld (1991) das Außer-Acht-Lassen des Sachkontextes als „suspension of sense-making" bezeichnet hat, hat er selbst darauf hingewiesen, dass das Schülerverhalten eben doch in hohem Maße „sensemaking" (sinnhaft) ist:

> Such behavior is sense-making of the deepest kind. In the context of schooling, such behavior represents the construction of a set of behaviors that results in praise for good performance, minimal conflict, fitting in socially etc. What could be more sensible than that? (Schoenfeld, 1991, S. 340).

Eine solche scheinbare suspension of sense-making kann nach Prediger (2010, S. 180) „auf einen im *Unterricht erlernten Umgang* mit eingekleideten Textaufgaben zurückgeführt werden (...), da bei diesem der Einbezug realistischer Überlegungen oft nicht vorgesehen ist". Dieser erlernte Umgang mit eingekleideten Aufgaben und Textaufgaben, der das Ausblenden realistischer Überlegungen bei der Bearbeitung impliziert, verweist jedoch zunächst auf ein verändertes Tätigkeitsziel. Es geht nämlich nicht mehr um eine sinnvolle Bearbeitung des Sachproblems, sondern möglicherweise um eine schnelle oder ökonomische Bearbeitung der vermeintlichen Rechenaufgabe. Das hier verfolgte Tätigkeitsziel, eine Aufgabe möglichst schnell oder ökonomisch zu bearbeiten, entspricht nicht dem Tätigkeitsziel beim mathematischen Modellieren. Setzt man nun für das mathematische Modellieren jedoch ein Tätigkeitsziel voraus, das eine sinnvolle Bearbeitung eines außermathematischen Problems im Blick hat, kann die Tätigkeit, in der es um eine schnelle und ökonomische Bearbeitung geht, nicht mehr als mathematisches Modellieren bezeichnet werden.

Es kann jedoch davon ausgegangen werden, dass ein solcher Umgang mit Sachaufgaben (im oben genannten Sinne nach Franke (2003), siehe Seite 43) höchstens in seltenen Fällen explizit im Unterricht vermittelt wird, sondern aus einem heimlichen Lehrplan hervorgeht:

> Although there are some documented cases where it is explicitly and directly taught, we would claim that, typically, this development is not the result of explicit or direct teaching. Rather, it normally occurs implicitly, gradually, and tacitly in students through being immersed in the culture and practice of the mathematics classrooms in which they engage (Verschaffel et al., 2010, S. 18f).

Diese Überlegungen zu Ursachen für dieses Phänomen führen zur nächsten Analyseperspektive.

Normen als Orientierungsgrundlage zum Umgang mit Textaufgaben

> Das Problem des Nicht-Einbezugs realistischer Überlegungen lässt sich nicht allein in der kognitiven Konstitution der Lernenden verorten, sondern grundsätzlicher in den im Klassenraum etablierten soziomathematischen Normen und Prozeduren im Umgang mit Textaufgaben (Prediger, 2010, S. 181).

Nach Prediger (2010, S. 181) wurden solche Unterrichtsnormen schon 1988 von Chevallard mit dem Konstrukt des didaktischen Kontrakts beschrieben, durch den das oben genannte Problem durch eine soziale Perspektive ergänzt wird. Auf Grundlage der Subjekt-Objekt-Struktur der Tätigkeit können solche Unterrichtsnormen durch den Einfluss der äußeren Bedingungen der Tätigkeit (siehe 3.2.2) erklärt werden. Durch diese äußeren Bedingungen wird das Bearbeiten von Textaufgaben in einen bestimmten sozialen Kontext eingebunden. Die extremen Auswirkungen durch eine solche Kontextuiertheit zeigen verschiedene Studien (für einen Überblick sei u.a. auf Selter (1994, S. 21), Greer (1997, S. 294), Greer et al. (2009, S. xiii) verwiesen), in denen das Schülerverhalten durch den „üblichen und typischen" Umgang mit eingekleideten Aufgaben und Textaufgaben im Mathematikunterricht erklärt werden. Diese Studien machen auch deutlich, dass Lernende eben nicht „ihren Verstand mit Betreten des Klassenzimmers abgeben" (Selter, 1994, S. 20), sondern nach Regeln agieren, die aus dem Kontext hervorgehen.

Exemplarisch sei hier eine Schülerantwort nach Reusser und Stebler (1997, S. 317) wiedergegeben: „I did think about the difficulty, but then just calculated it the usual way. (Why?) Because I just had to find some sort of a solution to the problem, and that was the only way it worked. I've got to have a solution, haven't I?"

Eine weitere Antwort stammt aus Selter (1994, S. 21): „Das kann eigentlich nicht stimmen. Sollen wir hier ‚28' hinschreiben? Komm, wir schreiben hier ‚28' hin."

Exakt dieses Verhalten bezeichnen Greer und Verschaffel (2007, S. 92) als „Word Problem Game" und nennen dazu folgende „Spielregeln":

- Any problem presented by the teacher or in a textbook is solvable and makes sense.
- There is a single, correct, and precise numerical answer which must be obtained by performing one or more arithmetical operations with numbers given in the text.
- Violations of your knowledge about the everyday world may be ignored.

Die Untersuchung von Selter (1994, S. 21) konnte zeigen, dass alleine der Hinweis darauf, dass es auch unlösbare Aufgaben geben kann, dazu geführt hat, dass die „Anzahl rein mechanischer Aufgabenbearbeitungen" deutlich abnahm. „Und einer ganzen Reihe von Schülern konnte man die Erleichterung gewissermaßen anmerken, die Unlösbarkeit einer Aufgabe artikulieren zu können, ohne sie auf die eigene Inkompetenz zurückführen zu müssen." Die Beobachtungen von Selter (1994, S. 22) gehen sogar noch weiter.

Die bisherigen Ausführungen haben gezeigt, dass es Lösungswege und Lösungen geben kann, die in Abhängigkeit des Kontextes sinnvoll bzw. sinnlos erscheinen. Dadurch können erhebliche Konflikte entstehen, z.B. Widersprüche zu individuellen Kenntnissen über die reale Welt. Selter (1994, S. 22) erklärt mit Bezug auf den „magischen Kontext" nach Freudenthal, dass Kinder versuchen, „die Aufgabe in einem anderen Bedeutungszusammenhang zu sehen, der es ihnen erlaubt, die Zahlenangaben mit der im Text entfalteten Situation in Verbindung zu bringen", um den entstandenen kognitiven Konflikt zu lösen. In Interviews haben Lernende, die die nachstehenden Textaufgaben nach den Regeln des word problem games bearbeitet hatten und somit Ergebnisse erhalten hatten, die im Widerspruch zur realen Welt stehen, auf den der Sachkontext der Aufgabe verweist, sehr kreative und interessante Antworten gegeben.

Zunächst werden die Beispielaufgaben aus Untersuchungen von Selter (1994) wiedergegeben:

- Ein Hirte hat 19 Schafe und 13 Ziegen. Wie alt ist der Hirte?
- In einer Klasse sind 13 Jungen und 15 Mädchen. Wie alt ist die Lehrerin?
- Ein Bienenzüchter hat 5 Bienenkörbe mit jeweils 80 Bienen. Wie alt ist der Bienenzüchter?

(Selter, 1994, S. 20)

Es folgt die Wiedergabe der dazugehörigen Antworten von Schülerinnen und Schülern aus Interviews nach der Aufgabenbearbeitung:

- Der Hirte hat zu jedem Geburtstag ein Schaf oder eine Ziege geschenkt bekommen.
- Er hat sich für jedes Lebensjahr ein Tier gekauft; dann weiß er immer, wie alt er ist.
- Die Schulklasse ist eine besondere Klasse, weil in ihr genauso viele Kinder sind, wie die Lehrerin alt ist.
- Normal ist ein Mensch nicht 400 Jahre alt. Aber der Bienenzüchter heißt Ming, und der ist auf Mongor geboren. Hast du das gestern nicht im Fernsehen gesehen?

(Selter, 1994, S. 22)

Diese Antworten legen nahe, dass Lernende in dem magischen Kontext einen „Ausweg" suchen, um den entstandenen Konflikt zu beheben und eine Lösung für eine eigentlich unlösbare Aufgabe zu finden (vgl. auch Gellert & Jablonka, 2009, S. 40f). Dieses Vorgehen von Lernenden lässt sich auch mit der Theorie der kognitiven Dissonanz erklären. So versuchen Schüler als „Betroffene, solche Ereignisse, die mit ihren Erwartungen nicht zu vereinbaren sind, so zu interpretieren, dass eine Ordnung, die vorübergehend gestört schien, wieder hergestellt wird" (Mietzel, 2007, S. 367).

Prediger (2010, S. 181f) zeigt an einer Schülerlösung, dass dies jedoch nicht immer so sein muss. Solche Konflikte zwischen mathematischen Normen und individuellem Weltwissen können auch zum Abbruch der Bearbeitung führen:

Darauf macht die Bemerkung der Schülerin Lillith aufmerksam, die ihre Bearbeitung mit der schriftlich formulierten Frage „aufrunden oder abrunden?" abbricht (...) und im Nachinterview beklagt, „Ich bin nicht sicher, welche Regeln hier gelten". Lillith ist sich der Möglichkeit bewusst, dass in unterschiedlichen Kontexten unterschiedliche Regeln gelten können, es gelingt ihr nach eigener Einschätzung aber nicht, zu erkennen, welche Regeln für die Test-Aufgabe gelten sollen.

Die Fähigkeit, eine Entscheidung für eine bestimmte Regel (oder Norm) zu treffen, führt zur nächsten Perspektive nach Prediger (2010).

Recognition rules als Meta-Orientierungsgrundlage

Nach Prediger (2010, S. 182) liegt eine wesentliche Schwierigkeit bei der Bearbeitung von Textaufgaben „darin, herauszufinden, in welcher Rahmung die Aufgabe tatsächlich gemeint ist, d.h. allgemeiner, welche Regeln im jeweils gemeinten (lebensweltlichen oder schulmathematischen) Kontext gelten".

Tätigkeitstheoretisch lässt sich dieses Problem als Konkurrenz zwischen verschiedenen Orientierungsgrundlagen (siehe Seite 107) interpretieren. Abhängig davon, ob die Anforderung als Mathematikaufgabe oder als lebensweltliche Anforderung interpretiert wird, erfolgt die Bearbeitung auf einer anderen Grundlage. Das Erkennen und Entscheiden für eine angemessene Orientierungsgrundlage erfordert nun eine Meta-Orientierung. Diese „Sichtweise hat Bernstein (1996) in seiner bildungssoziologischen Theorie pädagogischer Praxis zugespitzt durch die Konstrukte der *recognition rule* und *realization rule*" (Prediger, 2010, S. 182).

Ein möglicher Ansatz zur Begegnung des Problems liegt in der Berücksichtigung authentischer Aufgaben. Aufgaben, „die der Pseudo-Realität der eingekleideten Textaufgaben eine andere Qualität realitätsbezogener Aufgaben mit *Authentizitätsanspruch* entgegen setzen sollte" (Prediger, 2010, S. 180), können dem „playing the word problem game" zum Teil erfolgreich entgegenwirken (vgl. Palm, 2007, S. 206f oder Palm, 2009, S. 15f). So konnte gezeigt werden, dass die Anzahl „korrekter und realistischer" Antworten durch die Einbettung des Busproblems in einen „realistischeren" Kontext erhöht werden konnte (vgl. Selter, 2009, S. 317).

Die oben erwähnte Konkurrenz zwischen verschiedenen Orientierungsgrundlagen scheint durch die äußeren Bedingungen des (Schul-)Kontexts und einem durch die Textaufgabe vermittelten Sachkontext zu entstehen. Diese zwei unterschiedlichen Kontexte haben so, abhängig von ihrer jeweiligen Ausprägung, erheblichen Einfluss auf die Handlungen des tätigen Subjekts. In diesem Zusammenhang wird deutlich, dass ein implizites Modellieren, wie es etwa von Verschaffel et al. (2010, S. 25) vorgeschlagen wird, als ein erstes Level von Modellierungstätigkeiten keine sinnvolle Stufe im Erwerb von Modellierungskenntnissen darstellt. Die Auseinandersetzung mit Sachaufgaben sollte vielmehr sofort mit der Ausbildung gewisser Meta-Kenntnisse über das angemessene Anwenden von Mathematik auf Sachprobleme verbunden sein. So fordern Verschaffel et al. (2010, S. 25) selbst, dass Kinder bereits in einem frühen Alter in die Lage versetzt werden sollen, zu entscheiden, wann eine arithmetische Operation eine Situation exakt, näherungsweise oder überhaupt nicht angemessen beschreiben kann. Eine solche Fähigkeit verlangt jedoch spezifische Kenntnisse:

> When no language of modelling and models to describe the applications of arithmetic is present, it becomes more difficult for children to apply arithmetic than it ought to be. (...) Moreover, the lack of systemic exposure to counterexamples renders students vulnerable to problems in which linguistic or other cues suggest an inappropriate operation (Usiskin, 2007, S. 263).

Würde die Modellauffassung des Anwendens (vgl. Fischer & Malle, 1989, S. 99f), d.h. „eine Trennung der Mathematik und jener 'Realität', auf die die Mathematik angewendet wird", frühzeitig expliziert, besteht darin auch eine Chance dem Rekontextualisierungsproblem zu begegnen.

Das Rekontextualisierungsproblem als Chance

Das Problem kontextabhängiger Normen kann jedoch nach Prediger (2010, S. 182) nicht alleine durch eine veränderte Unterrichtskultur gelöst werden, „denn es führt auf eine letztendlich nicht auflösbare Rekontextualisierungsproblematik bei schulmathematischer Behandlung lebensweltlicher Situationen".

Um das Rekontextualisierungsproblem besser fassen zu können, wird der Ausgangspunkt für die Argumentation von Gellert und Jablonka (2009) eine Lehrer-Schüler-Interaktion zu folgender Aufgabe wiedergegeben:

> A man rows a boat downstream for a distance of 66 km in three hours. Then he rows 33 km upstream in three hours.
>
> (a) How fast (in km/h) is the current?
> (b) What is the speed of the boat in still water?
>
> (Gellert & Jablonka, 2009, S. 39)

Durch den Kommentar des Lehrers „I'm not talking about reality" wird das Problem, ob Wasser bewegungslos sein kann oder nicht, rekontextualisiert, in dem er klarstellt, dass jetzt die Regeln der Schulmathematik zum Umgang mit Problemen dieser Art gelten (vgl. Gellert & Jablonka, 2009, S. 42). Die Botschaft des Lehrers kann als „Bei der Bearbeitung von Sachaufgaben im Mathematikunterricht geht es nicht um die Realität" verstanden werden. Erst dieser Eindruck lässt die Konkurrenz zwischen verschiedenen Kontexten entstehen.

Die Modellauffassung enthält jedoch gewissermaßen den Schlüssel, um einen Weg zwischen den unvereinbar scheinenden Kontexten zu erschließen, wenn im Unterricht ein Metawissen des Anwendens (Fischer & Malle, 1989, S. 85) vermittelt wird. Der Begriff „still water" soll auf die Nutzung eines bestimmten Realmodells hinweisen. Beim Rudern flussabwärts und flussaufwärts wirken auf das Ruderboot äußere Kräfte, die von der Fließgeschwindigkeit des

Tabelle 5.1: Transskript zur Rekontextualisierung aus Gellert und Jablonka (2009, S. 39)

33:22	Teacher:	Look at the question part b. It says what is the speed of the boat in still water. What do we mean by still water is... water that doesn't flow at all. *[in English]*
33:34	Student:	That's what? *[in Chinese]*
33:35	Student:	That's stagnant water.*[in Chinese]*
33:37	Teacher:	Water doesn't flow. It has no movement, water has no movement.*[in English]*
33:40	Student:	Is it possible?*[in Chinese]*
33:42	Teacher:	That er... in English still water means water has no movement.*[in English]*
33:46	Student:	It's not possible.*[in Chinese]*
33:49	Teacher:	That's a... I'm not talking about reality.*[in English]*

Wassers (the current) abhängen und das Boot positiv oder negativ beschleunigen. Zur Bearbeitung der Aufgabe wird nun angenommen, dass solche Kräfte in stillem Wasser (z.B. in einem See) nicht auf das Boot wirken und um die Aufgabe mit den gegebenen Informationen überhaupt lösen zu können, muss des Weiteren ein linearer Zusammenhang zwischen der Fließgeschwindigkeit und der Geschwindigkeit des Ruderbootes (in stillem Wasser) angenommen werden. Diese Annahmen können als Idealisierungen zum Erhalten eines Realmodells verstanden werden. Macht man Lernenden explizit, dass das Treffen von Annahmen für das Anwenden von Mathematik auf reale Situationen immer notwendig ist, werden die zwei widersprüchlichen Kontexte durch einen Modellierungsprozess in Beziehung zueinander gesetzt. Wird darüber hinaus transparent, dass solche Modellbildungen kritisch diskutiert werden können und müssen, können kognitive Konflikte konstruktiv kanalisiert werden. Der „magische Kontext" wäre dann nicht mehr notwendig, um Lösungen von Kapitänsaufgaben mit Sinn zu füllen. Es wäre möglich, arithmetische Operationen als unangemessene Modelle für die Problemsituation zu enthüllen (vgl. Gellert & Jablonka, 2009, S. 51).

Anders herum betrachtet, kann nicht der magische Kontext auch als Konstruktion eines Realmodells verstanden werden? Ist es durch eine solche Modellierungsperspektive nicht doch möglich, das Rekontextualisierungsproblem aufzulösen? Dazu ist es notwendig, die Regeln und Prinzipien der Rekontextualisierung explizit zu machen, die Rolle der verschiedenen Kontexte (oder Domänen) zu kennen, deren Beziehung untereinander ernst zu nehmen und Lernenden Lerngelegenheiten anzubieten, um Fähigkeiten zum Wählen konkurrierender Regeln zu erwerben. Insofern geht diese Position auch in der von Gellert und Jablonka (2009) auf. Deren Ansatz greift jedoch nach Auffassung des Autors zu kurz, wenn eine explizite Diskussion konkurrierender Kontexte gegen einen Modellierungskreislauf (translation steps) ausgespielt wird:

> Strategies include the acceptance of non-mathematical solutions, allowing a discussion of the context before moving to a mathematical solution, contrasting the mathematical solutions with the students' everyday experiences, critically discussing the artificiality of the problems, pointing out the difference and independency of the mathematical structure, getting students to make their assumptions about the problem context explicit and comparing alternative meanings, or, in opposition to maximising authenticity, deliberately making the problems inauthentic (...). All theses practices reduce the implicitness of the recontextualisation principle, in contrast to a strategy which attempts to disguise the disruption between different discourses by introducing a series of translations steps". (Gellert & Jablonka, 2009, S. 51)

Denn die Überlegungen von Gellert und Jablonka (2009) zielen doch gerade auf den Zweck der mathematischen Modellbildung ab, nämlich durch einen Übersetzungsprozess (inkl. translation steps) ein reales Problem in einen anderen Kontext zu überführen, um es dort einer besonderen Form der Bearbeitung (nämlich einer mathematischen) zugänglich zu machen. Dass eine solche Modellperspektive expliziert werden muss, steht außer Frage, aber nicht im Widerspruch zur Vermittlung eines Modellierungskreislaufs (höchstens zu einer unreflektierten Vermittlung eines Modellierungskreislaufs in der allerdings auch keine Modellperspektive vermittelt werden dürfte, sondern lediglich ein bedeutungsarmes Schema).

5.1.2 Modellierung des unmittelbaren Modellbildens

In der Analyse der Busaufgabe sind bereits zahlreiche Aspekte zu erkennen, die für die Modellierung des Modellbildungsprozesses relevant sind und auf Grundlage der Beispielaufgaben in den folgenden Abschnitten weiter präzisiert und differenziert werden. Grundlage der hier vorgenommenen Interpretation sind die zwei zur Analyse der Busaufgabe unterschiedenen Teilhandlungen zur Erarbeitung einer innermathematischen Lösung (siehe Abschnitt 5.1.1.3, ab Seite 133) sowie die Teilhandlung zur Bestimmung der realen Lösung (siehe Abschnitt 5.1.1.4, ab Seite 137).

Wie im Rahmen der Subjekt-Objekt-Struktur (siehe Abschnitt 3.1, ab Seite 80) erwähnt, ist das Ziel ein entscheidendes Merkmal für eine Tätigkeit. Die Bedeutung einer angemessenen Zielbildung für die Busaufgabe zeigt sich insbesondere im Zusammenhang mit der Entscheidung für eine Rundungsregel. Nur wenn das Ziel der Aktivität darin besteht, das außermathematische Problem mit Hilfe der Mathematik als Mittel zum Zweck zu lösen, kann die anschließende Aufgabenbearbeitung als sinnvolle Modellbildungsaktivität angesehen werden. Aus diesem Grund wird im Folgenden von einer solchen angemessenen Zielbildung für die Tätigkeit und (Teil-)Handlungen ausgegangen. Unter dieser Annahme werden die zwei oben beschriebenen Prozesse zur Erarbeitung eines mathematischen Modells, also das direkte Mathematisieren (siehe Abschnitt 5.1.1.3, ab Seite 133) und das indirekte Mathematisieren durch Modellbilden (siehe Abschnitt 5.1.1.3, ab Seite 134) als kognitiver Prozess modelliert.

Ausgangspunkt des Modellbildungsprozesses ist die individuelle geistige Widerspiegelung der Problemsituation, also das Situationsmodell. Entsprechend den Vorstellungen über das direkte Mathematisieren ist es möglich, die Situation direkt auf Grund der Aktivierung geeigneter Grundvorstellungen in ein adäquates mathematisches Modell zu übersetzen. Dieser Prozess zur Erarbeitung eines mathematischen Modells auf Grundlage des Situationsmodells wird als geistige Operation interpretiert und in Abbildung 5.4 illustriert.

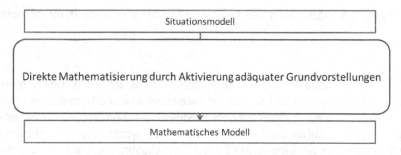

Abbildung 5.4: Darstellung des direkten Mathematisierens

Das indirekte Mathematisieren durch Modellbilden wird nun im Sinne des Entfaltens geistiger Operationen als entfaltete Aktivität des direkten Mathematisierens interpretiert. So muss auf Grundlage des Situationsmodells eine Auseinandersetzung mit den individuell verfügbaren mathematischen Mitteln stattfinden. Nach Bruder (1989) lassen sich bis zur Entscheidung für ein mathematisches Modell zwei Handlungen unterscheiden. Zum einen nennt Bruder (1989, S. 66) „Suchhandlungen zum Aufbau eines Möglichkeitsfeldes". Dazu zählen Vergleichen, Ordnen, Spezialisieren oder Konkretisieren, Idealisieren und Transferieren. Und zum anderen werden „Wertungshandlungen zur Möglichkeitsentscheidung" genannt (Bruder, 1989, S. 66). Als Grundlage für eine Bewertung kann es zusätzlich notwendig sein, eine Interpretation zu testen. Es ist naheliegend, dass Robert und Gaon zur Bearbeitung der Busaufgabe ihre rechnerische Lösung durch Suchen, Testen und Bewerten gefunden haben. Dieser Prozess des indirekten Mathematisierens durch Modellbilden (siehe Seite 134) wird in Abbildung 5.5 dargestellt.

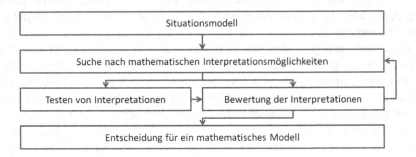

Abbildung 5.5: Darstellung des indirekten Mathematisierens durch Modellbilden

Für die Rekonstruktion kognitiver Prozesse ist es dabei besonders interessant, dass für eine solche Erarbeitung bereits ein innermathematisches Arbeiten erfolgt, bevor ein mathematisches Modell als zur Bearbeitung der Situation angemessen bewertet werden kann. Wie in der hypothetischen Erweiterung der Bearbeitung von Gaon (siehe Seite 136) diskutiert, kann die Entscheidung darüber, ob die Multiplikation oder die Division angemessen ist, erst getroffen werden, wenn ein Modell auf Grund des mit dem Modell erarbeiteten Ergebnisses getestet wurde. Die hier vorgenommene Wertungshandlung entspricht dabei prinzipiell dem Validieren. Das Ziel der Wertungshandlung liegt jedoch, anders als aus den typischen Modellierungskreisläufen (siehe Abbildung 2.4 bis Abbildung 2.6 ab Seite 27) zu entnehmen, nicht darin, das reale Resultat auf seine Angemessenheit für das reale Problem zu überprüfen. Das Ziel der

Wertungshandlung liegt darin, die Angemessenheit des mathematischen Modells zu überprüfen. Dass dazu ein mathematisches Resultat erarbeitet werden muss, ist Mittel zum Zweck und nicht primäres Ziel der Aktivität. Bereits hier zeigt sich, dass das Modellbilden einen Erkenntnisprozess darstellt, der das Erkennen einer dem Problem angemessenen mathematischen Struktur zum Ziel hat. Im Rahmen eines solchen Erkenntnisprozesses werden Hypothesen entwickelt und am Gegenstand getestet (siehe Abschnitt 3.3.2.1, Seite 88). Diese Vorstellung des Modellbildens als Erkenntnisprozess wird im Weiteren erhärtet.

In der hier beschriebenen Vorstellung des Modellbildens wird davon ausgegangen, dass die Mathematisierung unmittelbar auf Grundlage des Situationsmodells erfolgt. Es ist keine Erarbeitung eines Realmodells notwendig. Auch das indirekte Mathematisieren durch Modellbilden benötigt diese zusätzliche Station, die zwischen Situationsmodell und mathematischem Modell vermittelt, nicht. Die verschiedenen mathematischen Modelle können jeweils unmittelbar bestimmt werden.

Dies wird darauf zurückgeführt, dass die Sachsituation, wenn sie richtig erfasst wurde, unmittelbar mit einer adäquaten Mathematisierung verbunden ist. Dies liegt daran, dass in der Aufgabenstellung bereits eine idealisierte Situation in Form eines Realmodells präsentiert wird. Wird dann die Aufgabenstellung korrekt erfasst, liegt bereits ein Realmodell vor, dass anschließend „nur noch" mathematisiert werden muss. Es ist aber auch möglich, dass ein außermathematisches Problem eine Situation darstellt, die für ein bestimmtes mathematisches Modell typisch ist. Die in der Busaufgabe enthaltene Situation des Aufteilens kann als eine solche typische Situation angesehen werden. In beiden hier skizzierten Fällen stehen Situationsmodell und mathematisches Modell in einer relativ „engen" Beziehung, so dass das mathematische Modell unmittelbar, also ohne zusätzliche vermittelnde Schritte oder Stationen, in ein mathematisches Modell übersetzt werden kann. Aus diesem Grund wird der Prozess der Modellbildung als *unmittelbares Modellbilden* und die vollständige Bearbeitung einer Modellierungsaufgabe, in deren Rahmen eine unmittelbare Modellbildung stattfindet, als *unmittelbares Modellieren* bezeichnet.

5.1.3 Kern des unmittelbaren Modellierens

Das Ziel der Aktivität des unmittelbaren Modfellierens ist die Bearbeitung eines Sachproblems mit mathematischen Mitteln. Dabei geht es nicht in erster Linie um die rechnerische Bestimmung einer mathematischen Lösung. Im Vordergrund stehen ein Erkenntnisinteresse gegenüber der Sachsituation. Das Rechnen wird somit zu einem Mittel zum Zweck und ist keinesfalls übergeordnetes Ziel (vgl. Franke, 2003, S. 34f siehe auch 128). Wird etwas gerechnet, ist dem mathematischen Arbeiten die Suche nach einer sinnvollen Lösung oder Antwort übergeordnet. Daher gibt es auch Sachaufgaben, die nicht sinnvoll mit mathematischen Mitteln bearbeitet werden können.

Zu den Mitteln der Aktivität gehören neben den mathematischen Mitteln auch die Handlungen und Operationen, mit denen das Problem bearbeitet wird. Für die Bearbeitung von Sachaufgaben sind folgende vier Schritte nach Franke (2003, S. 136) zentral: „Sachaufgabe verstehen und Situationsmodell aufbauen - mathematisches Modell suchen - mathematische Lösung ermitteln - Lösung der Sachaufgabe aufschreiben." Damit ein angemessenes mathematisches Modell gefunden wird, ist eine Auseinandersetzung mit der Sachsituation erforderlich. Die Bearbeitung darf sich nicht an Oberflächenmerkmalen orientieren (Franke, 2003, S. 105). Das heißt, eine Bearbeitung nach den Regeln des word problem games (Seite 141) ist zu vermeiden.

> Wenn das Schema als Stütze für das Bearbeiten von Sachaufgaben - nicht als Korsett - dient, indem Rechnung so weit aufzufassen ist, dass dort eigenen Darstellungen der Kinder Raum gewährt wird, wenn vielfältige Verschriftlichungen möglich sind, wenn Antworten auch am Sachverhalt orientiert und geprüft sind und vielleicht sogar hin und wieder begründet werden, dann kann es beim Sachrechnen sinnvoll sein. (Franke, 2003, S. 141)

Dem Schema übergeordnet ist also die Orientierung auf das Ziel, eine Erarbeitung einer sinnvollen Lösung der Sachaufgabe mit mathematischen Mitteln. Die für das unmittelbare Modellieren spezifische Aktivität besteht dabei in der Suche nach einem, der Situation angemessenen, mathematischen Modell. An dieser Stelle sei auf die Unterscheidung zwischen der spezifischen Aktivität und dem übergeordneten Ziel hingewiesen. So ist die Suche nach einem mathematischen Modell und das innermathematische Arbeiten das Spezifische für die „mathematische Bearbeitung" von Sachaufgaben, es bleibt aber dennoch ein Mittel zum Zweck. Zum Kern der Aktivität kann es nur werden, wenn Lernende wirklich erkennen, wie mächtig mathematische Mittel zur Bearbeitung realer Probleme sein können, also die Bedeutung der spezifischen Aktivität für das übergeordnete Ziel der Tätigkeit erkannt wird.

5.1.4 Aspekte für eine vollständige Orientierungsgrundlage zum unmittelbaren Modellieren

5.1.4.1 Kenntnisse zum Bearbeitungsprozess von Sachaufgaben

Für eine sinnvolle Bearbeitung von Sachaufgaben müssen Lernende angemessene Kenntnisse über das Tätigkeitsziel beim Bearbeiten von Sachaufgaben besitzen. Sie müssen wissen, dass eine für den Sachkontext sinnvolle und möglichst exakte Antwort erwartet wird, die mit mathematischen Mitteln erarbeitet werden soll. Daraus ergibt sich unmittelbar der Bezug auf notwendige Sach- und Verfahrenskenntnisse.

Die wohl wichtigste Sachkenntnis[3] über das mathematische Modellieren besteht sicher darin, dass es nicht immer eine exakte Lösung geben muss (vgl. Selter, 1994, S. 21; Verschaffel et al., 2010, S. 25). Für Sachprobleme lässt sich manchmal nur eine Näherungslösung oder ein mittlerer Wert bestimmen, es lassen sich aber auch Sachprobleme formulieren, für die keine Lösung gefunden werden kann. Aus diesem Grund ist es notwendig, den Sachkontext zu verstehen und bei der Bearbeitung zu berücksichtigen. Dies bedeutet auch, dass Lernende Kenntnisse zur Rolle der Mathematik beim Bearbeiten von Sachaufgaben besitzen. Die Mathematik ist bei der Bearbeitung solcher Aufgaben ein Mittel zum Zweck und die Angemessenheit dieses Mittels ist abhängig vom ursprünglichen Problem. Diese Kenntnisse beziehen sich auf die Frage nach geltenden Normen bei der Bearbeitung von Sachaufgaben. So ist etwa die im Mathematikunterricht „immer gültige Regel" zum Runden von rationalen Zahlen zum sinnvollen Beantworten von Sachaufgaben nicht immer angemessen.

Um diese Kenntnis nachvollziehen zu können, muss verstanden werden, dass bei einer mathematischen Bearbeitung eines Sachproblems zwei „Welten" berücksichtigt werden müssen: auf der einen Seite die außermathematische Welt, aus der das Sachproblem stammt bzw. auf die sich das Sachproblem bezieht, auf der anderen Seite die Welt der Mathematik mit ihren eigenen Regeln. Aus diesem Grund kann ein mathematisch korrekt bestimmtes Ergebnis, bezogen auf die außermathematische Welt, völlig bedeutungslos sein. So ist in Bezug auf die Aufgabe Bienenzüchter (Seite 142) eine Rech-

---

[3]Um an dieser Stelle möglichen Missverständnissen vorzubeugen, sei auf die in Abschnitt 3.3.4.1 genannte Unterscheidung von Sach-, Verfahrens- und Normkenntnissen hingewiesen. Sachkenntnisse beziehen sich also im Folgenden nicht auf den außermathematischen Sachkontext, sondern beschreiben Wissen über einen Gegenstand. Dieser Gegenstand ist an dieser Stelle das mathematische Modellieren.

nung $80 \cdot 5 = 400$ innermathematisch fehlerfrei. Berücksichtigt man jedoch den Sachkontext, wird offensichtlich, dass die Anzahl der Bienen pro Bienenstock nicht als Zeiteinheit *Jahr* interpretiert werden kann. Eine solche unangemessene Übersetzung wird nur offensichtlich, wenn man auf die in der Aufgabenbearbeitung entstandene Beziehung zwischen den beiden Welten achtet. Eine solche Beziehung zwischen „außermathematischer Welt" und „Welt der Mathematik" wird in den Übersetzungsprozessen hergestellt. Das bedeutet aber auch, dass nur unter Berücksichtigung beider „Welten" und der hergestellten Beziehung entschieden werden kann, ob eine gefundene Lösung tatsächlich angemessen und sinnvoll für das Sachproblem ist. In diesem Zusammenhang sind auch die Forderungen von Gellert und Jablonka (2009, S. 51) zum konstruktiven Umgang mit dem Rekontextualisierungsproblem (siehe Seite 146) zu sehen.

Damit die Bearbeitung beurteilt werden kann, sind lebensweltliche Sachkenntnisse über das Problem notwendig. Nur so können Lernende gültige „Kriterien zum Beurteilen ihrer Ergebnisse" (Franke, 2003, S. 105) aufbauen. Dies setzt jedoch Sachkenntnisse über die Problemsituation voraus, die für die geistige Widerspiegelung aktiviert werden müssen.

Daraus resultieren Verfahrenskenntnisse darüber, dass die Problemsituation gut verstanden sein muss, um dem Problem angemessene Mathematik auswählen zu können. Anschließend ist ein korrekter Umgang mit dieser Mathematik notwendig und das so erhaltene mathematische Ergebnis muss auf die Situation übertragen werden. Diese Schritte im Prozess sollen dabei immer wieder kontrolliert werden, insbesondere sollte das so ermittelte Ergebnis abschließend überprüft werden. Diese Verfahrenskenntnisse ersetzen nicht die notwendigen Fähigkeiten und Fertigkeiten, um die es im Folgenden noch gehen wird. Diese Verfahrenskenntnisse gehören zu einer vollständigen Orientierungsgrundlage für die Bearbeitung von Sachaufgaben. Dabei beschreiben sie notwendige Teilziele für den Bearbeitungsprozess, verweisen aber auch auf die Bedeutung und den Sinn einzelner Teilhandlungen. Dies entspricht also einem Metawissen über das Bearbeiten von Sachaufgaben. Dieses Metawissen muss expliziert werden, um die Ausbildung impliziter Regeln zum Umgang mit Sachaufgaben, wie etwa den Regeln zum word problem game, zu vermeiden.

Abbildung 5.6 enthält eine schematische Darstellung des gerade beschriebenen Prozesses des unmittelbaren Modellierens (siehe auch 5.1.2, Seite 146).

Auf Grundlage der oben ausgeführten Betrachtung zur Bearbeitung der

Abbildung 5.6: Schematische Darstellung des unmittelbaren Modellierens.

Busaufgabe ist neben dem Explizieren von Kenntnissen über den gesamten Bearbeitungsprozess insbesondere die Explizierung von Kenntnissen über die Teilhandlungen des unmittelbaren Modellbildens, also die Erarbeitung eines angemessenen mathematischen Modells sowie der Teilhandlungen zum Umgang mit dem mathematischen Ergebnis notwendig.

5.1.4.2 Kenntnisse zum unmittelbaren Modellbilden

Zu den Kenntnissen über das unmittelbare Modellbilden gehört Wissen über das Ziel dieser Teilhandlung, das darin besteht, ein geeignetes mathematisches Modell zu finden. Des Weiteren sind Kenntnisse über die Mittel, also Handlungen zum Erreichen dieses Ziels notwendig. So ist es sinnvoll, wenn Schüler wissen, dass es möglich ist, dem Problem das notwendige mathematische Modell „sofort anzusehen". Dies ist der Fall, wenn ein Lernender geeignete Grundvorstellungen aktivieren kann. Dem gegenüber kann die Mathematisierung aber auch ein Problem darstellen, wenn das mathematische Modell nicht sofort erkannt wird. In diesem Fall müssen Lernende wissen, dass dann ein Modellbildungsprozess durchgeführt werden muss, der zum Ziel hat, ein geeignetes mathematisches Modell zu finden. Nur auf Grundlage dieser Kenntnis kann eine Problemlösebereitschaft entwickelt werden. Als Verfahrenskenntnisse über einen solchen Modellbildungsprozess sollten Lernende wissen, dass erlernte mathematische Mittel gesucht werden müssen, wobei die Verwendbarkeit von mathematischen Mittel für die Bearbeitung des Sachproblems auch ausprobiert werden darf. Anschließend ist die Nutzbarkeit der mathematischen Mittel mit Blick auf die Situation zu prüfen und zu bewerten. Abschließend muss eine Entscheidung in Abhängigkeit des übergeordneten Ziels, eine Lösung für die Sachaufgabe zu finden, getroffen werden.

5.1.4.3 Kenntnisse zum Umgang mit dem erarbeiteten mathematischen Ergebnis

Ausgehend vom Ziel dieser Teilhandlung ist es notwendig zu wissen, dass das erarbeitete mathematische Ergebnis zunächst auf die Situation übertragen werden muss (interpretieren) und insbesondere der Wert des so erhaltenen Ergebnisses für das Sachproblem überprüft werden muss (validieren). Fällt das Ergebnis dieser Überprüfung positiv aus, also wird das Ergebnis als sinnvolle Lösung für das Sachproblem beurteilt, ist die Bearbeitung des Sachproblems beendet. Dazu ist es notwendig, eine Grundlage für eine solche Beurteilung und Bewertung des Resultats zu besitzen.

Wie die oben erwähnten Untersuchungen u.a. von Selter (1994) zeigen, ist eine wichtige Grundlage für diese Bewertung die Erfahrung und das Weltwissen der Schüler. Lernende entwickeln auf dieser Grundlagen z.T. Erwartungen an das Ergebnis oder können auf Grundlage des Weltwissens den Lösungsraum einschränken (so ist z.B. ein 400 Jahre alter Bienenzüchter unrealistisch). Dass dieses Weltwissen bei der Bearbeitung von Sachaufgaben von großer Bedeutung ist, scheinen jedoch viele Schüler nicht zu wissen.

Auch Verfahren wie der Überschlag oder das Rechnen einer Probe sind geeignete Verfahren für eine solche Überprüfung, die Schüler kennen und deren Bedeutung ihnen in diesem Zusammenhang bewusst sein sollte. Auch das Austauschen und Vergleichen verschiedener Lösungen und evtl. verschiedener Lösungswege kann zur Überprüfung genutzt werden. So wäre etwa der Vergleich der beiden Schülerlösungen von Robert und Gaon miteinander (siehe Abbildung 5.1, Seite 135) schon ein guter Hinweis darauf, dass die mathematischen Ergebnisse korrekt sind, obwohl diese von Gaon und Robert auf ganz unterschiedlichen Wegen bestimmt wurden.

5.1.4.4 Kenntnisse im Zusammenhang mit relevanten mathematischen Inhalten

Zur Bearbeitung notwendiges mathematisches Wissen gehört ebenfalls zu den Kenntnissen und muss eine besondere Qualität besitzen, da notwendiges mathematisches Wissen auch träge bleiben kann. Die mathematischen Inhalte müssen als abstrahiertes Wissen (vgl. Steiner, 2006, S. 197) angeeignet worden sein (siehe auch Abschnitt 3.3.3.1, Seite 96). In diesem Zusammenhang ist auch das Grundvorstellungskonzept relevant, das auf die Anwendbarkeit mathematischer Inhalte abzielt und somit als mathematikdidaktische Konzeption zur Aneignung von abstrahiertem Wissen angesehen werden kann. Individuelle Vorstellungen zu mathematischen Inhalten gehören ebenfalls zu relevanten Kenntnissen.

Zu diesen Kenntnissen gehören auch die mathematischen Inhalte, die nach Franke (2003) und Greefrath (2010) als typische Inhalte des Sachrechnens bezeichnet werden. Es werden arithmetische (siehe auch Usiskin, 2007), geometrische und stochastische Inhalte für das Sachrechnen in der Grundschule und der Sekundarstufe genannt. Dabei kann zur Bearbeitung einer Sachrechenaufgabe auch eine Kombination verschiedener Inhalte benötigt werden (vgl. Greefrath, 2010, S. 72; Franke, 2003, S. 47). Als klassischen Inhalt und Kern des Sachrechnens muss hier auch die Beschäftigung mit Größen genannt werden (vgl. Greefrath, 2010, S. 100; Franke, 2003, S. 195).

5.1.4.5 Fähigkeiten für spezifische Teilhandlungen des Bearbeitungsprozesses einer Sachaufgabe

Die bisherigen Ausführungen verweisen auf vielfältiges Können, das zur Bearbeitung einer Sachaufgabe in den Teilhandlungen notwendig ist. Nach der Konzeption des Theorierahmens werden solche Teilhandlungen auch durch entsprechende Fähigkeiten orientiert und reguliert.

Zunächst werden Fähigkeiten, die Aufgabe zu verstehen und ein Situationsmodell der Aufgabe aufzubauen, benötigt. Voraussetzung dafür sind Fähigkeiten und Fertigkeiten zum sinnentnehmenden Lesen als Bestandteile einer Lesekompetenz. Zur weiteren Bearbeitung sind Fähigkeiten notwendig, den

Prozess des Modellbildens und Mathematisierens zu regulieren. Wie im Rahmen der kognitiven Modellierung des Prozesses dargestellt, sind dabei im Fall einer indirekten Mathematisierung durch Modellbildung Fähigkeiten zum Suchen, Testen und Bewerten notwendig (siehe Abschnitt 5.1.2, ab Seite 146).

Dem Bewerten ähnliche Fähigkeiten werden benötigt, wenn der gesamte Bearbeitungsprozess im Validieren noch einmal überprüft werden soll. Hierbei muss das Ergebnis unter Berücksichtigung der Situation bewertet werden und auf dieser Grundlage eine Entscheidung über die Qualität der Bearbeitung getroffen werden. Als Grundlage werden die oben genannten Kenntnisse benötigt (siehe Seite 154). Insbesondere zur Überprüfung des Bearbeitungsprozesses und des erarbeiteten Ergebnisses (siehe Seite 154) sind Fähigkeiten hilfreich, die zu den Kompetenzen Kommunizieren und Argumentieren gehören.

5.1.4.6 Fähigkeiten im Zusammenhang mit mathematischen Inhalten

Im Folgenden werden zwei Fähigkeiten unterschieden, die beide für das mathematische Modellieren notwendig sind. Zum einen muss entsprechendes mathematisches Wissen aktiviert werden, zum anderen muss innermathematisch gearbeitet werden können.

Das zuvor genannte abstrahierte Wissen von mathematischen Inhalten (Seite 155) zielt darauf ab, erlernte mathematische Inhalte auch in neuen Sachsituationen anwenden zu können. Zur Aktivierung von Wissen müssen nach Renkl und Nückles (2006, S. 183) Lern- bzw. Problemlösestrategien verfügbar sein, „die darauf abzielen, relevantes bereichsspezifisches Wissen zu aktivieren." Es sind also spezifische Fähigkeiten notwendig, die das Zugreifen auf und Auswählen von erworbenen mathematischen Inhalten ermöglichen. Solche Fähigkeiten sind u.a. die oben genannten Such- und Wertungshandlungen nach Bruder (1989, S. 66). Eine solche Aktivierung mathematischer Inhalte zur Bearbeitung außermathematischer Probleme ist für das mathematische Modellieren spezifisch, da es unmittelbar den Übersetzungsprozess betrifft.

Wurde mathematisches Wissen erfolgreich aktiviert, muss mit den entsprechenden Inhalten auch gearbeitet werden können.

5.1.4.7 Den Bearbeitungsprozess begleitende Fähigkeiten

Bezogen auf den gesamten Prozess zur Bearbeitung von Sachaufgaben sind Fähigkeiten zur Kontrolle (Monitoring) notwendig. Dies setzt voraus, dass Handlungen sowie mögliche Handlungsalternativen bewertet werden. Dabei nehmen die Kenntnisse über Handlungsziele und Sachkenntnisse über den Bearbeitungsprozess eine wichtige Rolle als Normkenntnisse ein, da eine Bewertung immer vom antizipierten Tätigkeitsziel abhängt. Ist dieses Tätigkeitsziel wie z.b. im Zusammenhang mit dem word problem game „verzerrt", kann auch keine angemessene Handlungskontrolle erwartet werden.

5.1.4.8 Fertigkeiten

Fertigkeiten bilden die Grundlage für automatisierte Operationen und eine daraus resultierende kognitive Entlastung. Nach dem der Analyse zugrundeliegendem Begriffsrahmen ergeben sich entsprechende Operationen aus der Verkürzung geistiger Handlungen. Dieser Prozess verlangt Zeit, damit diese Qualität der geistigen Handlung erreicht werden kann. Davor ist jedoch eine normative Entscheidung darüber notwendig, ob bestimmte Handlungen soweit angeeignet werden sollen, dass diese als Operationen verfügbar sind. Eine solche normative Entscheidung kann im Rahmen dieser Arbeit nicht getroffen werden. Auf Grund der kognitiven Entlastung wäre es von Vorteil, wenn bestimmte Operationen verfügbar wären.

Aus diesem Grund ist eine gewisse Lesefertigkeit zum sinnentnehmenden Lesen wünschenswert, des Weiteren Fertigkeiten zum direkten Mathematisieren und zum innermathematischen Arbeiten.

Dabei ist nun gerade die Frage, inwieweit die Mathematisierung automatisiert erfolgen können soll, von einer normativen Entscheidung abhängig. Sicherlich ist es nicht notwendig und sinnvoll, dass alle mathematischen Inhalte zu individuell verfügbaren und automatisiert anwendbaren Mathematisierungsmustern werden, die eine direkte und somit verkürzte Mathematisierung ermöglichen. Dieses Ziel scheint auch nicht erreichbar, da zur Ausbildung geistiger Operationen Zeit zum Üben benötigt wird. Solche Fertigkeiten könnten jedoch zum Beispiel für die Anwendung der Grundrechenarten auf Alltagsprobleme als Kompetenzziel erwartet werden.

5.1.4.9 Gewohnheiten

Die Ausbildung der Gewohnheit zur Überprüfung des Ergebnisses und der Kontrolle von Teilhandlungen im Sinne des Monitorings ist für die Bearbeitung von Sachaufgaben lohnenswert. Eine solche Gewohnheit ist Voraussetzung für das Erkennen von Unstimmigkeiten im Bearbeitungsprozess oder hinsichtlich des Ergebnisses. Diese Gewohnheit steht in enger Beziehung zu einer kritischen Einstellung.

5.1.4.10 Einstellungen

Bereits in diesem frühen Stadium spielt eine positive Einstellung zur Mathematik für die Bearbeitung von realitätsbezogenen Problemen eine Rolle. So ist im Sachrechenunterricht nach Greefrath (2010, S. 18) ein wichtiges Ziel, dass „Schülerinnen und Schüler auch die Anwendbarkeit von Mathematik sowie deren Grenzen erfahren". Wie die oben ausgeführten Erkenntnisse zum word problem game zeigen, besteht jedoch die Gefahr, dass Lernende eine „pragmatische" Einstellung zu Textaufgaben entwickeln, die für die Entwicklung eines angemessenen Bildes von Mathematik kontraproduktiv ist. Das nach Gellert und Jablonka (2009, S. 39) (Seite 145) beschriebene Unterrichtsgespräch kann als Negativbeispiel für die Entwicklung einer angemessenen Einstellung angesehen werden. Durch die von Gellert und Jablonka (2009) beschriebene Rekontextualisierung des Sachproblems als Problem der Schulmathematik kann nicht erwartet werden, dass Schüler die Einstellung gewinnen, dass Mathematik zur Bearbeitung realer Probleme geeignet sein kann. Entscheidend dabei ist auch die Einstellung gegenüber Sachaufgaben.

Eine weitere wichtige Einstellung, die sich direkt auf die Gewohnheit zum kritischen Überprüfen bezieht, ist eine (selbst-)kritische Einstellung gegenüber Bearbeitungen von Sachaufgaben.

5.2 Analyse des idealisierenden Modellierens

5.2.1 Beispielaufgabe 1: Regenwald

Die Aufgabe Regenwald nutzt Schukajlow-Wasjutinski (2010) zur Analyse von Schüler-Schwierigkeiten und Schüler-Strategien bei der Bearbeitung von Modellierungsaufgaben. Borromeo Ferri (2011) untersucht auf Grundlage dieser Aufgabe Gruppenverläufe. Die Aufgabe geht zurück auf Leiß, Möller und

Schukajlow (2006, S. 89), von denen die für die Bearbeitung entscheidende Größe der täglich abgeholzten Regenwaldfläche nicht mit 24000, sondern nur mit 700 Quadratkilometern angegeben wird. Die Aufgabenstellung ist bei Borromeo Ferri (2011, S. 81) sprachlich leicht verändert, enthält jedoch die hier angegebenen Daten. Die Darstellung in dieser Arbeit erfolgt in der Form nach Schukajlow-Wasjutinski (2010, S. 98).

Regenwald

Da täglich weltweit ca. 24000 Quadratkilometer Regenwald abgeholzt werden und jeder Deutsche im Durchschnitt 130 Liter Bier im Jahr trinkt, hat sich eine Bierbrauerei die im Folgenden beschriebene „Regenwald-Aktion" ausgedacht:

„Die Regenwald-Aktion läuft vom 01.05. bis 31.07.2002. In diesem Zeitraum wird für jeden verkauften Kasten Bier unserer Brauerei ein Quadratmeter Regenwald in Dzanga Sangha (Zentralafrikanische Republik) nachhaltig geschützt."

Wie ist die Wirkung dieser Aktion in Bezug auf die Regenwald-Abholzung einzuschätzen? Begründe Deine Antwort!

5.2.1.1 Tätigkeitstheoretische Beschreibung von Strukturkomponenten

Das Ziel der Tätigkeit ist die Erarbeitung einer Einschätzung über die Wirkung der Werbeaktion und eine Begründung der gewonnenen Einschätzung. Hinsichtlich des mathematischen Modellierens ist vor allem der erste Teil, also die Erarbeitung einer Einschätzung interessant. Für die Erarbeitung einer solchen Einschätzung werden die Werbeaktion, deren Wirkung auf Grund des Bierkonsums und die Abholzung von Regenwald zum Gegenstand der Tätigkeit. Dabei enthält die Aufgabenstellung jedoch nicht alle Informationen, es fehlt etwa die Angabe über den Marktanteil der Firma.

5.2.1.2 Lösungshinweis

Der im Folgenden dargestellte Lösungshinweis orientiert sich an Schukajlow-Wasjutinski (2010, S. 97-103) und Borromeo Ferri (2011, S. 81-83) und nutzt die in beiden Arbeiten verwendete Orientierung an den Stationen des Modellierungskreislaufs nach Blum und Leiß (2005, S. 19) (siehe Abbildung 2.6 auf Seite 28).

In der mentalen Repräsentation der Situation müssen Lernende erfassen, dass zum einen täglich Regenwald abgeholzt wird und zum anderen in der Aktion versprochen wird, pro verkauftem „Kasten Bier ein Stück Regenwald zu retten" (Borromeo Ferri, 2011, S. 81). Des Weiteren muss der Lernende nach dem Lesen der Aufgabe erfassen, dass er entscheiden soll, „wie wirksam der Regenwald durch diese Aktion geschützt werden kann" (Schukajlow-Wasjutinski, 2010, S. 98).

Für eine solche Entscheidung, wie wirksam die Aktion ist, wird ein Kriterium benötigt. Weder Schukajlow-Wasjutinski (2010) noch Borromeo Ferri (2011) nennen im Rahmen des Realmodells ein solches Kriterium. Da nach Auffassung des Autors die notwendigen Berechnungen jedoch von einem solchen Kriterium abhängig sind, sollte zunächst ein solches Kriterium aufgestellt werden.

Ein denkbares Kriterium könnte abhängig von der im Aktionszeitraum geschützten Fläche sein. Eine solche Überlegung findet man bei Schukajlow-Wasjutinski (2010, S. 103) im Rahmen einer möglichen Interpretation des Ergebnisses. Als Kriterium wäre dann denkbar, dass die Aktion positiv beurteilt wird, wenn die Fläche so groß ist, dass für eine bedrohte Tierart ein ausreichend großer Lebensraum über lange Zeit erhalten bliebe. Da in der Werbung davon die Rede ist, dass der Regenwald nachhaltig geschützt werden soll, wird bei einem solchen Kriterium der Schutz des Regenwaldes über den Aktionszeitraum hinaus berücksichtigt. Um mit diesem Kriterium eine Bewertung vornehmen zu können, ist eine Recherche notwendig, welche Tiere im besagten Regenwald leben und ob die geschützte Fläche als Lebensraum angemessen ist. Dabei ist zu beachten, dass völlig unklar ist, was mit „nachhaltigem Schutz" gemeint ist, und es bleibt unklar, wie „vertrauenswürdig" die Aussage des nachhaltigen Schutzes der Firma in der Werbung ist.

Im Rahmen der Analyse von Borromeo Ferri (2011) und Schukajlow-Wasjutinski (2010) wird implizit deutlich, dass beide für das Kriterium das Verhältnis zwischen geschützter und abgeholzter Fläche im Aktionszeitraum berücksichtigen. Es wird jedoch vor der Berechnung keine Aussage darüber gemacht, ab wann die Aktion als positiv oder negativ beurteilt wird. Des Weiteren wird die Information, dass der „Regenwald in Dzanga Sangha" geschützt werden soll, nicht weiter berücksichtigt. Gerade für den Vergleich der geschützten und abgeholzten Fläche ist diese Information jedoch von zentraler Bedeutung.

Denn Dzanga Sangha ist ein internationales Schutzprojekt in Afrika, an dem der WWF seit 1990 beteiligt ist (vgl. WWF Deutschland, 2008). Der geschützte Regenwald darf nur von der einheimischen Bevölkerung zur Eigenversorgung genutzt werden. „Kommerzielle Holznutzung ist vollkommen verboten" (WWF Deutschland, 2008). Auf Grundlage dieser Information wird klar, dass durch die Werbeaktion kein akut durch Holzwirtschaft „bedrohter" Regenwald geschützt wird, sondern die Aktion als Spende für ein laufendes Schutzprojekt verstanden werden muss. Allerdings bleibt damit auch unklar, was es heißt, „für jeden verkauften Kasten Bier einen Quadratmeter" zu schützen. Wenn man allerdings weiß, dass mit der Aktion ohnehin „nur" Regenwald geschützt wird, im dem eine kommerzielle Holznutzung ausgeschlossen ist, ist es fraglich, ob die geschützte Fläche mit der abgeholzten Fläche verglichen werden kann[4].

Von Borromeo Ferri (2011, S. 81f) und Schukajlow-Wasjutinski (2010, S. 99f) wird für das implizit zugrunde liegende Kriterium jeweils ein vollständiges Realmodell angegeben. Dabei werden alle relevanten Daten und Zusammenhänge aufgeführt, die für den Vergleich der geschützten und abgeholzten Fläche notwendig sind. Lediglich Schukajlow-Wasjutinski (2010, S. 100) weist nach der Beschreibung der Komponenten und Zusammenhänge des Realmodells darauf hin, dass für die Bearbeitung die Berücksichtigung mehrerer Sachstrukturen nötig ist. Dabei erwartet er, dass „jede einzelne Sachstruktur über mehrere Stationen [im Modellierungskreislauf (Anm. UB)] bearbeitet" wird. „Erst dann wird zu einer anderen Struktur übergegangen. Jede einzelne Struktur wird in die Mathematik übersetzt, mit ihr wird mathematisch gearbeitet und das mathematische Ergebnis in die Realität interpretiert" (Schukajlow-Wasjutinski, 2010, S. 100). Im Folgenden wird nun also das Realmodell mit den benötigten Daten und Zusammenhängen genannt, auch wenn davon ausgegangen wird, dass diese Darstellung nicht mit dem Bearbeitungsprozess der Aufgabe übereinstimmt.

---

[4]Da es dem Autor aktuell nicht möglich ist, die ursprüngliche Werbung zu finden, bleibt unklar, ob schon in der ursprünglichen Werbung Bezug auf die täglich abgeholzte Regenwaldfläche genommen wurde, oder ob dieser Bezug erst von den Aufgabenstellern konstruiert wurde. Durch die vorgenommenen kritischen Anmerkungen ist der Sinn einer weiteren mathematischen Modellierung zur Bestimmung der geschätzten Fläche erheblich in Frage gestellt, diese kritische Reflexion wird in einem späteren Teil der Arbeit unter der Perspektive des kritischen Modellierens jedoch noch einmal aufgegriffen. Da die in der Literatur dargestellten und diskutierten Schülerlösungen interessante Erkenntnisse über den Bearbeitungsprozess und die Anforderungen zur Bearbeitung solcher Aufgaben liefern, wird der weitere Bearbeitungsprozess dennoch analysiert.

Die zwei Größen *abgeholzte Fläche im Aktionszeitraum* und *durch die Aktion geschützte Fläche* müssen ermittelt werden. Dazu sind folgende Angaben notwendig, die hier in Anlehnung an Schukajlow-Wasjutinski (2010) und Borromeo Ferri (2011) genannt werden:

- Zeitraum der Aktion von 92 Tagen bzw. 3 Monaten
- Täglich abgeholzte Fläche von $24000km^2$
- Durchschnittlicher Bierkonsum von 130l pro Person in einem Jahr
- Einwohnerzahl für Deutschland: ca. 80 Millionen
- Angabe für die Menge Bier pro Kasten in Liter: 6 Liter für den in der Abbildung der Aufgabenstellung verwendeten Kasten.
- Berücksichtigung des Marktanteils der werbenden Firma mit geschätzten 15% (vgl. Borromeo Ferri, 2011, S. 82)

Dabei ergibt sich die im Aktionszeitraum abgeholzte Fläche aus den beiden zuerst genannten Daten. Zur Bestimmung der durch die Aktion geschützten Fläche sind alle Angaben außer der täglich abgeholzten Fläche notwendig.

Zur Bestimmung der Größe beider Flächen kann nun wie bei Borromeo Ferri (2011, S. 82f) eine explizite Formel aufgestellt werden, oder schrittweise, wie von Schukajlow-Wasjutinski (2010) dargestellt, vorgegangen werden. Da im Rahmen der weiter unten dargestellten Schülerlösungen die schrittweise Erarbeitung noch behandelt wird, werden an dieser Stelle die Formeln nach Borromeo Ferri (2011, S. 82f) angegeben. Dazu seien $t_A = 92$ die Anzahl der Tage der Aktion, $t_J = 365$ die Anzahl der Tage in einem Jahr, $K = 130l$ der Bierkonsum pro Person pro Jahr, $B = 80.000.000$ die Bevölkerungszahl für Deutschland, $V = 6l$ für die Menge Bier pro Kasten und $M = 0,15$ für den Marktanteil der Firma. Dann erhält man die gesuchte, geschützte Fläche F_{gesch} mit

$$F_{gesch} = \frac{\frac{t_A}{t_J} \cdot K \cdot B \cdot M}{V} = \frac{\frac{92}{365} \cdot 130 \cdot 80.000.000 \cdot \frac{15}{100}}{6} \approx 65.534.246m^2$$

Die im Aktionszeitraum gerodete Fläche F_r erhält man aus der täglich abgeholzten Fläche $F_t = 24.000km^2$ und der Anzahl der Tage im Aktionszeitraum $t_A = 92$ mit

$$F_r = F_t \cdot t_A = 24.000km^2 \cdot 92 = 2.208.000km^2$$

Die dargestellten Rechnungen führen auf die mathematischen Lösungen, bei denen jedoch nach obiger Rechnung die Einheiten noch nicht gleich sind. Bringt man beide Ergebnisse auf die Einheit km^2 steht der gerodeten Fläche im Aktionszeitraum von $F_r = 2.208.000 km^2$ eine geschützte Fläche von etwa $F_{gesch} = 65,5 km^2$ entgegen.

Betrachtet man nun das Verhältnis der beiden Flächen, ist der Anteil der nachhaltig geschützten Fläche sehr gering (vgl. Borromeo Ferri, 2011, S. 83): $65 : 2.208.000 \approx 0,00003$.

Schukajlow-Wasjutinski (2010, S. 82) veranschaulicht die beiden Flächen noch durch zwei ineinander liegende Quadrate und am Zahlenstrahl. In diesem so berechneten Verhältnis spielt nun der Aktionszeitraum wiederum keine Rolle, da sich in dieser Berechnung t_A herauskürzt. Dieses Verhältnis erhält man auch, wenn man also die pro Tag abgeholzte Fläche mit der pro Tag geschützten Fläche in Beziehung setzt. Dabei wird deutlich, dass in diesem so betrachteten Verhältnis weder der Aktionszeitraum noch der in der Werbung angekündigte nachhaltige Schutz berücksichtigt wird.

Beurteilt man nun die Wirkung der Aktion auf Grundlage dieses Verhältnisses liegt der Schluss nahe: „Der Effekt der Aktion ist äußerst gering" (Borromeo Ferri, 2011, S. 83).

Im Rahmen der Validierung kann geprüft werden, ob alle notwendigen Daten berücksichtigt und die Berechnungen korrekt ausgeführt wurden. Ein Vergleich der erarbeiteten Lösung mit der Realität ist, wenn überhaupt, nur mit weiteren Recherchen möglich. Auf Grund der oben angeführten Information, dass im Regenwald in Dzanga Sangha ohnehin keine Rodungen stattfinden, ist es fraglich, ob das dargestellte Verhältnis überhaupt sinnvoll ist. Bei diesem Verhältnis wird nämlich eine vor Rodung ungeschützte Fläche mit einer geschützten Fläche verglichen. Die Interpretation des realen Resultats bleibt aber in beiden Fällen gleich: Es handelt sich um eine PR-Aktion der Brauerei (vgl. Borromeo Ferri, 2011, S. 83).

5.2.1.3 Teilhandlungen und Minikreisläufe in Schülerlösungen

Schukajlow-Wasjutinski (2010, S. 163-186) beschreibt zu dieser Aufgabe vier Bearbeitungen von Schülerpaaren ausführlich. Alle Schüler sind in der 9. Jahrgangsstufe und werden unterschiedlichen Kompetenzstufen zugeordnet (vgl. Schukajlow-Wasjutinski, 2010, S. 105f). Borromeo Ferri (2011, S. 147-149) beschreibt einen Gruppenverlauf der Bearbeitung. Diese Gruppe besteht aus fünf Lernenden einer zehnten Klasse (vgl. Borromeo Ferri, 2011, S. 69).

Die beschriebenen Bearbeitungsprozesse lassen sich gut nach durchgeführten Teilhandlungen analysieren. In Anlehnung an Borromeo Ferri (2011) werden zunächst die Erarbeitungen von mathematischen Zwischenergebnissen als solche Teilhandlungen betrachtet. Diese Teilhandlungen setzen sich in der Regel wieder aus weiteren Teilhandlungen zusammen (z.B. dem Treffen der Annahme für die Größe der Bierflasche oder der Ausführung einer Rechnung).

In der tabellarischen Darstellung von Gruppenverläufen der Bearbeitung der Aufgabe von Borromeo Ferri (2011, S. 150) werden sechs mathematische Zwischenergebnisse genannt. In Bezug auf den oben dargestellten Lösungsvorschlag sind davon vor allem folgende mathematische Zwischenergebnisse (MZE) von Bedeutung:

MZE 1: Anzahl der Kästen pro Person und Jahr
MZE 2: Anzahl der Kästen pro Person im Aktionszeitraum
MZE 3: Größe der abgeholzten Fläche im Aktionszeitraum

Dabei ist das Vorgehen der Lernenden zur Bestimmung der Zwischenergebnisse durch Übergänge von der realen Welt in die Mathematik und wieder zurück gekennzeichnet. Borromeo Ferri (2011, S. 151) beschreibt diese Vorgehensweise als zergliedert, „in der Schritt für Schritt von einem mathematischen Zwischenergebnis zum nächsten weitergerechnet wird". Dazu werden Teile der Situation mathematisiert, mathematisch bearbeitet und anschließend wieder in die reale Situation rückinterpretiert (vgl. Borromeo Ferri, 2011, S. 151; Schukajlow-Wasjutinski, 2010, S. 100). Ein solches Durchlaufen eines Modellierungskreislaufs zur Erarbeitung eines mathematischen Zwischenergebnisses nennt Borromeo Ferri (2011, S. 151) *Minikreislauf*. Die im Rahmen eines Minikreislaufs durchgeführten Teilhandlungen entsprechen der im vorherigen Abschnitt als unmittelbares Modellieren (siehe Seite 149) bezeichneten Aktivität. In dieser Interpretation besteht die Aktivität zur Bearbeitung der Aufgabe dann aus Teilhandlungen des unmittelbaren Modellierens, die in nicht trivialer Weise kombiniert werden müssen. Die oben als MZE 1 bis MZE 3 bezeichneten mathematischen Zwischenergebnisse müssen in angemessener Weise aufeinander bezogen werden.

Die Ursache für diese Rückinterpretation sieht Borromeo Ferri (2011, S. 151) in dem Bedürfnis der Lernenden, „die Übersicht über das zu behalten, was gerade berechnet wurde". Schukajlow-Wasjutinski (2010, S. 101) begründet in seiner Darstellung des zergliederten Lösungsweges die Verbindung des mathematischen Arbeitens mit der Interpretation von Zwischenergebnissen als notwendige Bedingung, um „einzelne Rechenschritte verständlich zu beschreiben". Dies kann auch ein Grund für die Rückinterpretationen mathematischer Resultate in die reale Situation in den von Borromeo Ferri (2011) und Schukajlow-Wasjutinski (2010) beobachteten Modellierungsprozessen sein. Von beiden wurden Gruppenaktivitäten beobachtet und Schukajlow-Wasjutinski (2010, S. 107) hat für die Analyse den „Schüler ausgewählt, der bei der Aufgabenbearbeitung die Schwierigkeiten in stärkerem Maße verbalisiert hat". Da die Bearbeitung der Aufgabe eine gemeinsame Tätigkeit darstellt (vgl. Giest & Lompscher, 2006, S. 35), dient die Kommunikation auch der Regulation des Arbeitsprozesses in der Gruppe (vgl. Giest & Lompscher, 2006, S. 31).

Eine weitere tätigkeitstheoretische Erklärung für die Bearbeitung nach einem zergliederten Vorgehen durch die Berechnung jeweils einzelner mathematischer Zwischenergebnisse lässt sich durch eine fehlende Fähigkeit zum theoretischen Denken (siehe Abschnitt 3.1.1 ab Seite 72) mit algebraischen Symbolen geben. Die Bearbeitung mit mehreren Minikreisläufen spricht dafür, dass es den Lernenden nicht gelingt von einzelnen realen Phänomenen der geschilderten Situation zu abstrahieren und den Sachverhalt als Ganzes mit algebraischen Symbolen zu formalisieren. Eine solche Formalisierung ist die auf Seite 162 dargestellte Formel zur Bestimmung der geschützten Fläche F_{gesch}. Auf Grundlage dieser tätigkeitstheoretischen Grundlage lässt sich die Qualität der kognitiven Aktivitäten differenziert interpretieren. So entspricht die vollständige algebraische Formalisierung der geschützten Fläche einer kognitiven Aktivität höherer Qualität mit spezifischen Mitteln zur symbolischen Repräsentation des Sachverhalts. Kann eine solche Abstraktion jedoch nicht realisiert werden, sind mehrere konkrete Teilhandlungen erforderlich, was mit einer erhöhten Komplexität einhergeht. Hier zeigt sich eine Parallele zur Bearbeitung der Busaufgabe durch Robert (siehe Abbildung 5.1, Seite 135). Sind angemessene mathematische Mittel individuell so verfügbar, dass diese zur Modellbildung genutzt werden können, führt die Verwendung solcher mathematischer Mittel zu einer kognitiven Entlastung im Bearbeitungsprozess. Dabei unterscheiden sich die Tätigkeiten zur Bearbeitung der Busaufgabe von der Bearbeitung der Aufgabe Regenwald in erster Linie in der Komplexität, da zur Bearbeitung der Aufgabe Regenwald deutlich mehr Teilhandlungen aufeinander bezogen werden müssen.

Diese Erklärung steht jedoch zunächst in einem gewissen Widerspruch zu der Beobachtung von Treilibs (1979, S. 68), dass gute Modellbildner einen zyklischen Prozess nutzten, um durch das Durchlaufen eines iterativen „‚looping' process" Variablen, Beziehungen und Lösungen zu erarbeiten. Treilibs (1979, S. 67) beschreibt jedoch auch, dass das Erarbeiten arithmetischer Modelle von Lernenden gegenüber algebraischen Modellen grundsätzlich bevorzugt wird.

Insgesamt lässt sich festhalten, dass das im Bearbeitungsprozess beobachtete zyklische Vorgehen, wie es auch von Treilibs (1979) für das Modellbilden beobachtet wurde, mit den verbreiteten Modellierungskreisläufen (siehe exemplarisch Abbildung 2.6 auf Seite 28) nicht angemessen dargestellt und mit den zugrunde liegenden Modellvorstellungen (siehe etwa Borromeo Ferri, 2010, S. 40-42) nicht ausreichend erklärt werden kann.

5.2.1.4 Angemessene Orientierung und Zielbildung als Voraussetzung zum Modellieren als Tätigkeit

Ein anderer Grund für dieses zergliederte Vorgehen, das auch durch das schnelle Ausführen von Berechnungen gekennzeichnet ist, kann, wie im Zusammenhang mit dem word problem game (siehe Seite 141) bereits ausgeführt, auf implizit entwickelte Unterrichtsnormen zurückgeführt werden. In den oben genannten Untersuchungen können solche Unterrichtsnormen durchaus eine Rolle spielen. Bei Schukajlow-Wasjutinski (2010, S. 107) wurde den Schülern „mitgeteilt, dass sie vier mathematische Aufgaben bearbeiten sollen" und auch bei Borromeo Ferri (2011, S. 69-73) kann davon ausgegangen werden, dass den Lernenden bewusst war, dass es sich bei der Aufgabe um eine „Mathematikaufgabe" gehandelt hat. Des Weiteren kann angenommen werden, dass dann die untersuchten Schülerinnen und Schüler auf Grund der Unterrichtsnorm davon ausgehen, dass sie etwas rechnen müssen, woraus sich ein Handlungsziel ableitet: „Ich muss etwas ausrechnen!" In der Aufgabe Regenwald gibt es nun verschiedene „Angebote", mit denen dieses Ziel schnell erreicht werden kann. Für das Handeln nach einer solchen Orientierungsgrundlage spricht bei den untersuchten Lernenden, dass in allen Gruppen nach dem Lesen der Aufgabenstellung sehr schnell erste mathematische Zwischenergebnisse bestimmt wurden[5]. Nur in zwei von Schukajlow-Wasjutinski (2010, S. 170f und S. 176) beobachteten Schülerpaaren lässt sich auf Grundlage der beschriebenen Bearbeitungen eine Planungshandlung identifizieren. So wird von Oliver die Aussage „Müssen wir doch nur ausrechnen, wie viel Regenwald die dann am Tag beschützen" (Schukajlow-Wasjutinski, 2010, S. 170f) wiedergegeben. Bernd und sein Partner sammeln zunächst verschie-

---

[5]An dieser Stelle sei ausdrücklich angemerkt, dass sich diese Ausführung nur auf die Beschreibungen der Modellierungsprozesse der Lernenden von Borromeo Ferri (2011) und Schukajlow-Wasjutinski (2010) bezieht. Daher sind an dieser Stelle keine exakten quantitativen Angaben möglich.

dene notwendige Zwischenergebnisse (Aktionsdauer, Biervolumen pro Person im Aktionszeitraum und das Biervolumen aller Deutschen im Aktionszeitraum), bevor sie mit der Bestimmung des Aktionszeitraums beginnen (vgl. Schukajlow-Wasjutinski, 2010, S. 176).

Problematisch kann ein schnelles Berechnen erster Zwischenergebnisse auf Grund einer implizit zugrunde liegenden Unterrichtsnorm dann sein, wenn darauf verzichtet wird, für den gesamten Bearbeitungsprozess ein angemessenes Tätigkeitsziel zu bilden. In keiner der dargestellten Bearbeitungen lässt sich erkennen, dass zunächst die eigentliche Frage: „Wie ist die Wirkung dieser Aktion in Bezug auf die Regenwald-Abholzung einzuschätzen?" kritisch diskutiert wird. Dass eine solche Diskussion außerhalb der mathematischen Unterrichtsnorm sinnvoll sein kann, wurde oben bereits dargestellt, da durch die Aktion Regenwald geschützt wird, der ohnehin nicht abgeholzt wird. Dass diese Frage für das Tätigkeitsziel keine Rolle spielt, zeigt sich besonders deutlich in der Bearbeitung von Bernd. Die Aufgabe wird beendet, nachdem ein Wert für die Anzahl der im Aktionszeitraum verkauften Bierkästen ermittelt und diese Zahl als Fläche interpretiert wurde. Eine Reflexion über die Wirkung dieser Aktion kann nicht rekonstruiert werden, obwohl Bernd der dritten von vier Kompetenzstufen zugeordnet wird, wobei die erste die niedrigste und die vierte die höchste Kompetenzstufe darstellt (vgl. Schukajlow-Wasjutinski, 2010, S. 177).

Hier erhärtet sich ein Grundproblem bei der Analyse von Schüleraktivitäten, die womöglich fälschlicher Weise als mathematisches Modellieren interpretiert werden. Dieses Problem wurde bereits im Zusammenhang mit dem word problem game angesprochen (siehe Seite 139). Entsprechend dem Theorierahmen dieser Arbeit kann nur von einer Tätigkeit des mathematischen Modellierens gesprochen werden, wenn auch ein entsprechendes Tätigkeitsziel hinsichtlich des Sachproblems gebildet wurde und die Mathematik als Mittel zum Zweck zum Einsatz kommt. Die Vermutung, dass Bernd sich an einer Norm für den Mathematikunterricht orientiert, in der das rechnerische Bestimmen von Ergebnissen das zentrale Ziel ist, wird bestätigt, wenn man die Aufgabenbearbeitungen von Bernd zur Aufgabe Zuckerhut betrachtet. So schreibt Schukajlow-Wasjutinski (2010) zu Bernds Bearbeitung:

Beobachtungen zum Lösungsverhalten
Zuerst liest Bernd den Aufgabentext vor. Wie auch Oliver will Bernd mit Hilfe der Geschwindigkeits-Zeit-Angaben die Streckenlänge ausrechnen. *„Erstmal gucken, wie viel [...] in drei Minuten wie viel Kilometer"* (ABB 1:25) Er weiß zu diesem Zeit-

punkt nicht, wie die Angaben miteinander zusammenhängen, will jedoch anfangen zu rechnen (Schukajlow-Wasjutinski, 2010, S. 124).

Ein anderes Bild zeigt sich bei der Bearbeitung von Bernd in der Bearbeitung der Aufgabe Abkürzung:

Beobachtungen zum Lösungsverhalten
Nach einem flüchtigen Blick auf das Aufgabenblatt sagt Bernds Partner *„Satz des Pythagoras"* und beginnt mit dem Vorlesen der Aufgabe (ABB 0:00). Als Bernds Partner die Aufgabe vorgelesen hat, merkt er an, dass diese Aufgabe schon in einer Mathematikarbeit bearbeitet wurde und es sich nicht gelohnt hätte, die Abkürzung zu nehmen. Bernd lächelt und erwidert: *„Okay, jetzt wissen wie schon mal ungefähr, dass es sich nicht lohnt. Jetzt nur noch wieso"* (ABB 35:27) (Schukajlow-Wasjutinski, 2010, S. 150).

Diese Aussage deutet darauf hin, dass in diesem Fall die Mathematik genutzt werden soll, um den realen Sachverhalt zu begründen. Dieses Tätigkeitsziel spricht nun tatsächlich für eine Tätigkeit des mathematischen Modellierens.

5.2.1.5 Vereinfachen der Situation in der Entwicklung des Realmodells

In den Analysen des Lösungsprozesses der Aufgabe Regenwald findet man sowohl bei Schukajlow-Wasjutinski (2010) als auch bei Borromeo Ferri (2011) Hinweise darauf, dass im Rahmen der Entwicklung des Realmodells die Situation vereinfacht werden soll. Schukajlow-Wasjutinski (2010, S. 99) schreibt: „Das Situationsmodell soll durch die Reduktion der Komplexität zum Realmodell entwickelt werden". Und Borromeo Ferri (2011, S. 81) beschreibt das Ziel der Phase zur Entwicklung des Realmodells wie folgt: „In dieser Phase wird die beschriebene Situation vereinfacht, die Zusammenhänge werden präzisiert."

Betrachtet man jedoch die jeweils beschriebenen Situationsmodelle (Schukajlow-Wasjutinski, 2010, S. 98f; Borromeo Ferri, 2011, S. 81) und die entsprechenden Realmodelle (Schukajlow-Wasjutinski, 2010, S. 99f; Borromeo Ferri, 2011, S. 81f), lässt sich feststellen, dass die beschriebenen Realmodelle im Gegensatz zum Situationsmodell mehr Informationen enthalten, die Informationen quantitativ sind und Beziehungen zwischen den Informationen hergestellt wurden. Somit ist die Situation durch das Realmodell deutlich präziser beschrieben als durch das Situationsmodell. Die Beschreibung der Situation ist jedoch sicher nicht einfacher, sondern auf Grund der vielen detaillierten Informationen komplexer geworden.

5.2.2 Beispielaufgabe 2: Leuchtturm

Die Aufgabe Leuchtturm in der hier verwendeten Darstellung geht zurück auf Blum (2008, S. 158) und Blum (2006b, S. 10). Die von Borromeo Ferri (2011, S. 76) verwendete Aufgabe ist sprachlich leicht verändert. Das Problem, insbesondere in der Bearbeitung von Blum (2006b), kann als Umkehrung der Frage „Wie weit ist es bis zum Horizont?" angesehen werden. Dieses Problem wurde von J. Humenberger und Reichel (1995, S. 35-37) ausführlich bearbeitet und zur Illustration der Schritte eines Modellbildungsprozesses genutzt.

Von Borromeo Ferri (2011) und Borromeo Ferri (2010) werden zu dieser Aufgabe individuelle Modellierungsverläufe (vgl. Borromeo Ferri, 2011, S. 114) von zwei Schülern beschrieben[6]. Diese zwei Modellierungsverläufe sind Grundlage der anschließenden Analyse.

Leuchtturm

In der Bremer Bucht wurde 1884 direkt bei der Küste der 30,7 m hohe Leuchtturm „Roter Sand" gebaut. Er sollte Schiffe durch sein Leuchtfeuer davor warnen, dass sie sich der Küste nähern.

Wie weit war ein Schiff ungefähr noch vom Leuchtturm entfernt, wenn es ihn zum ersten Mal sah?

Runde geeignet. Beschreibe deinen Lösungsweg

5.2.2.1 Tätigkeitstheoretische Beschreibung von Strukturkomponenten

Ziel der Tätigkeit ist die Erarbeitung einer Näherungslösung für die Entfernung zwischen Schiff und Leuchtturm, wenn der Leuchtturm zum ersten Mal vom Schiff aus gesehen wird. Im Rahmen der Bearbeitung wird die reale Situation, dass ein Leuchtturm am Horizont sichtbar wird, zum Gegenstand der Tätigkeit. Für eine erfolgreiche Bearbeitung muss das reale Phänomen, dass der Leuchtturm auf Grund der Erdkrümmung hinter dem Horizont „verschwindet" und beim Näherkommen sichtbar wird, jedoch erst verstanden werden. Im Rahmen der Tätigkeit kann die Erarbeitung eines geeigneten Realmodells

---

[6]Der Autor geht davon aus, dass es sich bei Max (Borromeo Ferri, 2010) und Michi (Borromeo Ferri, 2011) um dieselbe Person handelt, da die beschriebenen Modellierungsverläufe keine Unterschiede aufzeigen.

somit als eigenes Teilziel angesehen werden. In der anschließenden Analyse wird sich zeigen, dass ein vollständiges Realmodell jedoch im Modellbildungsprozess keine notwendige Grundlage für das Finden eines mathematischen Modells ist. Bevor jedoch diese Aktivitäten des Modellbildungsprozesses analysiert werden, erfolgt zunächst ein Lösungshinweis, in dem der Schwerpunkt auf der Darstellung möglicher mathematischer Lösungen liegt.

5.2.2.2 Lösungshinweis

Zur Bearbeitung der Aufgabe nennt Borromeo Ferri (2011, S. 76-80) vier verschiedene Möglichkeiten, die im Folgenden dargestellt werden. Diese vier Möglichkeiten ergeben sich zum einen aus der Berücksichtigung oder Vernachlässigung der Schiffshöhe und zum anderen aus der Größe, die als Entfernung zwischen Schiff und Leuchtturm angesehen wird. Die Länge der Sichtlinie zwischen Schiff und Leuchtfeuer kann mit Hilfe des Satzes von Pythagoras bestimmt werden. Wird die Länge des Kreisbogens zwischen Schiff und Fuß des Leuchtturms als Entfernung angesehen, ist die Definition des Kosinus zur Bestimmung der Entfernung notwendig.

Im Folgenden werden die vier Lösungen dargestellt. Dabei werden zunächst die zwei Möglichkeiten vorgestellt, wenn die Höhe des Schiffs vernachlässigt wird. Anschließend werden zwei Lösungsmöglichkeiten gezeigt, wenn auch eine Höhe des Schiffs berücksichtigt wird.

Die Abbildung 5.7 dient als informative Figur für die ersten zwei Varianten.

Variante 1 Bestimmung der Länge der Sichtlinie (x_1) unter Vernachlässigung der Höhe des Schiffs

Seien nun $r_E = 6370 km$ der Erdradius und $h_L = 30,7m$ die Höhe des Leuchtturms, so kann die gesuchte Entfernung x_1 mit Hilfe des Satzes von Pythagoras wie folgt berechnet werden:

$$
\begin{aligned}
r_E^2 + x_1^2 &= (r_E + h_L)^2 \\
\Rightarrow x_1 &= \sqrt{(r_E + h_L)^2 - r_E^2} \\
&= \sqrt{(6370000m + 30,7m)^2 - (6370000m)^2} \\
&\approx 19,8km
\end{aligned}
$$

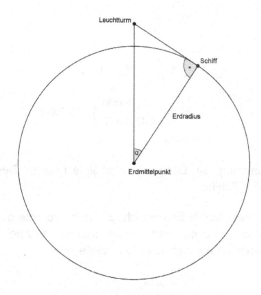

Abbildung 5.7: Figur zur Bearbeitung der Aufgabe Leuchtturm bei vernachlässigter Höhe des Schiffs nach Borromeo Ferri (2011, S. 77).

Variante 2 Bestimmung der Länge des Kreisbogens (x_2) unter Vernachlässigung der Höhe des Schiffs

Zunächst muss der Winkel α ermittelt werden:

$$\cos \alpha = \frac{r_E}{r_E + h_L}$$
$$\Rightarrow \alpha = \cos^{-1}\left(\frac{r_E}{r_E + h_L}\right)$$

Mit Winkel α im Bogenmaß lässt sich die Länge des Kreisbogens berechnen mit:

$$
\begin{aligned}
x_2 &= \alpha \cdot r_E \\
&= \cos^{-1}\left(\frac{r_E}{r_E + h_L}\right) \cdot r_E \\
&= \cos^{-1}\left(\frac{63700000}{63700307}\right) \cdot 6370000m \\
&\approx 19,8km
\end{aligned}
$$

Variante 3 Bestimmung der Länge der Sichtlinie (x_3) mit Berücksichtigung der Höhe des Schiffs

Wird die Höhe des Schiffs berücksichtigt, ergibt sich die gesuchte Entfernung aus zwei analog auszuführenden Berechnungen an zwei Dreiecken. Die Abbildung 5.8 enthält eine entsprechende Darstellung.

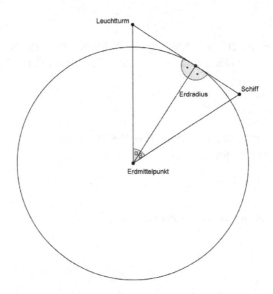

Abbildung 5.8: Figur zur Bearbeitung der Aufgabe Leuchtturm unter Berücksichtigung der Höhe des Schiffs nach Borromeo Ferri (2011, S. 78).

Wird nun eine Schiffshöhe von $h_S = 20m$ angenommen, müssen die oben dargestellten Berechnungen für zwei Dreiecke ausgeführt werden. Es ergibt sich mit dem Satz des Pythagoras:

$$
\begin{aligned}
x_3 &= \sqrt{(r_E + h_L)^2 - r_E^2} + \sqrt{(r_E + h_S)^2 - r_E^2} \\
&= \sqrt{(6370000m + 30,7m)^2 - (6370000m)^2} + \\
&\quad \sqrt{(6370000m + 20m)^2 - (6370000m)^2} \\
&\approx 35,7km
\end{aligned}
$$

Variante 4 Bestimmung der Länge des Kreisbogens (x_4) mit Berücksichtigung der Höhe des Schiffs

$$
\begin{aligned}
x_4 &= (\alpha + \beta) \cdot r_E \\
&= \left(\cos^{-1} \left(\frac{r_E}{r_E + h_L} \right) + \cos^{-1} \left(\frac{r_E}{r_E + h_S} \right) \right) \cdot r_E \\
&= \left(\cos^{-1} \left(\frac{63700000}{63700307} \right) + \cos^{-1} \left(\frac{6370000}{6370020} \right) \right) \cdot 6370000m \\
&\approx 35,7km
\end{aligned}
$$

5.2.2.3 Individuelle Modellierungsverläufe und Denkstile

Ein erster Zugriff auf mögliche Bearbeitungen der Aufgabe erfolgt über individuelle Modellierungsverläufe, wie sie von Borromeo Ferri (2011) beschrieben werden.

Michi wechselt bei der Bearbeitung der Aufgabe sehr schnell in die Mathematik und arbeitet überwiegend innermathematisch (vgl. Borromeo Ferri, 2011, S. 118-121). Nach dem Lesen der Aufgabe sagt Michi sehr schnell: „Okay, was sollen wir machen? Ich würde sagen wir machen Pythagoras!" (Borromeo Ferri, 2011, S. 118). In gewisser Weise ist es überraschend, dass Michi sofort ein mathematisches Verfahren nennt, das zur Bearbeitung geeignet ist, obwohl er das Problem anscheinend noch nicht vollständig erfasst hat. Zwar werden in der Gruppenarbeit Skizzen zum Problem angefertigt, jedoch scheint zunächst keine das, für die Anwendung des Satzes von Pythagoras notwendige, rechtwinklige Dreieck zu enthalten. Michi arbeitet dabei ausgehend vom mathematischen Modell an einer Skizze, indem er sagt: „Und jetzt bauen wir hier einen Pythagoras rein!" (Borromeo Ferri, 2011, S. 118). Dieses Phänomen wurde auch von Treilibs (1979, S. 66) beobachtet und guten Modellbildnern als Eigenschaft zugeschrieben. Solche guten Modellierer haben nach Treilibs (1979, S. 66) einen starken Richtungssinn, der dabei hilft, geeignete mathematische Mittel auszuwählen.

Mit Bezug auf die in Abschnitt 3.3.5 (Seite 107) differenzierten Typen von Orientierungsgrundlagen lässt sich die Aussage von Michi auf zwei Arten interpretieren. In jedem Fall scheint Michi für das Erkennen des Satzes von Pythagoras als geeignetes mathematisches Modell über eine vollständige Orientierung zu verfügen. Daraus folgt, dass die Orientierung mindestens vom Typ 2 ist. Unklar ist, ob die Orientierung auch verallgemeinert vorliegt und somit die Orientierung vom Typ 3 ist.

Für eine Orientierung von Typ 2 spricht die Tatsache, dass sich Michi an eine ähnliche Aufgabe aus dem Buch erinnert, die auch mit Hilfe des Satzes von Pythagoras bearbeitet wurde. Möglicherweise hat Michi sehr früh die Ähnlichkeit der Leuchtturmaufgabe zu dieser Aufgabe aus dem Mathebuch erkannt, auch wenn er diese Ähnlichkeit gegenüber der Gruppe erst spät äußert, nachdem der Lösungsprozess und die Gruppendiskussionen ins Stocken geraten waren (vgl. Borromeo Ferri, 2011, S. 119). Nach Bruder (2005, S. 243) lässt sich eine Orientierung an einer ähnlichen Aufgabe als Musterorientierung bezeichnen, die Bruder (2005) einer Orientierung vom Typ 2 zuordnet.

Hätte Michi den Satz des Pythagoras als Orientierungsgrundlage vom Typ 3 verfügbar, wäre das Erkennen durch das Ziel der Tätigkeit, eine Entfernung zu bestimmen, geleitet. Dieses mit der Leitidee des Messens in Beziehung stehende Ziel kann dann die Suche nach geeigneten Mathematisierungsmustern orientieren und regulieren. Der Satz des Pythagoras kommt dann als mögliches mathematisches Modell in Frage, wenn er mit entsprechenden Kenntnissen bzw. Vorstellungen verknüpft ist, so dass der Satz auf der Suche nach Verfahren zur Bestimmung von Längen gefunden wird. Eine solche verallgemeinerte Kenntnis, die einer Orientierung vom Typ 3 entspricht, bezeichnet Bruder (2005, S. 243) auch als Feldorientierung.

Ob Michis Orientierung nun verallgemeinert ist und somit als Typ 3 bezeichnet werden kann oder das schnelle Erkennen des Satzes von Pythagoras auf Grund der Musterorientierung von Typ 2 erfolgt ist, lässt sich im Augenblick nicht weiter klären.

Grundsätzlich verfügt Michi jedoch über eine gute Orientierung zur Bewältigung der Anforderungen, wie in der weiteren Bearbeitung deutlich wird. Als die Gruppe eine Skizze untersucht, in der ein zur Abbildung 5.7 ähnliches rechtwinkliges Dreieck enthalten ist, „erkennt Michi sofort einen mathematischen Ansatz zur Lösung des Problems" (Borromeo Ferri, 2011, S. 119). Das Vorgehen von Sebi, so wie es von Borromeo Ferri (2011, S. 121-123) beschrieben wird, entspricht zunächst dem Vorgehen entlang eines idealisierten Modellierungskreislaufs. So beginnt Sebi „seine Modellierung bei der mentalen Situations-Repräsentation" (Borromeo Ferri, 2011, S. 123) und fertigt nach dem Lesen der Aufgabe direkt eine Skizze an. In der Skizze erkennt Sebi ein Dreieck, das er dann untersucht (vgl. Borromeo Ferri, 2011, S. 121). Da ihn dieser Ansatz nicht weiter bringt, „wechselt er zurück in das Realmodell" (Borromeo Ferri, 2011, S. 122). Es werden weitere Wechsel von Sebi zwischen Realmodell und mathematischem Modell beschrieben sowie Gruppendiskussionen. In einer Gruppendiskussion wird über die Möglichkeit nachgedacht, „ob die Vereinfachung so weit möglich ist, dass man die Erdkrümmung vernachlässigen kann" (Borromeo Ferri, 2011, S. 122). Bezogen auf das Vernachlässigen folgt eine weitere Überlegung. Nachdem Sebi fragt, ob man irgendwelche Winkel kenne, merkt Tobi an, „dass sie zwei Seiten des Dreiecks haben, bei dem die eine der Erdradius und die andere der Erdradius plus der Leuchtturmhöhe ist" (Borromeo Ferri, 2011, S. 122). Im Realmodell erklärt Sebi nun, „dass Erdradius oder Erdradius plus Leuchtturmhöhe ja kein Unterschied [machen] und dies eventuell zu vernachlässigen sei" (Borromeo Ferri, 2011, S. 122). Sebi wechselt wieder ins mathematische Modell und knüpft an der Suche nach Winkeln an, indem er sagt: „Und wenn wir jetzt noch einen Winkel wissen würden, dann könnten, könnten wir Sinus benutzen" (Borromeo Ferri, 2011, S. 122). Seine innermathematische Aktivität gerät jedoch wieder ins Stocken und er fertigt eine neue Skizze an (siehe Abbildung 5.9). Anschließend wird in der Gruppe ein Lösungsansatz gefunden (vgl. Borromeo Ferri, 2011, S. 122).

Auf Grundlage ihrer Untersuchungen kommt Borromeo Ferri (2011, S. 130) zu dem Schluss:

> Die Präferenz für unterschiedliche mathematische Denkstile bzw. Repräsentationen von Individuen hat Einfluss auf den jeweiligen Verlauf. Der normativ dargestellte Modellierungskreislauf wird von Individuen nicht in dieser idealtypischen Weise durchlaufen, sondern ist durch viele Vor- und Rücksprünge oder mehrmaliges Durchlaufen einzelner Phasen oder des gesamten Kreislaufs gekennzeichnet.

Demnach kann der Bearbeitungsprozess von Michi, der längere Arbeitsphasen im mathematischen Modell enthält, auf Grund seiner Klassifizierung

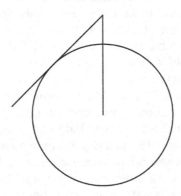

Abbildung 5.9: Skizze von Sebi gegen Ende des Bearbeitungsprozesses (Borromeo Ferri, 2011, S. 122).

als „als formaler Denker" (Borromeo Ferri, 2011, S. 115) erklärt werden. Sebi, der „einen visuellen Denkstil" (Borromeo Ferri, 2011, S. 115) bevorzugt, arbeitet häufiger auf einer bildlichen Ebene und argumentiert häufiger „unter Bezug auf reale Phänomene" (Borromeo Ferri, 2011, S. 123). Individuelle Präferenzen üben anscheinend einen Einfluss auf den Bearbeitungsprozess aus.

Wie sich im Weiteren zeigt, scheint jedoch gerade ein sich gegenseitig befruchtender Wechsel zwischen verschiedenen Repräsentationen und Stationen im Bearbeitungsprozess notwendig zu sein.

Auf Grund des beobachteten Bearbeitungsprozesses von Michi wird ein weiteres Phänomen deutlich, das auf Grundlage der aktuell üblichen Modellierungskreisläufe nicht ausreichend darstellbar und erklärbar ist. Michi antizipiert in seinem Bearbeitungsprozess sehr früh, anscheinend noch bevor er die reale Situation vollständig durchschaut hat, ein geeignetes mathematisches Mittel. Es scheint also, anders als in Modellierungskreisläufen dargestellt, notwendig zu sein, zunächst die reale Situation auf Grund lebensweltlichen Wissens vollständig zu strukturieren und in ein Realmodell zu überführen, das schließlich in ein mathematisches Modell übersetzt wird.

Schon Treilibs (1979, S. 66) erkennt bei guten Modellierern einen starken

Richtungssinn, der mit dem Vorhersehen geeigneter mathematischer Mittel einhergeht. Bei Niss (2010) findet man eine Modellvorstellung zum Modellbilden, in dem die Antizipation mathematischer Mittel ebenfalls bedeutsam ist.

5.2.2.4 Herstellen einer Passung zwischen antizipiertem mathematischem Modell und Realmodell

Michis Vorgehensweise, sehr schnell ein Mathematisierungsmuster zu nennen und es dann „einbauen zu wollen", entspricht nicht der üblichen Reihenfolge, wie die einzelnen Prozessschritte in Modellierungskreisläufen dargestellt werden.

Dieses Verhalten entspricht jedoch genau der „implemented anticipation", wie sie von Niss (2010, S. 54f) beschrieben wird. Auch Beobachtungen von Treilibs (1979, S. 66) weisen in diese Richtung, nach denen gute Modellbildner den Anschein erwecken, als könnten sie eine zugrunde liegende Struktur und notwendige Lösungsmethode vorhersagen. Dabei werden bereits im Rahmen der Strukturierung der Realsituation Elemente, Zusammenhänge und Fragen auf Grund eines antizipierten mathematischen Modells idealisiert und spezifiziert (vgl. Niss, 2010, S. 56). Das bedeutet, dass anders als in üblichen Darstellungen eines Modellierungskreislaufs (z.B. die Modellierungskreisläufe in Abschnitt 2.1.2 ab Seite 26) im Modellierungsprozess mathematisches Wissen sehr früh eine zentrale Rolle spielt und die Erarbeitung eines Realmodells stark beeinflussen kann. Niss (2010) bringt diese Vorstellung von der Modellbildung durch ein in Abbildung 5.10 dargestelltes Prozessschema zum Ausdruck.

Diese Art des Denkens, für ein Problem eine zukünftige Lösung anzunehmen und den Gegenstand hinsichtlich der Anforderungen der angenommen Lösung zu analysieren, beschreibt auch Galperin (1973, S. 98-102). Dabei nennt er die Komponente der geistigen Tätigkeit, die sich aus der Auseinandersetzung des Gegenstandes mit der zukünftigen Lösung beschäftigt, *antizipierendes Schema*. Galperin (1973, S. 99) beschreibt auch das Phänomen, dass trotz eines geeigneten antizipierenden Schemas das Problem nicht automatisch gelöst wird, da das antizipierende Schema nicht das Erkennen der Zusammenhänge im Gegenstand garantiert. Das antizipierende Schema hilft zwar, die Aufmerksamkeit auf bestimmte Eigenschaften zu lenken, diese müssen im Gegenstand jedoch in einer eigenen Aktivität erkannt werden. Genau dieses Phänomen lässt sich auch in der Bearbeitung von Michi rekonstruieren. Mit dem Satz des Pythagoras hat er ein geeignetes Ziel für die Problemlösung,

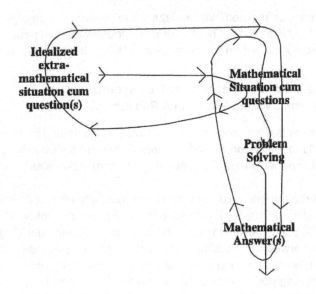

Abbildung 5.10: Idealisierte Darstellung des Mathematisierungsprozesses (Niss, 2001, S. 57).

es gelingt ihm jedoch nicht sofort im Problem selbst das rechtwinklige Dreieck zu erkennen. Auch in der Beschreibung von Sebis Bearbeitung lässt sich die Verwendung eines antizipierenden Schemas erkennen: „Und wenn wir jetzt noch einen Winkel wissen würden, dann könnten, könnten wir Sinus benutzen" (Borromeo Ferri, 2011, S. 122). Sebis mathematisches Wissen über den Sinus dient als antizipierendes Schema. Seine Aktivität wird daraufhin auf die Suche nach Winkeln gerichtet, um mit dem Schema arbeiten zu können.

Galperin (1973, S. 100) hat auch erkannt, dass „ein solches ‚Erfassen' der Lösung in den meisten Fällen nicht während der angestrengten Tätigkeit (...) [eintritt], wenn die Aufmerksamkeit auf das zu erreichende Objekt konzentriert ist, sondern in der Zeit des ruhigen Überblickens". Dieses Phänomen erklärt Galperin (1973, S. 100-102) durch einen veränderten Blick auf das Problem auf Grund veränderter Positionen.

Auch ein solcher veränderter Blick auf das Problem spielt für die Lösungs-findung von Michi eine entscheidende Rolle. Erst als das „richtige Dreieck" in einer Skizze des Problems „sichtbar" wurde, wurde das Problem gelöst. Das Einnehmen verschiedener Positionen gegenüber dem Problem lässt sich auch in Verbindung bringen mit den verschiedenen Interpretationen des Problems, die von Lesh und Doerr (2003) beschrieben wurden. Darauf wird im Rahmen der Analyse der nächsten Beispielaufgabe Bezug genommen (Seite 183).

Eine Beschreibung der Modellbildung und Mathematisierung, die ihren Ursprung in der außermathematischen Welt hat und im Bearbeitungsprozess der Übergang von der realen Welt in die Welt der Mathematik vollzogen wird, greift demnach zu kurz. Berücksichtigt werden muss auch ein Prozess, der seinen Ursprung in der Welt der Mathematik hat und auf Grundlage dieses Wissens die reale Situation idealisiert und somit sogar strukturell anreichert. Diese Dualität beschreibt Schwarzkopf (2007, S. 215) wie folgt:

> The main demand to solve a word problem is to find a balance between *empirically restricting* the „ visible" real-world to mathematically relevant aspects, and at the same time to *structurally enrich* the real-world by „invisible" mathematical structures.

Daher schlägt Schwarzkopf (2006) vor, den Begriff *Vereinfachen* zu überdenken, da der reale Sachverhalt aus Sicht der Lernenden viel eher *verändert* wird:

> Die Beziehung zwischen Sachverhalt und Mathematik wird nicht hergestellt durch *Vernachlässigen von ausreichend vielen sachlichen Details zur Vorbereitung einer Übersetzung*, sondern durch eine *theoretische Veränderung des empirischen Sachverhaltes zur strukturellen Erweiterung des Sachverhalts* (...). Erst eine solche strukturelle Erweiterung kann es ermöglichen, die Symbole aus der Sachwelt in adäquaten mathematischen Referenzkontexten zu interpretieren. Diese begriffliche Beziehung muss i.A. erst noch konstruiert werden (...) und entspricht eher einer Erfindung als einer Übersetzung (Schwarzkopf, 2006, S. 104).

Dieser wechselseitige Prozess der Mathematisierung lässt sich in der Bearbeitung von Michi rekonstruieren. Seine Aussagen über die Bearbeitung der Aufgabe mit Hilfe des Satzes von Pythagoras stellt eine entsprechende Antizipation der notwendigen mathematischen Struktur dar (vgl. Niss, 2010). Seine Aussage „Und jetzt bauen wir hier einen Pythagoras rein!" (Borromeo Ferri, 2011, S. 118) entspricht der Idee zur strukturellen Anreicherung des realen Problems. Dabei wird in der Bearbeitung der Leuchtturmaufgabe auch deutlich, wie schwierig dieser Schritt, trotz einer richtigen Idee, sein kann.

5.2.2.5 Gute Vereinfachungen, schlechte Vereinfachungen

Die Beschreibung des Bearbeitungsprozesses der Leuchtturmaufgabe enthält verschiedene Hinweise auf Diskussionen über Vereinfachungen des Problems. So werden wiederholt Diskussionen zur Vernachlässigung der Erdkrümmung erwähnt (vgl. Borromeo Ferri, 2011, S. 118f; S. 121f) und es
wird von Sebis Überlegung berichtet, dass „Erdradius oder Erdradius plus
Leuchtturmhöhe ja kein Unterschied und dies eventuell zu vernachlässigen
sei" (Borromeo Ferri, 2011, S. 122). Beide genannten Vereinfachungen sind
für eine mathematische Bearbeitung sehr problematisch. Denn nur durch die
Berücksichtigung der Erdkrümmung lässt sich die Erdoberfläche als Kugel beschreiben und das Problem auf eine Bearbeitung am Kreis übertragen. Und
nur durch die Berücksichtigung der unterschiedlichen Längen der Strecken
„Erdradius" und „Erdradius plus Leuchtturmhöhe" ergibt sich das für die Bearbeitung notwendige rechtwinklige Dreieck.

In den Überlegungen zu beiden Vereinfachungen finden sich Hinweise darauf, dass die Unterschiede, die sich aus einer Berücksichtigung der Erdkrümmung oder der Längendifferenz der Strecken „Erdradius" und „Erdradius plus
Leuchtturmhöhe" ergeben, nur sehr gering sind. So äußert Sebi, dass die
Erdkrümmung nur minimal sei, es aber immer ein paar Millimeter sind (vgl.
Borromeo Ferri, 2011, S. 121). Auf Grundlage einer solchen Überlegung erscheint es plausibel, diese „kleinen" Unterschiede zu vernachlässigen, wenn
noch nicht erkannt wurde, dass es zur Bearbeitung aber genau auf diese Unterschiede ankommt. Die Tendenz, „kleine" Unterschiede (als „Millimeter" bzgl.
der Erdkrümmung und knapp 31 m bei der Höhe des Leuchtturms) zu vernachlässigen, könnte durch den Hinweis in der Aufgabenstellung „Runde auf ganze
km" (Borromeo Ferri, 2011, S. 76) bzw. „Runde geeignet" (Blum, 2008, S. 158)
verstärkt werden.

Die hier zu beobachtenden Überlegungen über Vereinfachungen sind Fehlvorstellungen über den Modellierungsprozess, die den von K. Maaß (2004, S.
162) beschriebenen Fehlvorstellungen ähnlich sind:

- Einige Lernende meinten, dass Vereinfachungen mit Runden und Schätzen
  gleichzusetzen ist. (...)
- Mache glaubten, so vereinfachen zu dürfen, dass die Rechnung möglichst
  leicht ist.

Unter Berücksichtigung der Ausführungen zum Vereinfachen bei der Aufgabe Regenwald (siehe Seite 168) lässt sich festhalten, dass die Bezeichnung „Vereinfachen" für den Prozess zur Erarbeitung des Realmodells aus

verschiedenen Gründen ungeeignet ist. Zum einen muss das Realmodell nicht „einfach" sein, zum anderen ist es auch nicht das primäre Ziel, die weitere Bearbeitung möglichst „einfach" zu machen. Das Realmodell ist vielmehr eine Idealisierung des realen Problems, die eine Mathematisierung ermöglicht. Dies beinhaltet auch, dass bei der Entwicklung eines Realmodells das antizipierte mathematische Modell Einfluss auf das Realmodell nimmt.

In den Lösungshinweisen zur Aufgabe Leuchtturm von Blum (2006b, S. 10) und Borromeo Ferri (2011, S. 78) findet sich nun aber noch eine sehr subtile Vereinfachung, die sich dann doch aus der relativ geringen Höhe des Leuchtturms gegenüber dem Erdradius ergibt. Löst man

$$x_5 = \sqrt{(r_E + h_L)^2 - r_E^2}$$

mit Hilfe der binomischen Formel auf und fasst dann weiter zusammen, erhält man:

$$x_5 = \sqrt{2 r_E h_L + h_L^2}$$

Hier kann nun h_L^2 vernachlässigt werden, so dass man die gesuchte Entfernung auch mit

$$x_5 \approx \sqrt{2 r_E h_L}$$

bestimmen kann. Der „Fehler", der so entsteht, beträgt etwas mehr als 2 Zentimeter. Diese Vereinfachung ergibt sich aus innermathematischen Überlegungen. Da h_L^2 gegenüber $2 r_E h$ relativ klein ist und die Wurzelfunktion für $x > 1$ gut konditioniert ist (vgl. Huckle & Schneider, 2006, S. 82), kann h_L^2 vernachlässigt werden. Auch an dieser Stelle ist es nicht möglich, die relativ kleine Größe h_L für eine noch einfachere Berechnung komplett zu vernachlässigen. Die hier vorgenommene Vereinfachung setzt gute Kenntnisse über die Fehlerfortpflanzung bzw. die Fehlerdämpfung voraus. Ein solches Wissen über Fehlerfortpflanzungen wird von K. Maaß (2004, S. 87) als Lernziel im Rahmen einer Unterrichtseinheit ausgewiesen.

5.2.2.6 Heurismen beim mathematischen Modellieren

Nach Bruder und Collet (2011, S. 15) erfordert „jede etwas schwierigere Modellierungsaufgabe, die noch nicht mehrfach eingeübt ist, auch eine gewisse Problemlösekompetenz". Als Problem wird dabei eine individuell schwierige Anforderung verstanden, bei deren Bearbeitung eine Barriere zwischen Ausgangs- und Zielzustand überwunden werden muss (vgl. Bruder & Collet,

2011, S. 11; Zawojewski, 2010, S. 237f). Bei der Lösung solcher Probleme können nun Problemlösestrategien, sogenannte Heurismen, hilfreich sein (vgl. Bruder & Collet, 2011, S. 36). In den Bearbeitungen zur Aufgabe Leuchtturm lassen sich verschiedene Heurismen wiederfinden.

Zunächst wird beschrieben, dass zur Aufgabe Skizzen angefertigt werden (vgl. Borromeo Ferri, 2011, S. 118). Nach Bruder und Collet (2011, S. 46f) werden solche Skizzen zum heuristischen Hilfmittel der „informativen Figur", wenn man möglichst viel an ihr erkennen kann und „vielleicht sogar noch Beziehungen oder Informationen entdecken kann, die man aus dem Aufgabentext noch nicht entnehmen konnte". Anhand einer informativen Figur, wie sie im Lösungshinweis in Abbildung 5.7 (Seite 171) dargestellt ist, lässt sich das zur Lösung notwendige rechtwinklige Dreieck erkennen. An dieser Figur wird dann auch ersichtlich, dass der Erdradius als eine weitere Information benötigt wird. Diese Beziehungen scheinen in den ersten Skizzen zur Aufgabe in den Bearbeitungen der beobachteten Lernenden jedoch noch nicht enthalten zu sein. Zumindest sind diese Beziehungen in der Skizze von Sebi (siehe Abbildung 5.9, Seite 176), wie sie von Borromeo Ferri (2011, S. 122) dargestellt wird, nicht enthalten.

Hier zeigt sich, dass das Zeichnen einer geeigneten Skizze selbst ein Problem darstellen kann (vgl. Bruder & Collet, 2011, S. 48). Ausgehend von der Skizze von Sebi könnte das Transformationsprinzip hilfreich sein (vgl. Bruder & Collet, 2011, S. 103), um tatsächlich eine informative Figur zu erhalten. Bruder und Collet (2011, S. 103) nennen zum Transformationsprinzip u.a. folgende Impulse:

- Variiere die Bedingungen! Betrachte Gegebenes und Gesuchtes in verschiedenen Zusammenhängen!
- Zerlege, ergänze oder verknüpfe mit Neuem!

Ausgehend von der Skizze von Sebi könnten solche Impulse dazu führen, dass ein „neues" Dreieck in die Skizze gezeichnet wird, das aus den Punkten *Schiff, Fuß des Leuchtturms* und *Licht des Leuchtturms* besteht.

In der Bearbeitung von Michi lassen sich weitere Heurismen identifizieren. Er erinnert sich an eine ähnliche Aufgabe im Mathebuch (vgl. Borromeo Ferri, 2011, S. 119). Die Suche nach Analogien in Aufgaben oder Lösungen ist nach Bruder und Collet (2011, S. 83) eine Problemlösestrategie. Seine Versuche der Mathematisierung des Problems können als Kombinationen des *Vorwärtsarbeitens* (vgl. Bruder & Collet, 2011, S. 76) und *Rückwärtsarbeitens* (vgl. Bruder & Collet, 2011, S. 79) beschrieben werden.

5.2.3 Beispielaufgabe 3: Big Foot

Die Aufgabe Big Foot ist nach Lesh und Doerr (2003, S. 5) eine model-eliciting activity (im Weiteren kurz als MEA bezeichnet). Lesh, Hoover, Hole, Kelly und Post (2000, S. 593) nennen verschiedene Zwecke, für die MEA nützlich sein können. So können MEA im Unterricht als Lernaufgaben und zur Beurteilung eingesetzt werden. Sie können aber auch für Forschungszwecke genutzt werden. Dabei sollen MEA es im Rahmen der Forschung insbesondere ermöglichen, die Denkprozesse bei der Aufgabenbearbeitung rekonstruieren zu können.

Big Foot

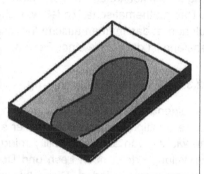

Early this morning, the police discovered that, sometime late last night, some nice people rebuilt the old brick drinking fountain in the park where lots of neighborhood children like to play. The parents in the neighborhood would like to thank the people who did it. But, nobody saw who it was. All the police could find were lots of footprints.

One of the footprints is shown here. The person who made this footprint seems to be very big. But, to find this person and his friends, it would help if we could figure out how big he is?

Your job is to make a „HOW TO" TOOL KIT that police can use to make good guesses about how big people are - just by looking at their footprints. Your tool kit should work for footprints like the one shown here. But, it also should work for other footprints.

Die Aufgabe Big Foot stellt dabei eine Schulvariante einer „case study (simulation of a real life problem-solving situation)" (Lesh & Doerr, 2003, S. 5) dar. Bei der Bearbeitung solcher Probleme (case studies) werden reale Situationen mit mathematischen Mitteln beschrieben. Notwendige mathematische Mittel müssen dabei zum Teil erst im Rahmen der Bearbeitung entwickelt werden.

Das Big-Foot-Problem und andere MEAs mit der gleichen mathematischen Struktur proportionaler Zusammenhänge wurden nach Lesh und Doerr (2003,

S. 21) in zahlreichen Untersuchungen eingesetzt, um den Lösungsprozess von Schülerinnen und Schülern bei solchen Aufgaben zu analysieren. Die Aufgabe Big Foot wird im Folgenden nach Lesh und Doerr (2003, S. 6) wiedergegeben.

5.2.3.1 Tätigkeitstheoretische Beschreibung von Strukturkomponenten

Die Erarbeitung eines mathematischen Modells zur Bestimmung der Körpergröße einer Person anhand der Größe des Fußabdrucks ist das Ziel der Tätigkeit. Dieses Tätigkeitsziel unterscheidet sich von den bisherigen Modellierungsanforderungen, da bei den vorangehenden Aufgaben immer eine Lösung für ein konkretes Problem mit gegebenen Werten bestimmt werden sollte. Das mathematische Modell war Mittel zur Erreichung des Ziels, in dieser Aufgabe ist das mathematische Modell das zu erarbeitende Resultat. Der Gegenstand ist die Suche einer Person.

5.2.3.2 Typische Schülerlösung

Die folgende Beschreibung stellt nach Lesh und Doerr (2003, S. 19) eine typische „multiple-cycle solution" einer sechzigminütigen Aufgabenbearbeitung dar, wie sie von „average ability middle school students" geleistet wird. Die Darstellung erfolgt nach Lesh und Doerr (2003, S. 19-21) und wurde in *Interpretationen* gegliedert. Diese Interpretationen eines Problems können als Vorstellungen, Wahrnehmungen oder Modelle der komplexen Situation verstanden werden, als kognitive Abbilder der Situation, in der verschiedene Ausschnitte der Realität wahrgenommen werden. Für das mathematische Modellieren besteht nun das Ziel, ein angemessenes mathematisches Modell als Interpretation der Situation zu finden (vgl. Lesh & Doerr, 2003, S. 18).

In einer ersten Interpretation werden Aspekte der Situation qualitativ benannt. So staunen die Schülerinnen und Schüler etwa über die Größe des Fußabdrucks, fragen sich, ob es auch Mädchen gibt, die so große Füße haben oder machen Bemerkungen über die Schuhmarke.

In einer nächsten Interpretation werden erste Zusammenhänge vermutet. Lesh und Doerr (2003, S. 20) beschreiben eine additive Vorstellung, in der die Differenz von zwei unterschiedlichen Schuhabdrücken auch als Differenz für die Körpergröße vermutet wird:

A student puts his foot next to the footprint. Then, he uses two fingers to mark the distance between the toe of his shoe and the toe of the footprint. Finally, he moves his hand to imagine moving the distance between his fingers to the top of his head (Lesh & Doerr, 2003, S. 20).

Solche ersten Vorstellungen sind nach Lesh und Doerr (2003, S. 20) in dieser Phase jedoch sehr instabil und noch wenig präzise und präsent. So fallen Schülern in dieser Phase Unterschiede zu Vorstellungen anderer Schüler selbst kaum auf. Erst im Laufe der Aufgabenbearbeitung werden Vermutungen genauer und Unterschiede werden bemerkt. Auch Antworten, die keinen Sinn ergeben, wird nun Aufmerksamkeit geschenkt. Als Ursache für falsch oder unsinnige Ergebnisse wird zunächst ein Fehler in der Ausführung eines Verfahrens vermutet.

In der dritten Interpretation wird ein einfacher multiplikativer Zusammenhang erkannt. So äußern die Schüler, dass eine Person dann doppelt so groß ist, wenn der Schuhabdruck doppelt so groß ist.

Es folgt eine vierte Interpretation, in der sich eine zunächst unsichere Vermutung über den proportionalen Zusammenhang erkennen lässt. Auf der Grundlage von gemessenen Daten werden paarweise die Größen von Schuhen und Körpergrößen betrachtet und ein Zusammenhang vermutet „This way of thinking is based on the implicit assumption that the trends should be LINEAR - which means that the relevant relationships are automatically (but unconsciously) treated as being multiplicative" (Lesh & Doerr, 2003, S. 20).

In der fünften und letzten Interpretation formulieren die Lernenden den Zusammenhang zwischen der Größe der Schuhe und der Körpergröße sehr präzise. „A person's height is estimated to be about six times the size of the person's footprint" (Lesh & Doerr, 2003, S. 21).

5.2.3.3 Multiple und iterative Modellierungszyklen

Der zuvor beschriebene typische Lösungsweg zur Aufgabe Big Foot lässt ein Phänomen erkennen, das Lesh und Doerr (2003, S. 17f) als „multiple modeling cycle" beschreiben. Solche multiplen Modellierungskreisläufe treten dann auf, wenn ein mathematisches Modell zur Beschreibung des Problems, anders als beim unmittelbaren Modellbilden, nicht sofort ersichtlich ist. Zur Erarbeitung einer produktiven mathematischen Repräsentation werden in mehreren Schleifen Erklärungen, Beschreibungen und Aussagen über das Problem allmählich verfeinert, korrigiert oder zurückgewiesen. Diese iterativen Anpassungen erfolgen auf Grund von Rückmeldungen in Überprüfungen der ersten Interpretationen, die als Arbeitshypothesen getestet werden (vgl. Lesh & Doerr, 2003, S. 17f).

So lässt sich im oben beschriebenen Lösungsweg etwa in der zweiten Interpretation erkennen, wie ein Schüler mit seinen Fingern die Differenz der Schuhgrößen misst und anschließend seine Vermutung zur Differenz der Körpergröße realisiert. Vermutlich wird dabei erkannt, dass diese Interpretation unpassend ist. Auf Grund einer negativen Evaluation für diese Interpretation werden andere Interpretationen entwickelt. Die anschließenden Interpretationen können nun als iterative Verbesserungen des Verständnisses für die Situation verstanden werden, indem der relevante Zusammenhang immer präziser erfasst wird. Zu einer anderen MEA, dem Summer Job Problem, rekonstruieren Lesh und Lehrer (2000) 14 solcher Interpretationen im Rahmen multipler und iterativer Modellierungszyklen. Dabei stand den Lernenden für die Bearbeitung des Summer Job Problems aber auch mehr Zeit zur Verfügung.

Erste Interpretationen sind dabei im Vergleich zu späteren Modellen häufig dünn, verzerrt und wenig stabil. Dabei lassen sich Unterschiede in den Modellen hinsichtlich verschiedener Dimensionen beschreiben: einfach-komplex, spezifisch-generalisiert, konkret-abstrakt, intuitiv-formal, situiert-dekontextualisiert, extern-intern, undifferenziert-differenziert, grob-verfeinert oder instabil-stabil (vgl. Lesh & Doerr, 2003, S. 25). Dabei betonen Lesh und Doerr (2003, S. 25f), dass nicht in jedem Fall die rechte Seite der genannten Dimensionen die bessere sein muss. Das wichtigste Prinzip ist vielmehr die Stabilität einer Interpretation. Wenn sich eine Vorstellung über die Situation bewährt, kann diese iterativ verbessert werden. Auf diese Weise können auch tieferliegende Zusammenhänge erkannt werden und ein tieferes Verständnis für das Problem entwickelt werden (vgl. Lesh & Doerr, 2003, S. 26). Eine Visualisierung dieser iterativen Modellverbesserungen nach Lesh und Doerr (2003) enthält Abbildung 5.11 auf Seite 187.

Ein solches Entwickeln, Testen, Verwerfen, Anpassen, Korrigieren und Verfeinern von Hypothesen auf der Suche nach einem geeigneten Modell lässt sich auch mit dem Vorgehen des von Schoenfeld (1987, S. 193-195) dargestellten Problemlöseprozesses eines Problemlöseexperten vergleichen. Dabei beschreibt er, dass der Problemlöser zur Erschließung des Problems zunächst mit wilden Vermutungen beginnt, die dann verworfen und korrigiert werden: „He started off on a wild goose chase, but - and this is absolutely critical - he curtailed it quickly (‚But I don't like that. It doesn't seem the way to got.'), changed direction, and went on to find a solution" (Schoenfeld, 1987, S. 195).

Aus der Perspektive der Tätigkeitstheorie lassen sich die iterativen Verbesserungen ebenfalls beschreiben. Auf Grundlage von Erkenntnissen über ähnliche Gegenstände und unter Verwendung verfügbarer Mittel wird auf das

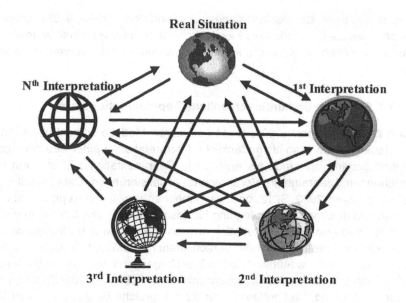

Abbildung 5.11: Darstellung der Sequenz von iterativen Modellierungszyklen (Lesh & Doerr, 2003, S. 18).

Problem eingewirkt. So werden erste Interpretationen in einer aktiven Auseinandersetzung mit dem Gegenstand als Hypothesen getestet. Dabei zeigt der Gegenstand auf diese Einwirkung eine Reaktion. Entweder bewährt sich die Interpretation, weil die antizipierte Reaktion der tatsächlichen Reaktion der Auseinandersetzung mit dem Gegenstand entspricht, oder eine neue Interpretation und neue Mittel zum Einwirken auf den Gegenstand sind nötig. Auf Grundlage der Reaktion erfolgt also eine Bewertung und möglicherweise eine Entscheidung für weitere Aktivitäten zum Einwirken auf den Gegenstand. Im Rahmen einer solchen tätigen Auseinandersetzung mit dem Gegenstand können weitere und tieferliegende Merkmale und Eigenschaften des Gegenstandes erkannt werden. Auf Grund der Reaktionen des Gegenstands kann so dessen Wesen erschlossen werden. Dies entspricht dem Erkennen einer tieferen Struktur des Problems.

Diese tätigkeitstheoretische Interpretation erklärt auch, warum es so wichtig ist, dass bei der Bearbeitung von MEA die entwickelten Modelle im Bearbeitungsprozess getestet werden können. Lesh und Doerr (2003, S. 26) sprechen davon, dass die Lernenden die Möglichkeit haben müssen, verschiedene Gedanken enthüllen, testen sowie korrigieren, verfeinern oder verwerfen zu können.

5.2.3.4 Erkennen und unterschiedliche Repräsentationsformen

Nach Lesh und Doerr (2003, S. 11) existieren Modelle sowohl in geistigen Widerspieglungen, also als gedankliche Interpretationen einer Situation (conceptual system), als auch als entäußerte Repräsentation z.b. in Form von Gleichungen, Diagrammen, Sprache und Visualisierungen. Dabei spielt nach Lesh und Doerr (2003, S. 12) der Zusammenhang zwischen Repräsentationsformen und geistiger Widerspieglung für das mathematische Modellieren eine entscheidende Rolle. So lassen sich erstens verschiedene Bedeutungen des gedanklichen Objektes mit Hilfe verschiedener Repräsentationsformen zum Ausdruck bringen. Zweitens ist ein flexibler Umgang mit und das flexible Wechseln verschiedener Repräsentationsformen für das Erkennen der Situation von großer Bedeutung. Und drittens ist für die erfolgreiche Bearbeitung einer Modellierungsaufgabe das ständige Hin-und-Her-Wechseln zwischen verschiedenen Repräsentationsformen erforderlich (vgl. Lesh & Doerr, 2003, S. 12). Abbildung 5.12 stellt verschiedene Repräsentationsformen und deren Zusammenhänge nach Lesh und Doerr (2003, S. 12) da. Dabei entsprechen die grau hinterlegten Repräsentationsformen typischen mathematischen Repräsentationsformen.

Lesh und Doerr (2003, S. 13) weisen darauf hin, dass die geistigen Widerspieglungen der Situation (conceptual systems) mit Eisbergen zu vergleichen sind. Denn unabhängig von der Art einer Repräsentationsform und der Anzahl verschiedener Repräsentationsformen, die genutzt werden, um die geistige Wiederspieglung auszudrücken, wird es immer eine größere Anzahl relevanter Aspekte einer Interpretation geben, die in einzelnen Repräsentationsformen nicht ausgedrückt werden können. „This is because different media emphasize and de-emphasize different aspects of the underlying conceptual system" (Lesh & Doerr, 2003, S. 13).

5.2.4 Modellierung des idealisierenden Modellbildens

Auf Grund der verschiedenen in der Analyse diskutierten Aspekte wird die kognitive Modellierung des hier zu beschreibenden Modellierungsprozesses

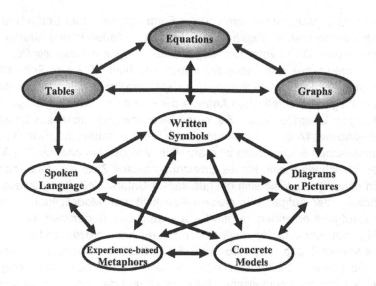

Abbildung 5.12: Darstellung verschiedener mathematischer und außermathematischer Repräsentationen zur Vermittlung von Bedeutungen geistiger Widerspieglungen (Lesh & Doerr, 2003, S. 12).

anspruchsvoll. Dabei sei auch darauf hingewiesen, dass möglicherweise Vorstellungen über den Prozess der Modellbildung, wie er durch verschiedene Darstellungen in Form von Modellierungskreisläufen vermittelt wird (siehe exemplarisch die Modellierungskreisläufe in Abschnitt 2.4 ab Seite 27), überwunden werden müssen.

Zur besseren Verständlichkeit und Nachvollziehbarkeit der folgenden Vorstellung vom kognitiven Prozess werden zunächst die bereits oben verwendeten Begriffe „Interpretation" und „Repräsentationsform" für das Folgende präzisiert.

Die geistige Widerspieglung einer realen oder realitätsbezogenen Situation wird als *Interpretation* bezeichnet. Eine solche Interpretation umfasst insbesondere in der Situation erkannte Objekte und deren Beziehungen. Es handelt sich also um eine kognitive Widerspieglung in Form einer Erkenntnis oder einer Vorstellung (siehe dazu Abschnitt 5.2.3.3 ab Seite 185).

Eine solche Interpretation kann nun in Form verschiedener Entäußerungen vermittelt werden, etwa in sprachlicher Form, als Visualisierung oder in symbolischer Form. Diese verschiedenen Entäußerungen werden als *Repräsentationsformen* bezeichnet (siehe dazu auch Abschnitt 5.2.3.4 ab Seite 188).

Ausgangspunkt der Modellierung des kognitiven Prozesses ist, ganz im Sinne einer tätigkeitstheoretischen Analyse der Aktivitäten, das Ziel der geistigen Handlungen. Übergeordnetes Ziel eines Modellbildungsprozesses ist es, ein mathematisches Modell als mathematische Repräsentationsform eines außermathematischen Sachverhalts zu erarbeiten. Wie bei den analysierten Aufgaben ersichtlich wird, sind für die Erreichung dieses Ziels mehrere Teilhandlungen nötig. Dabei lässt sich ein qualitativer Unterschied der Aktivitäten zur Bearbeitung der Aufgaben in diesem Abschnitt zum Modellbildungsprozess der Busaufgabe erkennen. In den Beispielaufgaben Regenwald, Leuchtturm und Big Foot konnte in den analysierten Bearbeitungsprozessen keine unmittelbare Modellbildung (siehe Abschnitt 5.1.2, Seite 146) beobachtet werden. Dies wird darauf zurückgeführt, dass es keine unmittelbare Beziehung zwischen den außermathematischen Situationen und den mathematischen Modellen gibt, wie es für das Verteilen der Schüler auf Busse und der Division in der Busaufgabe der Fall ist. Es liegt also eine größere Distanz vor, die mit Hilfe der verschiedenen Teilhandlungen überwunden werden muss.

Dabei liegt der nun entscheidende Unterschied zwischen den in diesem Abschnitt analysierten Modellbildungsprozessen und dem unmittelbaren Modellieren nicht in der Mehrschrittigkeit, sondern in dem notwendigen Erkenntnisprozess, um das außermathematische Problem vollständig zu erfassen und zu verstehen und somit die Tiefenstruktur zu erkennen (siehe Abschnitt 3.3.2.1, Seite 88). So wurde beim unmittelbaren Modellieren davon ausgegangen, dass das mathematische Modell unmittelbar auf Grundlage des Situationsmodells entwickelt werden kann. Für die Modellbildung der Aufgaben in diesem Abschnitt sind vermittelnde Zwischenschritte erforderlich, die dazu beitragen, dass die Situation zunächst verstanden wird. Dieses Verstehen der Situation, im Sinne des Erschließens der Tiefenstruktur des außermathematischen Problems ist ein ganz wesentliches Teilziel und die Ursache für die komplexere Aktivität.

Für die Erreichung dieses Teilziels sind zwei Handlungen von entscheidender Bedeutung. Eine Handlung entspricht dem Vorgehen von Sebi zur Bearbeitung der Aufgabe Leuchtturm, wie es von von Borromeo Ferri (2011, S. 121-123) (siehe auch Seite 175) beschrieben wird. Dabei wird im Erkenntnisprozess das außermathematische Problem zu einem Realmodell verarbeitet. Ergebnis ist eine geistige Widerspieglung des außermathematischen Problems auf Grundlage lebensweltlichen Wissens. Ein solches Realmodell wird vermittelt über außermathematische Repräsentationsformen. Diese Handlung wird als *Strukturieren* bezeichnet. Dabei wird das außermathematische Problem mit Hilfe lebensweltlichen Wissens strukturiert und relevante Gegenstände und Beziehungen in der außermathematischen Situation gesucht.

Die zweite Handlung ist die Untersuchung der Situation auf Grund einer antizipierten Mathematisierung, wie es von Borromeo Ferri (2011, S. 118) für das Vorgehen von Michi beschrieben wird (siehe auch Seite 173). Dieses Bearbeiten der Situation auf Grund eines antizipierenden Schemas, das den Erkenntnisprozess durch das Suchen nach bestimmten Objekten und Relationen in der außermathematischen Situation lenkt, wird als *Idealisieren*[7] bezeichnet. Diese Bezeichnung wird gewählt, da mathematische Gegenstände als Repräsentationen für außermathematische Gegenstände immer idealisiert sind. Das antizipierende Schema stellt also ein Ideal dar, für das geprüft werden muss, ob es als Repräsentation der außermathematischen Situation geeignet ist. Da außermathematische Objekte in der Regel nicht in einer solchen idealen Form gegeben sind, ist zu prüfen, ob Abweichungen zu dem antizipierten Ideal vernachlässigt werden können. Da dieses Vernachlässigen jedoch auf das Ideal gerichtet ist und mit diesem unmittelbar in Beziehung steht, wird dieser Prozess Idealisieren genannt. Damit soll auch zum Ausdruck gebracht werden, dass das mathematische Modell nicht in der realen Situation enthalten sein muss, sondern an die reale Situation „herangetragen" wird.

Beide Handlungen, also das Strukturieren und das Idealisieren, lassen sich nun tätigkeitstheoretisch als Einwirken auf den Gegenstand interpretieren, um eine Tiefenstruktur zu erschließen. Grundlage für dieses Einwirken ist eine Interpretation der Situation als Hypothese. Auf Grundlage dieses Testens der Hypothesen am Gegenstand müssen ungeeignete Interpretationen verworfen werden, andere Interpretationen können sich als angemessen erweisen.

Unterscheiden lassen sich die beiden zentralen Handlungen anhand der verwendeten Repräsentationen. Beim Strukturieren der Situation wird die Interpretation mit realitätsnahen Repräsentationsformen zum Ausdruck gebracht und als Hypothese am Gegenstand getestet. Dies zeigt sich an vielen Stellen der von Borromeo Ferri (2011, S. 121-123) beschriebenen Teilhandlungen von Sebi zur Bearbeitung der Aufgabe Leuchtturm. In seinen sprach-

---

[7]Auch J. Humenberger und Reichel (1995, S. 33) verwenden den Begriff *Idealisieren*. Anders als in dieser Arbeit verwenden sie den Begriff zur Benennung des Schrittes zur Schaffung des Realmodells, was im Rahmen dieser Arbeit dem Strukturieren entspricht.

lichen Äußerungen verwendet Sebi immer wieder die realen Gegenstände (Schiff, Erdkrümmung, Leuchtturm usw.) und Borromeo Ferri (2011, S. 121) beschreibt, dass für Sebi die Erdkrümmung „in erster Linie ein reales Phänomen und noch kein Berechnungsfaktor" ist.

Beim Idealisieren werden mathematische Repräsentationsformen verwendet. So findet man in den Darstellungen von Michis Bearbeitung immer wieder innermathematische Begriffe: „Michi nimmt zunächst eine sehr formale Beschreibung vor und benutzt die Wörter ‚spiegeln' und ‚Kathete'" (Borromeo Ferri, 2011, S. 119).

Nach Lesh und Doerr (2003, S. 26) ist nun die Stabilität einer Interpretation für den Erkenntnisprozess von entscheidender Bedeutung. Eine solche stabile Interpretation kann nach Lesh und Doerr (2003, S. 26) von Lernenden erarbeitet werden, wenn es gelingt, angemessene Interpretationen und Repräsentationen zu einem System zu integrieren. In Anlehnung an Lesh und Doerr (2003, S. 27) können folgende Kriterien als charakteristisch für stabile Systeme angesehen werden:

1. Die flexible Verfügbarkeit verschiedener Repräsentationsformen als produktive Denkmöglichkeiten.
2. Eine Beschränkung auf bedeutsame Aspekte.
3. Die Konservierung produktiver Interpretationen.

Diese Integration von Interpretationen und Repräsentationen zu einem System, zu einer „großen" Interpretation der Situation, die durch verschiedene Repräsentationsformen zum Ausdruck gebracht werden kann, lässt sich auch interpretieren als die von Schwarzkopf (2006, S. 97) erwähnte Erarbeitung einer Passung.

Die Differenzierung der beiden Handlungen Strukturieren und Idealisieren zur Entwicklung einer stabilen Interpretation der Situation in Verbindung mit verschiedenen Repräsentationsformen sowie den von Lesh und Doerr (2003) und Borromeo Ferri (2011) beschriebenen multiplen Bearbeitungskreisläufen (bzw. Minikreisläufen) führt zu folgendem Schluss:

Eine solche Passung als Interpretation in Form eines Systems, bestehend aus Interpretationen einzelner Aspekte sowie einer vernetzten Struktur verschiedener Repräsentationsformen, kann in der Regel nur das Ergebnis eines komplexen Erkenntnisprozesses sein. Im Rahmen dieses komplexen Erkenntnisprozesses müssen immer wieder Interpretationen der Situation in Verbindung mit verschiedenen Repräsentationsformen am Gegenstand der Tätigkeit getestet werden. Zur Erarbeitung eines mathematischen Modells sind dabei auch immer Handlungen des Idealisierens notwendig, in denen Interpretationen auf Grund antizipierter mathematischer Gegenstände getestet werden. Erst anschließend kann aus den Ergebnissen der jeweiligen Prüfungen verschiedener Interpretationen und unterschiedlicher Repräsentationen ein System zur Interpretation des Gegenstandes entstehen.

Die hier dargestellte Vorstellung vom Prozess der Modellbildung unterscheidet sich somit von der Vorstellung, die mit dem in Abbildung 2.5 auf Seite 28 dargestellten Modellierungskreislauf zusammenhängt und in ähnlicher Form von Borromeo Ferri (2010, S. 41) beschrieben wird. In dem hier beschriebenen Prozess spielt zwar auch außermathematisches Wissen zum Strukturieren der realen Situation eine wichtige Rolle, zur Erarbeitung eines mathematischen Modells scheint mathematisches Wissen in Form von Mathematisierungsmustern oder antizipierten Verfahren zur Aufgabenbearbeitung unerlässlich. Ein weiterer Unterschied ist darin zu sehen, dass es keine Reihenfolge in der Erarbeitung verschiedener Interpretationen gibt. In Modellierungskreisläufen wird davon ausgegangen, dass die reale Situation, wie sie in der Aufgabe beschrieben wird, zunächst in einem Situationsmodell oder in Form einer mentalen Situationsrepräsentation erfasst wird, anschließend ein Realmodell entwickelt wird, das schließlich durch Mathematisieren in ein mathematisches Modell überführt wird (vgl. Borromeo Ferri, 2011, S. 41). Im Rahmen des hier beschriebenen Erkenntnisprozesses stellen Realmodell und mathematisches Modell verschiedene Repräsentationsformen der Interpretation der Situation dar. Dabei kommen durch die unterschiedlichen Repräsentationsformen verschiedene Aspekte der Interpretation zum Ausdruck, es gibt jedoch keine Hierarchie zwischen den Repräsentationsformen. Die Interpretation entspricht dabei der mentalen Situationsrepräsentation, die erst im Rahmen des komplexen Erkenntnisprozesses iterativ erarbeitet wird. Dabei ist sowohl das Strukturieren notwendig, das eher mit der Erarbeitung eines Realmodells in Beziehung steht, als auch das Idealisieren, das ausgehend von einem antizipierten mathematischen Modell zur Erarbeitung einer angemessenen Interpretation der Situation beiträgt. Dabei wird die Interpretation der Situation oder die mentale Situationsrepräsentation erst zu einem stabilen System, wenn für verschiedene Interpretationen unterschiedlicher Aspekte der Situation in Verbindung mit verschiedenen Repräsentationsformen eine Passung gefunden wird. Dieser Prozess aus Strukturieren und Idealisieren sowie den damit verbundenen Wechseln zwischen der außermathematischen und der innermathematischen Welt stellt eine Erklärung des zyklischen Vorgehens bzw. der Minikreisläufe zur Erarbeitung eines mathematischen Modells dar.

Dieser komplexe Erkenntnisprozess mit dem Ziel, ein System verschiedener Repräsentationen zusammenzufügen, soll durch Abbildung 5.13 zum Ausdruck gebracht werden. Da für das Idealisieren im Rahmen des Erkenntnisprozesses eine besonders wichtige Rolle angenommen wird, wird dieser Prozess als *idealisierendes Modellbilden* bezeichnet. Die gesamte Tätigkeit wird dann *idealisierendes Modellieren* genannt.

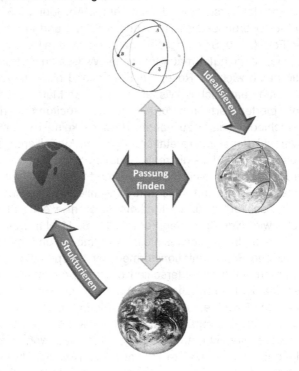

Abbildung 5.13: Schematische Darstellung des idealisierenden Modellbildens.

5.2.5 Kern des idealisierenden Modellierens

Das Ziel der Bearbeitung einer Aufgabe zum idealisierenden Modellieren besteht darin, „eine realitätsbezogene Situation durch den Einsatz mathematischer Mittel zu verstehen, zu strukturieren und einer Lösung zuzuführen" (Leiß

& Blum, 2006, S. 40). Der spezifische Kern dieser Aktivität ist nun, ähnlich wie beim Sachrechnen, die Übersetzung einer außermathematischen Situation in ein mathematisches Modell. In authentischen Modellierungsaufgaben ist der Gegenstand dieser Aktivität ein außermathematisches Problem, so dass im Rahmen einer Mathematisierung eine mehrschrittige, zyklische und iterative Modellentwicklung nötig ist.

In der fachdidaktischen Literatur findet man auf der Suche nach zentralen Aktivitäten des mathematischen Modellierens u.a. folgende Antworten:

- Kern sind die Übersetzungsprozesse zwischen der außermathematischen Situation und einem angemessenen mathematischen Modell (vgl. Leiß & Blum, 2006, S. 41; vom Hofe et al., 2009, S. 127f)
- Kern ist die Mathematisierung (vgl. Niss, 2010, S. 43)
- Der Kern beinhaltet das Mathematisieren, innermathematische Arbeiten und die Interpretation (vgl. Greer & Verschaffel, 2007, S. 219)

Auch wenn die drei Antworten auf den ersten Blick anscheinend unterschiedliche Schwerpunkte setzen, sind sie nach den Ausführungen zuvor doch kaum mehr zu unterscheiden, denn die Mathematisierung ist selbst eine Aktivität, deren entfaltetes Wesen durch wiederholte Wechsel zwischen der außermathematischen und der mathematischen Domäne gekennzeichnet ist. Dabei muss die Mathematisierung als ein Suchprozess verstanden werden, der sich durch eine erhebliche Unsicherheit auszeichnet (vgl. Blomhøj & Jensen, 2003, S. 127). Weitere zentrale Mittel dieser Aktivität sind die individuell zur Mathematisierung verfügbaren mathematischen Inhalte, also die Mathematisierungsmuster. Ein Mathematisierungsmuster ist dabei als antizipierendes Schema, als Hypothese für eine Modellbildung zu verstehen. Im Rahmen des Modellbildungsprozesses muss dann die Passung zwischen der realen Situation und dem antizipierenden Schema geprüft, bzw. durch das Treffen geeigneter Annahmen hergestellt werden.

5.2.6 Aspekte für eine vollständige Orientierungsgrundlage zum idealisierenden Modellieren

Entsprechend der Charakterisierung des Kerns des idealisierenden Modellierens als zyklischer und iterativer Modellbildungsprozess zur Mathematisierung des Problems steht in den folgenden Ausführungen die Frage nach einer vollständigen Orientierungsgrundlage für das erfolgreiche Modellbilden im Mittelpunkt.

5.2.6.1 Kenntnisse über das Ziel des idealisierenden Modellbildungsprozesses

Kenntnisse über das Ziel sind für eine angemessene Bearbeitung von zentraler Bedeutung. Wie insbesondere die Bearbeitung von Bernd zur Aufgabe Regenwald zeigt, ist die Existenz einer Planungsphase keine hinreichende Bedingung für eine angemessene Zielbildung (siehe Seite 167). In der Planungsphase werden notwendige Zwischenergebnisse benannt, eine Zielbildung für die Beantwortung der Frage nach der Auswirkung der Aktion lässt sich im beschriebenen Bearbeitungsprozess jedoch nicht rekonstruieren.

Die zentrale Bedeutung einer angemessenen Zielbildung ist bei Lesh und Doerr (2003, S. 43) zu finden, wird aus tätigkeitstheoretischer Sicht jedoch als Merkmal der äußeren Bedingungen der Tätigkeit bzw. des Kontexts der Tätigkeit, vermittelt über die Aufgabenstellung, angesehen. Im zweiten der sechs Prinzipien für MEA findet man die Forderung, dass den Lernenden anhand der Aufgabenstellung klar werden muss, dass zur Bearbeitung des Problems die Entwicklung, Anpassung, Erweiterung oder Verfeinerung eines Modells notwendig ist. Des Weiteren fordert dieses Prinzip, dass klar werden soll, ob in der Aufgabe etwas zu konstruieren, beschreiben, erklären, manipulieren, vorherzusagen oder zu kontrollieren ist. Dieser Aspekt der Zielbildung hängt direkt mit den Funktionen zusammen, die ein mathematisches Modell für die Bearbeitung eines realen Problems haben kann (siehe Seite 24).

Mit diesen Forderungen an die Aufgabenstellung wird das Problem der Zielbildung gewissermaßen geschickt über die Kontextuierung gelöst, ohne eine angemessene Zielbildung explizieren zu müssen. Stünde den Lernenden jedoch ein Metawissen über mathematische Modelle und Ziele mathematischer Modellbildung zur Verfügung, wäre eine adäquate Zielbildung vor dem Hintergrund einer entsprechenden Ausgangsabstraktion als Orientierungsgrundlage für die Zielorientierung effektiver möglich und einfacher zu kommunizieren.

Das einem Modellbildungsprozess zugrunde liegende Ziel ist die Bearbeitung eines außermathematischen Problems mit mathematischen Mitteln. Um das Problem dieser spezifischen Art der Bearbeitung zugänglich zu machen, muss im Rahmen des idealisierenden Modellierens durch Strukturieren und Idealisieren eine Passung zwischen realitätsbezogenem Problem und mathematischem Modell gefunden werden.

5.2.6.2 Verfahrenskenntnisse über den Modellbildungsprozess

Wird über das Ziel zur Bearbeitung eines realitätsbezogenen Problems klar, dass eine angemessene mathematische Beschreibung gesucht werden muss, ergibt sich ein direkter Bezug zum Wesen des Prozesses als Suche. Geleitet wird dieser Suchprozess zunächst von dem notwendigen Anspruch, die Situation besser verstehen zu können, um sie mit einem mathematischen Modell gut beschreiben zu können. Mit diesem Anspruch wird die Suche zu einem Erkenntnisprozess. Das heißt, dass in der Regel im Bearbeitungsprozess auch die Situation als außermathematisches Phänomen besser verstanden werden muss. Dabei ist es notwendig, in einem iterativen Prozess verschiedene inner- und außermathematische Hypothesen auf ihre Erklärungskraft für das Problem zu prüfen. Hier kommen die zwei zentralen Teilhandlungen des idealisierenden Modellbildens ins Spiel. Auf Grund von lebensweltlichem Wissen wird die realitätsbezogene Situation strukturiert, mit Hilfe von antizipierten Mathematisierungsmustern wird die realitätsbezogene Situation idealisiert. Dabei führen beide Prozesse auf Interpretationen der Situation mit Hilfe verschiedener Repräsentationsformen. Diese Interpretationen müssen an der Problemstellung getestet und auf ihre Angemessenheit überprüft werden. Für diese Prüfungen sind Normkenntnisse notwendig, die weiter unten angesprochen werden. Ziel dieses Erkenntnisprozesses ist die Erarbeitung einer widerspruchsfreien Interpretation. Innerhalb einer solchen Interpretation müssen verschiedene Repräsentationsformen zueinander passen.

5.2.6.3 Mathematische Kenntnisse

Im Rahmen der Mathematisierung sind Kenntnisse über die Sache und Kenntnisse über mögliche Mathematisierungsmuster notwendig. Wie die Untersuchungen von Lesh und Doerr (2003) und Lesh und Lehrer (2000) an und mit MEA gezeigt haben, ist es möglich, dass anspruchsvolle Mathematisierungsmuster zur Beschreibung von Problemen und tiefe Kenntnisse über Zusammenhänge der Problemsituation keine notwendigen Voraussetzungen für eine erfolgreiche Bearbeitung sind. Die Ergebnisse aus den Untersuchungen legen eher nahe, dass solche Kenntnisse auch Ergebnisse der Auseinandersetzung mit dem Problem sein können.

Dennoch kann davon ausgegangen werden, dass grundlegende Mathematisierungsmuster zur Modellbildung verfügbar sein müssen. Denn nur auf der Grundlage vorhandener Kenntnisse ist auch ein Erkennen möglich. Auch die

Überlegungen zur Mathematisierung von Niss (2010) und Schwarzkopf (2007) erhärten diese Vermutung. So wäre auch die Bearbeitung der Aufgabe Big Foot ohne Kenntnisse über die Multiplikation nicht erfolgreich zu bearbeiten. Nach den Darstellungen von Lesh und Doerr (2003) scheint es jedoch keine notwendige Voraussetzung zu sein, Kenntnisse über proportionale oder lineare Zusammenhänge zu haben. Auch in den Aufgaben Regenwald reichen Kenntnisse über Grundrechenarten aus. Eine erfolgreiche, mathematische Bearbeitung der Aufgabe Leuchtturm ohne Kenntnisse über Berechnungen an rechtwinkligen Dreiecken erscheint sehr unwahrscheinlich.

5.2.6.4 Sachkenntnisse über die Problemsituation

Bezüglich der Kenntnisse über die reale Situation lässt sich in den Bearbeitungsprozessen zur Aufgabe Big Foot beobachten, dass die Situation im Laufe des Bearbeitungsprozesses immer besser verstanden wird (vgl. Lesh & Doerr, 2003, S. 21-23). Eine allgemeine Kenntnis über die Sachsituation auf Grundlage der persönlichen Erfahrung scheint zur erfolgreichen Bearbeitung also ausreichend zu sein, wenn im Bearbeitungsprozess die Möglichkeit besteht, ein tieferes Verständnis für die Problemsituation entwickeln zu können.

Die Untersuchungen von Borromeo Ferri (2010, S. 130) deuten darauf hin, dass der Modellierungsverlauf von persönlichen Erfahrungen oder außermathematischem Wissen beeinflusst wird. Daraus lässt sich folgern, dass Lernende entweder vor der Bearbeitung über angemessene Sachkenntnisse verfügen müssen oder im Bearbeitungsprozess die Möglichkeit haben müssen, sich notwendige Sachkenntnisse anzueignen.

5.2.6.5 Kenntnisse über das Strukturieren und Idealisieren

Um den von K. Maaß (2004, S. 162) aufgedeckten Fehlvorstellungen hinsichtlich des Vereinfachens entgegenzuwirken und dem kognitiven Prozess gerecht zu werden, erscheint es sinnvoll, Kenntnisse über das Strukturieren und Idealisieren als Meta-Wissen über den Modellierungsprozess zum Lerngegenstand zu machen.

Ausgehend von dem Ziel des mathematischen Modellierens, ein reales Problem mathematisch zu bearbeiten, ergibt sich das Teilziel, das reale Problem so zu strukturieren und idealisieren, dass eine mathematische Bearbeitung möglich wird.

Grundlage zum Strukturieren ist das lebensweltliche Wissen, auf dessen Grundlage Merkmale und Zusammenhänge der realen Situation herausgearbeitet werden, die für die Problemlösung relevant erscheinen. Das Idealisieren wird durch die individuell zur Verfügung stehenden Mathematisierungsmuster beeinflusst. Die Situation wird hinsichtlich einer Passung auf Grund der Gegenstände und Zusammenhänge des Mathematisierungsmusters analysiert, es ist also keine „beliebige" Vereinfachung der Situation. Solche Idealisierungen, wie die Annahme der Erde als ideale Kugel in der Aufgabe Leuchtturm oder eines linearen Zusammenhangs zwischen der Größe der Schuhe und der Körpergröße in der Aufgabe Big Foot, sind für den Modellierungsprozess von zentraler Bedeutung. Dabei werden auch Annahmen über das Wesen des außermathematischen Problems getroffen. Häufig wird erst durch diese Annahmen eine mathematische Bearbeitung möglich. Daher wird das Treffen von Annahmen auch als Schlüsselaktivität bezeichnet (vgl. Borromeo Ferri, 2011, S. 30; Galbraith & Stillman, 2006, S. 159).

5.2.6.6 Kenntnisse über Genauigkeit und den Umgang mit Fehlern

Auf Grund der zuvor beschriebenen Idealisierungen sind Ergebnisse von realitätsbezogenen Aufgaben in der Regel nicht exakt. Daher ist der Hinweis und die Kenntnis um das Runden der Ergebnisse mathematischer Modellbildungen verbreitet. Nun legen die von K. Maaß (2006) aufgedeckten Fehlvorstellungen jedoch nahe, dass für manche Lernende das Runden eine nicht vollständig verstandene Routinehandlung darstellt. Auch die Ausführungen zum Runden des rationalen mathematischen Ergebnisses bei der Busaufgabe verweist darauf, dass der Zweck des Rundens häufig nicht erfasst wurde.

Problematisch kann das Runden und Vereinfachen auch dann werden, wenn Eingangsdaten wie im Beispiel der Leuchtturmaufgabe gerundet werden. Daher erscheint es notwendig, Kenntnisse über die Genauigkeit von Ergebnissen und Kenntnisse über mögliche Effekte von Fehlern (z.B. Fehlerfortpflanzung, Verstärkung von Fehlern und Fehlerdämpfung) (vgl. J. Humenberger & Reichel, 1995, S. 115-124) zu fördern.

Auf Grund der Tatsache, dass mathematische Modellbildungen in der Regel nur auf Näherungslösungen führen können, gibt es Strategien, um die Qualität des Resultats zu präzisieren. Dazu gehören Fehlerschranken, um die Genauigkeit zu präzisieren (vgl. J. Humenberger & Reichel, 1995, S. 100).

Abhängig von der gewählten Größe für den Marktanteil kann in der Aufgabe Regenwald das ermittelte Ergebnis als obere Schranke interpretiert werden. Bei der Aufgabe Leuchtturm stellt die Bearbeitung des Problems mit einem einmaligen Anwenden des Satzes von Pythagoras eine untere Schranke dar. Und in der Big-Foot-Aufgabe ist die Aussage, dass die Körpergröße das Sechsfache der Schuhgröße darstellt, als Mittelwert zu verstehen.

5.2.6.7 Kenntnisse über den Umgang mit Einheiten

Größen sind bereits im Sachrechnen der Grundschule ein zentrales Thema und bereits dort ist es ein Ziel, dass Lernende zu wichtigen Einheiten Vorstellungen entwickeln (vgl. Franke, 2003, S. 195; Greefrath, 2010, S. 16f). Bei der Bearbeitung realitätsbezogener Aufgaben mit Hilfe der Mathematik ergibt sich die Notwendigkeit, mit Einheiten zu arbeiten, da dort Zahlen in der Regel Größen repräsentieren. Dabei können die Einheiten Maßeinheiten sein wie sie als cm, m oder km auch im Alltag gebräuchlich sind. In der Aufgabe Regenwald hat man es jedoch bei den Zwischenergebnissen mit ungewöhnlichen Einheiten (z.b. konsumierte Kästen pro Bundesbürger und Jahr) zu tun. Da es auch anhand der Einheiten möglich ist, ein gewähltes Verfahren auf seine Angemessenheit zu prüfen, sollten für die Bearbeitung von realitätsbezogenen Aufgaben auch Kenntnisse über die Verwendung, den Nutzen und den Umgang mit Einheiten bekannt sein, die über die gebräuchlichen Einheiten hinausgehen.

5.2.6.8 Normkenntnisse zur Prüfung

In Abhängigkeit des Ziels und der Teilziele ist es für die Regulation der Handlung erforderlich, die Auswirkungen der Handlungen in Hinblick auf die Zielerreichung zu prüfen. In diesem Zusammenhang steht auch das dritte Merkmal von MEA nach Lesh und Doerr (2003, S. 43). Dort wird gefordert, dass Kriterien zur Beurteilung der Nützlichkeit des entwickelten Modells klar sein sollen. Des Weiteren sollen die Lernenden die Möglichkeit haben, beurteilen zu können, ob die erarbeitete Antwort gut genug ist.

Im besten Fall besteht die Möglichkeit darin, das erarbeitete Modell wie im Beispiel der Aufgabe Big Foot gleich zu testen. Anhand der eigenen Schuh- und Körpergröße können die Überlegungen zum Zusammenhang sofort geprüft werden. In den Aufgaben Regenwald und Leuchtturm gibt es diese Gelegenheit nicht. Dies ist sicherlich eine Ursache dafür, dass in keiner der berichteten Bearbeitungen der Aufgabe Regenwald eine vollständig korrekte Lösung erarbeitet werden konnte. Dabei bleiben Rechenfehler oder Fehler bei der Umrechnung zum Teil unentdeckt, oder in einigen Bearbeitungen wird die Bevölkerungszahl für Deutschland nicht berücksichtigt. Zwar gelingt es in manchen Situationen doch, Rechenfehler oder Denkfehler aufzudecken, aber auf Grund der fehlenden Möglichkeit und wahrscheinlich auch auf Grund der fehlenden Zielbildung lassen sich höchstens Plausibilitätsüberlegungen zur Beurteilung der ermittelten Werte finden. Solche Prüfungen beziehen sich dann meist auch nur auf erarbeitete Zwischenergebnisse, eine Prüfung eines Endergebnisses lässt sich nicht rekonstruieren.

Nach den Analysen und der Bedeutung von Prüfkriterien und Prüfmöglichkeiten bei MEA scheint es, dass Lernende bei der Bearbeitung von realitätsbezogenen Problemen auch die Möglichkeit bekommen müssen, tatsächlich die erarbeiteten Vorstellungen validieren zu können.

5.2.6.9 Fähigkeiten zur Entwicklung einer angemessenen Zielorientierung

Wie auch im Abschnitt über die angemessene Orientierung und Zielbildung auf Seite 166 ausgeführt, ist die Zielbildung eine zentrale Voraussetzung für die Tätigkeit des mathematischen Modellierens. Das bedeutet, Lernende müssen dazu befähigt werden, für eine konkrete Anforderung selbständig angemessene Tätigkeitsziele zu entwickeln.

Dass eine solche angemessene Zielbildung nicht selbstverständlich ist, belegt die Arbeit von Schukajlow-Wasjutinski (2010), auf die ebenfalls auf den Seiten 166ff Bezug genommen wurde.

5.2.6.10 Fähigkeiten zum idealisierenden Modellieren

Bereits im Abschnitt über Fähigkeiten zur Bearbeitung von Sachaufgaben in Form des unmittelbaren Modellierens (Seite 155) wurden zahlreiche Fähigkeiten genannt, die auch für das idealisierende Modellieren relevant sind. Die in diesem Abschnitt genannten Fähigkeiten erweitern und differenzieren die für das unmittelbare Modellieren notwendigen Fähigkeiten, indem insbesondere Fähigkeiten zum idealisierenden Modellbilden notwendig sind.

Das in Abschnitt 5.2.4 (ab Seite 188) beschriebene idealisierende Modellbilden verlangt die Fähigkeiten, eine reale Situation auf Grund lebensweltlichen Wissens zu strukturieren (siehe Seite 191) und das reale Problem auf Grund mathematischer Kenntnisse zu idealisieren (siehe Seite 191).

5.2.6.11 Fähigkeit zum Problemlösen, geistige Beweglichkeit

Bereits oben (Seite 181) wurde die Bedeutung von Heurismen für die Mathematisierung angesprochen. Dabei zielt der Einsatz von Heurismen auf eine Verbesserung der geistigen Beweglichkeit ab. Als typische Erscheinungsformen für geistige Beweglichkeit zum Problemlösen im Alltag oder mit mathematischen Mitteln nennen Bruder und Collet (2011):

> **Reduktion:** Anhand von Visualisierungen oder Strukturierungshilfen wird das Problem auf wesentliche Aspekte reduziert.
> **Reversibilität:** Gedankengänge werden umgekehrt, bzw. werden rückwärts nachvollzogen.
> **Aspektbeachtung:** Ein Aspekt wird trotz Widerstände weiter beachtet und gegebenenfalls leicht variiert. Des Weiteren können mehrere Aspekte und deren Abhängigkeit beachtet werden.
> **Aspektwechsel:** Annahmen, Kriterien oder Betrachtungsaspekte (Interpretationen des Problems) werden verändert.
> **Transferierung:** Vorhandene Kenntnisse können leicht auf neue Situationen übertragen werden. (Bruder & Collet, 2011, S. 33)

An diesen Erscheinungsformen wird deutlich, dass eine hohe geistige Beweglichkeit die Generierung von Interpretationen von Problemsituationen erheblich unterstützen kann.

5.2.6.12 Fertigkeiten und Gewohnheiten zur Prüfung der Mathematisierung

Insbesondere beim Arbeiten mit und Prüfen von mathematischen Modellen sind entsprechende mathematische Fertigkeiten wünschenswert. Eine weitere Fertigkeit im Rahmen der Mathematisierung steht in engem Zusammenhang mit der Bewusstheit über die Handlungen als Merkmal von Tätigkeit. Diese Bewusstheit der Handlungen ermöglicht das Monitoring, um Handlungsergebnisse in Hinblick auf das Handlungsziel zu überprüfen. Diese kritischen Prüfungen sollten als Gewohnheit ausgebildet sein.

5.2.6.13 Einstellungen zum idealisierenden Modellieren

Soll eine geeignete Mathematisierung für das Problem gefunden werden, ist es notwendig, das Problem zu verstehen. Auf die Vermittlung einer solchen Einstellung zielt das erste Merkmal von MEA nach Lesh und Doerr (2003,

S. 43), in dem es darum geht, eine persönliche Bedeutungshaftigkeit zu entwickeln. Lernende sollen ermuntert werden, die Situation auf Grundlage ihres Wissens und ihrer Erfahrung selbständig zu erschließen und die Ideen der Lernenden sollen ernst genommen werden. Nur dann können Interpretationen auch sinnvoll entwickelt und getestet werden.

Neben diesem Verstehenwollen der Aufgabe ist auch eine gewisse Selbstwirksamkeit erforderlich, die ein mutiges und zuversichtliches Generieren und Testen von Interpretationen und Modellen ermöglicht. Des Weiteren ist eine gewisse Ausdauer erforderlich.

Die Erwartung, eine schnelle und einfache Lösung finden zu können, ist sicher kontraproduktiv, da bei einer solchen Einstellung damit zu rechnen ist, dass schnell mit der Ausführung naheliegender Berechnungen begonnen wird, ohne ein entsprechendes Tätigkeitsziel zu generieren und Teilhandlungen zu koordinieren. Es wäre auch denkbar, dass eine komplizierte Mathematisierung erfolglos abgebrochen wird.

5.3 Analyse des anzupassenden Modellierens

5.3.1 Beispielaufgabe: Tageslängen in Kopenhagen

Die folgende Aufgabenstellung und die anschließenden Lösungshinweise gehen zurück auf Niss (2010, S. 48-51). Beim realen Kontext handelt es sich um die Tageslänge an einem bestimmten Ort, die sich über das Jahr verändert. Zur Bearbeitung des Problems muss eine Funktion bestimmt werden, die für einen gegebenen Tag den Wert der Tageslänge angibt. Sehr ähnliche Probleme werden auch von Galbraith (2007, S. 48) und Engel (2010, S. 81-84) genannt. Aufgaben mit einem leicht veränderten Kontext, der mittleren Sonnenscheindauer in einer Stadt im Verlauf eines Jahres, nennen Pinkernell (2009a, S. 798) und Pinkernell (2010, S. 14). Die folgende Aufgabenstellung ist eine Übersetzung der englischsprachigen Aufgabe von Niss (2010, S. 48).

Tageslängen in Kopenhagen

Die folgende Tabelle enthält Daten über die Tageslängen für jeden 21. Tag im Monat des Jahres 2006. Die Tageslängen sind als Dezimalzahlen in Stunden angegeben.

21. Tag im	Jan	Feb	Mrz	Apr	Mai	Jun
	7.98	10.10	12.25	14.62	16.60	17.53
21. Tag im	Jul	Aug	Sep	Okt	Nov	Dez
	16.67	14.65	12.32	10.05	7.97	7.02

Frage: Welche Tageslänge hatte der 4. Juli 2006?

5.3.1.1 Tätigkeitstheoretische Beschreibung von Strukturkomponenten

Das Tätigkeitsziel ist die Bestimmung der Tageslänge am 4. Juli 2006 auf Grundlage der gegebenen Daten. Der Gegenstand ergibt sich also aus dem realen Phänomen der unterschiedlichen Tageslängen im Verlauf eines Jahres. Zur Bearbeitung der Aufgabe müssen verschiedene Aspekte außermathematischen Wissens aktiviert werden. Prinzipiell sind zur Bearbeitung der Aufgabenstellung verschiedene Mittel denkbar. Eine Lösungsmöglichkeit, die nicht im Lösungshinweis genannt wird, ist eine lineare Interpolation. Für eine solche Bearbeitung sind die gegebenen Daten zur Bearbeitung ausreichend. Im Lösungshinweis wird auf Grundlage der Daten zunächst eine trigonometrische Funktion bestimmt, so dass eine genauere Bestimmung der Tageslänge zu erwarten ist. Ein weiterer Vorteil ergibt sich aus der Wiederverwendbarkeit. Mit Hilfe der zunächst erarbeiteten Funktion ist es möglich anschließend sehr schnell die Tageslängen für andere Tage zu bestimmen. Dieses Ziel ist jedoch nicht explizit in der Aufgabenstellung enthalten.

5.3.1.2 Lösungshinweise

Um ein besseres Gefühl für die Situation zu erhalten, stellt Niss (2010, S. 48) die Daten in einem Koordinatensystem (siehe Abbildung 5.14) dar. Dabei entspricht eine Längeneinheit auf der x-Achse einem Monat, so dass der x-Wert k den 21. Tag des Monats k repräsentiert. Diese Darstellung hat zur Folge, dass die unterschiedlichen Längen der Monate von 28 bis 31 Tagen nicht weiter berücksichtigt werden. Auf der y-Achse werden die Tageslängen in Stunden abgetragen.

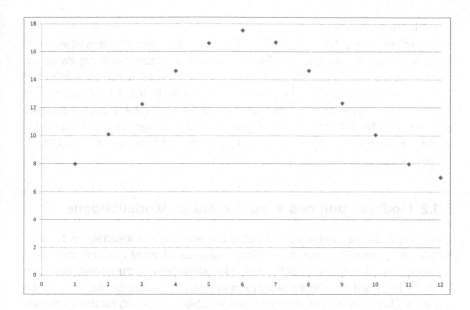

Abbildung 5.14: Darstellung der Tageslängen in einem ersten graphischen Modell (Niss, 2010, S. 48).

Diese Darstellung bietet für die Bearbeitung des Problems keinen unmittelbaren Mehrwert. Mit Blick auf die Darstellung und auf Grund der Erfahrungen aus der Lebenswelt kann jedoch gefolgert werden, dass die Daten zu einer periodischen Funktion passen. Daher trifft Niss (2010, S. 48f) folgende Annahmen: 1. Die Länge der Periode des realen Phänomens beträgt 12 Monate, 2. die Periodenlänge der Funktion wird auf 12 Einheiten auf der reeleen x-Achse angepasst, 3. die Funktion nimmt ihr Minimum für $t = 12$ und ihr Maximum bei $t = 6$ an und 4. zur Beschreibung der Tageslänge l in Abhängigkeit der Zeit t ist die affine Transformation der Sinusfunktion $l(t) = a\sin(bt + c) + d$ mit $a > 0$ eine geeignete mathematische Beschreibung.

Nun ist es notwendig, die vier Parameter von l zu bestimmen. Auf Grund der Annahmen, dass die Funktion ihr Minimum l_m bei $t = 12$ annimmt und die Länge der Periode von $l(t)$ 12 beträgt, gilt $l(12) = l_m = l(0)$. Mit Kenntnissen über die Sinusfunktion lässt sich nun der Parameter c unter Berücksichtigung von $a > 0$ anhand $-1 = \sin(b \cdot 0 + c) = \sin(c)$ mit $c = \frac{-\pi}{2}$ bestimmen. Die Annahme über das Maximum l_M bei $t = 6$ ermöglicht die Bestimmung von b über $1 = \sin(6b - \frac{\pi}{2})$, was nach Umformung auf $6b - \frac{\pi}{2} = \frac{\pi}{2}$ und somit auf

$b = \frac{\pi}{6}$ führt.

Nun müssen von $l(t) = a\sin(\frac{\pi}{6}t - \frac{\pi}{2}) + d$ noch a und d bestimmt werden. Dazu wird das Wissen über die Extrema und den Zusammenhang zwischen a und d genutzt, um $l_m = d - a$ und $l_M = d + a$ zu erhalten. Dies führt auf $a = \frac{1}{2}(l_M - l_m)$ und $d = \frac{1}{2}(l_M + l_m)$ und schließlich die Funktion $l(t) = 5,255\sin(\frac{\pi}{6}t - \frac{\pi}{2}) + 12,275$ (vgl. Niss, 2010, S. 49). Anhand dieses Modells bestimmt nun Niss (2010, S. 49) die gesuchte Tageslänge für den 4. Juli = 21. Juni + 13 Tage $\approx 6 + \frac{13}{30} \approx 6,433 = t_{4.Juli}$ durch Einsetzen mit $l(6,433) \approx 17,39$.

5.3.2 Modellierung des anzupassenden Modellbildens

Das anzupassende Modellbilden ist eine Erweiterung des idealisierenden Modellbildens (siehe Abschnitt 5.2.4, Seite 188). Es ist nicht möglich, zwischen diesen beiden Arten des Modellbildens eine klare Grenze zu ziehen, dennoch kann mit Blick auf die Beispielaufgaben ein deutlicher Unterschied zwischen diesen beiden Handlungen erkannt werden. Charakteristisch für das anzupassende Modellieren ist, dass nach der Auswahl eines angemessenen Mathematisierungsmusters durch die Anpassung von Parametern das mathematische Modell quantifiziert werden muss. Der Prozess des Modellbildens soll dann als anzupassendes Modellbilden oder anpassendes Modellbilden bezeichnet werden, wenn die Bestimmung der Parameter als Teilhandlung im Rahmen der gesamten Tätigkeit deutlich erkennbar ist, wie dies bei der Aufgabe Tageslängen der Fall ist.

Am Beispiel der Aufgabe Tageslängen ist jedoch zunächst auch das idealisierende Modellieren und das flexible Arbeiten mit verschiedenen Repräsentationsformen deutlich zu rekonstruieren. So spricht Niss (2010, S. 50) davon, dass bereits zur Darstellung der Daten in einem Diagramm wie in Abbildung 5.14 „decision-making, overview and care" notwendig sind. Denn bereits diesem ersten graphischen Modell der Situation liegen Annahmen und Idealisierungen zugrunde. Ausgehend von der antizipierten Repräsentationsform müssen verschiedene Entscheidungen getroffen werden. Eine solche Entscheidung ist etwa die Skalierung der x-Achse. Im Lösungsvorschlag von Niss (2010) werden die Monate an der x-Achse abgetragen, daraus resultiert eine Idealisierung, da die unterschiedlichen Längen der Monate nicht weiter berücksichtigt werden. Alternativ wäre es möglich, auf der x-Achse Tage abzutragen.

Zur weiteren Bearbeitung der Frage wird anschließend eine Algebraisierung durch eine geeignete Funktion vorgenommen:

> Our modeller knows that the sine function is a typical periodic oscillating function which is often well suited to capture exactly such relationships. Of course, this in turn requires the modeller to know something about the sine function and its fundamental properties. Otherwise this idea would never have occurred to him or her (Niss, 2010, S. 50).

Hier bringt Niss (2010) die Sinusfunktion im Sinne eines Mathematisierungsmusters ins Spiel. Der Modellbildner benötigt innermathematische Kenntnisse über die periodische Eigenschaft sowie den typischen „wellenförmigen" Verlauf als Merkmale der Sinusfunktion. Des Weiteren ist es notwendig, dass diese Merkmale der mathematischen Struktur als angemessene Beschreibung des realen Sachverhaltes erkannt werden, so dass sich eine Passung zwischen antizipiertem mathematischen Modell und realer Situation realisieren lässt. Dies entspricht der Vorstellung vom idealisierenden Modellieren, wie es in Abschnitt 5.2.4, Seite 188 beschrieben wurde.

Die Analyse des Modellbildungsprozesses zeigt nun jedoch, dass weitere geistige Handlungen zur Bearbeitung notwendig sind. Ausgangspukt für diese weiteren Handlungen ist der Kandidat zur Beschreibung des Zusammenhangs in Form der allgemeinen Sinusfunktion $l(t) = a\sin(bt + c) + d$. Damit liegt zu diesem Zeitpunkt eine recht deutliche Vorstellung vom mathematischen Modell vor. Die Parameter im mathematischen Modell müssen nun jedoch noch angepasst werden. Dabei nutzt Niss (2010) Daten, die inhaltlich im Zusammenhang mit der Situation interpretiert werden können, etwa die Länge des längsten Tages im Jahr am 21. Juni als Maximum der Funktion und die Länge des kürzesten Tages im Jahr am 21. Dezember als Minimum.

Die zwei unterscheidbaren Teilhandlungen des Auswählens einer möglichen Funktion im Sinne eines idealisierenden Modellbildens und des anschließenden Anpassens der Parameter kann nach Pinkernell (2010, S. 13f) auch als qualitatives Modellieren und anschließendes quantitatives Modellieren unterschieden werden. Des Weiteren lässt sich die Modellbildung der Aufgabe Tageslängen auch sehr passend durch die Schritte des „analytical modelling" nach Burkhardt (1981, S. 106) beschreiben (siehe Abbildung 5.15, Seite 208).

Zunächst müssen wichtige Merkmale der Situation erkannt werden („generate ideas on the empirical situation"), anschließend müssen Tageslänge und Tag als abhängige und unabhängige Variablen identifiziert werden („identify math variables"). Des Weiteren müssen zur Modellbildung Beziehungen zwischen den Eigenschaften der realen Situation und der mathematischen Re-

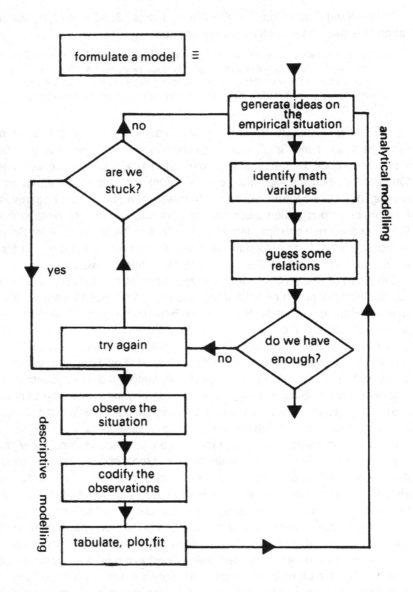

Abbildung 5.15: Flussdiagramm zur Darstellung verschiedener Aktivitäten im Rahmen der Modellbildung nach Burkhardt (1981, S. 106).

präsentation zur Anpassung der Funktion in geeigneter Weise hergestellt werden („guess some relations"). Stehen dem Modellbildner Kenntnisse und Fähigkeiten zum Anpassen möglicher Mathematisierungsmuster zur Verfügung, muss sicher weniger geraten als mehr mit den Kenntnissen gearbeitet werden. Die von Burkhardt (1981, S. 106) als „descritpitve modelling" bezeichneten Schritte („observe the situation", „codify the observations" und „tabulate, pot, fit") wurden überwiegend durch die Aufgabenstellung vorweggenommen[8]. Erst, wenn alle Teilhandlungen, also insbesondere das qualitative Auswählen einer Funktion und das anschließende Quantifizieren der Parameter ausgeführt wurden, liegt das gewünschte mathematische Modell vor, mit dem die Tageslänge für den gesuchten Tag bestimmt werden kann.

Die Teilhandlung innerhalb der Tätigkeit des mathematischen Modellierens, in der für eine realitätsbezogene Situation zunächst ein geeignetes Mathematisierungsmuster (qualitativ) ausgewählt wird und in einer weiteren Teilhandlung eine Anpassung von Parametern des Mathematisierungsmusters erfolgt, wird *anzupassendes Modellieren* genannt. Die gesamte Tätigkeit wird dann als *anzupassendes Modellieren* bezeichnet. Abbildung 5.16 enthält eine schematische Darstellung des gesamten Prozesses des anzupassenden Modellierens.

5.3.3 Kern des anzupassenden Modellierens

Das anzupassende Modellieren beinhaltet das idealisierende Modellieren und verlangt zusätzlich das Anpassen von Parametern im mathematischen Modell. Daher gibt es hinsichtlich des Ziels keinen Unterschied zum idealisierenden Modellieren. Auch die Übersetzung einer außermathematischen Situation in ein mathematisches Modell stellt wie beim idealisierenden Modellieren den wesentlichen Kern dieser Tätigkeit dar. Die somit nötige mehrschrittige, zyklische und iterative Modellentwicklung wird beim anzupassenden Modellieren nun durch weitere Teilhandlungen zur Anpassung von Parametern im mathematischen Modell erweitert. Wie im Lösungshinweis zur Aufgabe Tageslängen ersichtlich wird, kann die Anpassung einzelner Parameter als inhaltliches Interpretieren von bestimmten Aspekten der außermathematischen Situation

---

[8]Hier zeigt sich, dass eine Erweiterung der Aufgabe möglich ist. Nun ist die Bestimmung der Tageslängen für ein ganzes Jahr als Projekt in der Schule sicher etwas ungeeignet. Anregungen für Probleme, in denen die Daten von Lernenden selbst ermittelt werden sowie Hinweise zum Vorgehen bei der Datenerhebung geben Eichler und Vogel (2009).

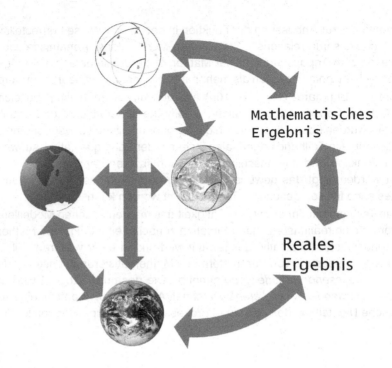

Abbildung 5.16: Schematische Darstellung des anzupassenden Modellierens.

verstanden werden. Daher werden die Teilhandlungen zum Anpassen der Parameter auch als zwischen der außermathematischen Situation und dem mathematischen Modell vermittelnde Aktivitäten angesehen und erweitern den Übersetzungsprozess.

5.3.4 Aspekte einer Orientierungsgrundlage zum anzupassenden Modellieren

Die folgenden Ausführungen über weitere Aspekte als Grundlage zur Orientierung und Regulation der Tätigkeit erweitern die bisherigen Aspekte. Das bisher Gesagte behält dabei seine volle Gültigkeit. Die hier hinzugekommenen Aspekte ergeben sich aus den besonderen Erfordernissen des anzupassenden Modellierens.

5.3.4.1 Kenntnisse über den Unterschied zwischen qualitativem und quantitativem Modellbilden

Zur Bearbeitung von Modellierungsaufgaben mit Funktionen lassen sich die Teilhandlungen zur Auswahl einer geeigneten Funktion und die Anpassung der Funktion voneinander trennen. Pinkernell (2010, S. 13f) nennt das Auswählen und Begründen einer möglichen Funktion *qualitatives Modellieren*, das Anpassen der gewählten Funktion an die Situation bezeichnet er als *quantitatives Modellieren*. Nach Pinkernell (2010, S. 14) ist diese „Abfolge von Auswahl und Anpassung (...) auch beim Erstellen von Regressionen sichtbar". Eine bewusste Trennung dieser beiden Teilhandlungen beugt einem unreflektierten Anpassen von Funktionen im Sinne des Versuch und Irrtum mit Technologieeinsatz vor. Wird die Situation zunächst qualitativ modelliert, müssen Eigenschaften und Zusammenhänge der Situation erkannt werden, um eine gewählte Funktion begründen zu können.

Die Bestimmung der Parameter im Rahmen des quantitativen Modellierens kann nun, wie im Lösungshinweis zur Aufgabe Tageslängen dargestellt, auf Grundlage realitätsbezogener Überlegungen erfolgen. Eine andere Möglichkeit besteht jedoch auch in der Ausführung einer Regression. Nun spricht Pinkernell (2010, S. 14) davon, dass „Regressionen (...) bei der Bestimmung von Modellfunktionen häufig missbraucht" werden. Er verweist jedoch auch darauf, dass Regressionen hilfreich sein können, um den außermathematischen Sachverhalt besser zu verstehen. Entscheidend für den sinnvollen Umgang mit Regressionen ist, dass eine mit Hilfe des innermathematischen Verfahrens der Regression bestimmten Funktion wieder mit der außermathematischen Situation in Beziehung gesetzt wird. Nur dann können Parameter, die durch eine Regression bestimmt wurden, inhaltlich interpretiert werden.

In diesem Zusammenhang ist der Beitrag zu einer Variation der Tageslängenaufgabe von Galbraith (2007, S. 48f) bemerkenswert, in dem er darauf hinweist, dass die Bestimmung der Parameter auf Grundlage inhaltlicher Überlegungen nicht auf eine Funktion mit optimaler Anpassung führt. Eine Reflexion der Unterschiede sowie Vor- und Nachteile der unterschiedlichen Methoden zum Anpassen der Parameter ist dann im Sinne des kritischen Modellierens interessant.

5.3.4.2 Kenntnisse und Fähigkeiten zum termunabhängigen Arbeiten mit Funktionen

Zur Bewältigung von Anforderungen des anzupassenden Modellierens mit Funktionen, wie es in der Aufgabe Tageslängen der Fall ist, sind Kenntnisse und Fähigkeiten erforderlich, auf deren Grundlage Parameter bestimmt werden können.

Solche Kenntnisse und Fähigkeiten entsprechen der von Pinkernell (2009a, S. 797f) als „termunabhängiges Arbeiten mit Funktionen" bezeichneten Idee. Stehen den Lernenden, wie von Pinkernell (2009b, S. 42) beschrieben, Kenntnisse über die Auswirkungen der Parameter für beliebige Funktionen zur Verfügung, kann die „Anpassung eines Funktionsgraphen handwerklich getrennt von der Auswahl einer möglichen Funktion" (Pinkernell, 2009b, S. 42) durchgeführt werden. Haben Lernende Kenntnisse über die Wirkung der reeleen Parameter a, b, c und d für beliebige Funktionen $f(x)$ in der Form $y = a \cdot f(b \cdot x + c) + d$, können diese Kenntnisse „auch auf bis dato unbekannte Funktionstypen übertragen" (Pinkernell, 2009b, S. 42) werden.

Innermathematische Kenntnisse alleine sind jedoch nicht ausreichend. Wie die Aufgabe Tageslänge zeigt, ist auch ein Wissen über den realen Sachverhalt erforderlich. Des Weiteren sind Fähigkeiten erforderlich, außermathematische Aspekte und Zusammenhänge des Problems mathematisch zu interpretieren und mit den Parametern in Beziehung zu setzen.

5.3.4.3 Kenntnisse und Fähigkeiten beim Bestimmen der Parameter

Wie im Lösungsvorschlag zur Aufgabe Tageslänge kann die Bestimmung der Parameter auf Grund inhaltlicher Überlegungen zur Sachsituation vorgenommen werden. Es ist aber auch möglich, eine Funktionsanpassung rechnerisch, etwa mit der Methode der kleinsten Quadrate vorzunehmen (vgl. Engel, 2010, S. 227).

Im Zusammenhang mit einer unreflektierten, rein quantitativ, also rechnerisch bestimmten Funktionsanpassung, weist Pinkernell (2010) darauf hin, dass dies möglicherweise „zu verfälschten Aussagen über den Sachkontext" führen kann. Daher sind neben Kenntnissen über die Möglichkeiten zur Anpassung der Parameter auch Kenntnisse über „Risiken und Nebenwirkungen" erforderlich.

Anhand einer Aufgabe zur Modellierung der Tageslängen in Melbourne und Brisbane weist Galbraith (2007, S. 48f) ebenfalls auf dieses Problem hin. So

führen inhaltliche Überlegungen von Galbraith (2007, S. 48) zur Funktion $y = 730 + 158\cos\left(\frac{2\pi}{365}(x + 11)\right)$ während seine Regression mit einem TI-83 $y = 731 + 155\cos\left(\frac{2\pi}{377}(x + 17)\right)$ liefert.
Mit Blick auf die Möglichkeiten weist Pinkernell (2010, S. 14) anhand eines anderen Beispiels darauf hin, dass die rechnerische Bestimmung einer Anpassung auch dazu führen kann, dass Zusammenhänge der Situation besser verstanden werden können. In diesem Zusammenhang kann eine durch Regression angepasste Funktion, genau wie ein idealisierendes Mathematisierungsmuster, dazu beitragen, dass Zusammenhänge in der realitätsbezogenen Problemsituation besser verstanden werden.

5.4 Analyse des kritischen Modellierens

Das kritische Modellieren ist die analytische Modellierungsaktivität (siehe Abschnitt 4.2.2, Seite 129). Diese Modellierungsaktivität steht in Verbindung mit der Perspektive des soziokritischen Modellierens, in der ein kritischer und reflektierter Umgang mit mathematischen Modellen als übergeordnetes Ziel angesehen wird (siehe auch Seite 41).

Gegenstand ist ein mathematisches Modell bzw. ein bereits ausgeführter Modellbildungsprozess. Ziel dieser Tätigkeit ist eine kritische Reflexion dieser Modellbildung und gegebenenfalls eine selbständige Verbesserung des mathematischen Modells. Sowohl für die kritische Analyse und Reflexion als auch für eine Modellverbesserung muss zunächst das vorliegende mathematische Modell verstanden werden und der Modellierungsprozess nachvollzogen werden. Diese Teilhandlung entspricht dem Erkennen und Verstehen (siehe Abschnitt 2.3.1.2, Seite 54). Da das Erkennen und Verstehen als Teilhandlung notwendige Voraussetzung für das kritische Modellieren ist, wird zunächst das Erkennen und Verstehen anhand der ersten Beispielaufgabe analysiert. Auf Grundlage der weiteren Beispielaufgaben werden weitere Teilhandlungen des kritischen Modellierens diskutiert.

5.4.1 Beispielaufgabe 1: Watertank

Die Aufgabe Watertank wird von Henning und Keune (2007, S. 229) zur Illustration der Niveaustufe des „Erkennens und Verstehens" verwendet. Die Aufgabe ist eine Variation der gleichnamigen Aufgabe aus PISA 2003 (vgl. OECD,

2003b, S. 73). Die Aufgabe wurde auch von Henning und Keune (2006, S. 1671) in leicht veränderter Form genannt.

Die folgende Formulierung der Aufgabe stammt von Henning und Keune (2007, S. 229).

Watertank

During a math class students are asked to describe a watertank as it is filled. The tank is one meter wide, empty at the beginning and is filled with one liter of water per second. The students receive further information from the teacher as to the shape and measurements of the tank.

Here you see one student's results. He sketched the tank of water and depicted in a graph how the water-level changed over time.

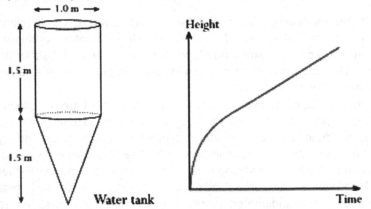

A1)   How could the student have established the course of the graph?

A2)   Are there other information which the student did not use?

The teacher judges that the results so far are good and encourages the student to find a formula for calculating the water-level.

A3)   What steps would the student have to take in order to set up a formula for calculating the water-level?

5.4.1.1 Tätigkeitstheoretische Beschreibung von Strukturkomponenten

Gegenstand der Tätigkeit zur Bearbeitung von Teilaufgabe A1) und A2) sind die in der Aufgabenstellung enthaltenen Repräsentationsformen (siehe Seite

188). In der Aufgabenstellung wird ein Ausschnitt der Situation im Text kommuniziert, weitere Repräsentationen stellen die Skizze des Wassertanks und das Schaubild der Funktion dar. Um die Aufgaben A1) und A2) bearbeiten zu können, muss zunächst die in der Aufgabe enthaltene Interpretation der Situation (siehe Seite 185) nachvollzogen werden. Nur auf Grundlage dieser Interpretation kann der Zusammenhang zwischen den verschiedenen Repräsentationsformen erkannt werden. Der wesentliche Unterschied zum aktiven Modellieren liegt in Teilaufgabe A1) darin, dass in diesem Fall eine mathematische Repräsentation vorgegeben ist. Somit fehlt im Rahmen einer solchen Tätigkeit die für das selbständige und aktive Modellieren typische Unsicherheit hinsichtlich des mathematischen Modells. Dennoch muss der Zusammenhang erkannt werden. Dieses Erkennen stellt auch das Handlungsziel der Aktivität dar.

Das Handlungsziel bei der Bearbeitung der Teilaufgabe A2) geht über das ausschließliche Rekonstruieren der in der Aufgabenstellung enthaltenen Interpretation hinaus. Das Ziel der Aktivität besteht darin, Eigenschaften des realen Problems zu finden, die im dargestellten mathematischen Modell nicht berücksichtigt wurden, also in der gesamten Interpretation der Situation vernachlässigt wurden.

5.4.1.2 Lösungshinweise

Die Lösungshinweise in der Literatur (vgl. Henning & Keune, 2007; Henning & Keune, 2006) beziehen sich auf Aufgabenteil A1) und A2). Zunächst muss erkannt werden, dass der Wassertank ein zusammengesetztes Objekt ist. Des Weiteren muss erkannt werden, dass bei der Bearbeitung der Aufgabe durch den Schüler anscheinend die Dicke des Materials nicht berücksichtigt wurde und das graphische Modell eine qualitative Beschreibung des Befüllens des Wassertanks darstellt. Die quantitativen Daten zur Füllung des Tanks (ein Liter pro Sekunde) und die Maßangaben zum Tank wurden bei der Bearbeitung nicht berücksichtigt (vgl. Henning & Keune, 2007; Henning & Keune, 2006). Diese Hinweise beziehen sich auf eine konkrete Bearbeitung der Aufgabe Watertank. Dabei werden getroffene Annahmen sowie berücksichtigte und vernachlässigte Elemente explizit genannt. Damit verbundene Teilhandlungen des Modellbildungsprozesses (z.B. Annahmen treffen, vereinfachen, etc.) werden nicht auf einer Metaebene angesprochen. Das heißt, dass in den Lösungshinweisen von Henning und Keune (2007, S. 229) sowie Henning und Keune (2006, S. 1671) nicht vom konkreten Beispiel abstrahiert wird und verallgemeinerte Begriffe zur Beschreibung der Bearbeitung verwendet werden. Wird auch in Teilaufgabe A3) auf eine abstrakte Benennung von notwendigen Schritten eines Modellbildungsprozesses verzichtet, ist folgender Lösungsansatz denkbar:

1. Eine beliebige Menge Wasser im Wassertank soll algebraisch beschrieben werden
2. Zerlegung des Wassertanks in einen Kegel und einen Zylinder
3. Algebraisierung vom Körpervolumen des Kegels: Für das Volumen eines Kegels gilt $V = \frac{\pi}{3} r^2 h$.
4. Sei nun $r_0 = 0,5m$ der größte Radius des kegelförmigen Teils des Wassertanks und $h_0 = 1,5m$ die Höhe des Kegels, muss für den Kegel die Beziehung zwischen Radius und Höhe mit $3r_0 = h_0$ zur Reduzierung der Variablen erkannt werden.
5. Dieses Verhältnis bleibt für beliebige Füllhöhen im Wassertank ($\tilde{h}$) erhalten, denn mit dem Strahlensatz gilt $\frac{h_0}{r_0} = \frac{\tilde{h}}{\tilde{r}}$.
6. Substituiert man $\tilde{r}$ durch $\frac{\tilde{h}}{3}$, lässt sich das Volumen einer beliebigen Wassermenge im unteren Teil des Wassertanks beschreiben durch:
$$V = \frac{\pi}{3} \left(\frac{\tilde{h}}{3} \right)^2 \tilde{h}$$
7. Algebraisierung der Füllhöhe in Abhängigkeit der Zeit für den Kegel:
   a) Umstellen der Volumenformel nach der Höhe $\tilde{h} = \sqrt[3]{\frac{27}{\pi} V}$
   b) Wegen der Füllgeschwindigkeit von 1 Liter pro Sekunde lässt sich nun die Füllhöhe des Wassers im Kegel in dm beschreiben durch die folgende Funktion:

$$h(t) = \sqrt[3]{\frac{27}{\pi} t}$$

8. Algebraisierung der Füllhöhe in Abhängigkeit der Zeit für den Zylinder:
   ...

Auf einer Metaebene lassen sich die Schritte 1 und 2 als Entwicklung eines Realmodells mit geometrischen Körpern beschreiben. Die weiteren Schritte stellen eine Algebraisierung des Füllvorgangs dar. Diese Bearbeitung des Aufgabenteils A3) geht jedoch über die Anforderungen des „Erkennens und Verstehens" hinaus. Eine solche Bearbeitung entspricht viel mehr dem „anzupassenden Modellieren" (siehe Seite 203), so dass die weitere Analyse auf die Teilaufgaben A1) und A2) beschränkt bleibt.

5.4.1.3 Rekonstruktion der Interpretation

Die Aktivität zur Bearbeitung von Teilaufgabe A1) verlangt zunächst, dass Merkmale des realitätsbezogenen Problems und Merkmale der mathematischen Repräsentation (dem Schaubild der Funktion) erkannt werden. Anschließend müssen die erkannten Merkmale miteinander in Beziehung gesetzt werden. Da der Ausgangspunkt der Mathematisierung in der realen Welt und das Ergebnis in der Welt der Mathematik gegeben ist, kann dieses In-Beziehung-Setzen aus beiden „Richtungen" erfolgen und entspricht somit dem Herstellen der Passung, wie es bereits in Abschnitt 5.2.3.3 (Seite 185) zum idealisierenden Modellieren beschrieben wurde. Es ist also möglich, im mathematischen Modell nach Entsprechungen von Merkmalen des realen Problems zu suchen, es ist aber auch möglich, Merkmale des mathematischen Modells mit realitätsbezogenen Aspekten in Verbindung zu bringen. Diese beiden Richtungen entsprechen den zwei zentralen Handlungen des idealisierenden Modellbildens, dem Strukturieren und dem Idealisieren (siehe Abschnitt 5.2.4, Seite 188).

An der Aufgabe Wassertank kann z.B. sowohl an der Skizze des Wassertanks als auch am Schaubild der Funktion erkannt werden, dass eine Zerlegung für zwei Abschnitte zur Beschreibung des Füllvorgangs erforderlich sind. So kann in der Skizze des Wassertanks erkannt werden, dass der Wassertank aus zwei Körpern zusammengesetzt ist. Im Schaubild der Funktion kann erkannt werden, dass ein Teil des Funktionsgraphen gekrümmt und ein anderer Teil gerade ist.

In entfalteter Form besteht die Aktivität somit aus zwei zentralen Teilhandlungen: zunächst dem Erkennen von Merkmalen, die in den verschiedenen Repräsentationsformen berücksichtigt werden und anschließend dem Erkennen der Beziehung zwischen den Repräsentationsformen, also dem Erkennen der zugrunde liegenden Interpretation. Durch diese Teilhandlungen wird die Passung zwischen den Repräsentationsformen rekonstruiert. Dieses Erkennen der Interpretation ist dem Erkennen der mathematischen Tiefenstruktur des außermathematischen Problems sehr ähnlich (siehe Abschnitt 3.3.2.1 und Abschnitt 5.2.4), wenn davon ausgegangen wird, dass ein geeignetes Mathematisierungsmuster antizipiert wird. Entsprechend der Vorstellung vom Prozess des Modellbildens wird der Erkenntnisprozess dann durch die antizipierte mathematische Struktur geleitet. Eine solche, den Erkenntnisprozess leitende mathematische Struktur liegt auch mit dem angegebenen mathematischen Modell vor. Der einzige Unterschied zwischen dem vorgegebenen mathematischen Modell und einem antizipierten Mathematisierungsmuster kann in der Unsicherheit über die Angemessenheit liegen. Diese Unsicherheit hat allerdings höchstens Einfluss auf die Motivation und somit möglicherweise auf die Anstrengungsbereitschaft, die Passung herzustellen. Für den kognitiven Erkenntnisprozess wird kein Unterschied erwartet.

5.4.1.4 Erkennen und Benennen nicht verwendeter Merkmale des Realmodells

Durch die oben für Teilaufgabe A2) beschriebenen veränderten Strukturmerkmale hat die Handlung auch einen anderen Schwerpunkt. Es geht nicht um die Suche nach einer Beziehung, sondern um die Suche vernachlässigter Merkmale. Solche nicht berücksichtigten Merkmale können nur gefunden werden, wenn für Merkmale des realen Problems oder Realmodells keine Entsprechung im mathematischen Modell gefunden wird.

Die Identifikation eines Merkmals als „nicht verwendetes Merkmal" verlangt, dass durch Strukturieren der realitätsbezogenen Situation Merkmale herausgearbeitet werden, für die es in den mathematischen Repräsentationen keine Entsprechung gibt.

Das Erkennen verwendeter und nicht verwendeter Merkmale ist eine erste Teilhandlung des kritischen Modellierens. Erst wenn die in der Darstellung einer Modellierung zum Ausdruck gebrachte Interpretation rekonstruiert wurde, kann die mathematische Modellierung kritisch geprüft werden. Sich im Rahmen der kritischen Reflexion anschließende Fragen können sich darauf beziehen, ob die zentralen Merkmale der Situation berücksichtigt wurden und ob das mathematische Modell so eine angemessene Abbildung darstellt. Anhand dieser Merkmale kann auch deutlich werden, worüber das mathematische Modell eine Aussage machen kann. In der Aufgabe Watertank kann der Funktionsgraph als mathematisches Modell nur eine qualitative Aussage über den Füllvorgang machen, da die angegebenen Daten nicht für ein quantitatives Modell berücksichtigt wurden.

5.4.2 Beispielaufgabe 2: Alarm Systems

Die Aufgabe Alarm Systems ist eine Variation der PISA-Aufgabe „Rising crime" (vgl. Henning & Keune, 2007, S. 230; OECD, 2003a, S. 95). Die Aufgabe wird im Folgenden nach Henning und Keune (2007, S. 230f) wiedergegeben.

Alarm Systems

Every year the police record statistics of the number of house-burglaries in their city. From these statistics a manufacturer of alarm systems has picked out the following years.

year	1960	1965	1970	1975	1980	1984
number of crimes	110	200	330	480	590	550

The manufacturer has used this data to make the following statement in his advertisements: *Every 10 years the number of burglaries doubles or tribles! Buy an alarm system now befor your house is robbed too!*

C1) Is the first sentence of the advertising slogan correct? Support your answer.

C2) Why could the manufacturer have specifically chosen this data?

5.4.2.1 Tätigkeitstheoretische Beschreibung der Strukturkomponenten

Die in der Werbung wiedergegebene Interpretation über die Entwicklung der Einbrüche ist in Teilaufgabe C1) Gegenstand der Tätigkeit. Damit ist der Gegenstand dieser Aktivität vergleichbar mit dem aus den Teilaufgaben A1) der Aufgabe Wassertank. Es fehlen jedoch implizite Hinweise über die Angemessenheit des mathematischen Modells. Daraus ergibt sich ein wesentlicher Unterschied im Handlungsziel. Es geht darum, das mathematische Modell zu bewerten und diese Bewertung anschließend wiederzugeben.

Der Gegenstand in Teilaufgabe C2) bleibt unverändert, der Schwerpunkt verschiebt sich jedoch auf das Realmodell bzw. die der Modellierung zugrunde liegenden Zwecke. Solche Zwecke werden in der Aufgabenstellung jedoch nicht genannt. Das Ziel dieser Aktivität liegt somit im Erkennen von impliziten Modellannahmen und Motiven, die den Modellierungsprozess beeinflusst haben.

5.4.2.2 Lösungshinweise

In Aufgabenteil C1) soll die Angemessenheit der Aussage „Every 10 years the number of burglaries doubles or tribles!" beurteilt und begründet werden.

Wie Abbildung 5.17 zeigt, entspricht der Anstieg der Einbrüche zu den ersten drei Messzeitpunkten recht gut einer Verdreifachung der Einbrüche nach

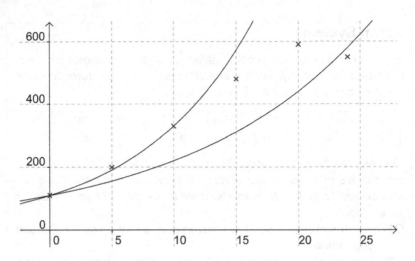

Abbildung 5.17: Graphische Repräsentationen der Daten und mathematischen Modelle zur Beispielaufgabe Alarm Systems mit dem Startwert (0,110)

zehn Jahren. Ausgehend vom Startwert im Jahr 1960 mit 110 Einbrüchen liegt auch die Zahl der Einbrüche im Jahr 1984 nur leicht unter dem Wert einer Verdopplung der Einbrüche alle zehn Jahre. Gegen die, in der Werbung verwendeten mathematischen Modelle spricht jedoch die Entwicklung der Einbrüche ab 1970. Zwischen 1970 und 1980 nimmt die Zunahme der Einbrüche sogar ab, so dass zwischen 1970 und 1980 ein Wendepunkt existiert. Des Weiteren stellt die Zahl der Einbrüche im Jahr 1980 ein Maximum dar, so dass nicht nur die Zunahme der Einbrüche zurückgeht, sondern auch die absolute Zahl der Einbrüche von 1980 bis 1984. Diese Merkmale in den Daten bleiben in den mathematischen Modellen, die in der Werbung verwendet werden, unberücksichtigt. Auf Grund dieser Argumente scheinen die in der Werbung verwendeten mathematischen Modelle als unangemessen. Da die Modelle jedoch fast eine obere und untere Schranke für den in der Werbung verwendeten Zeitraum darstellen, ist es auch nicht uneingeschränkt möglich, den in der Aufgabe zu hinterfragenden Satz als komplett falsch zu beurteilen.

Im Teil C2) soll über den Zweck der ausgewählten Daten reflektiert werden. Die Daten von 1960 bis 1980 wurden vermutlich gewählt, da auf Grundlage dieser Daten die für die Werbung verwendeten mathematischen Modelle insgesamt einigermaßen passend sind.

Im Rahmen einer kritischen Reflexion wäre es auch interessant zu diskutieren, dass aus den jährlichen durch die Polizei dokumentierten Daten nur Daten aus bestimmten Jahren verwendet wurden. Berücksichtigt man nun die hinter einer Werbung liegenden wirtschaftlichen Interessen, ist es plausibel, dass für die Werbung Daten gesucht wurden, die eine verkaufsförderliche Interpretation der Entwicklung von Einbrüchen ermöglicht.

Des Weiteren kann darüber diskutiert werden, ob die Kenntnisse über die Anzahl von Einbrüchen in den vergangenen Jahren tatsächlich eine angemessene Grundlage für eine Prognose von Einbrüchen in der Zukunft ist. Insbesondere kann in Frage gestellt werden, ob die Daten von 1960 bis 1970 für eine Prognose in die Zukunft tatsächlich sinnvoll sind. Betrachtet man nur die Entwicklung in der „jüngeren" Vergangenheit ist die Entwicklung deutlich weniger „dramatisch" als in der Werbung dargestellt. Solche Überlegungen über den Geltungsbereich der Modellbildung gehen jedoch über die konkreten Aufgabenstellungen zur Aufgabe Alarm Systems hinaus.

5.4.2.3 Kritisches Beurteilen als Erkennen und Bewerten

Teilaufgabe C1) besteht zunächst aus der Rekonstruktion der Interpretation, die den zuvor beschriebenen Aktivitäten zur Aufgabe Watertank sehr ähnlich sind. Lässt sich eine Interpretation rekonstruieren, liefert das Argumente, die für die Angemessenheit des mathematischen Modells sprechen. Werden Merkmale der realen Situation gefunden, die nicht berücksichtigt wurden, liefert das Argumente, die das mathematische Modell in Frage stellen. Auf Grundlage solcher Argumente kann das mathematische Modell auch als unpassend kritisiert werden. Dabei werden an dieser Stelle die Begriffe *passend* und *unpassend* bewusst den Begriffen *richtig* und *falsch* vorgezogen. Damit soll deutlich werden, dass es zur Beurteilung der Qualität mathematischer Modelle ein Kontinuum gibt. Das bedeutet auch, dass sich wohl nur in sehr seltenen Fällen Argumente finden lassen, die ausschließlich für oder gegen die Angemessenheit des mathematischen Modells sprechen. In der Regel wird es Argumente dafür und dagegen geben. Dies erfordert als weitere Teilhandlung zunächst eine Bewertung der einzelnen Argumente.

Zentral für diese Beurteilung der Argumente ist die Einschätzung der Relevanz der verwendeten Argumente, die nur hinsichtlich des Ziels der Modellbildung erfolgen kann. An der Beispielaufgabe lässt sich diese Bewertung z.B.

an folgenden Argumenten zeigen.

Argument 1: Insgesamt zeigen die Daten, mit Beginn im Jahr 1960, dass eine
Verdopplung der Einbrüche alle zehn Jahre bis 1984 fast eine
untere Schranke darstellt. Die Anzahl der Einbrüche von 1984
liegen nur geringfügig unter einer solchen Verdopplung.

Argument 2: Ab 1975 ist die Aussage über eine Verdopplung der Einbrüche
in zehn Jahren jedoch völlig unzutreffend. Der Anstieg von 1975
bis 1980 ist geringer und ab 1980 zeigt sich sogar ein Rück-
gang.

Für sich genommen, sind beide Argumente inhaltlich richtig. Das erste Argument stützt das mathematische Modell, das zweite Argument stellt es in
Frage. Erst wenn man die Bedeutung der Argumente mit einem konkreten Ziel
der Modellbildung in Verbindung bringt, kann deren Relevanz für die Beurteilung eingeschätzt werden. Soll eine Prognose in die Zukunft vorgenommen
werden, hat das zweite Argument eine höhere Relevanz, da gerade die Entwicklungen in der jüngeren Vergangenheit im Modell nicht berücksichtigt werden. Ginge es tatsächlich darum, die Entwicklung der Einbrüche von 1960 bis
1984 durch eine obere und eine untere Schranke zu beschreiben, wäre das
erste Argument durchaus relevant.

Diese Überlegung führt, wie in Teilaufgabe C2), letztlich auf eine Reflexion der Ziele hinter einer Modellbildung. Hinsichtlich bestimmter Ziele kann die
Auswahl von Daten und eine Modellbildung für einen bestimmten Zweck begründet werden. Dies verdeutlicht aber auch, dass eine Beurteilung immer auf
einer Grundlage erfolgt, die selbst in Frage gestellt werden kann.

Die Überlegungen führen auch auf verschiedene Gegenstände der Kritik.
Für das mathematische Modellieren wurden solche sich unterscheidenden
Gegenstände von Gellert, Jablonka und Keitel (2001, S. 70f) zusammenge-
fasst und über die levels of reflectiveness systematisiert.

Auf dem **ersten Level** sind Schüler und Lehrer in der Lage, ihre mathematischen Aktivitäten in der Klasse zu reflektieren. Für eine solche Reflexion
relevante Fragen sind: Wurden Berechnungen korrekt ausgeführt? Sind mathematische Verfahren fehlerfrei ausgeführt worden? Gibt es Möglichkeiten,
die Berechnungen auf verschiedenen Wegen zu prüfen? (vgl. Gellert et al.,
2001, S. 70) Auf dieser Stufe der Reflexion wird jedoch nach Gellert et al.
(2001, S. 71) die Vorstellung, dass jede mathematische Aufgabe genau eine
Lösung haben muss, nicht überwunden.

Eine erste Überwindung dieser Vorstellung ist auf **Level zwei** in Ansätzen möglich, wenn folgende Fragen diskutiert werden: Wurden zur Berechnung geeignete Methoden verwendet? Kann das Problem auch mit verschiedenen Verfahren bearbeitet werden? Ist das verwendete Verfahren dem Ziel und Zweck angemessen sowie zuverlässig und gültig (vgl. Gellert et al., 2001, S. 71)?

Auf dem **dritten Level** wird nun erstmals die Beziehung zwischen Mathematik und außermathematischem Problemkontext berücksichtigt. Denn auch wenn innermathematisch korrekt und angemessen gearbeitet wurde, ist dies keine hinreichende Bedingung für einen angemessenen Einsatz der mathematischen Mittel und Methoden. Auf diesem Level wird nun endgültig die Wahr-Falsch-Dichotomie überwunden und Beurteilungen des mathematischen Resultates werden in Hinblick auf Ziel und Zweck differenziert gebildet. Es wird also nicht die Mathematik selbst, sondern die Angemessenheit der Interpretation und des Umgangs der mathematischen Resultate in Frage gestellt (vgl. Gellert et al., 2001, S. 71).

Die Reflexion über die Verwendung mathematischer Methoden zur Bearbeitung eines Problems vor der Erarbeitung einer mathematischen Lösung ist Gegenstand des **vierten Levels**. Daher kann auf diesem Level auch in Frage gestellt werden, ob überhaupt Mathematik zur Bearbeitung des Problems notwendig ist. Typische Fragen auf diesem Level sind: Ist eine mathematische Methode notwendig und wenn ja, für was genau? Hat eine mit mathematischen Mitteln erarbeitete Lösung einen Mehrwert gegenüber Ergebnissen, die intuitiv oder auf Grundlage allgemeiner Überlegungen entwickelt wurden? Ein solches Gegenüberstellen formaler und intuitiver oder anderer Möglichkeiten zur Problembearbeitung kann zu der Einsicht führen, dass mathematische Methoden zur Bearbeitung von Problemen nicht immer notwendig und nützlich sind (vgl. Gellert et al., 2001, S. 71).

Auf **Level fünf** wird eine noch weitere Perspektive zur Reflexion über das Problemlösen und die Rolle von Mathematik eingenommen: Welche generellen Auswirkungen ergeben sich aus Methoden des Problemlösens mit mathematischen Mitteln? Wie beeinflusst die Verwendung und Anwendung mathematischer Verfahren die Wahrnehmung (von Ausschnitten) der Welt? Was denken wir über mathematische Mittel, wenn diese universell verwendet werden? Welche Rolle spielt die Mathematik in unserer Gesellschaft? Wie können Bearbeitungen von Problemen bewertet werden (vgl. Gellert et al., 2001, S. 71)?

5.4.3 Ein historisches Beispiel kritischer Modellverbesserung: Das Teilungsproblem

Im Rahmen dieses Beispiels aus der Geschichte soll eine Aktivität rekonstruiert werden, an der weitere Aspekte des kritischen Modellierens deutlich werden. Von Schneider (1988) wurden verschiedene Texte zu diesem Problem in ihrer historischen Reihenfolge als Übersetzungen zusammengestellt. Zur leichteren Nachvollziehbarkeit wird das Teilungsproblem in der Formulierung nach Büchter und Henn (2007, S. 263f) wiedergegeben.

Das Teilungsproblem

Zu Beginn eines Glücksspiels, das aus mehreren Einzelspielen besteht, hinterlegen die Spieler Armin und Beate einen Einsatz in gleicher Höhe. Bei jedem Einzelspiel haben sie die gleiche Chance, zu gewinnen; „unentschieden" ist nicht möglich. Den gesamten Einsatz bekommt derjenige Spieler, der als erster 5 Einzelspiele gewonnen hat. Vor Erreichen des Spielziels muss das Spiel beim Spielstand 4 : 3 abgebrochen werden. Wie soll mit dem Einsatz verfahren werden?

5.4.3.1 Historische Lösungsvorschläge

Die hier dargestellten Lösungsvorschläge zum Teilungsproblem geben keinen vollständigen Überblick über die historische Behandlung des Problems wieder. Die hier vorgestellten Ansätze wurden aus der Literatur gewählt, da sich in den Texten gegenseitige Bezüge finden lassen. So wird in den Texten Kritik an früheren Vorschlägen geäußert und andere Lösungsvorschläge vorgestellt. Somit können spätere Texte als Resultat einer kritischen Modellverbesserung auf Grundlage der früheren Werke verstanden werden.

Luca Pacioli (1494): In seinem Werk *Summa de Arithmetica Geometria Proportioni et Proportionalita* beschreibt Pacioli, dass er „verschiedene Lösungsvorschläge, <die> in die eine oder andere Richtung <gehen>, vorgefunden" (Schneider, 1988, S. 11) habe. Er nennt im Laufe des Textes Aufteilungen, die bei einem Abbruch des Spiels nicht den gesamten Einsatz auszahlen würden und lehnt diese als nicht fair ab. Ein weiterer Ansatz, den Pacioli ablehnt, sieht eine Reduktion vor. Bezogen auf das Beispiel von oben würde das Ergebnis von 4 : 3 auf 1 : 0 reduziert. Da dann Armin eine von fünf Partien zum Sieg gewonnen hätte, bekäme Armin $\frac{1}{5}$ des Gewinns und der Rest würde gleichmäßig verteilt, so dass Armin insgesamt $\frac{7}{10}$ und Beate $\frac{3}{10}$ bekäme. Sein Argument gegen dieses Modell stützt sich dabei ausschließlich auf die Unterschiede in der Verteilung gegenüber einem anderen Vorschlag zur Verteilung. In deutscher Übersetzung lautet die Kritik Paciolis an einem Beispiel mit Reduktion nach Schneider (1988, S. 13): „das ist nicht fair, weil der eine auf $\frac{1}{3}$ und der andere auf $\frac{1}{4}$ seines Anspruchs verzichtet, so daß sie nicht im selben Maß Verzicht leisten."

Sein eigener Ansatz sieht vor, den Gewinn im Verhältnis der bereits gespielten und entschiedenen Partien zu teilen. Für das Beispiel bedeutet das, die Aufteilung im Verhältnis 4 : 3, „d.h. Armin bekommet $\frac{4}{7}$ und Beate bekommt $\frac{3}{7}$ des Einsatzes" (Büchter & Henn, 2007, S. 264). Dabei kündigt Pacioli seinen eigenen Vorschlag mit folgenden Worten an: „Aber die Wahrheit ist das, was ich sagen werde, zusammen mit dem richtigen Weg" (Schneider, 1988, S. 11).

Girolamo Cardano (1539): Cardanos Kritik an Paciolis Vorschlag fällt recht derb aus. Er schreibt, dass Pacioli „einen gewaltigen, sogar von einem Knaben erkennbaren Bock" geschossen habe. Zur Begründung werden verschiedene konkrete Fälle angeführt, mit denen er Paciolis Vorschlag in Frage stellt. Bezieht man Cardanos Beispiele (z.T. überspitzt) auf das oben formulierte Problem, so ist es nach Cardano „absurd", dass die Regel von Pacioli keinen Unterschied zwischen einem Spielstand von 4 : 0 und einem Spielstand von 1 : 0 macht. In beiden Fällen bekäme Armin den gesamten Einsatz, obwohl die Wahrscheinlichkeit, dass Armin das gesamte Spiel gewinnt im ersten Fall viel höher ist. Des Weiteren erwähnt Cardano, dass es aber auch bei einem Spielstand von 4 : 0 nicht angemessen ist, wenn Armin den gesamten Gewinn bekommt, da es prinzipiell möglich ist, dass Beate doch das gesamte Spiel gewinnt (vgl. Schneider, 1988, S. 17).

Cardano ermittelt in seinem Vorschlag das Verhältnis zum Aufteilen anhand der zum Gewinn fehlenden Einzelspiele. Bezogen auf das Beispiel sind das für Armin 1 und für Beate 2. Nun bestimmt Cardano die Progression der beiden Zahlen, was für eine natürliche Zahl n der Summe der natürlichen Zahlen von 1 bis n entspricht. Dann ist die Progression für Armin 1 und für Beate $2 + 1 = 3$. Nach dem Verhältnis der Progressionen wird der Einsatz geteilt. Dabei bekommt der, dem weniger Spiele zum Gewinn fehlen, den größeren Anteil. Es ergibt sich also ein Verhältnis von 3 : 1. Vom Einsatz erhält Armin $\frac{3}{4}$, Beate $\frac{1}{4}$ (vgl. Büchter & Henn, 2007, S. 264; Schneider, 1988, S. 15).

Niccolo Tartaglia (1556): Im ersten Teil seines *General Trattato* nimmt Tartaglia ebenfalls direkten Bezug auf die Arbeit von Pacioli. Seine Kritik bleibt eher sachlich, denn er schreibt: „Diese seine Regel scheint mir weder schön noch gut zu sein" (Schneider, 1988, S. 18). Seine Position begründet er mit dem Beispiel für den Abbruch nach dem ersten Einzelspiel. Wird das gesamte Spiel bereits nach dem ersten Einzelspiel abgebrochen, darf nach Paciolis Vorschlag eine Partei „alles nehmen und die andere überhaupt nichts (...), was vollkommen sinnlos wäre" (Schneider, 1988, S. 19).

Tartaglia schlägt selbst vor, dass der in Führung liegende Spieler seinen eigenen Einsatz vollständig zurück bekommt und vom Einsatz der zurückliegenden Partei einen Anteil. Zur Bestimmung dieses Anteils wird die Differenz aus dem Spielstand berücksichtigt, also für das Beispiel $4 - 3 = 1$. Diese Differenz wird zum Zähler eines Bruchs, dessen Nenner sich aus der Anzahl der Spiele ergibt, die zum Gewinn des Gesamtspiels notwendig sind, im Beispiel als 5. Dieser Bruch, $\frac{1}{5}$, wird nun mit Beates Anteil verrechnet. Der gesamte Einsatz „ist also im Verhältnis 6 : 4 zu teilen, und Armin erhält $\frac{3}{5}$, Beate $\frac{2}{5}$" (Büchter & Henn, 2007, S. 264).

5.4.3.2 Tätigkeitstheoretische Beschreibung von Strukturkomponenten

Das Ziel der zuvor beschriebenen Aktivitäten ist es, einen „besseren" Lösungsvorschlag für das Teilungsproblem zu finden. „Das Problem, eine ‚gerechte' Aufteilung des Gewinns anzugeben, erfordert also (...) ein normatives Modell, was in der vorliegenden stochastischen Situation gerecht sein könnte" (Büchter & Henn, 2007, S. 263). Dabei ist der Gegenstand das Teilungsproblem und bereits existierende Vorschläge zur Verteilung des Einsatzes, also existierende, normative Modelle. Das Ergebnis der Handlung ist ein Vorschlag für eine neue Norm für eine faire Verteilung des Einsatzes. Die Mittel dieser Aktivität sind vielfältig. Das Problem muss verstanden werden, existierende Vorschläge erkannt, reflektiert und kritisiert werden und ein neuer Vorschlag muss entwickelt und dargestellt werden. Da die ersten Teilhandlungen bereits im Zusammenhang mit dem Erkennen und Verstehen sowie im Rahmen des kritischen Modellierens der Aufgabe Wassertank diskutiert wurden und die Entwicklung neuer Vorschläge eine Aktivität des produktiven Modellierens ist, liegt im Folgenden der Schwerpunkt auf der Reflexion und Analyse mathematischer Modelle als Grundlage für eine Modellverbesserung.

5.4.3.3 Zur Rolle verschiedener Repräsentationsformen beim normativen Modellieren

Am Beispiel der aufeinander bezogenen Vorschläge für eine Lösung zum Teilungsproblem lässt sich die Verwendung verschiedener Repräsentationsformen zur Bearbeitung des Problems gut rekonstruieren. So wird etwa die von Pacioli vorgeschlagene Regel zur Aufteilung der Einsätze nach einem Spielabbruch sowohl von Cardano als auch von Tartaglia anhand einzelner Beispiele realitätsbezogen interpretiert. Die als symbolische Gleichung formulierbare Regel zur Aufteilung des Einsatzes als innermathematische Repräsentationsform wird durch einzelne Beispiele anhand einer realitätsbezogenen Repräsentationsform interpretiert. Erst im Wechselspiel beider Interpretationsformen kann die von Pacioli vorgeschlagene Regel kritisch reflektiert werden. Wie im Zusammenhang mit dem idealisierenden Modellieren ausgeführt (siehe Seite 188), spielt auch beim normativen Modellieren die Entwicklung einer umfassenden Interpretation der Situation auf Grundlage verschiedener Repräsentationsformen eine ganz entscheidende Rolle.

5.4.3.4 Eine sachliche Beurteilung verlangt eine Bezugsnorm

In den oben dargestellten Beiträgen zum Teilungsproblem lassen sich immer wieder Bezüge zu und Kritik an älteren Lösungsvorschlägen finden. Dabei wird jedoch sehr unterschiedlich argumentiert. Bei Pacioli finden sich zwei Formen der Modellkritik. Zum einen lehnt er Vorschläge ab, bei denen nicht der komplette Einsatz an die Parteien verteilt wird. Diese Kritik bezieht sich auf das Realmodell, in dem nicht berücksichtigt wurde, dass beim Teilungsproblem der gesamte Einsatz auf die Parteien verteilt werden soll. Zum anderen lehnt er eine Verteilung mit Reduktion ab, in dem er zum Ausdruck bringt, dass bei der Verteilung die Parteien auf unterschiedliche Anteile zu verzichten hätten. Diese Aussage setzt jedoch voraus, dass ein Vergleich mit einer anderen Verteilung vorgenommen wurde. Zwar ist seine Kritik innermathematisch formuliert, ihr muss jedoch der Vergleich mit einem anderen mathematischen Modell zugrunde liegen.

Eine andere Form der Kritik an Lösungsvorschlägen zum Teilungsproblem findet man bei Cardano und Tartaglia. Beide führen verschiedene Fälle an, an denen bestimmte Probleme von Paciolis Vorschlag deutlich gemacht werden. Diese Form der Kritik nimmt auch das außermathematische Problem, für das verschiedene Fälle konstruiert werden, in den Blick. Die Argumente, die anschließend das Modell in Frage stellen, liegen außerhalb der Mathematik. Dies scheint Tartaglia bewusst gewesen zu sein, da er schreibt: „Und deshalb sage ich, daß ein solches Problem eher juristisch als durch die Vernunft gelöst wird; denn egal, auf welche Art und Weise man es löst, es gibt immer einen Grund zu streiten" (Schneider, 1988, S. 19).

Ein solcher „Streit" könnte vermieden werden, wenn es „Qualitätskriterien für die Anwendung von Mathematik und letztlich für die Anwendung von Wissenschaft" (Jablonka, 1996, S. 168) gäbe. Es gibt jedoch „keine allgemein anerkannten, einheitlichen methodischen Grundregeln für die Anwendung von Mathematik" (Jablonka, 1996, S. 168).

> Eine Bewertung ist daher oft nicht ohne die Kenntnis von Alternativen möglich, weil die Leistungen und Beschränkungen erst im Vergleich mit möglichen anderen Lösungen, mit standardisierten Verfahren oder Normen und mit konkurrierenden Lösungsvorschlägen hervortreten (Jablonka, 1996, S. 168).

Das historische Beispiel zeigt, dass als Bezugsnorm außermathematische und moralische Vorstellungen als Grundlage für eine Beurteilung verwendet werden. Dabei wird zum einen auf eine „unfaire" Verteilung hingewiesen, die sich aus dem Vergleich zu einem anderen Modell ergibt, zum anderen werden Vorschläge als „absurd" bezeichnet, wenn sich in einem Spezialfall oder in mehreren Spezialfällen eine Situation ergibt, die als unangemessen empfunden wird. Es bleibt jedoch festzuhalten, dass es keine eindeutige Bezugsnorm zur Beurteilung mathematischer Modellbildung gibt.

5.4.4 Der Kern des kritischen Modellierens

Ziel bei der Bearbeitung einer Aufgabe zum kritischen Modellieren ist eine kritische Reflexion der mathematischen Modellierung. Der Gegenstand dieser Aktivität ist also die in der Modellierung entwickelte Interpretation, die über unterschiedliche Repräsentationsformen zum Ausdruck gebracht wird.

Eine solche kritische Reflexion kann sich nun auf verschiedene Aspekte des Gegenstands beziehen. Entsprechend den levels of reflectivenes nach Gellert et al. (2001, S. 70f) (siehe auch Seite 222), kann das innermathematische Arbeiten reflektiert werden (level 1 und 2), die in der Interpretation enthaltene

Beziehung bzw. Passung zwischen inner- und außermathematischen Repräsentationsformen (level 3 und 4) oder sogar die Verwendung von Mathematik als Mittel zur Bearbeitung eines außermathematischen Problems (level 5). Zur Bewertung der verschiedenen Aspekte sind jeweils eigene Bezugsnormen erforderlich. Für eine solche Bewertung der Interpretation ist häufig ein Vergleich mit alternativen Modellen bzw. Lösungen notwendig, da es in der Regel keine objektive und anerkannte Bezugsnorm für eine solche Bewertung gibt.

Da in den Beschreibungen des Kerns der produktiven Modellierungsaktivitäten die Mathematisierung als Mittel zum Zweck zur Erreichung eines übergeordneten Handlungsziels beschrieben wurde, ist die kritische Reflexion der Modellbildung vor dem Hintergrund des übergeordneten Handlungsziels eine wichtige Aktivität des kritischen Modellierens.

Das kritische Modellieren geht jedoch über die Reflexion der Modellbildung hinaus, wenn die außermathematischen Ziele und Interessen der mathematischen Modellierung zum Gegenstand der Reflexion werden. In diesem Zusammenhang kann auch darüber reflektiert werden, ob mathematische Mittel einen sinnvollen Beitrag zur Problemlösung leisten können bzw. welche Konsequenzen sich aus der Nutzung mathematischer Methoden für das außermathematische Problem ergeben.

Hinsichtlich des Anspruches einer mathematischen Literalität, also einer Mündigkeit gegenüber der Mathematik und ihrer Verwendung, ist die Reflexion der Bedeutung der mathematischen Modellierung hinsichtlich ihrer Bedeutung für die außermathematische Welt zentral. Dies führt jedoch auf die Beurteilung des mathematischen Modellierens hinsichtlich moralischer Normen. Fischer (2001, S. 8) spricht in diesem Zusammenhang von einer „Relativierung von Fachwissen".

5.4.5 Aspekte für eine vollständige Orientierungsgrundlage zum kritischen Modellieren

5.4.5.1 Kenntnisse über die Zweck-Mittel-Relation mathematischer Modellbildung

Die grundlegende Erkenntnis, die eine kritische Reflexion erst ermöglicht, ist wohl, dass Ergebnisse mathematischer Anwendungen, anders als innermathematische Schlussfolgerungen, nicht „ideologiefrei, universell und objektiv" (Jablonka, 1996, S. 150), sondern maßgeblich durch Ziele und Interesse beeinflusst sind. So haben mathematische Modelle keinen naturgesetzlichen

Charakter und liefern immer nur Wenn-dann-Aussagen (vgl. Jablonka, 1996, S. 150).
So fordern auch J. Humenberger und Reichel (1995, S. 37):

> Diese Übersetzungen und die Modellannahmen dürfen nicht nur so nebenbei und heimlich, sondern müssen unbedingt vordergründig und bewußt geschehen, um den Unterschied zwischen Modellen und Wirklichkeit nicht zu verwischen.

Es ist jedoch fraglich, ob dieser Forderung tatsächlich immer nachgekommen wird.

Auch Barbosa (2006, S. 294) sieht in mathematischen Modellen keine neutralen Beschreibungen einer unabhängigen Realität. Er geht sogar davon aus, dass es in der Regel Aspekte im Prozess der Modellbildung gibt, die gegenüber der Öffentlichkeit nicht expliziert werden.

5.4.5.2 Kenntnisse über verschiedene Gegenstände einer kritischen Reflexion - Levels of reflectiveness

Gellert et al. (2001, S. 70f) (siehe auch Seite 222) unterscheiden fünf Levels, von denen sich die ersten zwei Levels auf eine innermathematische Reflexion beziehen. Das dritte und vierte Level beschreiben das Vermögen einer Reflexion über die Beziehung zwischen Mathematik und außermathematischer Realität. Das fünfte Level kann als Metareflexion über Mathematik verstanden werden.

Im Rahmen dieser Arbeit werden daher die fünf levels of reflectivness zu drei Reflexionsleveln zusammengefasst:

Reflexionslevel 1 : Das mathematische Arbeiten und das mathematische Resultat werden kritisch überprüft. Es geht also um eine Reflexion von Bearbeitung und Ergebnis innerhalb der Mathematik.

Reflexionslevel 2 : Die Angemessenheit des mathematischen Modells zur Beschreibung der außermathematischen Situation wird kritisch geprüft. Das auf die reale Situation übertragene Resultat wird kritisch reflektiert. Gegenstand der Reflexion sind die Beziehungen zwischen außermathematischem Gegenstand und Mathematik.

Reflexionslevel 3 : Die Angemessenheit der Anwendung von Mathematik zur Bearbeitung des Problems wird kritisch reflektiert. Dabei wird auch hinterfragt, ob der Einsatz mathematischer Mittel überhaupt notwendig und sinnvoll ist. Gegenstand dieser Reflexion ist somit die Anwendung von Mathematik zur Bearbeitung außermathematischer Probleme.

5.4.5.3 Kenntnisse über die Rolle der Mathematik in unserer Gesellschaft

Gellert et al. (2001, S. 58f) gehen, ähnlich wie Heymann (1996, S. 183f), davon aus, dass Mathematik in der technischen und sozialen Welt unserer Gesellschaft vielfältig enthalten und für diese auch prägend ist. Um diese, in der Welt verborgene und für unsere soziale und technisierte Welt konstitutive Mathematik erkennen, bewerten und beurteilen zu können, sind Kenntnisse über die Rolle der Mathematik in unserer Gesellschaft notwendig. Damit verbunden sind Kenntnisse über Ziele, Gegenstände und Methoden mathematischer Modellbildung. Eine Aufzählung und Diskussion von vier zugespitzten Extrempositionen, denen unterschiedliche Ziele und Einschätzungen über die Reichweite und Anwendbarkeit von Mathematik zugrunde liegen, findet man bei Jablonka (1996).

In der **ersten Position** wird „Mathematik als universelle Technologie zur Lösung von wissenschaftlichen, technischen und sozialen Problemen" (Jablonka, 1996, S. 128) verstanden. Hierin wird Mathematik als effektives Werkzeug zur Aufklärung komplexer Probleme aus den verschiedenen Bereichen Populationsentwicklung, Naturerscheinungen wie Flut und Stürme oder Epidemien, die das tägliche Leben der gesamten Bevölkerung betreffen, verstanden. Die Mathematik stellt Mittel und Möglichkeiten bereit, wissenschaftliche, technische und gesellschaftliche Probleme zu bearbeiten (vgl. Jablonka, 1996, S. 128). In dieser Position erscheint das mathematische Modellbilden nach Jablonka (1996, S. 129) „nicht als eine Art Technik zur Problemlösung, sondern als eine Anschauungsform". Die Charakterisierung

mathematischer Modellbildung als einheitliche, optimistische Lebenseinstellung, gepaart mit einer Auffassung von Problemlösen als zweckrationalem Handeln, basiert auf einem ungebrochenen Vertrauen in die Möglichkeiten naturwissenschaftlichen Wissens als Entscheidungs- und Handlungsgrundlage (Jablonka, 1996, S. 130).

Die Mathematik wird in der **zweiten Position** verstanden „als Instrument zur Aufdeckung und Änderung gesellschaftlicher Strukturen" (Jablonka, 1996, S. 131). Mathematik wird dabei die Möglichkeit zur Beschreibung und Veränderung sozialer Phänomene zugeschrieben. Nach Jablonka (1996, S. 134) ist die „Verwendung mathematischer Aussagen zur Kommunikation politischer

Interessen" verbreitet. Dabei besteht nach Jablonka (1996, S. 133) die Gefahr, dass die „Mathematik nur im Sinne der eigenen Interessen instrumentalisiert" wird. Daher ist es notwendig, den implizit verborgenen Gehalt der Mathematisierung zu erkennen und die im Modell formalisierten Theorien rekonstruieren zu können. Dies setzt jedoch Kenntnisse über die politischen, sozialen und ökonomischen Kontexte und Kenntnisse über die Auswirkungen der mathematischen Modellbildung auf diese Kontexte voraus (vgl. Jablonka, 1996, S. 134).

In der **dritten Position** wird „Mathematik als Instrument zur Bewältigung ökologischer Probleme" (Jablonka, 1996, S. 134) angesehen. Dabei wird der Mathematik auch ein emanzipatorischer Aspekt im Rahmen interdisziplinärer Problembearbeitungen zugesprochen, um außermathematisches Expertenwissen beurteilen zu können. Im Rahmen einer *qualitativen Mathematik* wird das Argumentieren anhand von Größenordnungen sowie oberen und unteren Schranken ermöglicht. Des Weiteren erlauben es graphische Methoden und weitere Verfahren Lösungen zu schätzen. Im Rahmen dieses Ansatzes spielen auch Kenntnisse über Grenzen und Konsequenzen mathematischer Modellbildung eine Rolle (vgl. Jablonka, 1996, S. 135f).

Nach der **vierten Position** dient die Mathematik in erster Linie der Kommunikation über und der Präsentation komplexer dynamischer Systeme. Berechnete und berechenbare Resultate als normative Handlungsvorgaben spielen keine Rolle. Insbesondere wird dabei „die Tatsache, daß die Konstruktion eines Modells immer Interpretation der Realität auf der Basis von Interessen, Zielen, Paradigmen und Überzeugungen bedeutet" (Jablonka, 1996, S. 137), nicht verschleiert. Im Rahmen dieser Position wird auch nicht der Anspruch erhoben, dass im Rahmen der Modellbildung eine Situation vollständig und geschlossen beschrieben wird (vgl. Jablonka, 1996, S. 137).

5.4.5.4 Reflektieren als zentrale Fähigkeit des kritischen Modellierens

Um Aspekte einer mathematischen Modellierung kritisieren zu können, muss zunächst die vorgefundene Interpretation rekonstruiert werden. Auf dieser Grundlage können verschiedene Aspekte hinterfragt und bewertet werden. Dazu muss Aufmerksamkeit auf verschiedene Aspekte der Interpretation gerichtet werden. Ein solches Hinterfragen, ein eingehendes Betrachten, entspricht nach Lengnink (2005, S. 247) dem Reflektieren. Dazu ist es notwendig, geeignete Fragen an den Gegenstand der Reflexion stellen zu können. Solche Fragen wurden oben für die Levels of reflectivenes formuliert (siehe

Seite 222). Des Weiteren ist es notwendig, Antworten auf diese Fragen geben zu können. Hierbei sind das Erkennen und Bewerten zentrale Teilhandlungen. Dabei geht es um Aspekte die bei der Anwendung von Mathematik expliziert wurden, es geht aber auch um Aspekte, wie Annahmen oder implizite Zwecke, die gegenüber der Öffentlichkeit nicht expliziert wurden. Ein weiterer Aspekt der Reflexion liegt in der Gewichtung verschiedener Argumente.

Diese Fähigkeit, Gegenstände mathematischer Aktivitäten reflektieren und beurteilen zu können, sind wesentliche Aspekte einer mathematischen Mündigkeit (vgl. Lengnink, 2005).

5.4.5.5 Fähigkeit zur Entwicklung von Modellverbesserungen

Dieser Aspekt kritischer Modellierungsaktivitäten ist streng genommen selbst eine produktive Modellierungsaktivität. Diese Aktivität geht über eine reine analytische Tätigkeit hinaus und hat als Resultat konstruktive Vorschläge. Da zur Beurteilung mathematischer Modellbildung jedoch eine Bezugsnorm erforderlich ist, für das mathematische Modellieren jedoch keine objektive Bezugsnorm existiert, bleibt häufig nur ein Vergleich mit alternativen Lösungen (siehe Seite 227). Somit kann die selbständige Entwicklung alternativer Modelle zu einer notwendigen Teilhandlung werden.

5.4.5.6 Einstellungen, Gewohnheiten und Fertigkeiten

„Als Hilfe, selbständig den Blickwinkel zu ändern, und als Mittel zum Erkennen und Bewerten von Alternativen, zur Suche nach Gründen und beim Austausch von Argumenten ist Reflexion kein Wissen, sondern eine Haltung" (Jablonka, 1996, S. 187). Aus diesem Grund sind Teilkompetenzen bezüglich des kritischen Modellierens insbesondere durch eine realistische und kritische Einstellung gegenüber mathematischen Anwendungen und Resultaten mathematischer Modellbildungsprozesse geprägt. Dies sollte sich in der Gewohnheit zur kritischen Reflexion mathematischer Modellbildungsprozesse und mathematischer Modelle niederschlagen. Dies zeigt sich darin, ob der Prozess und die Resultate mathematischer Modellbildung immer wieder kritisch hinterfragt werden.

5.4.6 Fazit zur Analyse des kritischen Modellierens

Im Rahmen der Analyse wurde das Erkennen und Verstehen als eine eigenständige Aktivität und Voraussetzung zum kritischen Reflektieren mathematischer Modellbildung differenziert. Dabei zeigte sich, dass sich der kognitive Prozess des Erkennen und Verstehens einer mathematischen Modellbildung auch als Erkenntnisprozess interpretieren lässt, und gerade das Rekonstruieren der Passung zwischen außermathematischem Problem und einem angemessenen mathematischen Modell Teilhandlungen verlangt, die auch für das selbständige idealisierende Modellbilden erforderlich sind.

Das Erkennen und Verstehen weist jedoch eine andere Qualität auf, wenn in einem gewählten mathematischen Modell nicht alle Aspekte der realen Situation abgebildet werden. Dieses Erkennen unberücksichtigter Merkmale der außermathematischen Situation spielt jedoch im Prozess des selbständigen Modellbildens ebenfalls eine Rolle, wenn antizipierte Mathematisierungsmuster als unangemessen verworfen werden.

Nun wird zwar das Erkennen und Verstehen auf Grund des übergeordneten Tätigkeitsziel nicht als eigenständige Modellierungsaktivität verstanden, Aufgaben zum Erkennen und Verstehen verlangen jedoch Fähigkeiten, die für das Modellbilden von großer Bedeutung sind.

Das kritische Reflektieren mathematischer Modelle und mathematischer Modellierungsprozesse geht über die bisher genannten Aktivitäten hinaus. Über die Reflexionslevel werden verschiedene Gegenstände charakterisiert, auf die sich die Reflexion beziehen kann. Entscheidend für eine kritische Reflexion ist dabei immer eine Bezugsnorm, die abhängig vom Gegenstand der Reflexion mehr oder weniger klar ist. Auf Reflexionslevel 1 liegt mit den innermathematischen Regeln eine sehr klare Bezugsnorm vor, so dass erarbeitete Resultate sehr gut beurteilt werden können. Ab Reflexionslevel 2 lässt sich jedoch in manchen Fällen keine eindeutige und anerkannte Bezugsnorm mehr finden. Problematisch ist dies insbesondere bei normativen Modellen. Bei deskriptiven Modellen ist prinzipiell der Vergleich mit der Realität möglich, so dass aus dem Vergleich von Resultaten, die sich aus dem Modell ergeben mit realen Werten ein Gütekriterium formulieren lässt.

Für die Beurteilung von normativen Modellen ist häufig nur eine Beurteilung im Vergleich mit einem anderen Modell möglich. Zum Teil ist es auch möglich, normative Modelle auf Grund von Spezialfällen in Frage zu stellen.

Insgesamt weist die hier analysierte und beschriebene kritische Reflexion eine große Nähe zum Validieren als Qualitätsprüfung auf. Da das Validieren für das selbständige Modellieren eine zentrale Teilhandlung ist, ergibt sich ein weitere, Bezug zum produktiven Modellieren. Somit kann das kritische Modellieren immer als Teilhandlung des produktiven Modellierens interpretiert werden. Die aus der Analyse hervorgehenden Aspekte können somit auch als Teilkompetenzen produktiver Modellierungskompetenzen verstanden werden.

5.5 Fazit zur tätigkeitstheoretischen Analyse der Modellierungsaktivitäten

In diesem Abschnitt werden die bisherigen Ausführungen im Rahmen der Analyse der verschiedenen Modellierungsaktivitäten zusammengetragen. Dazu werden im Folgenden die Unterschiede und Gemeinsamkeiten der in den vorherigen Abschnitten 5.1 bis 5.4 unterschiedenen Modellierungsaktivitäten herausgearbeitet. Auf Grundlage der so erarbeiteten Modellvorstellung zum Erkenntnisprozess des Modellbildens werden die als zentral erachteten Mathematisierungsmuster sowie antizipierende Schemata abschließend präzisiert. Es zeigt sich, dass auf Grund dieser Modellvorstellung über den Prozess des Modellbildens Mathematisierungsmuster und antizipierende Modellbildungsschemata als Kenntnissysteme mit besonderer Qualität erforderlich sind.

5.5.1 Gemeinsamkeiten und Unterschiede der Modellierungsaktivitäten

Auch wenn in den vorangehenden Analysen nicht in jeder Aufgabe einzeln Bezug auf alle Teilhandlungen genommen wurde, so lässt sich doch im gesamten Bearbeitungsprozess der Aufgaben zum produktiven Modellieren und den Aufgaben zum kritischen Modellieren eine Gemeinsamkeit erkennen. In den Bearbeitungen aller Beispielaufgaben lassen sich die Stationen des Modellierungskreislaufs nach Schupp (1988) (siehe Abbildung 2.4 auf Seite 27) rekonstruieren. So liegt jeder Aufgabe eine realitätsbezogene Situation zugrunde, die im Rahmen einer Modellbildung mit einem mathematischen Modell in Beziehung gesetzt wird. Innermathematische Ergebnisse werden anschließend Interpretiert. Das Validieren findet mehr oder weniger ausgeprägt statt, lässt sich jedoch im allgemeinen Sinne einer Qualitätsprüfung auch in den Bearbeitungen der Beispielaufgaben finden. Somit wird im Rahmen der Analyse der Beispielaufgaben ein grundsätzlicher Bezug zu Modellierungskreisläufen, die den Bearbeitungsprozess in idealisierter Weise darstellen (siehe Abschnitt 2.1.2, Seite 24), bestätigt. Dies gilt auch für die Beispielaufgaben zum kritischen Modellieren. Bei diesen Aufgaben ist jedoch bereits ein mathematisches Modell vorgegeben. Daher muss die Bearbeitung dieser Aufgaben nicht bei der außermathematischen Situation beginnen. Wie von Marxer und Wittmann (2009, S. 13-15) für das normative Modellieren dargestellt, kann die Bearbeitung in diesem Fall auch in der Mathematik beginnen. Dennoch ist es auch hier erforderlich, eine Interpretation der Situation zu rekonstruieren, indem für die verschiedenen Modelle bzw. Repräsentationsformen eine Passung gefunden wird.

Der Kreislauf von Schupp (1988) wurde bewusst gewählt, da es die vier dort genannten Teilhandlungen im Folgenden ermöglichen, die in der Analyse herausgearbeiteten Unterschiede beim Modellbilden differenziert zu berücksichtigen. So scheint auf der einen Seite nach der in Abschnitt 5.1.2 beschriebenen Vorstellung des unmittelbaren Modellbildens (siehe Seite 149) ein Realmodell zwischen außermathematischer Situation und mathematischem Modell keine Rolle zu spielen. Auf der anderen Seite können die geistigen Aktivitäten beim idealisierenden Modellieren (siehe Seite 194), wie sie in Abschnitt 5.2.4 beschrieben wurden, etwa im Modellierungskreislauf aus dem DISUM-Projekt (siehe Abbildung 2.6 auf Seite 28) nicht differenziert genug dargestellt werden.

Hieran wird deutlich, dass die im Rahmen der Analyse rekonstruierten geistigen Aktivitäten des Modellbildens die zentralen Unterschiede bei den Bearbeitungsprozessen der Beispielaufgaben darstellen. Da gerade das Modellbilden im Rahmen der Tätigkeit des mathematischen Modellierens auf Grund der Übersetzung von der außermathematischen in die mathematische Welt angesehen wird (siehe hierzu auch Abschnitt 5.2.5 Seite 194), wird diese zentrale Teilhandlung im Folgenden gesondert diskutiert.

5.5.2 Zum Modellbilden als zentrale Teilhandlung

In der Darstellung des Modellierungsprozesses nach Schupp (1988) stellt die Teilhandlung des Modellbildens die Übersetzung des außermathematischen Problems in ein mathematisches Modell dar (siehe Abbildung 2.4 auf Seite 27). In der Analyse der unterschiedlichen produktiven Modellierungsaktivitäten hat sich gezeigt, dass sich Unterschiede in den geistigen Aktivitäten feststellen lassen. Im Folgenden werden zunächst die Phänomene miteinander verglichen. Anschließend wird erneut auf das Grundvorstellungskonzept Bezug genommen, da sich daraus ein Erklärungsansatz für die Unterschiede gewinnen lässt.

Bei den produktiven Modellierungsaktivitäten wurde das unmittelbare (siehe Seite 146), das idealisierende (siehe Seite 188) und das anzupassende Modellbilden (siehe Seite 203) unterschieden. Die Gemeinsamkeit dieser Modellbildungshandlungen liegt im Ziel, ein mathematisches Modell als spezifisch mathematische Repräsentationsform für ein außermathematisches Problem zu finden. Damit dieses Ziel erreicht werden kann, sind jedoch unterschiedliche geistige Teilhandlungen erforderlich.

Im Fall des unmittelbaren Modellbildens scheint das realitätsbezogene Problem unmittelbar mit einer mathematischen Repräsentationsform in Verbindung zu stehen (siehe dazu auch Seite 149). Auch wenn, wie für das indirekte Mathematisieren durch Modellbilden (siehe Seite 134) beschrieben, zunächst unter den verfügbaren mathematischen Mitteln ein der Situation angemessenes Mathematisierungsmuster gesucht werden muss, scheint es kein Problem zu sein, das gewählte mathematische Modell zur Bearbeitung der Situation anzuwenden. Zwar kann sich nach der Anwendung des Mathematisierungsmusters ein Widerspruch zu einem auf Grund lebensweltlicher Erfahrung erwarteten Ergebnis ergeben, die Anwendung des Mathematisierungsmusters an sich wird dadurch jedoch nicht erschwert und bleibt unmittelbar.

Ein ganz anderes Bild vom Prozess der Modellbildung wurde für das idealisierende Modellbilden rekonstruiert. Besonders deutlich wird der Unterschied am Beispiel der Aufgabe Leuchtturm, wenn Michi sehr früh in der Bearbeitung auf die Idee kommt, den Satz des Pythagoras zu verwenden, sich jedoch erhebliche Schwierigkeiten zeigen, bis schließlich ein geeignetes rechtwinkliges Dreieck gefunden wird (siehe Seite 173).

Ein etwas anderes Phänomen zeigt sich bei der Bearbeitung der Beispielaufgabe Regenwald. Hier werden in den von Borromeo Ferri (2011) beobachteten Bearbeitungsprozessen mehrere mathematische Zwischenergebnisse erarbeitet und kombiniert, bis schließlich eine vollständige mathematische Interpretation des Problems entwickelt werden konnte (siehe Seite 163). Ebenfalls mehrere zyklische Bearbeitungsprozesse zur Entwicklung einer angemessenen Interpretation der Situation beschreiben Lesh und Doerr (2003) zur Bearbeitung der Beispielaufgabe Big Foot (siehe Seite 185).

Auch wenn sich in den konkreten Prozessen zur Entwicklung der mathematischen Modelle für die Aufgaben Regenwald, Leuchtturm und Big Foot Unterschiede erkennen lassen, ist jedoch der erhöhte Aufwand zur Erarbeitung eines mathematischen Modells eine ganz wesentliche Gemeinsamkeit. Insbesondere im Zusammenhang mit der Aufgabe Leuchtturm wurde bereits darauf hingewiesen, dass dieser erhöhte Aufwand auf Grund der Distanz (siehe auf 190) zwischen außermathematischem Problem und mathematischem Modell eine Hürde im Bearbeitungsprozess darstellt, die im Sinne des Problemlösens im Rahmen des Bearbeitungsprozesses überwunden werden muss (siehe Seite 181). Diese größere Distanz kann auch im Zusammenhang mit einer höheren Abstraktion gesehen werden, die notwendig ist, um das Problem im Rahmen einer Interpretation als geistige Widerspiegelung im Rahmen des theoretischen Denkens zu fassen (siehe dazu auch Abschnitt 3.1.1 ab Seite 72 sowie zum theoretischen Denken Seite 73). Dieses Erfassen der Interpretation entspricht dem Erkennen einer angemessenen Tiefenstruktur zur Beschreibung des außermathematischen Problems (siehe Abschnitt 3.3.2.1, Seite 86). Dafür sind Mathematisierungsmuster als theoretische Begriffe notwendig, die das Erkennen wesentlicher Merkmale der Situation ermöglichen. Diese Teilhandlung wurde Idealisieren genannt (siehe Seite 191). Dieses Idealisieren spielt auch beim anzupassenden Modellieren (siehe Seite 203) eine zentrale Rolle, wenn auf Grund qualitativer Merkmale zunächst ein geeignetes Mathematisierungsmuster gesucht werden muss (siehe auch Seite 211). Erst dann kann das Mathematisierungsmuster der konkreten Situation angepasst werden.

Insbesondere bei der qualitativen Bestimmung mathematischer Modelle zeigt sich, dass Kenntnisse über Eigenschaften des Mathematisierungsmusters notwendig sind und für diese Eigenschaften eine Entsprechung im außermathematischen Problem gefunden werden muss. Auf Grund solcher Eigenschaften ist es möglich, eine Passung zwischen außermathematischem Problem und mathematischem Modell herzustellen, ohne dass das mathematische Modell vollständig quantitativ bestimmt sein muss. Dabei ist es auch denkbar, dass zunächst in der außermathematischen Situation nach Merkmalen und Eigenschaften gesucht wird, die für das Problem relevant sind. Dieses Arbeiten am außermathematischen Problem wurde Strukturieren genannt (siehe Seite 191). Im Rahmen der Modellierung des idealisierenden Modellierens wurde jedoch bereits auf die Annahme hingewiesen, dass im Rahmen einer komplexen Modellbildungsanforderung beide Teilhandlungen, also das Strukturieren und Idealisieren zur Erarbeitung einer Passung notwendig sind (siehe Seite 192). Diese Verbindung des Strukturierens und Idealisierens kann auch als Kombination aus den heuristischen Strategien Vorwärtsarbeiten und Rückwärtsarbeiten interpretiert werden, denn die von Bruder (2002, S. 6) genannte Frage zum Vorwärtsarbeiten „Was lässt sich aus den gegebenen Angaben folgern?" kann auf das Strukturieren übertragen werden. Die Frage zum Rückwärtsarbeiten „Was wird benötigt, um das Gesuchte ableiten zu können?" trifft für das Idealisieren zu. Dabei ist das Gesuchte ein antizipiertes Mathematisierungsmuster und die Frage bezieht sich auf idealisierbare Eigenschaften der Sachsituation.

Bei einer solchen Herstellung einer Passung zwischen außermathematischer Situation und mathematischem Modell, die sich in einer stimmigen Interpretation des gesamten Problems ausdrückt, wird mit verschiedenen Repräsentationsformen gearbeitet (siehe Abschnitt 5.2.3.3, Seite 185, Abschnitt 5.2.3.4, Seite 188 sowie Abschnitt 5.2.4 ab Seite 188). Die häufig in Modellierungskreisläufen zu findenden Stationen „Realsituation", „Realmodell" und „mathematisches Modell" können als solche Repräsentationsformen verstanden werden. In der Analyse der Beispielaufgaben zum produktiven Modellieren lässt sich nun die Vermutung gewinnen, dass zur Bearbeitung anspruchsvoller Modellierungsanforderungen mit mehreren Repräsentationsformen gearbeitet werden muss, weil der notwendige Erkenntnisprozess zur Erarbeitung einer stimmigen Interpretation der Situation das Arbeiten mit den verschiedenen Repräsentationsformen verlangt (siehe auch Abschnitt 5.2.4 ab Seite 192). Dieser Wechsel zwischen den Repräsentationsformen liefert eine Erklärung für das von Borromeo Ferri (2010) beobachtete Hin-und-her-Springen zwischen der außermathematischen und der mathematischen Welt, dass auch mit dem Phänomen der Minikreisläufe in Verbindung steht. Denn für das Testen der Passung einer konkreten Interpretation auf Grundlage einer Repräsentationsform ist der Vergleich mit einer anderen Repräsentationsform und somit ein Wechsel der Perspektive, der als Hin-und-her-Springen Interpretiert werden kann, notwendig.

Auf Grundlage dieses Verständnisses des Modellbildens als Erkenntnisprozess mit dem Ziel der Erschließung einer Situation ist es möglich, ein von K. Maaß (2004) im Unterricht beobachtetes Problem zu verstehen. So berichtet K. Maaß (2004, S. 162) von Fehlvorstellungen bezüglich der Begriffe Realmodell und mathematisches Modell und von Äußerungen von Lernenden, „dass sie das Realmodell nicht vom mathematischen Modell unterscheiden können" (K. Maaß, 2004, S. 162). Unter der Annahme, dass im Bearbeitungsprozess eine gesamte Interpretation der Situation erarbeitet wird, die durch verschiedene außer- und innermathematische Repräsentationsformen zum Ausdruck gebracht wird, ist es nachvollziehbar, dass eine Unterscheidung dieser Begriffe schwierig ist, da es immer um die gleiche geistige Widerspiegelung geht. Der Unterschied zwischen Realmodell und mathematischem

Modell hängt dann davon ab, ob die Vorstellung anschaulich und realitätsbezogen oder innermathematisch, symbolisch und formal kommuniziert wird. Man kann auch von einer Kommunikation über die geistige Widerspiegelung in Umgangssprache oder Fachsprache sprechen. Bekanntermaßen können Lernende damit auf Grund verschiedener Faktoren Schwierigkeiten haben (vgl. Niederdrenk-Felgner, 2000).

Geht man nun im Weiteren davon aus, dass für das inhaltliche Denken über eine solche Interpretation anschauliche Vorstellungen und entsprechende realitätsbezogene Repräsentationsformen bedeutsam sind, ergibt sich der Bezug zum Grundvorstellungskonzept. Grundvorstellungen können dann als Interpretation einer Situation verstanden werden, die ihrerseits verschiedene Repräsentationsformen in Beziehung setzt. Auf Grundlage dieser Vorstellungen bzw. Kenntnisse kann zwischen dem außermathematischen Phänomen und einer mathematischen Repräsentation vermittelt werden. Daraus lassen sich Schlussfolgerungen hinsichtlich der Mathematisierungsmuster als Kenntnisse über mathematische Inhalte einer bestimmten Qualität ziehen. Somit wäre es erforderlich, dass mathematische Inhalte mit außermathematischen Vorstellungen und Repräsentationsformen vernetzt sind, damit sie als Mathematisierungsmuster verwendet werden können. Mathematisierungsmuster stellen somit ein spezifisches Kenntnissystem dar (siehe in Abschnitt 3.3.4.1 ab Seite 100).

Mit Blick auf das Grundvorstellungskonzept findet man auch einen Erklärungsansatz, über den die oben beschriebene Distanz zwischen außermathematischem Problem und mathematischem Modell (siehe Seite 190) beschrieben werden kann.

So versucht das Konzept der Grundvorstellungsintensität die Schwierigkeit mathematischer Inhalte hinsichtlich der Übersetzungsanforderungen zum Ausdruck zu bringen (vgl. Blum, vom Hofe et al., 2004). Im Rahmen dieses Ansatzes werden drei Arten von Grundvorstellungen mathematischer Mittel unterschieden:

(1) *Elementare Grundvorstellungen.* Solche Vorstellungen sind nahe bei den zugehörigen realen (oder auch nur vorgestellten) *Handlungen*, (...) wobei *einzelne* Objekte im Blick sind. Prototypische Beispiele sind die arithmetischen Grundoperationen (...).

(2) *Erweiterte Grundvorstellungen.* Es gibt idealtypisch zwei Gattungen solcher Grundvorstellungen:

  (a) Bei der ersten Gattung sind die Vorstellungen bereits abgelöst von realen Handlungen und beziehen sich nicht nur auf einzelne Objekte, sondern auf ganze *Bereiche*; prototypische Beispiele sind bei Variablen oder

Funktionen zu finden (...).

(b) Bei der zweiten Gattung werden (handlungsnahe) elementare Vorstellungen in nicht-trivialer Weise kombiniert, wodurch eine neue Begrifflichkeit entsteht. Beispiele sind die Vorstellungen vom erhöhten/verminderten Grundwert, die durch geeignete Verschmelzung von Prozentvorstellungen und Additions-/Subtraktionsvorstellungen entstehen.

(3) *Komplexe Grundvorstellungen.* Wenn erweiterte Grundvorstellungen in nicht-trivialer Weise mit anderen Vorstellungen kombiniert werden, entstehen Begrifflichkeiten höherer Stufe. Ein Musterbeispiel ist der Ableitungsbegriff, der aus Änderungsraten- und Grenzwertbegriff gebildet wird (Blum, vom Hofe et al., 2004, S. 152f)

Man kann auch sagen, dass der Ansatz der Grundvorstellungsintensität den Abstraktionsgrad mathematischer Mittel beschreibt. Damit ist gewissermaßen die Distanz bzw. Differenz zwischen einem realen Phänomen und dessen mathematischer Repräsentation gemeint. Elementare Grundvorstellungen werden als reale oder vorgestellte Handlungen nahestehend beschrieben, was für einen geringen Abstraktiongrad spricht. Diese Vermutung wird durch die Beobachtung von Schwarzkopf (2006) gestützt. So ist nach Schwarzkopf (2006) bei der Bearbeitung von Sachaufgaben in der Grundschule noch keine Trennung zwischen der Mathematik und der realen Welt notwendig.

In der Grundschule ist es (...) nur selten der Fall, dass beim Lösen eines Sachproblems der sachliche Kontext im Sinne des Modellierungszirkels zwischenzeitig vollständig verlassen werden muss, dass also gewissermaßen ein „reines" innermathematisches Problem entsteht. So entsteht etwa kein komplexes Gleichungssystem, dessen Lösungen anschließend auf ihre sachliche Brauchbarkeit überprüft werden müssten. Man bemüht sich vielmehr darum, dass die Kinder auch bei der Durchführung ihrer Rechnungen niemals den Bezug zum Sachverhalt verlieren, das *elementare Modellieren* steht im Vordergrund (Schwarzkopf, 2006, S. 96).

Komplexe Grundvorstellungen bestehen aus Kombinationen gedanklicher Objekte. Auch die Formulierung „Begrifflichkeiten höherer Stufe" (Blum, vom Hofe et al., 2004, S. 153) verweist auf einen höheren Abstraktionsgrad.

Diese unterschiedliche Qualität der Grundvorstellungen hat Konsequenzen auf das Wesen der Mathematisierungsmuster. Denn Mathematisierungsmuster beziehen sich, genau wie Grundvorstellungen, unmittelbar auf die „Fähigkeit zur Anwendung eines Begriffs auf die Wirklichkeit durch Erkennen der entsprechenden Struktur in Sachzusammenhängen oder durch Modellieren des Sachproblems mit Hilfe der mathematischen Struktur" (vom Hofe, 1996, S. 6). Gibt es zwischen elementaren Grundvorstellungen einen unmittelbaren Bezug zu außermathematischen Gegenständen und Handlungen, ist der Bezug bei komplexen Grundvorstellungen in jedem Fall ein über Begriffe vermittelter. Auf dieser Grundlage soll der Begriff des Mathematisierungsmusters und des antizipierenden Modellbildungsschemas präzisiert werden.

5.5.3 Präzisierung: Mathematisierungsmuster und antizipierendes Modellbildungsschema

Auf Grundlage des Konzepts der Grundvorstellungsintensität (siehe Seite 240) kann nun davon ausgegangen werden, dass es mathematische Inhalte gibt, die unmittelbar mit realen Handlungen in Beziehung gesetzt werden können (elementare Grundvorstellungen), und andere mathematische Inhalte (komplexe Grundvorstellungen) als „Begrifflichkeiten höherer Stufe" (Blum, vom Hofe et al., 2004, S. 153) einen höheren Abstraktionsgrad besitzen. Dies bedeutet, dass im Prozess des Modellbildens gewissermaßen eine größere Distanz zur Herstellung einer Passung zwischen realem Problem und mathematischem Modell überwunden werden muss. Dies erklärt die Unterschiede zwischen den verschiedenen Formen des Modellbildens. Daher kann davon ausgegangen werden, dass das unmittelbare Modellieren im Zusammenhang mit elementaren Grundvorstellungen zu sehen ist.

Anhand der folgenden, häufig zitierten Aufgabe (siehe u.a. Greer, Verschaffel & Mukhopadhyay, 2007, S. 91; Usiskin, 2007, S. 259 und Reusser & Stebler, 1997, S. 312) sei jedoch darauf hingewiesen, dass es auch unterbestimmte realitätsbezogene Probleme geben kann, die zwar mit einer elementaren Grundvorstellung bearbeitet werden können, jedoch zunächst das Treffen einer Annahme voraussetzen: „Carl has 5 friends and George has 6 friends. Carl and George decide to give a party together. They invite all their friends. All friends are present. How many friends are there at the party?"

Wird zur Bearbeitung dieser Aufgabe die Addition $5 + 6$ unreflektiert zur unmittelbaren Mathematisierung angewendet, liegt der Bearbeitung implizit die Annahme zugrunde, dass Carl und Georg keine gemeinsamen Freunde haben. Mit dieser impliziten Annahme ist eine Idealisierung der Situation verbunden, weshalb in diesem Fall auch von einer idealisierenden Modellbildung gesprochen werden kann, auch wenn das verwendete Mathematisierungsmuster als elementare Grundvorstellung anzusehen ist. Aus diesem Grund scheint eine eindeutige Zuordnung der unterschiedlichen Modellierungsprozesse zu den drei Arten der Grundvorstellungen nicht möglich.

Dennoch wird die aus dem Konzept der Grundvorstellungsintensität gewonnene Überlegung, dass mathematische Inhalte einen unterschiedlich hohen Abstraktionsgrad besitzen, aus dem sich eine unterschiedlich große Distanz zwischen realer Situation und mathematischem Modell ergibt, für die weiteren Überlegungen aufgegriffen und zwischen den drei Mathematisierungsmustern unterschieden:

Unmittelbare Mathematisierungsmuster als Mathematisierungsmuster, die im Rahmen des unmittelbaren Modellbildens (siehe Seite 149) zur mathematischen Beschreibung einer außermathematischen Situation genutzt werden können.

Idealisierende Mathematisierungsmuster als Mathematisierungsmuster, die nach einer idealisierenden Modellbildung eine außermathematische Situation angemessen beschreiben (siehe Seite 194).

Anzupassende Mathematisierungsmuster als Mathematisierungsmuster, die nach einer anzupassenden Modellbildung (siehe Seite 203) ein mathematisches Modell für eine außermathematische Situation darstellen.

Auf Grundlage der obigen Ausführungen wird nun ein individuell verfügbares Kenntnissystem zu einem mathematischen Inhalt, das mit innermathematischen Repräsentationsformen, also z.B. Gleichung, Funktionsgraph, geometrische Repräsentation oder Tabelle sowie mit außermathematischen Repräsentationsformen verknüpft ist, als *Mathematisierungsmuster* bezeichnet.

Am Beispiel der Aufgabe Leuchtturm lässt sich nun eine weitere Differenzierung mathematischer Mittel zur Modellbildung vornehmen. Der zur Bearbeitung der Aufgabe nötige mathematische Inhalt ist ein rechtwinkliges Dreieck als mathematisches Modell. Für das innermathematische Arbeiten kann nun, in Anlehnung an Fügenschuh und Martin (2005), zwischen dem mathematischen Modell und der Methode zur Bearbeitung des Problems unterschieden werden. In den verschiedenen Varianten im Lösungshinweis (ab Seite 170) finden sich nun zwei Methoden zur Bearbeitung des Problems: zum einen den Satz des Pythagoras (Varianten 1 und 3), zum anderen die Bestimmung der Länge des Kreisbogens anhand des über die Definition des Kosinus bestimmten Winkels (Varianten 2 und 4). Auf Grund dieser Differenzierung kann Michis Idee zur Bearbeitung des Problems mit Hilfe des Satzes des Pythagoras (siehe Seite 173) im Sinne des antizipierenden Schemas (siehe Seite 108) auch als *antizipierendes Modellbildungsschema* bezeichnet werden.

Im Unterschied zum Mathematisierungsmuster bezieht sich das antizipierende Modellbildungsschema auf ein mathematisches Verfahren, mit dessen Hilfe ein Problem von einem bestimmten Typ, z.B. zur Bestimmung einer Länge, bearbeitet werden kann. Ein solches antizipierendes Schema ist nun relativ eng mit einem Mathematisierungsmuster und einem entsprechenden mathematischen Modell verbunden, das die Anwendung des Verfahrens ermöglicht.

Nicht in jedem Fall ist eine solche Differenzierung zwischen mathematischem Modell und antizipierendem Modellbildungsschema sinnvoll möglich. So lässt sich etwa der Term zur Bearbeitung der Busaufgabe $1128 : 36$ als mathematisches Modell höchstens theoretisch von dem Verfahren der Division trennen. Dennoch lässt sich auch an diesem Beispiel erkennen, dass prinzipiell zwischen Sachkenntnissen über die Division, der symbolischen Darstellung, also der Gleichung sowie Verfahrenskenntnissen zur Ausführung der Division unterschieden werden kann. Auf Grundlage dieser Unterscheidung von Sach- und Verfahrenskenntnissen (siehe auch in Abschnitt 3.3.4.1, Seite 100), lässt sich das Kenntnissystem eines Mathematisierungsmusters als eher auf Sachkenntnisse bezogenes Wissen bezeichnen, das antizipierende Modellbildungsschema ist eher eine Form von Verfahrenskenntnissen. Die Relativierung wird vorgenommen, da im Sinne komplexer Kenntnissysteme davon ausgegangen wird, dass für eine erfolgreiche Modellbildung immer eine Vernetzung von Sach- und Verfahrenskenntnissen notwendig ist.

6 Tätigkeitstheoretisches Kompetenzstrukturmodell des mathematischen Modellierens

In diesem Kapitel wird ein tätigkeitstheoretisches Kompetenzstrukturmodell zum mathematischen Modellieren vorgestellt. Das Modell gibt eine Antwort auf die erkenntnisleitende Frage 1.4: „Welches Wissen und Können ist für erfolgreiches Modellieren notwendig?" (siehe Seite 7).

Entsprechend der zur Analyse vorgenommenen Differenzierung produktiver und analytischer Modellierungsaktivitäten (siehe Seite 127) besteht das Kompetenzmodell aus zwei Teilen, da sich die beiden Modellierungsaktivitäten auf Grund der jeweils spezifischen Ziele und Gegenstände anhand der Subjekt-Objekt-Struktur der Tätigkeit (siehe Seite 79) eindeutig unterscheiden lassen. Dennoch ist zu beachten, dass es im Rahmen des produktiven Modellierens zu einer Integration des analytischen Modellierens kommt (siehe Abschnitt 5.4.6, Seite 234). Die Qualitätsprüfung des Bearbeitungsprozesses beim Validieren (siehe Seite 29) bezieht sich wie das kritischen Modellieren auf das mathematische Modell und den bisher durchgeführten Modellierungsprozess. Dieser Gegenstand wird sowohl beim Validieren als auch beim kritischen Modellieren reflektiert. Erfolgt dies innerhalb der Tätigkeit des produktiven Modellierens mit dem Ziel, die bisherige Bearbeitung und das erarbeitete Ergebnis zu kontrollieren, wird das kritische Modellieren zu einer Handlung innerhalb der Tätigkeit des produktiven Modellierens.

Auf Grund dieses Zusammenhangs zwischen den beiden Modellierungsaktivitäten ist daher nach einer Operationalisierung zur empirischen Erfassung von Modellierungskompetenz nicht mit trennscharfen Dimensionen zu rechnen. Insbesondere bildungstheoretische Aspekte im Hinblick auf eine mathematische Mündigkeit (vgl. Gellert et al., 2001) bzw. zur Entwicklung einer angemessenen Allgemeinbildung (vgl. Heymann, 1996, S. 243) sprechen jedoch dafür, dass das analytische Modellieren einen eigenständigen Wert innerhalb von Modellierungskompetenzen hat und daher diese Tätigkeit nicht „nur" als Handlung innerhalb des produktiven Modellierens gesehen werden darf.

Im Folgenden wird zunächst der tätigkeitstheoretische Hintergrund für den Aufbau des Kompetenzstrukturmodells vorgestellt. Anschließend folgt die Darstellung der Modelle für die beiden Modellierungsaktivitäten.

6.1 Kompetenzstrukturmodell als System spezifischer Ziele, Mittel und habitualisierter Eigenschaften

In diesem Abschnitt wird der Aufbau des tätigkeitstheoretischen Kompetenzstrukturmodells zum mathematischen Modellieren erläutert. Dabei wird auf die bisher dargestellten theoretischen Grundlagen der Tätigkeitstheorie sowie auf verschiedene Aspekte von Modellierungskompetenzen zurückgegriffen.

Für ein Modell, das verschiedene Komponenten und deren Beziehungen einer Tätigkeit darstellen soll, bietet sich die Subjekt-Objekt-Struktur der Tätigkeit (siehe Seite 79) als äußerer Rahmen an. In Anlehnung an Abbildung 3.1 (Seite 80) bilden Ziel, Gegenstand, Mittel und Subjekt zunächst die übergeordneten Kategorien des Modells (siehe Abbildung 6.1). Dabei sei an dieser Stelle auf die wechselseitigen Beziehungen zwischen diesen Elementen hingewiesen. In den Darstellungen in den Abschnitten 6.2 und 6.3 werden diese Kategorien inhaltlich gefüllt. Zur besseren Übersichtlichkeit wird dann jedoch darauf verzichtet in den Abbildungen alle Beziehungen darzustellen. Das soll jedoch ausdrücklich nicht bedeuten, dass im Rahmen der Präzisierung diese Beziehungen verloren gehen.

In der folgenden Präzisierung wird bereits zwischen den beiden Modellierungsaktivitäten differenziert. Für das produktive Modellieren kann die Subjekt-Objekt-Struktur anhand der drei Dimensionen von Kompetenzen nach Niss (2003a) bzw. für Modellierungskompetenzen nach Blomhøj und Jensen (2007) (siehe auch Seite 48) präzisiert werden. Die Mittel der Tätigkeit beinhalten Wissen und Können, das zur Bewältigung der Anforderungen notwendig ist. Das Wissen zur Bewältigung von Modellierungsanforderungen lässt sich nach Niss (2003a) und Blomhøj und Jensen (2007) präzisieren durch das technical level, also *mathematische Mittel* in Form von *Mathematisierungsmustern* oder verfügbaren *mathematischen Kenntnissen und Verfahren* zum Arbeiten im mathematischen Modell. Das entsprechende Können inklusive einem Metawissen lässt sich anhand des degree of coverage konkretisieren, der sich unmittelbar auf die *Aktivitäten im Bearbeitungsprozess* bezieht (vgl.

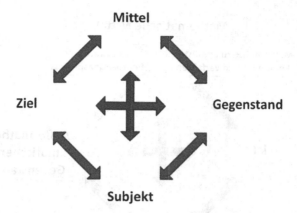

Mittel

Ziel

Gegenstand

Subjekt

Abbildung 6.1: Übergeordnete Kategorien als Rahmen für das tätigkeitstheoretische Kompetenzstrukturmodell. Die Kategorien gehen
aus der Subjekt-Objekt-Struktur der Tätigkeit nach Giest und
Lompscher (2006, S. 38) hervor. Siehe auch Abbildung 3.1 auf
Seite 80.

Niss, 2003a; Blomhøj & Jensen, 2007). Der *außermathematische Gegenstand*
entspricht der Dimension radius of action. Die habitualisierten Voraussetzungen des Subjekts zur Bewältigung der Anforderungen lassen sich nun anhand
der psychischen Eigenschaften zur Orientierung und Regulation der Tätigkeit präzisieren (siehe Seite 98). Diese psychischen Eigenschaften werden
im Kompetenzstrukturmodell als *Grundlagen zur Orientierung und Regulation*
bezeichnet und stehen an Stelle des Subjekts. Damit ergibt sich Abbildung
6.2.

Beim kritischen bzw. analytischen Modellieren liegt ein anderer Gegenstand, nämlich ein *Modellierungsprozess* bzw. Ergebnisse eines Modellierungsprozesses vor. Auch die Mittel der Tätigkeit unterscheiden sich, wobei
die Mittel des analytischen Modellierens nur durch Aktivitäten konkretisiert
werden. Die notwendigen Kenntnisse werden über die psychischen Eigenschaften berücksichtigt. Daraus ergeben sich die in Abbildung 6.3 dargestellten Kategorien.

Eine weitere und für das Modell letzte Differenzierung, die im Folgenden
nur exemplarisch für das produktive Modellieren ausgeführt wird, bezieht sich

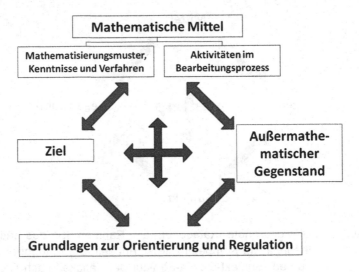

Abbildung 6.2: Kategorien des tätigkeitstheoretischen Kompetenzstrukturmodells für produktive Modellierungsaktivitäten

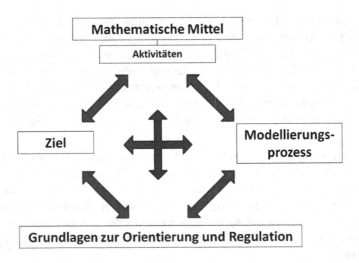

Abbildung 6.3: Kategorien des tätigkeitstheoretischen Kompetenzstrukturmodells für das kritische Modellieren

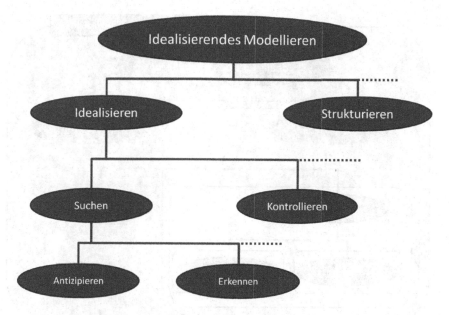

Abbildung 6.4: Schematische Darstellung der entfalteten Struktur aus Teilhandlungen und geistigen Operationen beim idealisierenden
Modellieren

auf die Aktivitäten im Rahmen der Tätigkeit zur Einwirkung auf den Gegenstand. Diese Aktivitäten lassen sich in Handlungen, Teilhandlungen und geistige Operationen weiter differenzieren (siehe Seite 74). Im Rahmen der Analyse wurden durch die Entfaltung der Tätigkeit verschiedene Aktivitäten benannt und präzisiert, die zur Bewältigung der Anforderungen ausgeführt werden müssen. Dieser Zusammenhang zwischen der Tätigkeit des idealisierenden Modellierens, entsprechenden Teilhandlungen und der Entfaltung geistiger Opreationen für das idealisierende Modellieren soll in Abbildung 6.4 angedeutet werden.

Jede Aktivität beruht auf einer entsprechenden Grundlage zur Orientierung
und Regulation (siehe 3.3.5, Seite 107). Für die gesamten Aktivitäten ergibt
sich somit ein komplexes System von miteinander in Beziehung stehenden
Aktivitäten und Orientierungsgrundlagen. In Abbildung 6.5 soll die Struktur
der Aktivitäten sowie die „dahinter" oder „zugrunde liegenden" Orientierungs-

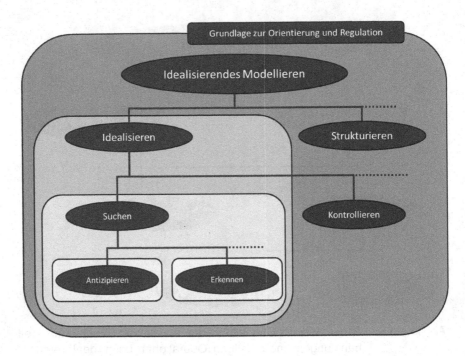

Abbildung 6.5: Schematische Darstellung der entfalteten Struktur beim idealisierenden Modellieren und einem dahinter liegenden System
von Orientierungsgrundlagen

grundlagen angedeutet werden. Diese Orientierungsgrundlage geht aus den
habitualisierten psychischen Eigenschaften des Subjekts hervor.

Das tätigkeitstheoretische Kompetenzstrukturmodell orientiert sich somit an
der Subjekt-Objekt-Struktur der Tätigkeit, präzisiert die Mittel als spezifische
Kenntnisse und Aktivitäten, als Ergebnisse aus der Analyse der Anforderungen. Die Subjektseite beschreibt das individuelle Wissen und Können sowie
notwendige Einstellungen, die im Rahmen des Kompetenzaufbaus erworben
werden müssen. Somit stellt das Modell, auf der Grundlage der tätigkeitstheoretischen Analyse verschiedener Aufgaben in Kapitel 5, eine Verbindung zwischen den objektiven Anforderungen und entsprechendem Wissen und Können sowie den Einstellungen des Subjekts her, die zur Bewältigung dieser
Anforderungen notwendig sind. Das tätigkeitstheoretische Kompetenzstrukturmodell weist aus, welches Wissen, welches Können und welche Einstellungen

im Rahmen des langfristigen Kompetenzaufbaus erworben werden müssen, um die der Analyse zugrunde liegenden Anforderungen zu bewältigen. Die Konkretisierung dieser Modellierungskompetenzen beginnt mit einer Beschreibung der jeweiligen Tätigkeit. Dabei werden auch der Gegenstand und die Mittel der Tätigkeit spezifiziert. Anschließend werden einzelne Komponenten des tätigkeitstheoretischen Kompetenzstrukturmodells differenziert benannt. Dabei werden im Folgenden die Ergebnisse der vorangehenden Abschnitte gebündelt und zusammengefasst. Daraus ergeben sich knappe Darstellungen, die jeweils mit Verweisen auf vorangehende Abschnitte versehen sind.

6.2 Modell zur Bewältigung produktiver Modellierungsaktivitäten

Entsprechend der herausgearbeiteten Kerne der zwei analysierten produktiven Modellierungsaktivitäten (siehe Seite 149 und Seite 194), lässt sich die Tätigkeit produktiver Modellierungsaktivitäten wie folgt als Kompetenz beschreiben:

Lernende können selbständig außermathematische Probleme mit mathematischen Mitteln bearbeiten und führen dazu notwendige Teilhandlungen aus (siehe Seite 155). Insbesondere sind sie in der Lage, eine reale Situation in ein mathematisches Modell zu übersetzen (siehe Seite 149 und Seite 194).

Gegenstand dieser Tätigkeit ist ein außermathematisches Problem, das mit Hilfe von Mathematisierungsmustern und spezifischen Teilhandlungen bearbeitet wird.

Abbildung 6.6 ist eine vereinfachte Darstellung der tätigkeitstheoretischen Kompetenzstruktur zum produktiven mathematischen Modellieren. Diese Darstellung enthält die Komponenten sowie zentrale Beziehungen zwischen den Komponenten. Aus Gründen der Übersichtlichkeit wurde auf Verbindungen vom außermathematischen Problem zu anderen Komponenten verzichtet. Da es in der gesamten Tätigkeit um die Bearbeitung des außermathematischen Problems geht, steht es mit allen anderen Komponenten in Verbindung. Lediglich beim mathematischen Arbeiten ist diese Verbindung nur noch implizit gegeben, da das mathematische Modell vom konkreten Problem abstrahiert. Im Folgenden werden die Komponenten beschrieben.

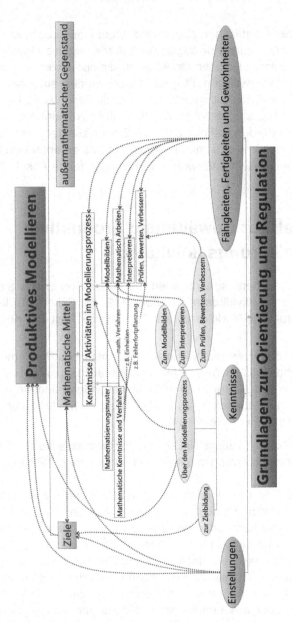

Abbildung 6.6: Darstellung des tätigkeitstheoretischen Kompetenzstrukturmodells zum produktiven Modellieren

Kenntnisse zur Orientierung und Regulation der gesamten Tätigkeit

- Lernende haben Kenntnisse über das Vorgehen zur Bearbeitung von Sach- und Modellierungsaufgaben (siehe Seite 151 und 197).
- Lernende wissen, dass sich abhängig vom Ziel und Zweck der Modellbildung verschiedene mathematische Modelle unterscheiden lassen (siehe Seite 38).

Ziele und Zielbildung

Im Rahmen der Zielbildung der Tätigkeit können Lernende
- zur Bearbeitung außermathematischer Probleme angemessene Ziele für eine Bearbeitung der Probleme mit mathematischen Mitteln entwickeln (siehe Seite 201).
- verschiedene Ziele mathematischer Modellbildung unterscheiden (insbesondere normatives und deskriptives Modellieren) (siehe Seite 24).

Zur Orientierung der Zielbildung wissen Lernende, dass
- das übergeordnete Ziel produktiver Modellierungsaktivitäten aus dem Problem der außermathematischen Domäne hervorgeht (siehe Seite 149 und Seite 196).
- zur mathematischen Bearbeitung eine Mathematisierung, also eine Übersetzung in ein angemessenes mathematisches Modell als zentrale Teilhandlung notwendig ist (siehe Seite 153, Seite 194 und Seite 197).
- dem Prozess des mathematischen Modellierens verschiedene Ziele zugrunde liegen können (siehe 24).

Mittel

Zur Bewältigung der Anforderungen können Lernende im Rahmen der Tätigkeit verschiedene Mittel nutzen. Dazu gehören spezifische (Teil-)Handlungen im Modellierungsprozess und zur Anwendung verallgemeinerte, also disponible Kenntnisse.

Modellbilden

Um innerhalb des Modellierungsprozesses für das außermathematische Problem ein mathematisches Modell zu erhalten, können Lernende
- einfache reale Situationen mit Hilfe von Mathematisierungsmustern (direkt) in ein mathematisches Modell übersetzen (siehe Seite 133).

- für ein reales Problem einen zyklischen und iterativen Modellbildungsprozess ausführen, wenn keine direkte Mathematisierung des Problems möglich ist (siehe Seite 188).

  Im Rahmen eines solchen Modellbildungsprozesses können Lernende
  - die Sachsituation erschließen und können sich zusätzliche Informationen beschaffen, falls dies nötig ist (siehe Seite 198).
  - in den ihnen zur Verfügung stehenden mathematischen Inhalten nach einem geeigneten Mathematisierungsmuster suchen (siehe Seite 155).
  - Mathematisierungsmuster aktivieren und falls nötig zur Idealisierung der Sachsituation nutzen (siehe Seite 198).
  - mathematisch Mittel als antizipierende Schemata nutzen, um einen Lösungsweg zu antizipieren (siehe Seite 156 und Seite 177).
  - iterativ „bessere" Interpretationen der realen Situation entwickeln (siehe Seite 185).

Neben den entsprechenden Handlungen verfügen die Lernenden über
- Mathematisierungsmuster als Mittel der Tätigkeit in Form von disponiblen Kenntnissystemen (siehe Seite 242).

Zur Orientierung und Regulation der Modellbildung wissen Lernende, dass
- ein mathematisches Modell eine spezifische Interpretation einer Situation darstellt, der im Rahmen eines Modellbildungsprozesses andere Interpretationen vorausgehen können (siehe Seite 185).
- dieser Übersetzungsprozess ein iterativer Suchprozess nach einem geeigneten mathematischen Modell ist, der aus mehreren Teilhandlungen besteht (siehe Seite 197 und siehe Abschnitt 5.2.4, Seite 188).
- das reale Problem idealisiert werden muss, um es mathematisieren zu können und verfügen über entsprechende Kenntnisse über das Idealisieren im Rahmen des Modellbildens (siehe Seite 198).
- beim anzupassenden Modellieren zunächst durch qualitatives Modellieren eine begründete Entscheidung für ein mögliches mathematisches Modell getroffen werden muss (siehe Seite 211).
- die Anpassung von Parametern im Sinne des quantitativen Modellierens mit Bezug auf die außermathematische Situation oder als rein innermathematischer Vorgang durchgeführt werden kann (siehe Seite 211).

Innermathematisch Arbeiten
Zur Erarbeitung eines mathematischen Resultates können Lernende

- im mathematischen Modell arbeiten, um für das mathematische Problem eine Lösung zu bestimmen (siehe Seite 156).
- Technologie auch als Werkzeug verwenden (siehe Seite 66), z.B. zum Rechnen oder zum Ausführen von Regressionen (siehe Seite 211).

Interpretieren
Um das mathematische Resultat zu interpretieren, können Lernende
- das erarbeitete mathematische Resultat auf das reale Problem übertragen (siehe Seite 154).

Dazu verfügen Lernende über
- spezifische mathematische Kenntnisse zum mathematischen Modellieren. Zum Beispiel zum Umgang mit Einheiten (siehe Seite 200).

Überprüfen, Beurteilen und Verbessern
Zur Überprüfung können Lernende
- den Modellbildungsprozess einer kritischen Qualitätsprüfung unterziehen (Validieren) (siehe Seite 29 sowie die Ausführungen zum Kompetenzstrukturmodell des kritischen Modellierens in Abschnitt 6.3 ab Seite 257).

Zur Beurteilung können Lernende
- Aussagen über die Genauigkeit und Ungenauigkeit der erarbeiteten Lösungen treffen (z.B. hinsichtlich der Fehlerfortpflanzung) (siehe Seite 199).

Zur Überprüfung und Beurteilung verfügen Lernende
- über für das Modellieren spezifische mathematische Kenntnisse, zum Beispiel zum Umgang mit und zur Kontrolle von Ungenauigkeiten und Fehlern (siehe Seite 199).

Zur Verbesserung können Lernende
- falls nötig bzw. sinnvoll verschiedene (Näherungs-)Lösungen erarbeiten und die Qualität der jeweiligen Lösungen beurteilen (obere / untere Schranke oder mittlerer Wert) (siehe Seite 199).

Zur Orientierung und Regulation des Validierens und Verbesserns wissen Lernende, dass

- die Angemessenheit verwendeter mathematischer Mittel geprüft werden muss (siehe Seite 154 und siehe hierzu auch Abschnitt 6.3, Seite 257).
- erarbeitete Resultate auf Grund der Idealisierungen als Näherungswerte zu betrachten sind und Fehler kontrolliert werden müssen (siehe Seite 199).
- zur Beurteilung der Angemessenheit das außermathematische Problem entscheidend ist (siehe Seite 149, Seite 200 sowie hierzu auch Abschnitt 6.3, Seite 257).

Einstellungen

Für eine angemessene Orientierung der Tätigkeit haben Lernende gegenüber

- der Mathematik eine positive Einstellung als mächtiges Werkzeug zur Bearbeitung vielfältiger außermathematischer Probleme (siehe Seite 158).
- dem mathematischen Modellieren eine positive Einstellung als mehrschrittigen Bearbeitungsprozess (siehe Seite 158).
- realen Problemen eine positive Einstellung und trauen sich zu, diese Probleme mit mathematischen Mitteln zu bearbeiten. Dies bedeutet, eine gewisse Ausdauer bei der Bearbeitung zu zeigen, auch wenn Hindernisse im Bearbeitungsprozess auftreten (siehe Seite 202).
- sich selbst und anderen eine positive, aber dennoch (selbst-)kritische Einstellung, so dass eine Reflexion von Modellbildungsprozessen und deren Resultaten selbstverständlich ist (siehe Seite 202).

Die Tätigkeit unterstützende Kompetenzen

Des Weiteren sind die Lernenden in der Lage, u.a. folgende Aktivitäten, die für das mathematische Modellieren häufig notwendig, jedoch nicht spezifisch sind, im Rahmen der Bearbeitung einer produktiven Modellierungsaktivität auszuführen:

Lernende können

- Technologie situationsangemessen für verschiedene Zwecke einsetzen (siehe Seite 66).
- ihren Bearbeitungsprozess im Sinne der exekutiven Metakognition planen, überwachen und kontrollieren (siehe Seite 157).

- Problemlösestrategien verwenden, um Hürden im Modellbildungsprozess zu überwinden (siehe Seite 202).

6.3 Modell zur Bewältigung analytischer Modellierungsaktivitäten

Die Tätigkeit des kritischen Modellierens lässt sich nach der Charakterisierung des Kerns (siehe Seite 228) wie folgt als Kompetenz beschreiben:

Lernende können verschiedene Aspekte eines mathematischen Modells bzw. eines mathematischen Modellbildungsprozesses kritisch reflektieren.

Dabei wird ein mathematisches Modell und/oder ein Modellbildungsprozess zum Gegenstand einer kritischen Reflexion und Überprüfung.

Die tätigkeitstheoretische Kompetenzstruktur des analytischen Modellierens, bestehend aus den Komponenten und zentralen Beziehungen, ist in Abbildung 6.7 überblicksartig dargestellt. Auch in dieser Abbildung wurde auf Verbindungslinien mit dem Gegegenstand verzichtet. Da die gesamte Tätigkeit auf die Bearbeitung des Gegenstandes gerichtet ist, steht dieser mit allen Komponenten in Verbindung.

Im Folgenden werden die Komponenten beschrieben.

Kenntnisse und Einstellungen zur Orientierung und Regulation der gesamten Tätigkeit

Lernende wissen, dass

- Resultate mathematischer Modellbildung kritisch hinterfragt werden müssen (siehe Seite 228 und Seite 229).
- Ergebnisse einer mathematischen Modellbildung nicht ideologiefrei, universell und objektiv sind, sondern von impliziten Annahmen und Zielen beeinflusst werden (siehe Seite 229).
- Mathematik in unserer Gesellschaft verschiedene Funktionen haben kann und können verschiedene Funktionen benennen (siehe Seite 231).

Für eine angemessene Orientierung der Tätigkeit ist folgende Einstellung zentral:

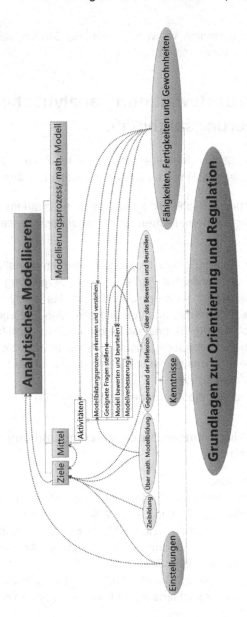

Abbildung 6.7: Darstellung des tätigkeitstheoretischen Kompetenzstrukturmodells zum analytischen Modellieren

- Lernende haben gegenüber der mathematischen Modellbildung eine realistische und kritische Einstellung. Dies zeigt sich im kritischen Reflektieren mathematischer Modelle und dem kritischen Hinterfragen von Modellbildungsprozessen (siehe Seite 233).

Ziele und Zielbildung

Für eine angemessene Zielbildung zum kritischen Modellieren wissen Lernende, dass

- mathematische Modelle zur Bearbeitung eines realen Problems nicht „richtig" oder „falsch" sind, sondern mehr oder weniger angemessen, passend oder geeignet (siehe Seite 24).
- es verschiedene Aspekte einer Modellbildung gibt, die Gegenstand einer kritischen Reflexion werden können (siehe Seite 222).

Mittel

Zur Bewältigung der Anforderungen sind Lernende im Rahmen der Tätigkeit in der Lage, verschiedene Handlungen als Mittel der Tätigkeit auszuführen.

Erkennen und Verstehen
Lernende können

- Ergebnisse von Modellbildungsprozessen erkennen und verstehen, also die in der Modellbildung erstellte Abbildung von der außermathematischen in die mathematische Domäne rekonstruieren (Siehe Seite 217).
- für eine Modellbildung wichtige Aspekte des realen Problems, die nicht im mathematischen Modell berücksichtigt wurden, erkennen und benennen (siehe Seite 218 und Seite 232).

Geeignete Fragen stellen
Lernende können

- zur kritischen Reflexion einer mathematischen Modellbildung geeignete Fragen stellen um verschiedene Aspekte des Gegenstandes kritisch zu prüfen (siehe Seite 222 und Seite 232).

Bewerten und Beurteilen
Lernende können

- verschiedene Aspekte einer mathematischen Modellbildung kritisch beurteilen (siehe Seite 232).

Dazu wissen sie, dass
- es zur Beurteilung einer mathematischen Modellbildung keine objektiven Kriterien gibt (siehe Seite 227).
- Ergebnisse einer mathematischen Modellbildung häufig nur in einem Vergleich mit Alternativen beurteilt werden können (siehe Seite 227).
- die Beurteilung der Angemessenheit einer mathematischen Modellbildung letztlich auf moralische Fragen führt (siehe Seite 227).

Modellverbesserung
Lernende können,
- eigene Vorschläge für eine Modellverbesserung entwickeln (siehe Seite 233 sowie die Ausführungen zum Kompetenzstrukturmodell des kritischen Modellierens in Abschnitt 6.2 ab Seite 251).

Teil III

Die langfristige Kompetenzförderung

However, there ist, today, ample evidence from practice and research that there is *no automatic transfer* from having learnt purely theoretical mathematics to being able to use it in situations that have not already been fully mathematised. Moreover, even if mathematics is being activated within other areas or subjects there is evidence that those aspects of models and modelling that are to do with the relationship between the mathematical representations and the domain of application, including validation of model assumptions and results, are not taken seriously. This suggests that if we want students to develop applications and modelling competency as one outcome of their mathematical education, applications and modelling have to be explicitly put on the agenda of the teaching and learning of mathematics.

(Niss et al., 2007, S. 6f)

7 Theoretischer Hintergrund zur langfristigen Kompetenzförderung

Im Rahmen dieser Arbeit wurde bisher ein Kompetenzstrukturmodell erarbeitet, das auf psychische Eigenschaften verweist, die zur Bewältigung von Modellierungsanforderungen notwendig sind (siehe Abschnitt 6.2 und Abschnitt 6.3). Dieses Modell enthält jedoch selbst keine Hinweise darauf, wie dieses Wissen langfristig angeeignet werden kann oder soll. In den weiteren Abschnitten dieser Arbeit geht es also darum, „Wege zum Wissen und Können" (Klieme et al., 2003, S. 71) aufzuzeigen.

Dazu wird zunächst das *spielgemäße Konzept* aus der Sportdidakik vorgestellt (siehe Abschnitt 7.1). Dieses Konzept hat die systematische und langfristige Förderung und Entwicklung der Spielfähigkeit zur Teilnahme an den großen Sportspielen (z.B. Fußball oder Handball) im Blick. Ein wesentlicher Aspekt dabei ist die Befähigung, komplexe Anforderungen in Spielsituationen durch angemessene Handlungen lösen zu können. Dabei wird das Entscheidungshandeln in der Spielsituation als kognitiver Prozess angesehen.

In Abschnitt 7.2 werden Konsequenzen aus dem spielgemäßen Konzept für die langfristige Förderung von Modellierungskompetenzen diskutiert. Im Rahmen dieser Diskussion zeigt sich, dass den in der Analyse unterschiedenen produktiven Modellierungsaktivitäten eine zentrale Rolle im Rahmen eines langfristigen Kompetenzaufbaus zukommen.

7.1 Das spielgemäße Konzept als sportdidaktische Perspektive

In der sportspieldidaktischen Diskussion über geeignete Konzepte zur Vermittlung von Sportspielen (vgl. Dietrich, Dürrwächter & Schaller, 2007, S. 12) lassen sich interessante Parallelen zur Diskussion zum kompetenzorientierten Unterricht und die langfristige Förderung von Kompetenzen finden. Diese Parallelen ergeben sich u.a. aus der Bedeutung kognitiver Aspekte: zum einen im

Kompetenzbegriff nach Weinert (siehe Seite 74), zum anderen aber auch aus sportpsychologischer Perspektive als zentraler Aspekt für die Spielfähigkeit (vgl. Dietrich et al., 2007, S. 16; Konzag & Konzag, 1980, S. 20). Dazu gehört z.b. das Treffen einer Handlungsentscheidung in einer Spielsituation als Ergebnis eines Problemlöseprozesses (vgl. Raab & Henning, 2006). Die damit in Beziehung stehende Handlungspsychologie baut auf dem Tätigkeitsansatz auf (vgl. Nitsch, 2006, S. 24). Konzag und Konzag (1980) beziehen sich in ihrem Konzept der psychischen Regulation sportlicher Spielhandlungen explizit auf Kossakowski und Lompscher (1977) sowie Galperin (1967).

Somit lassen sich für die Überlegungen zur Vermittlung von Modellierungskompetenzen in dieser Arbeit und den Überlegungen zur Vermittlung einer Spielfähigkeit die gleichen theoretischen Grundlagen finden.

Zum langfristigen Aufbau einer „Spielkompetenz"

Über den „besten" Weg zur Befähigung einer erfolgreichen Teilnahme an Sportspielen gab es innerhalb der Sportspielmethodik seit den 1960er Jahren eine rege Diskussion. Im Zentrum dieser Diskussion steht die Frage, wie man die Aneignung von Spielfähigkeiten und entsprechenden Fertigkeiten methodisch gestalten kann (vgl. Kuhlmann, 2003, S. 135; Dietrich et al., 2007, S. 12). Sportspiele sind dabei Bewegungsspiele, die zwischen Mannschaften oder Partnern ausgetragen werden, z.B. Fußball, Handball, Basketball. Vereinbarte oder festgeschriebene Regeln geben den Handlungsrahmen vor, ohne dabei das konkrete Handlungsgeschehen festzulegen. Dadurch sind Spiele komplizierte Handlungszusammenhänge, so dass Spielanfängern zunächst Schwierigkeiten haben, sich zurechtzufinden (vgl. Dietrich et al., 2007, S. 12). Kuhlmann (2003) beschreibt diese Ausgangslage wie folgt:

> Das Erlernen von (Sport-)Spielen geht aber über den Erwerb von geschlossenen bzw. offenen Fertigkeiten hinaus. Spiele stehen in einem komplexeren Handlungszusammenhang, der es erforderlich macht, nach solchen Vermittlungssituationen zu suchen, die auf der einen Seite dem Lernenden ein befriedigendes Spielerlebnis ermöglichen und auf der anderen Seite Überforderungen vermeiden helfen sollen (Kuhlmann, 2003, S. 135).

Dieses Zitat verweist auf die Frage nach Aspekten zur angemessenen Förderung einer „Spielkompetenz". Da in der vom Autor rezipierten Literatur der Begriff „Spielkompetenz" jedoch nicht gebräuchlich ist, wird der Begriff der Spielfähigkeit verwendet. Im Folgenden wird zunächst kurz auf den Begriff

Spielfähigkeit eingegangen, um die späteren Ausführungen zum spielgemäßen Konzept besser nachvollziehen zu können und die Übertragbarkeit auf die Förderung von Modellierungskompetenzen zu legitimieren. Anschließend wird die Frage nach der angemessenen Vermittlung ausführlicher behandelt, da das spielgemäße Konzept im nächsten Kapitel der Arbeit auf die Strukturierung von Modellierungskompetenzen übertragen wird.

Aspekte der Spielfähigkeit: Notwendiges Wissen und Können

Die Vermittlung der Spielfähigkeit orientiert sich am Ziel, die Teilnahme an Wettspielen nach internationalen Regeln zu ermöglichen. Vor diesem Hintergrund nennt Kuhlmann (2003, S. 143f) als Komponente der Spielfähigkeit Technik, Taktik und Kondition als notwendige Voraussetzungen. „Die Entwicklung der Spielfähigkeit resultiert demnach aus der schrittweisen Verbesserung der physisch-psychischen, technischen und taktischen Elemente des Spiels" (Kuhlmann, 2003, S. 144). Dabei spielt die psychische Handlungsregulation eine entscheidende Rolle, denn in Spielsituationen müssen ständig wechselnde Aufgaben und Probleme in Angriff und Abwehr gelöst werden. Neben motorischen Fertigkeiten spielt also ein sportartspezifisches Entscheidungshandeln als psychische bzw. kognitive Komponente der Spielfähigkeit eine zentrale Rolle (vgl. Kuhlmann, 2003, S. 140, 144; Dietrich et al., 2007, S. 15-17).

Kuhlmann (2003, S. 144) differenziert zwischen einer spezifischen und einer allgemeinen Spielfähigkeit. Das motorische Können im Umgang mit dem Spielgerät sowie die erworbenen Fähigkeiten zur Bewältigung von Spielsituationen alleine oder mit dem Partner bezeichnet er als *spezifische Spielfähigkeit*. Die *allgemeine Spielfähigkeit* wird weiter gefasst. Zum Mitmachen-Können kommen nun „Fähigkeiten, ein Sportspiel zu inszenieren, in seinem Verlauf zu sichern und gegebenenfalls wiederherzustellen" (Kuhlmann, 2003, S. 144). Eine solche allgemeine Spielfähigkeit umfasst weitere soziale und metakognitive Aspekte.

Somit umfasst die Spielfähigkeit zwar, wie für ein sportdidaktisches Konzept nicht anders zu erwarten, physische Aspekte wie das motorische Können, die Fähigkeiten zur Bewältigung von Spielsituationen verlangt jedoch maßgeblich kognitive Voraussetzungen, die im Kompetenzbegriff nach Weinert (2001, S. 27f) (siehe Seite 74) zentral sind. Anhand der sozialen und metakognitiven Aspekte der allgemeinen Spielfähigkeit lassen sich weitere Bezüge zum Kompetenzbegriff herstellen.

Spielmethodische Konzepte: Zwei polarisierende Ansätze

Die Frage nach dem besten Weg zur Vermittlung der Spielfähigkeit durch spielmethodische Konzepte führt zur oben erwähnten Diskussion innerhalb der Sportspielmethodik. Dietrich et al. (2007, S. 36-40) nennen und beschreiben die *Konfrontationsmethode* und die *Zergliederungsmethode* als zwei sich gegenüberstehende spielmethodische Konzepte.

In der Konfrontationsmethode wird auf eine Zergliederung (Segmentierung oder Atomisierung) verzichtet. Von Beginn an soll z.B. Fußball gespielt werden. Lediglich Vereinfachungen der Spielregeln führen dazu, dass vor dem Zielspiel zunächst eine Rohform ausgeübt wird. Zugrunde liegt die Ansicht, Spiele nur durch Spielen erlernen zu können (vgl. Dietrich et al., 2007, S. 37). Zur Bestätigung dieser Position argumentieren Dietrich et al. (2007, S. 16) lerntheoretisch:

> Für das Spielgelingen ist entscheidend, welche Handlungskonzepte die Spieler in den konkreten Spielsituationen entwerfen, wie sie diese realisieren können und wie sie schließlich diese interpretieren. *Spielenlernen* heißt somit, zielgerichtetes Handeln erlernen, das auf interner Planung sowie ständiger Auswertung von rückgemeldeten Handlungsergebnissen beruht.

Eine solche komplexe Anforderung kann nur in echten Sportspielsituationen entwickelt werden (vgl. Dietrich et al., 2007, S. 17).

Des Weiteren liegt die Auffassung zugrunde, dass eine methodische Aufgliederung eines Sportspiels gleichzeitig die Aufgabe des Ganzen bedeutet. Diese Auffassung wird mit einer bildungstheoretischen Perspektive in Verbindung gebracht, die nach der Sachrichtigkeit bei der Spielvermittlung fragt. Eine Zergliederung des Spiels in Übungsformen zur Aneignung einzelner Techniken kann dem Bildungsgehalt des Sportspiels als Lerngegenstand nicht gerecht werden. Daraus resultiert jedoch ein Konflikt mit dem Prinzip der Kindgemäßheit, nach dem Überforderungen vermieden werden sollen (vgl. Dietrich et al., 2007, S. 15).

Als Vorteile der Konfrontationsmethode nennen Dietrich et al. (2007, S. 37) u.a.:

- Von Beginn an wird gespielt, was auch dem Wunsch der Lernenden entspricht.
- Durch den Verzicht auf spielfremde Übungssituationen werden Elemente gleich so erlernt, wie sie auch im Spiel vorkommen.
- Die Entwicklung von Spielfertigkeiten und Spielkenntnissen verläuft gleichzeitig und aufeinander bezogen.

- Die Lernenden sammeln sofort vielfältige Spielerfahrungen. Da nach Dietrich et al. (2007, S. 37) Sportspiele jedoch nicht in einem Lernschritt erlernt werden können, stellt die Konfrontationsmethode für Spielanfänger eine Überforderung dar. Dies begründen Dietrich et al. (2007, S. 38) durch folgende lernpsychologische und pädagogische Argumente, die mit wenigen Umformulierungen sofort auf den Kompetenzaufbau zum mathematischen Modellieren übertragen werden können.

  - Die Fülle an Neuem, mit dem die Kinder auf einmal konfrontiert werden, ist übergroß. Die Konfrontationsmethode macht es ihnen zu schwer, das Wichtige vom weniger Wichtigen zu unterscheiden und auf diese Weise Spielzusammenhänge zu durchschauen.
  - Für den Spielanfänger können nur gelegentlich Erfolgserlebnisse auftreten. In der Folge verzögert sich der Lernprozess erheblich.
  - Unangemessene Bewegungsgewohnheiten und abwegige taktische Verhaltensweisen können sich unkontrollierbar ausprägen (...)
  - Versteht man unter Spielfreude mehr als bloßes Austobenkönnen, kommt es erst dann zur Entwicklung von Freude, wenn die Ballbehandlung und die Variationsmöglichkeiten des Spiels hinreichend beherrscht werden. Diese Beherrschung lässt sich nicht erreichen, wenn man immer nur ungelenkt die Großen Spiele in ihren Rohformen spielen lässt (Dietrich et al., 2007, S. 38).

Auf Grund dieser Nachteile gibt es Konzepte, „in denen das Spiel in einzelne Elemente zerlegt wird und diese Elemente isoliert in *methodischen Reihen* erworben werden können" (Dietrich et al., 2007, S. 38). Die Zergliederungsmethode beschreibt eine Klasse solcher Konzepte.

Die Vertreter der Zergliederungsmethode gehen davon aus, dass die landläufige Einteilung der Spiele in ihre „Technik", ihre „Taktik" und ihr „Training" auch die Methodik bestimmen sollte. Die Großen Spiele setzen sich aus kleineren technischen, taktischen und konditionellen Einzelheiten zusammen. Wer diese Elemente beherrsche, könne auch das Große Spiel spielen. Es komme deshalb darauf an, vor der Einführung der Spielhandlung erst die Beherrschung aller technischen und taktischen Grundfertigkeiten zu sichern (Dietrich et al., 2007, S. 39).

Aus einer solchen Zergliederung resultierende Übungen werden aneinandergereiht und Dietrich et al. (2007, S. 39) nennen folgende Vorteile:

- Sie ermöglicht ein motorisch genaues, „lehrbuchhaftes" und gründliches Üben der einzelnen Spielelemente.
- Weil der Lernprozess in kleine und kleinste Schritte zerlegt ist, kann der Anfänger viele Erfolgserlebnisse verbuchen.
- Werden trotz der kleinen Schritte einmal Berichtigungen nötig, dann sind diese leicht anzubringen.

- Eine Kontrolle des Lernfortschrittes (...) ist jederzeit schnell durchführbar.

Die Nachteile dieses Konzepts lassen sich nach Dietrich et al. (2007, S. 40) wie folgt zusammenfassen: „So besteht die Gefahr, dass das Zergliederungs- konzept spielfremd verläuft und das Vorüben des Spiels zu einem Am-Spiel- Vorbeiüben gerät."

Diese Nachteile können sich darin zeigen, dass der Zusammenhang zum Zielspiel und die Rolle einer Übung im Sportspiel nur für den Lehrer, nicht aber für den Lernenden sichtbar und nachvollziehbar ist. Es ist auch denkbar, dass die gewonnenen Fertigkeiten in der Spielsituation auf Grund der ver- änderten äußeren Bedingungen wieder zusammenbrechen bzw. nicht an die Spielsituation angepasst ausgeführt werden können. Des Weiteren ist es ein Problem, dass zwar Spielhandlungen in Übungen angeeignet wurden, jedoch nicht gelernt wurde, wann welche Spielhandlung einer konkreten Spielsituati- on angemessen ist. Sind die einzelnen Übungen stark strukturiert, kann das notwendige Entscheidungshandeln, das zur Bewältigung einer Spielsituation notwendig ist, kaum erworben werden (vgl. Dietrich et al., 2007, S. 40).

Hier zeigen sich Parallelen zum Problem mit „trägem Wissen" bzw. „trä- gen Kompetenzen", wenn Personen prinzipiell über notwendiges Wissen und Können verfügen, jedoch nicht in der Lage sind, dieses Wissen und Können in unbekannten Situationen zu aktivieren (vgl. Renkl, 1996; Renkl & Nückles, 2006).

Der integrative Ansatz: Das spielgemäße Konzept

Beide bisher genannten Konzepte beinhalten jeweils sinnvolle Grundsätze, gehen jedoch beide mit erheblichen Nachteilen einher. „Die Nachteile zu um- gehen, ohne auf die Vorteile verzichten zu müssen, versucht nun das *spiel- gemäße Konzept*" (Dietrich et al., 2007, S. 41). Die dabei leitende Position formuliert Kuhlmann (2003, S. 139f) wie folgt: „Spielen lernt man am besten, indem man selbst spielt, ohne jedoch ganz auf das systematische Erlernen von Techniken etc. zu verzichten." Leitendes methodisches Mittel ist dabei die Spielreihe, in der Spielformen „von stark vereinfachten Grundformen der Sportspiele über weniger vereinfachte Grundformen zu den Minisportspielen und zur sportlichen Gestalt der Spiele führen" (Dietrich et al., 2007, S. 31). Somit ist es möglich, von Anfang an zu spielen und dennoch mit vereinfach- ten Spielformen zu beginnen, bei denen „die Spielidee als ‚Kern' unverändert erhalten bleibt" (Kuhlmann, 2003, S. 135).

Ist es erforderlich, einzelne Elemente zu üben, um in der Spielreihe voranschreiten zu können, werden Übungsformen bzw. Übungsreihen aus der Spielreihe ausgegliedert. Solche Übungen stehen dann aber „unmittelbar im Zusammenhang mit dem Zielspiel bzw. dem Ausgangsspiel" (Dietrich et al., 2007, S. 35).

Dietrich et al. (2007, S. 43) nennen für das spielgemäße Konzept folgende Vorteile:

- Das spielgemäße Konzept ermöglicht es Spielanfängern, mit dem Spiel, das sie erlernen wollen, sofort zu beginnen.
- Dies ist möglich, weil für eine Anpassung des Großen Spiels an das Fassungsvermögen der jeweiligen Altersstufe gesorgt ist. Es macht Spielanfängern keine großen Schwierigkeiten, Spielideen zu erfassen und in Spielhandlungen umzusetzen, wenn zunächst auf verwirrende Einzelheiten verzichtet und nur das Wichtigste herausgestellt wird. Auch Kinder sind in der Lage, sich unter solchen Bedingungen in das soziale Gefüge eines Spiels einzupassen und sich angemessen zu verhalten.
- Nach dem spielgemäßen Konzept schreitet das Lernen in kleinen Schritten voran. Im Durchlaufen der Spielreihe wird von Stufe zu Stufe jeweils nur wenig geändert. Vieles bleibt gleich bzw. wird nach und nach ergänzt: die Spielordnung, die Regeln, die Spielidee, schließlich auch die wichtigsten Handlungspläne, wie sie sich schon in den ersten Grundformen bilden können.
- Dieses Vorgehen in kleinen Schritten erspart dem Anfänger größere Misserfolgserlebnisse.
- Unfertigkeiten können gleichwohl ausgebügelt werden und dieses Vervollkommnen wird dem Lernenden als sinnvoll erscheinen: Kennt der Lernende das Ziel, dann wird er, wenn das Üben einzelner Teile notwendig wird, eher das Bestreben mitvollziehen, durch eine intensive Übungsphase recht bald wieder zur geschlossenen Spielhandlung zurückkehren zu können. Spielgemäße Konzepte werden deshalb das Üben dem Lernenden stets als lohnend erscheinen lassen, es auf Nahziele ausrichten und es niemals monoton und allzu ernst werden lassen.
- Technik und Taktik sind sinnvollerweise im Lernprozess nicht zu trennen. Nicht die „lehrbuchhafte" Ausführung der technischen Elemente, sondern angemessenes Handeln in einer bestimmten Situation ist zu lernen. Spielgemäße Situationen stellen die vereinfachten Grundformen und die Minisportspiele dar. Spielerische Einkleidungen (...) reichen nicht aus. (Dietrich et al., 2007, S. 43)

Das spielgemäße Konzept weist somit eine progressive Transformation auf, da Übungen und Spielformen aufeinander aufbauen und sich jeweils auf Vorheriges beziehen. Steiner (2006, S. 185) nennt für einen solchen Lernprozess folgende Vorteile:

- Geringe kognitive Belastung, da von Bekanntem ausgegangen wird.

• Hohe Motivation durch einen mittleren Schwierigkeitsgrad
• Förderung der Entwicklung, da die Anforderung im Sinne von Wygotski in der „Zone der nächsten Entwicklung" liegt.

Anknüpfend an das Konzept der Zone der nächsten Entwicklung bietet nun das spielgemäße Konzept, ausgehend von einer Kompetenz, die nach einem langfristigen Lernprozess beherrscht werden soll, Lange (2006, S. 18) spricht von einer „distalen Kompetenz", gewissermaßen ein Konstruktionsprinzip für die Gestaltung aufeinander aufbauender Anforderungssituationen. In der so entstehenden Zone der nächsten Entwicklung werden dann nach Lange (2006, S. 18) proximale Kompetenzen entwickelt. Das komplexe Ziel wird somit heruntergebrochen und allmählich über mehrere Etappen angeeignet. Für ein solches Herunterbrechen hat Lange auch den Begriff „Downsizing" verwendet. Er weist dabei allerdings darauf hin, dass die Beziehung proximaler Kompetenzen und operationalisierter Lernziele noch unklar sei.

Weitere Argumente für eine solches Konzept aus der pädagogischen Psychologie ergeben sich aus dem Bezug zum intentionalen Lernen (vlg. Renkl, 2008, S. 121; Kuhlmann, 2003, S. 140) sowie dem Wissen um unterschiedliche Lernformen und Lerngelegenheiten abhängig von den jeweiligen Lernzielen (vgl. Renkl, 2008, S. 131f; Weinert, 1999).

Parallelen zur Kompetenzorientierung sowie zu mathematikdidaktischen Konzepten

Der Anspruch, vom Spiel als Ganzes auszugehen, Reduktionen sowie Zergliederung zu akzeptieren, wenn sie das Lernen sinnvoll unterstützen und dabei nicht das komplexe Ziel aus den Augen verlieren, ist vergleichbar mit dem von Ziener (2008, S. 28) beschriebenen Verhältnis zwischen der Kompetenzorientierung und Zielorientierung (siehe Seite 122). Die ganzheitlich-analytische Methodenkonzeption des spielgemäßen Konzepts stellt eine sehr ähnliche konstruktive Verbindung zwischen einzelnen Aspekten und dem Ganzen her. Dass eine Kompetenzorientierung nicht angemessen gelingt, wenn ausschließlich zergliederte Aspekte von Kompetenzen in einem an Inhalten orientierten Unterricht integriert werden, diskutiert Suwelack (2010). Auch im Rahmen der Vorschläge zur Vermittlung von Modellierungskompetenzen von K. Maaß (2007) wurde auf diese Problematik hingewiesen (siehe Seite 59). Die auf Blomhøj und Jensen (2003) zurückgehenden Überlegungen zur Kombination holistischer Anforderungen (i.S. der Konfrontationsmethode) und atomistischen Anforderungen (i.S. der Zergliederungsmethode) entspricht ebenfalls einer integrativen Konzeption. Jedoch geht das spielgemäße Konzept über die Vorschläge von Blomhøj und Jensen (2003) hinaus, da im spielgemäßen Konzept die Rolle und Beziehung der beiden Ansätze im Rahmen des langfristigen Kompetenzaufbaus geklärt werden. Dabei liegt der Primat auf der Ausrichtung auf die Spielidee, also das Ganze, die Reduktion und mögliche Zergliederungen sind notwendige Konsequenzen, um Überforderungen zu vermeiden. Dabei muss der Bezug zum Ganzen jedoch transparent bleiben.

Die Abwendung von einer Segmentierung des Lerngegenstandes im Mathematikunterricht findet sich auch bei der von Ruf und Gallin (2003, S. 62) beschriebenen Didaktik der Kernideen, wobei der Lernprozess von der Kernidee ausgeht und eine Reduktion auf den Kern gerichtet ist. Eine solche Reduktion sieht auch das spielgemäße Konzept zur Vermeidung von Überforderung vor. Nach Bruder (2006, S. 135) entspricht eine solche Reduktion dem Stellen entwicklungsgemäßer und entwicklungsfördernder Aufgaben für einen langfristigen Kompetenzaufbau im Mathematikunterricht.

7.2 Konsequenzen aus dem spielgemäßen Konzept

Aus dem spielgemäßen Konzept lassen sich nun Lösungsmöglichkeiten auf zwei zentrale Probleme bei der Gestaltung eines langfristigen Aufbaus von Modellierungskompetenzen gewinnen. Das erste Problem bezieht sich auf die Frage nach einem sinnvollen Zusammenspiel holistischer und atomistischer Anforderungen. Aus dem spielgemäßen Konzept geht die Idee hervor, dass der Primat im Rahmen einer langfristigen Förderung und Entwicklung von Modellierungskompetenzen auf den holistischen Anforderungen liegt. Atomistische Anforderungen kommen dann als ergänzende Übungen hinzu, wenn es für die Bewältigung holistischer Anforderungen sinnvoll und notwendig ist. Diese Notwendigkeit sollte für die Lernenden zur adäquaten Bildung von Lernzielen transparent und nachvollziehbar sein.

Die zweite Idee, mit am Kern der Aktivität orientierten Grundformen zu beginnen, liefert einen Lösungsvorschlag für das Problem, das in einer Überforderung auf Grund zu komplexer Anforderungen liegt. Solche Überforderungen können auf Grund der reduzierten Grundformen vermieden werden. Durch eine solche progressive Transformation werden die Anforderungen so gesteigert, dass die Entwicklung jeweils auf eine Zone der nächsten Entwicklung gerichtet ist. Somit werden Lernende systematisch und sukzessive zur Bewältigung komplexerer Anforderungen befähigt.

Dieses Konzept bezeichnen Dietrich et al. (2007, S. 35) auch als ganzheitlich-analytische Methodenkonzeption. In Abbildung 7.1 wird die Kombination aus holistischen und atomistischen Anforderungen illustriert. Dabei repräsentieren die Kreise die ganzheitlichen Modellierungsanforderungen, die zwar zunächst reduzierte Formen darstellen, jedoch so gestaltet sind, dass alle Anforderungen im Kern der Aktivität erhalten sind. Diese ganzheitlichen Anforderungen strukturieren den langfristigen Kompetenzaufbau. Die Kreissegmente stehen für Anforderungen, in denen ein einzelner Aspekt der Anforderung isoliert geübt und gefördert wird. Diese Anforderungen ergänzen den Kompetenzaufbau, wenn es notwendig ist.

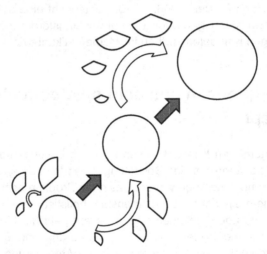

Abbildung 7.1: Schematische Darstellung eines ganzheitlich-analytischen Vermittlungskonzepts (modifiziert nach Dietrich et al., 2007, S. 35).

Ausgangspunkt für die langfristige Strukturierung ist das Kompetenzstrukturmodell (siehe Abschnitt 6 ab Seite 245). Der Kern der Modellierungsaktivitäten wurde im Rahmen der Analyse bereits herausgearbeitet und benannt (siehe Seite 149, Seite 194 und Seite 228). Um nun für das mathematische Modellieren ein adäquates Pendant zur Spielreihe zu erhalten, müssen Aufgaben mit holistischen Modellierungsanforderungen gefunden werden. Diese Modellierungsanforderungen müssen den Kern erhalten, jedoch so reduziert sein, dass Überforderungen vermieden werden.

Zur Bestimmung von Faktoren, die zu Überforderungen führen können, werden im Folgenden schwierigkeitsgenerierende Faktoren und Schüler-Schwierigkeiten beim mathematischen Modellieren dargestellt. Anschließend wird diskutiert, ob es möglich ist, eine Überforderung auf Grund dieser Faktoren zu vermeiden und dabei trotzdem eine ganzheitliche Modellierungsanforderung zu erhalten. Führt eine Reduzierung dazu, dass nicht mehr alle wesentlichen Teilhandlungen bei der Bearbeitung erforderlich sind, stellt diese Reduzierung keine geeignete Anforderung im Sinne einer ganzheitlichen Grundform dar.

7.2.1 Schwierigkeitsgenerierende Faktoren für das mathematische Modellieren

In diesem Abschnitt werden schwierigkeitsgenerierende Aufgabenmerkmale zusammengetragen (vgl. Bruder, 1981; Cohors-Fresenborg, Sjuts & Sommer, 2004; Blum, vom Hofe et al., 2004) und Schüler-Schwierigkeiten beim mathematischen Modellieren nach Schukajlow-Wasjutinski (2010) benannt. Dabei werden die Merkmale und Schwierigkeiten gleich den Kategorien des Kompetenzstrukturmodells zugeordnet. Im nächsten Abschnitt wird diskutiert, welche Reduktionen bei diesen Faktoren möglich sind und welche Auswirkungen dies auf die Anforderung hat.

7.2.1.1 Mathematische Mittel

Nach Bruder (1981, S. 175) lässt sich anhand des Bekanntheitsgrads beschreiben, in „welchem Umfang und in welcher ‚Aktualität' (...) die erforderlichen Kenntnisse zum Finden einer Lösungsidee und zur Darstellung der Lösung objektiv vorhanden" sind. Mit Blick auf das Problem des trägen Wissens scheint der Bekanntheitsgrad alleine jedoch keine ausreichende Auskunft über tatsächliche Schülerschwierigkeiten beim Verstehen des Zusammenhangs „zwischen Gegebenheiten der Situation und mathematischer Lösungsstruktur" (Schukajlow-Wasjutinski, 2010, S. 193f) geben zu können. Eine Möglichkeit, die auf mathematische Mittel zurückzuführende Schwierigkeit einer Übersetzung fassen zu können, bietet das Konzept der Grundvorstellungsintensität (siehe Abschnitt 5.5.2 ab Seite 240). In Zusammenhang mit den in der Analyse der produktiven Modellierungsaktivitäten differenzierten Arten der Modellbildung (siehe Abschnitt 5.5.2, Seite 236) sowie den differenzierten Typen von Mathematisierungsmustern (siehe Abschnitt 5.5.3 auf Seite 243) wird diesen Schwierigkeit, die auch im Zusammenhang mit den mathematischen Mitteln zu sehen ist, aufgegriffen.

7.2.1.2 Bearbeitungsprozess

Das mathematische Modellieren ist grundsätzlich ein mehrschrittiger Prozess (siehe dazu Abschnitt 2.1.2 Seite 24 sowie Abschnitt 5.5.1 ab Seite 235). Zur Bewältigung von Modellierungsanforderungen ist also immer die Verknüpfung mehrerer geistiger Aktivitäten erforderlich. Eine solche Verknüpfung geistiger Handlungen (vgl. Bruder, 1981, S. 175) bzw. die Organisation verschiedener Denkvorgänge (vgl. Cohors-Fresenborg et al., 2004, S. 114) lässt sich in Anschluss an Bruder (1981, S. 175) als *Komplexitätsgrad* bezeichnen.

Auf Grundlage der Analyse scheint es nun jedoch Unterschiede innerhalb der Teilhandlung des Modellbildens zu geben. Diese Unterschiede nehmen ebenfalls Einfluss auf den Komplexitätsgrad. Für das unmittelbare Modellieren sind weniger geistige Handlungen erforderlich als etwa beim anzupassenden Modellieren (siehe Abschnitt 5.5.2 ab Seite 236).

Als weitere Schüler-Schwierigkeiten im Bearbeitungsprozess lassen sich in Anschluss an Schukajlow-Wasjutinski (2010) das Lesen und Verstehen der Aufgabe nennen, das in direkter Beziehung mit der *sprachlogischen Komplexität* nach Cohors-Fresenborg et al. (2004, S. 113) steht. Des Weiteren wird im Umformen mathematischer Strukturen und im Ausführen von Rechenoperationen sowie im Interpretieren von Ergebnissen weitere mögliche Schüler-Schwierigkeiten gesehen (vgl. Schukajlow-Wasjutinski, 2010, S. 191).

7.2.1.3 Außermathematischer Gegenstand

Dem Autor der Arbeit liegen im Augenblick keine eindeutigen Erkenntnisse über schwierigkeitsgenerierende Aspekte des außermathematischen Gegenstandes vor. Zwar lässt sich über das Merkmal *Bekanntheitsgrad* auch eine Beurteilung vornehmen, es ist jedoch unklar, ob es einen Zusammenhang zwischen dem Bekanntheitsgrad und der Schwierigkeit gibt. Zwar liegen Erkenntnisse darüber vor, dass Erfahrungen und Kenntnisse über den realen

Sachverhalt den Bearbeitungsprozess beeinflussen (vgl. Busse, 2005, S. 359; Borromeo Ferri, 2007; Borromeo Ferri, 2010, S. 130), es lässt sich jedoch kein deutlicher Zusammenhang zur Schwierigkeit der Anforderung erkennen. Die Ausführungen von Borromeo Ferri (2010, S. 129) lassen jedoch vermuten, dass insbesondere für das Validieren bzw. das kritische Modellieren gute außermathematische Sachkenntnisse und Erfahrungen über den realen Kontext erforderlich sind. Daher lässt sich vermuten, dass das Validieren und kritische Modellieren schwieriger wird, wenn keine oder nur geringe Sachkenntnisse und Erfahrungen über den realen Kontext verfügbar sind.

7.2.2 Möglichkeiten zur Reduktion der Schwierigkeit im Rahmen des langfristigen Kompetenzaufbaus

Aufbauend auf den zuvor dargestellten Erkenntnissen über Schüler-Schwierigkeiten und schwierigkeitsgenerierende Aufgabenmerkmale werden im Folgenden Möglichkeiten zur Reduktion der Anforderungen diskutiert. Dabei liegt den folgenden Überlegungen der Anspruch zugrunde, Reduktionen dahingehend zu überprüfen, ob daraus eine ganzheitliche Grundform resultiert oder eine Segmentierung. Dabei liegt in diesem Abschnitt der Fokus auf der Suche nach ganzheitlichen Grundformen.

7.2.2.1 Mathematische Mittel

Anknüpfend an die Ausführungen über die Grundvorstellungsintensität ergibt sich aus den mathematischen Mitteln ein Einfluss auf die Schwierigkeit zum Mathematisieren. Durch die Anordnung der Inhalte innerhalb der Curricula liegt tendenziell bereits eine Strukturierung vom Einfachen (elementare Grundvorstellungen) zum Schweren (komplexe Grundvorstellungen) vor. Beginnt die Förderung von Modellierungskompetenzen bereits in frühen Klassen, sind die Anforderungen auf Grund der mathematischen Inhalte, die als Mathematisierungsmuster in Frage kommen, somit reduziert, da die „Distanz" zwischen realen Problemen und mathematischen Modellen zunächst geringer ist und in höheren Klassen mit höherer Grundvorstellungsintensität größer wird. Diese Distanz steht auch in Zusammenhang mit den verschiedenen Arten der Modellbildung (siehe Abschnitt 5.5.2, Seite 236).

Somit bleibt der für das mathematische Modellieren typische Kern, die Ausführung von Übersetzungsprozessen (siehe Abschnitt 5.2.5, Seite 194), erhalten, jedoch ist die Anforderung auf Grund einer geringen Komplexität im Prozess des Modellbildens reduziert.

7.2.2.2 Bearbeitungsprozess

Schon die Darstellung des Kerns des unmittelbaren Modellierens (siehe Seite 149) macht deutlich, dass der Bearbeitungsprozess grundsätzlich einen erhöhten Komplexitätsgrad besitzt, da zur Bearbeitung des außermathematischen Problems immer mehrere Teilhandlungen erforderlich sind. Da diese Komplexität zum Kern des mathematischen Modellierens gehört, muss diese Anforderung erhalten bleiben. Entsprechend der Ausführungen zum Kern des unmittelbaren Modellierens müssen folgende Teilhandlungen zur Bewältigung der Anforderung notwendig sein: Verstehen des Problems, Übersetzen in ein mathematisches Modell, mathematisches Arbeiten sowie das Übertragen des mathematischen Ergebnisses auf das reale Problem. Wird nun noch gefordert, ein erarbeitetes Ergebnis zu überprüfen, lassen sich bereits bei der Bearbeitung von Sachaufgaben alle vier Teilhandlungen nach Schupp (1988) wiederfinden.

Dennoch scheint es mit Blick auf die verschiedenen Arten des Modellierens wie im Abschnitt zuvor erwähnt, möglich zu sein, auch für die Teilhandlung des Modellbildens Einfluss auf den Komplexitätsgrad zu nehmen (siehe Seite 274).

Die grundsätzliche Mehrschrittigkeit einer Modellierungsaktivität muss jedoch erhalten werden. Dieser schwierigkeitsgenerierende Faktor kann nicht ganz vermieden werden, über verschiedene Maßnahmen kann jedoch möglichen Schwierigkeiten auf Grund der Komplexität entgegengewirkt werden. Im Folgenden werden zunächst Möglichkeiten angesprochen, die sich auf die Aufgabenstellung beziehen, anschließend werden organisatorische Möglichkeiten zum Umgang mit der Komplexität im Mathematikunterricht genannt. Dabei stellen die organisatorischen und methodischen Möglichkeiten keine unmittelbare Reduktion der Anforderung dar, sondern Hilfen zur Bewältigung der Anforderungen.

Aufgabenstellung
Das Lesen und Verstehen der Aufgabenstellung kann durch Vereinfachungen der Aufgabenstellung bzw. des Aufgabentexts erleichtert werden. Dies kann durch eine geringe sprachlogische Komplexität und Visualisierungen unterstützt werden. Dabei ist jedoch zu beachten, dass sowohl sprachliche Hin-

weise als auch Visualisierungen bereits Mathematisierungen darstellen können. Veränderungen der Aufgabenstellung zur Reduktion der Anforderungen werden also in gewisser Weise zu einer Gradwanderung zwischen einer wirklichen Vereinfachung der Modellierungsanforderung oder ihrer „Zerstörung". Auf ein ähnliches Problem weisen J. Humenberger und Reichel (1995) hin, wenn aus dem unterrichtlichen Kontext die Mathematisierung implizit oder explizit vorweggenommen wird:

> Wenn dieses Beispiel als zehnte Aufgabe zum Lehrsatz des Pythagoras genauso „gerechnet" wird wie vielleicht die neun vorangegangenen, (...) das entscheidende rechtwinklige Dreieck sofort an die Tafel gemalt und den Schülern das Anwenden des pythagoreischen Lehrsatzes „befohlen" wird, so ist sie eine reine Einsetzaufgabe, und der/die LehrerIn „raubt" den Schülern eine gute Gelegenheit, den Modellierungsprozeß an einem für alle nachvollziehbaren Problem exemplarisch zu durchlaufen (J. Humenberger & Reichel, 1995, S. 35).

Auch sogenannte Operatoren sind sprachliche Hinweise im Aufgabentext, die eine Modellierungsaufgabe zu einer Einsetzaufgabe werden lassen können. Da sich die Bearbeitung von Modellierungsanforderungen von der Bearbeitung von Textaufgaben nach Regeln eines word problem games unterscheiden soll, ist darauf zu achten, dass Vereinfachungen in der Aufgabenstellung nicht die Mathematisierung vorwegnehmen bzw. echte Modellbildung unterbinden.

Möglichen Schwierigkeiten auf Grund der Komplexität durch die verschiedenen Teilhandlungen kann durch das Arbeiten mit heuristischen Lösungsbeispielen begegnet werden (vgl. Zöttl & Reiss, 2010; Hilbert, Renkl & Holzäpfel, 2008).

Organisatorische Hilfen
Im Mathematikunterricht ist es möglich, über die Unterrichtsgestaltung den Bearbeitungsprozess zu strukturieren. K. Maaß (2007, S. 25-29) schlägt folgende Phasen vor: 1. Einstieg zur Vermittlung relevanter Sachinformationen, 2. Sammelphase für Lösungsansätze, 3. Arbeitsphase zur Bearbeitung der Lösungsansätze und 4. Ergebnissicherung. Zur Vermeidung von Überforderungen sind diese Maßnahmen sicher geeignet, sie reduzieren jedoch auch die von den Schülern eigenständig zu bewältigende Komplexität.

Lehrerinterventionen sind eine weitere Möglichkeit, im Unterricht auf Schüler-Schwierigkeiten zu reagieren. Insbesondere organisatorische und strategische Interventionen können Lernenden bei der Bewältigung von komplexen oder schweren Anforderungen helfen (vgl. Leiss, 2007, S. 79). Anders als bei inhaltlichen Hilfen, die häufig dazu führen, dass vom Lernenden zur Überwindung des Problems nur noch ein kleiner selbständiger Schritt verlangt wird (vgl. Leiss, 2007, S. 281), helfen organisatorische Strategien, die Teilhandlungen in der Tätigkeit zu organisieren. Strategische Interventionen zielen ebenfalls auf eine Metaebene, wenn z.B. Heurismen aktiviert werden. Beispiele für strategische Hilfen zur Unterstützung des Modellbildungsprozesses bei der Aufgabe Leuchtturm werden auf Seite 305 gegeben.

Wie bei den Ausführungen zum Aufgabentext ist auch bei Vereinfachungen zur Bewältigung von Komplexität immer darauf zu achten, dass die Lernenden die für den Kern des mathematischen Modellierens spezifischen Handlungen auch selbst durchführen können bzw. selbst durchführen müssen. Nur dann ist eine Aneignung auch möglich.

7.2.2.3 Fazit zur Entwicklung von Anforderungen im Sinne reduzierter Grundformen

Soll der Kern von Modellierungsaktivitäten als mehrschrittige Aktivität zur Bearbeitung außermathematischer Probleme mit mathematischen Mitteln erhalten bleiben, gibt es nur wenige Möglichkeiten, die Anforderungen geeignet zu reduzieren. Lediglich eine Reduktion auf Grund der verschiedenen Arten der Modellbildung (siehe Abschnitt 5.5.2 ab Seite 236) scheint geeignet, um reduzierte Grundformen des mathematischen Modellierens zu erhalten, ohne dabei relevante Aspekte des Kerns zu vernachlässigen.

Es ist jedoch möglich und sinnvoll, durch methodische Maßnahmen möglichen Schwierigkeiten im Unterricht zu begegnen. So können komplexe und anspruchsvolle Anforderungen erhalten bleiben, auf Grund der methodischen Maßnahmen kann jedoch eine Überforderung vermieden werden. Dabei ist jedoch darauf zu achten, dass im Rahmen der Kompetenzentwicklung entsprechende Hilfen, etwa zur Bewältigung der Komplexität, von den Lernenden allmählich als Strategien angeeignet werden. Geschieht dies, können entsprechende Hilfen von der Lehrperson reduziert werden, und die Kompetenzentwicklung vollzieht sich von einer Zone der aktuellen Leistung zur Zone der nächsten Entwicklung (vgl. Giest & Lompscher, 2006, S. 63-66).

8 Vorschläge für eine systematische und langfristige Förderung von mathematischen Modellierungskompetenzen in der Sekundarstufe I

In diesem Abschnitt der Arbeit werden die vorangehenden Überlegungen genutzt, um Vorschläge für eine systematische und langfristige Förderung von Modellierungskompetenzen innerhalb der Sekundarstufe I begründet darzustellen.

Auf Grundlage der Analyse von Modellierungstätigkeiten in Kapitel 5 und den differenzierten Modellierungsaktivitäten und Arten der Modellbildung (siehe Abschnitt 5.5.2 ab Seite 236) lassen sich verschiedene Stufen für einen langfristigen Aufbau innerhalb der Sekundarstufe I benennen. Diese Anforderungen stellen im Sinne des spielgemäßen Konzepts stufenspezifische und reduzierte Anforderungen dar, die innerhalb der langfristigen Kompetenzentwicklung als proximale Kompetenzen (vgl. Lange, 2006, S. 18 und siehe Abschnitt 4.1.1, Seite 122) verstanden werden. Im Sinne von Bruder (2006, S. 136) entspricht diese Orientierung an stufenspezifischen Anforderungen über mehrere Klassenstufen hinweg einer vertikalen Orientierung der Kompetenzförderung.

Die mit dieser vertikalen Orientierung in Verbindung stehenden stufenspezifischen Kompetenzerwartungen werden in Abschnitt 8.1 in einem Modellierenteilcurriculum formuliert.

Für eine unterrichtliche Umsetzung zur Erreichung dieser Kompetenzerwartungen sind weitere Vorschläge erforderlich. Solche Vorschläge lassen sich ebenfalls aus dem spielgemäßen Konzept und nach Bruder (2006, S. 136) als Beitrag zur horizontalen Kompetenzentwicklung innerhalb einer Stufe bezeichnen. Mit dem Ziel einer exemplarischen Konkretisierung möglicher stufenspezifischer Lerngegenstände werden in Abschnitt 8.2 ebenfalls in tabellarischer Form Mathematisierungsmuster, mathematische Mittel in Form von möglichen Inhalten und spezifische Teilhandlungen aufgeführt. Des Weiteren enthalten die Tabellen Verweise auf Beispielaufgaben als ergänzende Übungen zur Förderung spezifischer Aspekte.

Dabei besteht der Anspruch für die folgende exemplarische Konkretisierung darin, dass die einzelnen Stufen als angemessene Etappen im langfristigen Kompetenzaufbau der Sekundarstufe I nachvollzogen werden können und der aus dem spielgemäßen Konzept abgeleitete Rahmen zur langfristigen Förderung mit einigen wenigen Beispielen zur besseren Verständlichkeit illustriert wird. Es ist ausdrücklich nicht der Anspruch, für die Stufe fertige Lernumgebungen zu präsentieren. Es geht darum, an exemplarischen Inhalten aufzuzeigen, dass der vorgestellte Rahmen geeignet ist, die inzwischen vielfältig verfügbaren Materialien zur Förderung von Modellierungskompetenzen systematisch für eine langfristige und kumulative Förderung von Modellierungskompetenzen kombinieren zu können. Die für die Konkretisierung ausgewählten Stoffinhalte haben an dieser Stelle ausdrücklich exemplarischen Charakter. Für eine konkrete Integration in ein Curriculum ist eine Reflexion der Inhalte im Zusammenhang mit allen Kompetenzen erforderlich. Nur dann kann eine normative Entscheidung begründet getroffen werden. Eine solche Reflexion mathematischer Stoffinhalte geht jedoch deutlich über den Anspruch und Umfang dieser Arbeit hinaus.

Die verfolgte Vision für einen Rahmen zur systematischen und langfristigen Entwicklung von Modellierungskompetenzen über begründete und differenzierbare Stufen wird durch Abbildung 8.1 illustriert.

8.1 Modellierenteilcurriculum zur Markierung von Kompetenzerwartungen

Im Folgenden wird zunächst die Struktur des Modellierenteilcurriculums erläutert. Anschließend werden Kompetenzerwartungen für verschiedene Stufen benannt.

8.1.1 Erläuterungen zum Modellierenteilcurriculum

Das Teilcurriculum gliedert sich zunächst in drei Stufen. Die Differenzierung der drei Stufen ergibt sich aus den im Analyseteil der Arbeit (siehe Abschnitt

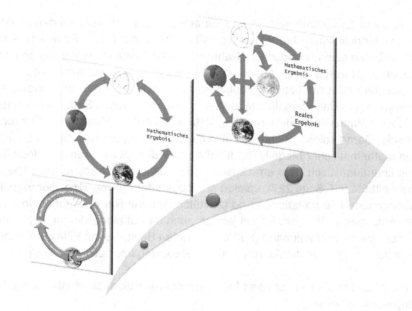

Abbildung 8.1: Illustration der Vorstellung zur langfristigen Förderung von Modellierungskompetenzen

5 ab Seite 131) hervorgehenden Arten der Modellbildung für die produktiven Modellierungsaktivitäten (siehe Abschnitt 5.5.2, Seite 236). Die in Bezug auf das kritische Modellieren differenzierten Reflexionslevel (siehe Abschnitt 5.4.5.2, Seite 230) werden in Form von Kompetenzerwartungen den Stufen zugeordnet. Da jedoch auch auf der ersten Stufe des mathematischen Modellierens, dem unmittelbaren Modellieren, das Validieren als Prüfung des Bearbeitungsprozesses und zur Überprüfung von Ergebnissen eine Rolle spielt (siehe Abschnitt 5.1.3, Seite 149), werden die Kompetenzen zum kritischen Modellieren als Teilhandlungen angesehen und sind somit in die stufenspezifischen Anforderungen integriert.

Daraus ergeben sich die folgenden Stufen:

Stufe I: Unmittelbares Modellieren (siehe Abschnitt 5.1.2, Seite 146)
Stufe II: Idealisierendes Modellieren (siehe Abschnitt 5.2.4, Seite 188)
Stufe III: Anzupassendes Modellieren (siehe Abschnitt 5.3.2, Seite 206)

Da diese Systematik noch keine Differenzierung von verschiedenen Zielen der Modellbildung berücksichtigt (siehe Abschnitt 2.1.1, Seite 24), eine solche Differenzierung jedoch im Rahmen des Kompetenzmodells als bedeutsam erachtet wurde (siehe Abschnitt 6.2, Seite 253), wird auf der zweiten Stufe zwischen dem normativen Modellieren und dem deskriptiven Modellieren unterschieden. Das normative Modellieren wird der zweiten Stufe zugeordnet, da beim normativen Modellieren die Mathematik auf die Realität idealisierend einwirkt. Gerade diese „Richtung", also die Gestaltung der Realität auf Grundlage mathematischer Modelle, ist für die Stufe des idealisierenden Modellierens charakteristisch. Wie am Beispiel des Teilungsproblems gezeigt (siehe Abschnitt 5.4.3.3, Seite 227), spielen auch beim normativen Modellieren realitätsbezogene Interpretationen und realitätsbezogene Repräsentationsformen eine entscheidende Rolle. Es sei jedoch auch darauf hingewiesen, dass sich die von Marxer und Wittmann (2009) genannten Beispiele mit Hilfe der Grundrechenarten, also unmittelbaren Mathematisierungsmustern, bearbeiten lassen.

Insgesamt ergibt sich für das Modellierenteilcurriculum die in Abbildung 8.2 dargestellte Struktur.

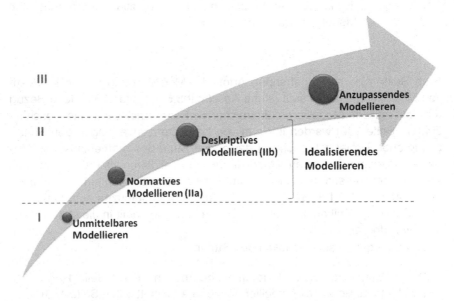

Abbildung 8.2: Struktur des Modellierenteilcurriculums

Auf Grundlage der in Abschnitt 6.1 ab Seite 246 entwickelten Kategorien für das Kompetenzstrukturmodell werden die Kompetenzerwartungen auf den verschiedenen Stufen des Modellierenteilcurriculums nach den folgenden Kategorien differenziert:

- Ziel der spezifischen Tätigkeit (Ziel)
- Aspekte einer Grundlage zur Orientierung und Regulation der gesamten Tätigkeit bzw. spezifischer Teilhandlungen (Orientierungsgrundlage)
- Mathematische Mittel (Mathematische Mittel)
- Können in Bezug auf spezifische Teilhandlungen (Teilhandlungen)
- Einstellungen (Einstellungen)

Die in Klammern stehenden Bezeichnungen werden in der tabellarischen Darstellung als Überschriften verwendet.

Mit Blick auf die langfristige Entwicklung von Modellierungskompetenzen mit Orientierung am spielgemäßen Konzept liegt dem Modellierenteilcurriculum die Prämisse zugrunde, dass die Kompetenzentwicklung entsprechend der Forderung von Klieme et al. (2003, S. 25) kumulativ erfolgt. Das heißt, dass die Kompetenzen einer höheren Stufe zum einen auf den Kompetenzen der vorangehenden Stufe aufbauen und zum anderen die vorhandenen Kompetenzen weiter differenzieren und präzisieren. Somit werden Kompetenzen, die auf einer niedrigeren Stufe als Erwartungen formuliert wurden, auch auf höheren Stufen erwartet.

8.1.2 Tabellarische Darstellung des Modellierenteilcurriculums

In den folgenden vier Tabellen wird entsprechend der obigen Ausführungen das entwickelte Modellierenteilcurriculum dargstellt. Dabei werden Kompetenzerwartungen zu den verschiedenen Kategorien formuliert und Hinweise auf stufenspezifische Aufgaben im Sinne holistischer Anforderungen gegeben.

Tabelle 8.1: Stufe I: Kompetenzerwartungen zum unmittelbaren Modellieren

---

Ziele: Lernende wissen, dass beim math. Modellieren für ein außermathematisches Problem mit Hilfe mathematischer Mittel eine sinnvolle Lösung erarbeitet wird (siehe Seite 151).

Orientierungsgrundlage:
Lernende
- verfügen über eine angemessene Gesamtorientierung zur Bewältigung von unmittelbaren Modellierungsanforderungen (siehe Seite 151).
- wissen, dass Ergebnisse eines Modellierungsprozesses geprüft werden müssen und gegebenenfalls die Bearbeitung verbessert werden muss (siehe Seite 151).

Mathematische Mittel: Lernende verfügen über unmittelbare Mathematisierungsmuster (siehe Seite 243).

Teilhandlungen: Lernende können
- mit Blick auf das in Abschnitt 5.1.4 (ab Seite 151) beschriebene Können insbesondere
  - den Text einer Sachaufgabe verstehen.
  - mit Hilfe unmittelbarer Mathematisierungsmuster eine unmittelbare Modellbildung vornehmen.
  - innermathematisch eine Lösung erarbeiten.
  - das mathematische Resultat auf das Sachproblem beziehen.
  - selbständig mehrschrittige Anforderungen bewältigen.

Fortsetzung auf der nächsten Seite

Tabelle 8.1 – Fortsetzung

- mit Blick auf die in Abschnitt 5.4.5.2 auf Seite 230 beschriebenen Reflexionslevel
  - den Bearbeitungsprozess und erarbeitete Ergebnisse auf Reflexionslevel 1 überprüfen.
  - auf Grund lebensweltlicher Erfahrungen beurteilen, ob das erarbeitete Resultat für das Sachproblem sinnvoll ist (Reflexionslevel 2).
- im Sinne kritischer Modellierungskompetenzen unmittelbare Modellbildungen nachvollziehen, bewerten und ggf. verbessern (siehe Abschnitt 5.4.1.3 ab Seite 217).

Einstellungen: Entsprechend den auf Seite 158 beschriebenen Einstellungen entwickeln Lernende gegenüber
- der Mathematik eine positive Einstellung als mächtiges Werkzeug zur Bearbeitung vielfältiger außermathematischer Probleme.
- dem math. Modellieren eine positive Einstellung als mehrschrittigen Bearbeitungsprozess.
- realen Problemen eine positive Einstellung und trauen sich zu, diese Probleme mit mathematischen Mitteln zu bearbeiten. Dies bedeutet, eine gewisse Ausdauer bei der Bearbeitung zu zeigen, auch wenn Hindernisse im Bearbeitungsprozess auftreten.
- sich selbst und anderen als Modellbildner eine positive, aber dennoch (selbst-)kritische Einstellung, so dass eine Reflexion von Modellierungsprozessen und deren Resultaten selbstverständlich ist.

Beispiele stufengemäßer Anforderungen:
- Busaufgabe (siehe Seite 131)
- Aufgabe Stabielregal (siehe Seite 289)

Tabelle 8.2: Stufe IIa: Kompetenzerwartungen zum normativen Modellieren

---

Ziele: Lernende wissen, dass im Rahmen des normativen Modellierens die Realität mit Hilfe mathematischer Mittel gestaltet wird (siehe Seite 24).

Orientierungsgrundlage: Lernende wissen,

- dass mathematische Modellierungen verschiedene Zwecke verfolgen können und in diesem Zusammenhang verschiedene Modelle (normative und deskriptive Modelle) unterschieden werden können (siehe Seite 253).
- dass mathematische Modelle als mathematische Repräsentationsformen im Rahmen des normativen Modellierens inhaltlich interpretiert werden müssen, so dass es eine passende realitätsbezogene Repräsentation in Form eines Realmodells gibt (siehe Seite 188).

Mathematische Mittel: Lernende können flexibel und situationsangemessen mit unmittelbaren Mathematisierungsmustern zur Formalisierung und Gestaltung außermathematischer Sachverhalte arbeiten.

Teilhandlungen: Lernende können

- mathematische Repräsentationen normativer Modelle realitätsbezogen interpretieren, um ein Realmodell zu rekonstruieren (siehe Seite 227).
- normative Modelle verändern.
- die inner- und außermathematische Bearbeitung überprüfen (Reflexionslevel 1 & 2) (siehe Seite 230).
- kritisch über die Angemessenheit normativer Modelle reflektieren (Reflexionslevel 2) (siehe Seite 230).

Einstellungen: Lernende vertiefen und festigen oben genannte Einstellungen.

Beispiele stufengemäßer Anforderungen:

- Zooaufgabe (siehe Seite 291)

Tabelle 8.3: Stufe IIb: Kompetenzerwartungen zum deskriptiven Modellieren

---

Ziele: Lernende wissen, dass beim idealisierenden Modellbilden durch Strukturieren und Idealisieren eine Passung zwischen außermathematischem Problem und mathematischem Modell gefunden werden muss (siehe Seite 196).

Orientierungsgrundlage: Lernende verfügen über Verfahrenskenntnisse zum idealisierenden Modellbilden (siehe Seite 197)

Mathematische Mittel: Lernende
- verfügen über idealisierende Mathematisierungsmuster (siehe Seite 243).
- kennen für typische realitätsbezogene Probleme antizipierende Modellbildungsschemata (siehe Seite 243).

Teilhandlungen:
Lernende können entsprechend der in Abschnitt 5.2.4 beschriebenen Vorstellung vom idealisierenden Modellieren
- eine realitätsbezogene Situation mit Hilfe lebensweltlichen Wissens strukturieren.
- mit Hilfe idealisierender Mathematisierungsmuster und antizipierender Modellbildungsschemata eine realitätsbezogene Situation idealisieren.
- auf Grund von Strukturierungs- und Idealisierungsprozessen entwickelte Interpretationen zu einem stimmigen System, bestehend aus verschiedenen Repräsentationsformen, weiterentwickeln. D.h. die Lernenden erarbeiten eine Passung zwischen den Repräsentationsformen.

Einstellungen: Lernende vertiefen und festigen oben genannte Einstellungen.

Beispiele stufengemäßer Anforderungen:
- Aufgabe Leuchtturm (siehe Seite 169)

Tabelle 8.4: Stufe III: Kompetenzerwartungen zum anzupassenden Modellieren

---

Ziele: Lernende wissen, dass beim anzupassenden Modellieren zwei wesentliche Teilhandlungen notwendig sind. Zunächst muss ein angemessenes Mathematisierungsmuster im Rahmen einer qualitativen Modellbildung bestimmt werden. Anschließend müssen die Parameter des Mathematisierungsmusters angepasst werden (siehe Seite 206 und Seite 211).

Orientierungsgrundlage: Lernende
- haben Verfahrenskenntnisse zum anzupassenden Modellieren (siehe Seite 211).
- haben Verfahrenskenntnisse zum Anpassen der Parameter (siehe Seite 212).
- haben Sachkenntnisse über Möglichkeiten und Grenzen verschiedener Verfahren (siehe Seite 212).

Mathematische Mittel: Lernende
- verfügen über anzupassende Mathematisierungsmuster.
- kennen für typische realitätsbezogene Probleme antizipierende Modellbildungsschemata (siehe Seite 243).

Teilhandlungen: Lernende können
- anpassende Modellbildungen ausführen (siehe Seite 206), d.h.
  - angemessene Mathematisierungsmuster im Sinne des qualitativen Modellierens auswählen.
  - im Mathematisierungsmuster enthaltene Parameter bestimmen.
- auf Reflexionslevel 3 über mathematische Modellierung reflektieren.

Einstellungen: Lernende vertiefen und festigen oben genannte Einstellungen.

Beispiele stufengemäßer Anforderungen:
- Aufgabe Tageslängen (siehe Seite 204)

8.1.3 Weitere Beispielaufgaben

Stabielregal

Starterset

Im Prospekt der Firma Regalux (siehe Abbildung 8.3) gibt es das Starterset für € 26. Welche Einzelteile sind für das Starterset nötig und stimmt der im Prospekt angegebene Preis von € 31,25 für die Einzelteile?

Kellerregal - Die Qual der Wahl

Herr Müller will ein Regal in den Keller stellen. Die Kellerwand ist 350cm lang und 210cm hoch. Wie kann Herr Müller den Platz an der Wand mit den unterschiedlichen Regalgrößen von Regalux möglichst optimal nutzen?

Kellerregal - Wie viele Schrauben?

Herr Müller hat für sein Wunschregal eine Skizze angefertigt. Wie viele Schrauben benötigt er für dieses Regal? Wie viele Packungen Montageschrauben muss er kaufen?

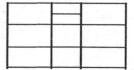

Sparen dank Jubiläumsaktion

Herr Müller kauft das Regal für den Keller und noch ein Regal für seine Garage. Zusammen kommt er auf einen Preis von € 393,75. Im Baumarkt gibt es noch folgende Rabattaktion:

	Bei einem Einkauf		
ab	€ 100	sparen Sie	€ 10
ab	€ 250	sparen Sie	€ 25
ab	€ 500	sparen Sie	€ 50
ab	€ 1000	sparen Sie	€ 100

Wie viel muss Herr Müller noch zahlen?

Böhm (2010, S. 11f)

StabielRegal - Qualität seit 1923

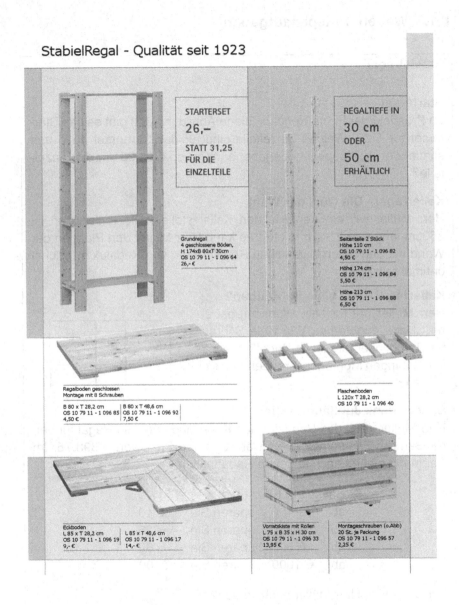

Abbildung 8.3: Katalogseite zur Aufgabe Stabielregal (Böhm, 2010, S. 12).

Zoo-Aufgabe

Ein Zoo wird im langjährigen Mittel von etwa 35000 Erwachsenen und 15000 Kindern jährlich besucht. Der Eintrittspreis beträgt € 12 bzw. € 7. Im kommenden Jahr sollen durch eine Erhöhung der Eintrittspreise die Einnahmen auf € 600000 gesteigert werden.
Stelle zwei sinnvolle Modelle für die Erhöhung auf und mache aufgrund dieser Berechnung Vorschläge für die neuen Eintrittspreise.

Marxer und Wittmann (2009, S. 11)

8.2 Exemplarische Konkretisierung stufenspezifischer Aspekte zur Kompetenzförderung

Die im Modellierenteilcurriculum beschriebenen Kompetenzerwartungen müssen für jede Stufe horizontal entwickelt werden. Dazu bedarf es geeigneter Lerngelegenheiten zur Aneignung der entsprechenden Kompetenzen. Aufbauend auf dem Hintergrund der Lerntätigkeit (siehe Abschnitt 3.4, Seite 109) und den aus dem spielgemäßen Konzept abgeleiteten Überlegungen (siehe Abschnitt 7.2, Seite 271) muss für eine unterrichtliche Umsetzung eine Kombination aus stufengemäßen Modellierungsanforderungen und ergänzenden Übungen zur Förderung von einzelnen Aspekten gefunden werden. Dabei stellen die stufengemäßen Anforderungen jedoch immer den Ausgangspunkt der Lerntätigkeit dar. Einzelne Aspekte werden dann geübt, wenn es zur Bewältigung der Modellierungsanforderungen notwendig ist.
Dabei sind in jeder Stufe folgende Punkte von besonderer Bedeutung:

1. Entwicklung einer angemessenen Orientierungsgrundlage zur Bewältigung stufenspezifischer Anforderungen.
2. Förderung des theoretischen Denkens anhand von Mathematisierungsmustern als theoretische Begriffe, die als disponible Kenntnissysteme angeeignet werden müssen.
3. Förderung stufenspezifischer mathematischer Mittel zur Bewältigung von Modellierungsanforderungen.
4. Förderung einzelner stufenspezifischer Teilkompetenzen anhand adäquater Aufgabentypen im Sinne ergänzender Übungen.

Punkt 1 steht dabei in unmittelbarer Beziehung mit den stufenspezifischen Anforderungen als Ganzes. Im Sinne des Aufsteigens vom Abstrakten zum Konkreten (siehe Abschnitt 3.4, Seite 112) müssen die Lernenden zunächst eine Orientierungsgrundlage zur Bewältigung der stufengemäßen Anforderungen erwerben. Dabei wird zunächst davon ausgegangen, dass eine solche Anforderung in der Zone der nächsten Entwicklung liegt und Hilfen durch die Lehrkraft notwendig sind, damit die Lernenden diese Anforderung in einer gemeinsamen Tätigkeit bewältigen können. Solche Hilfen sind etwa die in Abschnitt 7.2.2.2 auf Seite 277 genannten organisatorischen Hilfen. Ziel einer solchen kooperativen Auseinandersetzung mit dem Lerngegenstand ist die Aneignung von Verfahrenskenntnissen als Orientierungsgrundlage zur Bewältigung stufenspezifischer Modellierungsanforderungen. Dieser Aspekt ist bei der Kompetenzförderung auf jeder Stufe zu berücksichtigen. Da dieser Punkt jedoch eher mit den stufenspezifischen Modellierungsanforderungen als Ganzes in Beziehung steht, gehört dieser Punkt nicht zu den stufenspezifischen Aspekten, die an ergänzenden Übungen erworben werden. Ergänzende Übungen können dazu beitragen, einzelne Teile der gesamten Orientierungsgrundlage zu verdeutlichen oder spezifisch weiterzuentwickeln. Eine vollständige Grundlage zur Orientierung und Regulation der stufenspezifischen Tätigkeit verlangt jedoch immer die Auseinandersetzung mit einer stufenspezifischen Modellierungsanforderung im Ganzen. Aus diesem Grund wird dieser Aspekt in der folgenden Konkretisierung einzelner Aspekte nicht weiter berücksichtigt. Mögliche Aufgaben im Sinne ganzheitlicher Anforderungen wurden bereits im vorangehenden Abschnitt genannt.

Auch im zweiten Punkt ist das Aufsteigen vom Abstrakten zum Konkreten ein geeignetes Lehrprinzip, damit das theoretische Denken mit Mathematisierungsmustern als theoretische Begriffe (siehe Abschnitt 3.1.1, Seite 73) entwickelt wird. Dabei müssen die Mathematisierungsmuster im Rahmen einer vielfältigen Auseinandersetzung in Verbindung mit verschiedenen Repräsentationsformen angeeignet werden. Erst, wenn die Mathematisierungsmuster als theoretische Begriffe in Form abstrahierten Wissens und vernetzt mit verschiedenen Repräsentationsformen angeeignet sind und die flexible und situationsangemessene Anwendung solcher Mathematisierungsmuster im Rahmen des Aufsteigens vom Abstrakten zum Konkreten vielfältig geübt wurde, kann erwartet werden, dass Mathematisierungsmuster in Form disponibler Kenntnissysteme (siehe Abschnitt 3.3.2.8, Seite 93) zur Verfügung stehen. Für das Üben der situationsangemessenen Auswahl geeigneter Mathematisierungsmuster sind eigene Lerngelegenheiten notwendig, in denen die zur

Bearbeitung erforderlichen mathematischen Mittel nicht aus dem Kontext eines nach Inhalten strukturierten Mathematikunterrichts implizit erschlossen werden können. Das von Bruder (2008a, S. 5) als *komplexe Übung* bezeichnete Übungsformat stellt eine solche Lerngelegenheit dar. Im Sinne der Förderung von Modellierungskompetenzen geht das Ziel einer solchen komplexen Übung jedoch über das reine Wiederholen länger zurückliegender Grundlagen hinaus. Im Sinne des Aufsteigens vom Abstrakten zum Konkreten erscheinen solche Lerngelegenheiten notwendig, um das Phänomen des trägen Wissens überwinden zu können, so dass die Mathematisierungsmuster tatsächlich als disponible Kenntissysteme individuell zur Verfügung stehen.

Da die Entwicklung solcher Kenntnissysteme von Mathematisierungsmustern in dieser Arbeit bereits mit dem Grundvorstellungskonzept in Beziehung gestellt wurde (siehe Abschnitt 5.5.3, Seite 242), lassen sich im Zusammenhang mit Grundvorstellungen weitere Anregungen zur unterrichtlichen Umsetzung finden. Auch die auf Freudenthal zurückgehenden Ideen und Konzepte zur realistic mathematics education (RME) zeigen Möglichkeiten auf, wie solche Kenntnissysteme mit verschiedenen Repräsentationsformen entwickelt werden können (siehe exemplarisch van den Heuvel-Panhuizen, 2003).

Die im dritten Punkt genannte Förderung stufenspezifischer Mittel hat zwei Aspekte: zum einen das Bereitstellen mathematischer Verfahren und Kenntnisse zur Bewältigung der Anforderungen innerhalb des innermathematischen Arbeitens, zum anderen aber auch die Ausbildung mathematischer Mittel im Sinne antizipierender Modellbildungsschemata (siehe Abschnitt 5.5.3, Seite 242).

Im vierten Punkt geht es um Teilkompetenzen, die nach dem spielgemäßen Konzept anhand ergänzender Übungen einzeln angeeignet werden. Gegenstand dieser ergänzenden Übungen sind etwa Teilhandlungen im Modellierungsprozess aber z.B. auch die selbständige Bewältigung von mehrschrittigen Anforderungen.

Insgesamt lässt sich an den Ausführungen erkennen, dass eine angemessene Entwicklung von Modellierungskompetenzen nur gelingen kann, wenn sich die Förderung auf verschiedene Aspekte bezieht. Dabei sind die vier oben genannten Aspekte vergleichbar mit den im Rahmen der Spielfähigkeit differenzierten Komponenten Technik, Taktik und Kondition (siehe Seite 265). Zwischen diesen Aspekten gibt es zwar einen stark wechselwirkenden Zusammenhang, jedoch hat jeder Aspekt auch einen eigenen Schwerpunkt.

Des Weiteren ist es erforderlich, das Zusammenspiel aus stufenspezifischen Modellierungsanforderungen und ergänzenden Übungen dem konkreten Entwicklungsstand der Lernenden anzupassen. Nur dann kann die Kompetenzentwicklung optimal unterstützt werden. Aus diesem Grund kann der folgende Teil auch nur exemplarischen Charakter haben. Dabei geht es im Folgenden insbesondere um einzelne Aspekte von Modellierungskompetenz, die durch ergänzende Übungen entwickelt werden können. Dabei darf jedoch der komplexe Zusammenhang, den die stufenspezifischen Anforderungen darstellen, nicht vergessen werden.

Tabellarischer Überblick über relevante Aspekte

Tabelle 8.5: Exemplarische Vorschläge zur Förderung der horizontalen Kompetenzentwicklung auf Stufe I

Exemplarische Mathematisierungsmuster:
- Grundrechenarten

Stufenspezifische Mittel:
- Sachrechnen, Rechnen mit Größen
- Runden
- Überschlagen
- Verbinden der Grundrechenarten

Teilkompetenzen:
- Erkennen und Bestimmen notwendiger Daten
- Prüfen und Bewerten von Ergebnissen
- Identifizieren angemessener Mathematisierungsmuster
- Bewältigung von Komplexität im Sinne mehrschrittiger Bearbeitungsprozesse
- Teilhandlungen im Modellierungsprozess

Fortsetzung auf der nächsten Seite

Tabelle 8.5 – Fortsetzung

Aufgabenformate:

- Über-/Unterbestimmte Aufgaben (H. Humenberger, 1995 und H. Humenberger, 2003)
- Begründungsaufgaben und „Wer hat Recht?"-Aufgaben (vgl. Bruder, 2008b, S. 34)
- Aufgabenklassifikation (Böhm, 2010, S. 9)
- Fermi-Aufgaben (Herget, 2001 und Büchter, Herget, Leuders & Müller, 2007)
- Aufgaben zur Förderung von Teilkompetenzen (K. Maaß, 2007, S. 73-98)

Beispiele:

- Lieblingsabfahrt und Tankfüllungen pro Jahr (Seite 299)
- Lottogewinn und Luftballons (Seite 299)
- Aufgabenklassifikation (Seite 302)
- Fermi-Aufgaben (Seite 302)
- Wassersparen und Zugfahrt (Seite 300f)

Tabelle 8.6: Exemplarische Vorschläge zur Förderung der horizontalen Kompetenzentwicklung auf Stufe IIa

---

Exemplarische Mathematisierungsmuster:
- Terme und Variablen

Stufenspezifische Mittel:
- Einsatz des Taschenrechners
- Verwendung eines Tabellenkalkulationsprogrammes

Teilkompetenzen:
- Aufstellen von Termen
- Interpretieren von Termen
- Kritisches Reflektieren normativer Modelle

Beispiel:
- Fahrt mit dem Eurocity und Einnahmen beim Sportfest (Seite 302f)
- Was ist gerecht? (Seite 304)

Tabelle 8.7: Exemplarische Vorschläge zur Förderung der horizontalen Kompetenzentwicklung auf Stufe IIb

---

Exemplarische Mathematisierungsmuster:
- Proportionale und antiproportionale Zusammenhänge
- Strecke, Gerade, Winkel, Viereck, Dreieck

Stufenspezifische Mittel:
- Anwenden von Heurismen: Invarianz, Traonsformation, Analogie
- Anwendung geometrischer Zusammenhänge
- Berücksichtigung von Genauigkeit und Beachtung von Fehlern

Teilkompetenzen:
- Suchen von antizipierenden Modellbildungsschemata für typische Problemklassen
- Suchen geometrischer Objekte als Mathematisierungsmuster in realen Situationen, Bildern, Skizzen
- Idealisieren von Prozessen
- Idealisieren von Objekten
- Reflexion der Genauigkeit (obere-/untere Schranke) in Abhängigkeit von Modellannahmen
- Reflektieren und Prüfen verwendeter Modelle (Marxer, 2005)

Beispiele:
- Welche mathematischen Mittel sind für die Bestimmung einer Strecke geeignet?
- Finde in der Abbildung Dreiecke / Quadrate / Rechtecke / rechtwinklige Dreiecke / zusammengesetzte Figuren
- Variation der Zugaufgabe (siehe Seite 305)
- Erweiterungen Leuchtturm (siehe Seite 305)
- Nachhilfe Forum Bodensee (siehe Seite 306)
- Validieren lernen mit gelösten Aufgaben (siehe Seite 307)

Tabelle 8.8: Exemplarische Vorschläge zur Förderung der horizontalen Kompetenzentwicklung auf Stufe III

Exemplarische Mathematisierungsmuster:
- Lineare, quadratische und exponentielle Funktionen sowie die Sinusfunktion

---

Stufenspezifische Mittel:
- Darstellen von Funktionen (Funktionsgleichung,Tabelle, Graph)
- Darstellen von Daten in Diagrammen (Boxplot, Säulendiagramm, Kreisdiagramm) und Tabellen
- Termunabhängiges Arbeiten mit Funktionen (Pinkernell, 2010)
- Anwenden der Regression
- Arbeiten mit Residuen (Engel, 2010)

Teilkompetenzen:
- Flexibles Arbeiten mit verschiedenen Funktionstypen
- Bewertung der Güte ausgewählter Funktionen als mathematisches Modell
- Bewertungskriterien finden

Beispiele:
- Prognose für t=2 (siehe Seite 308)
- Validieren lernen mit gelösten Aufgaben (siehe Seite 307), Welche Funktion passt besser? (siehe Seite 309), Bewertungskriterien finden (siehe Seite 310)
- Erweiterungen Leuchtturm (Seite 305)

Beispielaufgaben im Sinne ergänzender Übungen für verschiedene Stufen

---

Überbestimmte Aufgabe: Lieblingsabfahrt

Im Skigebiet Wintereck gibt es ein Punktesystem für die Skilifte:

Anfängerhügel	5 Punkte
Schöntal	15 Punkte
Steilhang	20 Punkte

Sabine hat eine Punktekarte mit 225 Punkten gekauft. Wie oft kann sie mit dieser Karte den Schöntallift benutzen, um ihre Lieblingsabfahrt zu fahren?

Unterbestimmte Aufgabe: Tankfüllungen pro Jahr

Familie Müller ist im letzten Jahr mit ihrem Auto ca. 24 000 km ge-fahren. Wie oft musste Herr Müller wohl tanken, um diese Strecke zu fahren?

Böhm (2010, S. 8)

Begründungsaufgabe: Lottogewinn

Frau Jung spielt mit sieben Kolleginnen und Kollegen Lotto. Am ver-gangenen Wochenende hatte sie Glück und gewann € 3688. Frau Jung hat ausgerechnet, dass jeder € 461 bekommt. Hat sie richtig ge-rechnet? Begründe Deine Antwort.

„Wer-hat-Recht?"-Aufgabe: Luftballons

Opa Heinz hat für seine sechs Enkel eine Tüte mit 100 Luftballons gekauft. Er schenkt die Tüte seinen Enkeln und sagt, sie sollen die Luftballons gleichmäßig aufteilen. Paul sagt: „Hurra, ich bekommt 17 Luftballons." Lena meint: „Jeder bekommt aber nur 16 Luftballons." Wer hat recht? Begründe Deine Antwort.

Böhm (2010, S. 10)

Wassersparen

Kleine Tricks verändern die großeWelt

Die Bewegung »We are what we do« bietet für den Anfang 50 Tipps ohne erhobenen Zeigefinger

Die Tatsache ist ebenso alt wie aktuell:
Wenn eine Familie das ganze Jahr über beim Zähneputzen das Wasser anlässt, gehen insgesamt rund 26 000 Liter kostbares Nass verloren.

(aus: Schwarzwälder Bote, Ausgabe Rottweil, Wochenendjournal vom 16.03.2006)

In dem Zeitungsartikel wird angegeben, dass man pro Familie 26000 Liter Wasser sparen kann, wenn man den Wasserhahn beim Zähneputzen zudreht.

Was meinst du dazu? Kann das wirklich sein? Begründe!

© 2007 Cornelsen Verlag Scriptor · Mathematisches Modellieren

Um herauszufinden, ob das wirklich sein kann, musst du Annahmen treffen. Hier siehst du einige Annahmen. Kreuze erst einmal alleine an, welche Annahmen du bei der Aufgabe für wichtig hältst (du darfst auch mehrere Kreuze machen).

○ Eine Familie besteht meistens aus 4 Personen.
○ Bei 4 Familienmitgliedern gibt es 4 Zahnbürsten.
○ Jeder putzt 2 Mal am Tag die Zähne.
○ Das Zähneputzen dauert 3 Minuten.
○ In 1 Minute fließen ungefähr 3 Liter Wasser aus dem Wasserhahn.
○ In 10 Minuten fließen ungefähr 30 Liter Wasser aus dem Wasserhahn.
○ Jeder aus der Familie macht sich einen Zahnpastastreifen auf die Zahnbürste, der 1 cm lang ist.

K. Maaß und Mischo (2010); K. Maaß (2007, S. 90)

Zugfahrt

Ernesto fährt jeden Tag mit dem Zug zur Schule. In
seinem Heimatort Gundelfingen steigt er in den Zug ein
und fährt dann nach Freiburg, wo seine Schule ist.
Unterwegs hält der Zug in Freiburg-Zähringen und in
Freiburg-Herdern.

Foto: Tobias b köhler   Lizenz: CC by-sa-3.0

Welches Schaubild passt? Begründe!

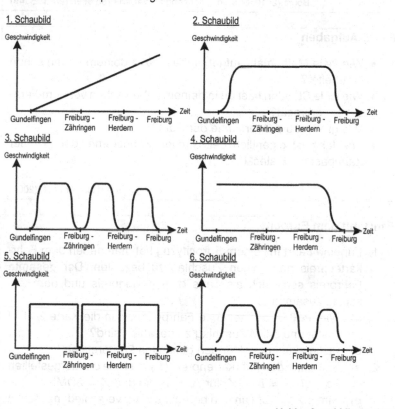

K. Maaß und Mischo (2010)

Aufgabenklassifikation

Auf den Karten, die Du erhalten hast, steht jeweils eine Aufgabe. In den vergangenen Wochen haben wir ganz ähnliche Aufgaben im Mathematikunterricht bearbeitet. Zur Bearbeitung dieser Aufgaben ist jeweils eine Grundrechenart erforderlich. Sortiere die Karten nun so, dass die Aufgaben in jedem Stapel mit der gleichen Grundrechenart bearbeitet werden. Dazu musst Du nichts rechnen!

Böhm (2010, S. 9) in Anlehnung an Van Dooren et al. (2011, S. 49)

Fermi-Aufgaben

- Wie viele Mathematikaufgaben hast du in deinem Leben schon bearbeitet?
- Wie viele Stunden hast du in deinem Leben schon vor dem Fernseher verbracht?
- Wie groß ist die Oberfläche der Haut?
- Wie lang ist eigentlich der Streifen Zahncreme, der in einer Zahnpastatube steckt?

Büchter et al. (2007)

Fahrt mit dem Eurocity

1. Für eine Fahrt mit einem Eurocityzug hat man neben dem Fahrkartenpreis noch einen Zuschlag zu bezahlen. Der gesamte Fahrpreis setzt sich also aus dem Kartenpreis und dem Zuschlag zusammen.
   a) Wie groß ist der gesamte Fahrpreis, wenn die Karte 28 DM kostet und 5 DM Zuschlag zu bezahlen sind?
   b) Stelle eine Formel für den gesamten Fahrpreis auf!
2. a) Berechne den Fahrkartenpreis (F) mit Hilfe der aufgestellten Formel ($F = K + Z$) für $K = 16$DM und $Z = 5$DM!
   b) Nimm $Z = 5$DM an und berechne F für verschiedene, selbst gewählte Kartenpreise K! Lege eine Tabelle an!
3. Stelle die Gleichung $F = K + Z$ durch eine Zeichnung dar!

Malle (1993, S. 67-71)

Einnahmen beim Sportfest

1. Bei einer Sportveranstaltung zahlt ein Erwachsener 10 DM, ein Kind 3 DM.

   a) Herr und Frau Kicker besuchen mit ihren drei Kindern die Veranstaltung. Wieviel haben sie zu bezahlen?

   b) Insgesamt haben 8946 Erwachsene und 1238 Kinder die Sportveranstaltung besucht. Wie groß waren die Gesamteinnahmen der Veranstalter?

   c) Beschreibe mit Worten, wie man aus der Zahl der Erwachsenen und der Zahl der Kinder, die an der Veranstaltung teilgenommen haben, die Gesamteinnahmen berechnen kann!

   d) Beschreibe mit Variablen, wie man die Gesamteinnahmen berechnen kann! Gib dazu die Bedeutung der verwendeten Variablen an!

   e) Stelle die Gesamteinnahmen durch eine Zeichnung dar.

2. Verwende die in Aufgabe 1 d) ermittelte Formel zur Berechnung der Gesamteinnahmen für den Fall, dass

   a) 5320 Erwachsene und 760 Kinder,

   b) 966 Erwachsene und 84 Kinder die Sportveranstaltung besucht haben!

3. Die Veranstaltung wird von e Erwachsenen und k Kindern besucht. Stelle eine Formel für die Gesamteinnahmen auf! Zeichnung!

Malle (1993, S. 72-73)

Was ist gerecht?

Ein Bekannter fragt Dich, ob Du ihm bei der Berechnung der Heizkosten helfen kannst. Es geht darum, dass die Heizkosten von € 120 pro Monat gerecht auf zwei Parteien, Herr Maier und Familie Huber, in einem Haus verteilt werden sollen. Er sagt, er hat sich selbst schon einige Gedanken gemacht, und bereits Folgendes berechnet:

- Die Wohnung von Herr Maier hat $40m^2$, Familie Huber wohnt auf $80m^2$. Demnach muss Herr Maier € 40 und Familie Huber € 80 pro Monat zahlen.
- Die Messinstrumente zeigen, dass beide Parteien gleich viel heizen. Demnach muss Familie Huber € 60 und Herr Maier auch € 60 pro Monat zahlen.
- Herr Maier hat nun vorgeschlagen, dass die Heizkosten nach der Anzahl der Personen in einer Wohnung verteilt werden sollten. Nach diesem Vorschlag muss Herr Maier € 30 und Familie Huber € 90 pro Monat zahlen.

Welche Verteilung der Heizkosten ist denn jetzt gerecht?

Nach J. Maaß (2007, S. S55f)

Variation: Zugfahrt

Ernesto fährt jeden Tag mit dem Zug zur Schule. In seinem Heimatort Gundelfingen steigt er in den Zug ein und fährt dann nach Freiburg, wo seine Schule ist. Unterwegs hält der Zug in Freiburg-Zähringen und in Freiburg-Herdern.

Foto: Tobias b köhler   Lizenz: CC by-sa-3.0

Um ein Skizze für ein Schaubild zum Zusammenhang zwischen der Zeit und der Geschwindigkeit des Zuges zeichnen zu können, sollst Du Dir zunächst überlegen, welche Eigenschaften der Situation in einem Schaubild erkennbar sein müssen.

Benenne nun (bevor Du eine Skizze anfertigst) mathematische Eigenschaften, die eine Skizze des Funktionsgraphen in einem Zeit-Geschwindigkeits-Diagramm enthalten muss, damit die Situation angemessen beschrieben wird. Dabei geht es um die Merkmale als solche und nicht um exakte Werte.

Modifiziert nach K. Maaß und Mischo (2010)

Erweiterungen zur Aufgabe Leuchtturm

Frage 1: Welche Aspekte der realen Situation sind für die Lösung des Problems relevant?

Frage 2: Welche mathematischen Verfahren kennst du, mit denen Du die Länge einer Strecke bestimmen kannst?

Frage 3: Sebi hat die Idee, den Satz des Pythagoras zu verwenden, dazu benötigt er jedoch ein rechtwinkliges Dreieck. Kannst Du ein rechtwinkliges Dreieck finden, mit dem das Problem gelöst werden kann?

Frage 4: Welche rechten Winkel kannst Du bei dieser Situation finden?

Exaktes Ergebnis?

In einem Forum posted eine Schülerin Folgendes:

Bodensee
Hi, Folgende Aufgabe: Der Bodensee ist b=63,5 km lang. Wie viele Meter steht das Wasser in der Mitte des Sees höher als an den Enden? In Fig. 6 ist übertrieben dargestellt, warum die Seemitte höher liegt. Berechne zunächst den Winkel und damit die Höhe h. Leider ist mir nicht ganz klar, mit welcher Formel sich der Winkel berechnen lässt. Danke schon mal im vorraus! MfG, Angelika
Author: Angelika ⎪ gepostet am: 15.06.2002 um 11:54:34

Auf ihre Frage bekommt die Schülerin einen Hinweis, welches der gesuchte Winkel α ist und wie dieser berechnet werden kann. Anschließend gelingt es ihr, den Winkel zu bestimmen und gibt im Forum den Winkel mit $\alpha = 0,2855°$ an. Mit diesem Wert kann sie die Höhe h bestimmen, die das Wasser in der Mitte höher steht. Im Forum gibt sie $h = 79,0816$m an. Daraufhin gibt der Tippgeber noch folgende Antwort:

Re: Bodensee
Hallo, gut gemacht! Dein Ergebnis stimmt (fast) :) Ein kleiner Rundungsfehler ist dir unterlaufen. Alpha sollte, wenn du auf vier Nachkommastellen rundest, ca. 0,2856° betragen. Dann ergibt sich für die Höhe 79,14 Meter. Naja, ... knapp 6 Zentimeter mehr als bei deiner Rechnung! Gruss Der Tippgeber
Author: Der Tippgeber ⎪ gepostet am: 15.06.2002 um 16:37:12

Kommentiere selbst den letzten Forenbeitrag. Beurteile dabei die Angemessenheit einer Diskussion über einen Fehler von 6cm in der mathematischen Lösung für das ursprüngliche, außermathematische Problem. Verwende dabei möglichst auch mathematische Argumente.

Validieren lernen mit gelösten Aufgaben

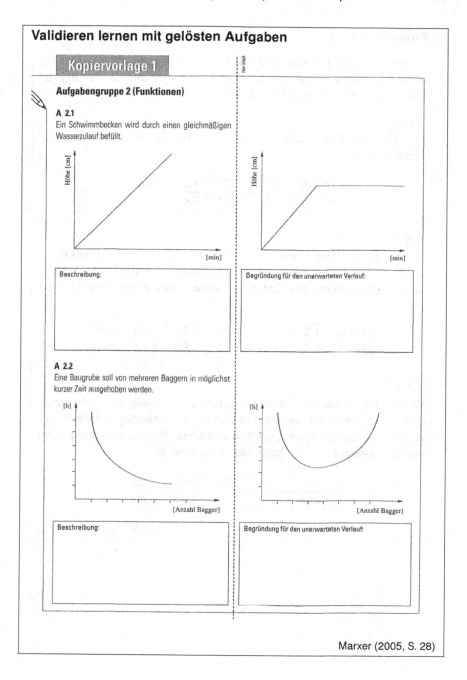

Kopiervorlage 1

hier knick

Aufgabengruppe 2 (Funktionen)

A 2.1
Ein Schwimmbecken wird durch einen gleichmäßigen Wasserzulauf befüllt.

Höhe [cm] / [min]

Höhe [cm] / [min]

Beschreibung:

Begründung für den unerwarteten Verlauf:

A 2.2
Eine Baugrube soll von mehreren Baggern in möglichst kurzer Zeit ausgehoben werden.

[h] / [Anzahl Bagger]

[h] / [Anzahl Bagger]

Beschreibung:

Begründung für den unerwarteten Verlauf:

Marxer (2005, S. 28)

Prognose für t=2

Eine weltweit tätige Organisation interessiert sich für die Entwicklung eines sich über viele Jahre erstreckenden Prozesses. Für diesen Prozess liegen aktuell einige Messwerte vor.

Teil 1
Erstellen Sie anhand dieser Daten eine Prognose für die Anzahl zum Zeitpunkt t=2.

Zeit (t)	0,70	1,00	1,25	1,50
Anzahl	0,2	0,31	0,4	0,5

Teil 2
Die Organisation hat in der Zeit nach der Prognose weitere Daten gesammelt. Die Daten in der folgenden Tabelle kommen hinzu. Nutzen Sie die nun vorhandenen Daten, um erneut eine Prognose für t=2 zu erstellen.

Zeit (t)	1,8	1,9	1,91	1,92	1,93	1,94
Anzahl	0,98	1,65	1,75	1,86	2,07	2,30

Teil 3
Weitere Daten aus der Zeit seit der letzten Prognose ergänzen inzwischen die Messreihe. Sie werden von der Organisation gebeten, diese neuen Daten zu nutzen, um ihre bisherige Prognose zu überprüfen und gegebenenfalls Ihre Prognose zu korrigieren.

Zeit (t)	1,96	1,97	1,98	1,99
Anzahl	3,02	3,70	4,45	5,30

nach Körner (2003, S. 168f)

Welche Funktion passt besser?

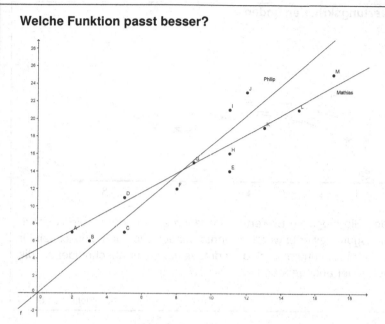

Philip und Mathias haben verschiedene Ausgleichsgeraden gefunden.

- Beschreibe jeweils den Zusammenhang, den Philip und Mathias gefunden haben.
- Welche Ausgleichsgerade findest du angemessener? Begründe deine Meinung.

Pinkernell (2010, S. 14)

Bewertungskriterien finden

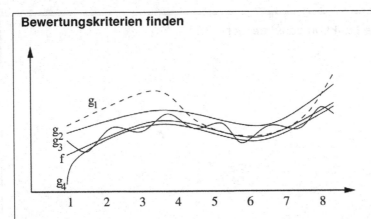

Geben Sie mögliche Bewertungskriterien an, mit denen die Approximationsgüte bewertet werden könnte. Finden Sie nach Möglichkeit für jedes g_i ein Kriterium, nach dem dieses g_i besser abschneidet als die anderen der angegebenen g_j .

Kiehl (o.J., S. 50)

Teil IV

Resümee

9 Zusammenfassung

Die in den Bildungsstandards für den mittleren Schulabschluss benannten allgemeinen mathematischen Kompetenzen sollen im Laufe der Sekundarstufe langfristig und systematisch gefördert werden, so dass ein kumulativer Kompetenzaufbau realisiert wird. Aktuell fehlt jedoch ein geeigneter Rahmen, der Orientierung für eine solche Kompetenzentwicklung gibt.

Als Ursachen, die der Einlösung der Orientierungsfunktion im Wege stehen, können zwei Defizite benannt werden: zum einen sind die Kenntnisse über die langfristige Entwicklung von Modellierungskompetenzen unzureichend, zum anderen liegt keine klare Modellvorstellung zum kognitiven Prozess des mathematischen Modellierens, insbesondere zum zentralen Prozess des Modellbildens, vor, aus dem sich Konsequenzen für eine langfristige und systematische Förderung ableiten lassen.

In der Aufarbeitung der fachdidaktischen Literatur zeigt sich, dass zahlreiche Kompetenzmodelle vorgeschlagen werden und diese Konzepte auch für verschiedene Zwecke angemessen sind. Unterscheiden lassen sich dabei idealisiert drei Arten von Kompetenzmodellen:

1. Konzepte zur Begriffsklärung und begrifflichen Differenzierung
2. Konzepte zur Operationalisierung von Modellierungskompetenzen in empirischen Studien
3. Konzepte hinsichtlich der Förderung und Entwicklung von Modellierungskompetenzen

Konzepte der ersten Kategorie haben für die Kommunikation über Kompetenzen und zur Benennung relevanter Phänomene und Aspekte eine große Bedeutung. Kompetenzmodelle im Zusammenhang mit empirischen Studien können zur Beurteilung von Schülerleistungen herangezogen werden. Aus den Konzepten dieser beiden Kategorien lassen sich jedoch bislang keine Konsequenzen für eine langfristige, systematische und kumulative Entwicklung von Modellierungskompetenzen ableiten.

Die in der Literatur genannten Konzepte zur Förderung und Entwicklung von Modellierungskompetenzen geben wertvolle Hinweise auf relevante Aspekte einer Kompetenzförderung und verweisen auch auf die Komplexität von Modellierungskompetenzen. Mit einem tätigkeitstheoretischen Blick wird an einigen Konzepten jedoch Kritik geübt. Und mit Blick auf die langfristige Förderung zeigt sich, dass mindestens zwei zentrale Fragen offen bleiben. So findet man zwar den bedeutenden Hinweis, dass holistische und atomistische Anforderungen systematisch kombiniert werden sollen, eine Antwort auf die Frage nach der Balance zwischen beiden Formen bleibt jedoch offen. Des Weiteren bleiben die Vorschläge zur Realisierung einer langfristigen und kumulativen Kompetenzentwicklung unbefriedigend.

Ähnlich unbefriedigend ist die Lage hinsichtlich der Vorstellungen über den kognitiven Prozess bei der Bearbeitung von Modellierungsanforderungen. Zwar gibt es inzwischen zahlreiche schematische Darstellungen, die den Bearbeitungsprozess idealisiert beschreiben und für den Modellierungsprozess relevante Stationen benennen, die im Bearbeitungsprozess „passiert" werden müssen. Jedoch haben sie kaum Aussagekraft für das Zustandekommen der kognitiven Prozesse während der Bearbeitung. So weisen verschiedene Studien auf zyklische Prozesse oder Minikreisläufe hin, ohne dass diese Phänomene auf Grundlage der, in Form eines Modellierungskreislaufs üblichen, Modellvorstellungen zufriedenstellend erklärt werden können.

Die vorliegenden Konzepte für Modellierungskompetenz sowie die Vorstellungen über den kognitiven Prozess beim mathematischen Modellieren geben somit wertvolle Hinweise und stellen eine bedeutende Grundlage dar, sind jedoch nicht unmittelbar ausreichend, um die geforderte Orientierungsfunktion einlösen zu können.

Diese Ausgangssituation macht es erforderlich, zur Einlösung der Orientierungsfunktion zunächst notwendige Grundlagen zu erarbeiten.

Da das mathematische Modellieren als Tätigkeit charakterisiert werden kann, ist es möglich, die Konzepte zum Schließen der Lücken auf Grundlage der Tätigkeitstheorie als Hintergrundtheorie zu entwickeln. Im Rahmen der Arbeit werden daher Modellierungsaktivitäten zur Aufdeckung der Anforderungsstruktur und zur Rekonstruktion der kognitiven Prozesse analysiert.

Einen ersten Komplex bedeutsamer Ergebnisse dieser Arbeit sind die entwickelten Modellvorstellungen über den kognitiven Prozess beim Modellbilden. Dabei können, in Abhängigkeit der zur Mathematisierung verwendeten Inhalte, verschiedene Arten der Modellbildung differenziert werden. Im Zusammenhang mit dem Konzept der Grundvorstellungsintensität werden zur Modellbildung verwendete mathematische Inhalte als Mathematisierungsmuster mit unterschiedlichem Abstraktionsgrad unterschieden und benannt. In der

Modellvorstellung wird ein Zusammenhang zwischen dem Abstraktionsgrad der Mathematisierungsmuster und dem kognitiven Prozess beim Modellbilden postuliert. Zwar gibt es weitere Einflussfaktoren auf den Verlauf des kognitiven Prozesses, den Mathematisierungsmustern wird jedoch eine zentrale Rolle zugesprochen. Mathematisierungsmuster mit einem geringen Abstraktionsgrad als eine geringe „Distanz" zwischen einem realitätsbezogenen Sachverhalt und einer mathematischen Beschreibung dieses Sachverhaltes werden als unmittelbare Mathematisierungsmuster bezeichnet. Beim Arbeiten mit solchen Mathematisierungsmustern kann eine unmittelbare Modellbildung für geeignete Problemsituationen erfolgen.

Wird die „Distanz" zwischen realitätsbezogener Situation und angemessenem mathematischen Modell größer, weil das Mathematisierungsmuster auf einem höheren Abstraktionsniveau liegt, werden weitere Teilhandlungen im Rahmen der Modellbildung erforderlich, da nun aktiv eine Passung zwischen der realen Situation und dem mathematischen Modell als spezifische Repräsentationsform hergestellt werden muss. Dabei hat das antizipierte mathematische Modell eine große Bedeutung. Das antizipierte mathematische Modell beinhaltet Wissen über Merkmale und Zusammenhänge und kann den Erkenntnisprozess zur Erschließung der Tiefenstruktur des außermathematischen Problems leiten. Dabei dient das über das Mathematisierungsmuster antizipierte mathematische Modell als Interpretation der außermathematischen Situation, die in einer Auseinandersetzung mit dem Gegenstand getestet und überprüft wird. Da mathematische Inhalte immer als idealisierte Vorstellungen angesehen werden können, ist es dabei insbesondere notwendig zu prüfen, ob die im Mathematisierungsmuster enthaltenen idealisierten Eigenschaften auch für die außermathematische Problemsituation angenommen werden dürfen. Aus diesem Grund wird in einem solchen Fall vom Arbeiten mit idealisierenden Mathematisierungsmustern und dem idealisierenden Modellbilden gesprochen. Zentraler Aspekt in diesem Prozess ist das Herstellen einer Passung zwischen außermathematischem Problem und mathematischem Modell. Es wird davon ausgegangen, dass diese Passung insbesondere durch eine Kombination aus Vorwärts- und Rückwärtsarbeiten, also dem Strukturieren der realen Situation auf Grund lebensweltlichen Wissens und dem Idealisieren des Problems auf Grundlage mathematischer Kenntnisse als Erkenntnismittel, hergestellt wird. Auf Grundlage dieser Vorstellung werden die beobachteten Minikreisläufe nachvollziehbar.

Bei weiter ansteigendem Abstraktionsgrad der mathematischen Modelle schließt sich an das idealisierende Modellbilden als qualitatives Modellieren zur Bestimmung eines geeigneten Mathematisierungsmusters eine weitere Teilhandlung an. Wird ein Mathematisierungsmuster mit mehreren Parametern ausgewählt, müssen die Parameter in einer eigenen Teilhandlung bestimmt werden, um das mathematische Modell auch qualitativ an die außermathematische Situation anzupassen. Daher wird diese Art als anpassendes Modellbilden und die verwendeten Mathematisierungsmuster als anzupassende Mathematisierungsmuster beschrieben. In dieser Art des Modellbildens wird, wenn die Anpassung der Parameter auf Grund von realitätsbezogenen Überlegungen vorgenommen wird, eine weitere Rückkopplung zwischen außermathematischem Problem und mathematischem Modell im Prozess der Modellbildung deutlich.

Auf Grundlage dieser drei Vorstellungen über die jeweiligen kognitiven Prozesse bei der Modellbildung wird deutlich, dass sowohl beim idealisierenden als auch beim anzupassenden Modellieren mehrfaches gedankliches Hin-und-her-springen zwischen der außermathematischen Welt und der Welt der Mathematik schon für die Erarbeitung des mathematischen Modells notwendig ist. Eine Rückkopplung von der mathematischen Welt ergibt sich also nicht erst nach der Erarbeitung eines mathematischen Resultats, wie es in der Regel in den aktuell häufig verwendeten Modellierungskreisläufen dargestellt ist. Des Weiteren spielen Mathematisierungsmuster als spezifische mathematische Kenntnisse sehr früh im Prozess des Modellbildens eine Rolle, da diese Kenntnisse den Erkenntnisprozess zur Aufdeckung der Tiefenstruktur leiten. Auch an dieser Stelle wird die in vielen Modellierungskreisläufen transportierte Vorstellung, dass das außermathematische Problem zunächst insbesondere auf Grundlage lebensweltlichen Wissens strukturiert wird, weiter entwickelt. Natürlich spielt die Erschließung der Situation auf Grund lebensweltlichen Wissens auch eine Rolle. Es wird jedoch davon ausgegangen, dass für die Herstellung der notwendigen Passung, insbesondere ab einer gewissen Distanz zwischen realem Problem und mathematischem Modell, beide Teilhandlungen, also das Strukturieren und Idealisieren, benötigt werden.

Damit mathematische Inhalte im oben genannten Sinne zur Idealisierung außermathematischer Probleme herangezogen werden können, ist es notwendig, dass diese Inhalte als disponible Kenntnissysteme angeeignet wurden. Ein zentraler Bestandteil solcher Kenntnissysteme sind verschiedene Repräsentationsformen und die Befähigung, flexibel mit den verschiedenen Repräsentationsformen arbeiten zu können. Des Weiteren wird im Zusammenhang mit dem Lehrprinzip des Aufsteigens vom Abstrakten zum Konkreten darauf hingewiesen, dass solche disponiblen Kenntnissysteme nur erwartet

werden können, wenn die Mathematisierungsmuster nicht nur als Ausgangsabstraktion erarbeitet wurden, sondern auch im Rahmen des Aufsteigens vom
Abstrakten zum Konkreten die flexible und situationsangemessene Anwendung von Mathematisierungsmustern geübt wurde. Dies setzt wiederum voraus, dass es im Unterricht spezifische Lerngelegenheiten gibt, in denen das
situationsgemäße Auswählen und Arbeiten mit verschiedenen Mathematisierungsmustern geübt wird, ohne dass auf Grund einer Orientierung des Unterrichts an mathematischen Inhalten ein zur Bearbeitung notwendiges mathematisches Mittel aus dem Kontext der Unterrichtseinheit erschlossen werden
kann.

Das zweite Ergebnis dieser Arbeit, das tätigkeitstheoretische Kompetenzstrukturmodell zum mathematischen Modellieren, baut auf dem Konzept zur
psychischen Regulation der Tätigkeit auf und konkretisiert, ausgehend von der
Analyse der objektiven Anforderungsstruktur, psychische Voraussetzungen
als zur Bewältigung notwendige habitualisierte Eigenschaften. Dieses Konzept der psychischen Eigenschaften als individuell angeeignete und somit verfügbare Besonderheiten der Tätigkeitsregulation ist als Erklärungsmodell zur
Beschreibung des Zustandekommens von Kompetenz geeignet. Daher werden Kenntnisse, Fähigkeiten, Fertigkeiten, Gewohnheiten und Einstellungen
als relevante Aspekte der Hintergrundtheorie spezifisch konkretisiert. Grundlage dafür ist die Analyse von Modellierungsanforderungen zur Aufdeckung
der Anforderungsstruktur, so dass notwendige Voraussetzungen für die Bewältigung der Modellierungsanforderungen benannt werden können.

Diese psychischen Eigenschaften konkretisieren auch die Ziele des langfristigen Kompetenzaufbaus, wenn angenommen wird, dass die analysierten
Beispielaufgaben auch das anzustrebende Kompetenzniveau darstellen. Eine Festlegung des Kompetenzniveaus verlangt eine normative Entscheidung,
die im Rahmen dieser Arbeit jedoch nicht getroffen werden kann. Die ausgewählten Beispielaufgaben und die damit verbundene Anforderungsstruktur
sind daher als notwendige Arbeitshypothese für die weitere Entwicklung zu
verstehen.

Als drittes und zentrales Ergebnis dieser Arbeit wird auf Grundlage der Modellvorstellung zum kognitiven Prozess der Modellbildung und dem Kompetenzstrukturmodell zur Beschreibung der Kompetenzziele für den langfristigen
Kompetenzaufbau ein Konzept erarbeitet, das dazu beitragen soll, die geforderte Orientierung für die systematische und kumulative Förderung und Entwicklung von Modellierungskompetenzen zu geben. Dazu wird ein weiterer
Theoriebaustein, das spielgemäße Konzept aus der Sportdidaktik, herange-

zogen. Auf dieser Grundlage wird für die langfristige Förderung von Modellierungskompetenzen ein Rahmen entworfen, in dem eine Antwort auf die offene
Frage nach der Kombination holistischer und atomistischer Aspekte gegeben
wird und eine Progression über mehrere Entwicklungsstufen realisiert wird.

Der langfristge Aufbau von Modellierungskompetenzen in der Sekundarstufe I orientiert sich primär an den verschiedenen Arten des Modellbildens. Auf
Grund der zunehmenden Abstraktion der Mathematisierungsmuster und der
damit verbundenen größeren „Distanz" zwischen realem Problem und mathematischem Modell wird die geforderte Progression im Rahmen der Kompetenzentwicklung realisiert. Dabei stellen die Anforderungen des unmittelbaren
Modellbildens reduzierte Modellierungsanforderungen dar. Auf Grund dieser
Reduktion und durch ergänzende, den Bearbeitungsprozess unterstützende
und strukturierende Maßnahmen können holistische Anforderungen den Lernprozess strukturieren, ohne dass die Konfrontation mit der holistischen Anforderung eine Überforderung darstellt.

Diese holistischen Anforderungen werden im Modellierenteilcurriculum aufgegriffen, um auf verschiedenen Stufen Kompetenzerwartungen für eine verti-
kale Kompetenzentwicklung über mehrere Jahrgangsstufen hinweg zu formulieren.

Ergänzend zu den holistischen, stufenspezifischen Anforderungen werden
exemplarisch einzelne Aspekte einer horizontalen Kompetenzförderung innerhalb einer Stufe genannt. Neben der Aneignung der jeweiligen Mathematisierungsmuster und der Erarbeitung einer Orientierungsgrundlage der jeweiligen
stufenspezifischen Modellierungsprozesse kann die zusätzliche Förderung
einzelner Teilhandlungen oder spezifischer Aspekte notwendig sein. Zur exemplarischen Konkretisierung werden ergänzende Beispielaufgaben genannt.
Dabei haben, gemäß dem spielgemäßen Konzept, solche spezifischen Phasen jedoch immer ihren Ausgangspunkt in den stufenspezifischen Anforderungen und führen wieder auf das Arbeiten mit stufenspezifischen Anforderungen zurück. Damit wird zunächst die Orientierung auf das Lernziel, das primär in der Bewältigung der stufengemäßen Anforderungen liegt, unterstützt.
Des Weiteren ist die Integration und das Anwenden atomistisch erworbenen
Wissens und Könnens in holistische Anforderungen notwendig, damit das so
erworbene Wissen und die angeeignete (Teil-)Kompetenz auch in komplexen
Anforderungssituation angewendet werden können und nicht träge bleiben.

Anhand der gewählten Beispiele zur Illustration der stufengemäßen Anforderungen und der exemplarisch ausgewählten spezifischen Aspekte soll auch
deutlich werden, dass zahlreiche der inzwischen entwickelten Unterrichtsma-

terialien, die bislang zum Teil unverbunden nebeneinander stehen, in einen Rahmen zur langfristigen Förderung von Modellierungskompetenzen systematisch für eine langfristige und kumulative Kompetenzförderung integriert werden können. So findet man etwa bei K. Maaß (2007) zahlreiche Beispielaufgaben, die im Rahmen der Kompetenzförderung spezifische Funktionen zur ganzheitlichen Förderung oder zur Förderung von Teilkompetenzen zugewiesen werden. Das in dieser Arbeit vorgeschlagene Konzept geht mit dem vorgeschlagenen Modellierenteilcurriculum in zwei Punkten über die bisherigen Vorschläge substanziell hinaus. Zum einen wird im Modellierenteilcurriculum eine Progression über mehrere Stufen realisiert, die auf jeder Stufe mit holistischen Modellierungsanforderungen in Verbindung steht, also den langfristigen Kompetenzaufbau nicht segmentiert. Des Weiteren enthält das Konzept einen Vorschlag zur Realisierung der Balance zwischen holistischen und atomistischen Anforderungen. Die Reduktion der Anforderungen über die verschiedenen Arten der Modellbildung ermöglicht es, die langfristige Förderung von Modellierungskompetenzen primär über die stufenspezifischen, holistischen Anforderungen zu realisieren. Einzelne Aufgaben zur Förderung einzelner Aspekte kommen erst dann zum Einsatz, wenn es für das Vorankommen in der Kompetenzentwicklung notwendig ist, oder wenn ein vertieftes Üben aus der Beschäftigung mit holistischen Anforderungen sinnvoll erscheint. Dabei ist jedoch immer darauf zu achten, dass Übungsphasen zu einzelnen Aspekten immer wieder zurück auf die stufenspezifischen Anforderungen führen und die separat angeeigneten Kenntnisse und Fertigkeiten in die komplexen Anforderungen integriert werden.

10 Ausblick

Mit dem in dieser Arbeit entwickelten Modellierenteilcurriculum liegt ein Vorschlag vor, der einen Weg zur systematischen und kumulativen Entwicklung von Modellierungskompetenzen aufzeigt. Bevor dieser Vorschlag unterrichtswirksam werden kann, sind jedoch zunächst verschiedene normative Entscheidungen notwendig.

Die erste Entscheidung betrifft das anzustrebende Kompetenzniveau. Hier stellt sich insbesondere die Frage, in welcher Form und Qualität das anzupassende Modellieren in der Sekundarstufe I entwickelt werden soll. Zwar werden in der Sekundarstufe I mit Blick auf die Leitidee Funktionaler Zusammenhang bereits verschiedene Funktionstypen behandelt, auch ist eine Verallgemeinerung von Parametern und deren Auswirkung auf die Funktion in der Sekundarstufe I denkbar, eine solche Verallgemeinerung setzt jedoch immer auch eine entsprechende Lernzeit voraus.

Eine zweite Entscheidung betrifft die Frage, welche mathematischen Inhalte als Mathematisierungsmuster tatsächlich verfügbar sein sollen. Die spezifische Qualität der Mathematisierungsmuster als disponibles Kenntnissystem verlangt ebenfalls eine entsprechende Lernzeit, die mit Blick auf die vielfältigen Anforderungen hinsichtlich der Inhalte und der weiteren Kompetenzen im Mathematikunterricht nicht beliebig zur Verfügung steht.

Diese beiden Fragestellungen führen somit auch auf die grundsätzliche Frage, welche Kompetenzerwartungen mit Blick auf die für den Mathematikunterricht in der Sekundarstufe I aktuell bestehenden Rahmenbedingungen überhaupt realistisch sind. Diese Problematik wird an dieser Stelle angesprochen, da es wenig sinnvoll ist, lediglich Erwartungen an wünschenswerte Lernergebnisse von Mathematikunterricht zu stellen, ohne die zur Erreichung dieser Lernergebnisse erforderlichen Rahmenbedingungen zu berücksichtigen. Aus diesem Grund sind die in dieser Arbeit entwickelten Vorschläge zur langfristigen Förderung und Entwicklung von Modellierungskompetenzen immer unter der Annahme zu verstehen, dass das mit den gewählten Beispielaufgaben in Verbindung stehende Kompetenzniveau auch das gewünschte Kompetenzniveau beschreibt. Unter dieser Annahme stellt das Modellierenteilcurriculum einen Vorschlag dar, wie diese Ziele erreicht werden können. Dabei soll ausdrücklich darauf hingewiesen werden, dass diese Ziele nicht „nebenbei" erreicht werden können, sondern zur Umsetzung des Konzeptes Lern- und Übungszeit erforderlich ist, insbesondere um die vielfältigen und miteinander in Beziehung stehenden Grundlagen zur Orientierung und Regulation der Modellierungsaktivitäten zu entwickeln. Kann die notwendige Zeit auf Grund der aktuellen Rahmenbedingungen für den Mathematikunterricht nicht zur Verfügung gestellt werden, gibt es zwei Möglichkeiten: entweder muss ein effizienteres Konzept zur Förderung und Entwicklung von Modellierungskompetenzen vorgeschlagen werden oder die Erwartungen an Kompetenzziele müssen überdacht werden.

Die bisher genannten Überlegungen beziehen sich auf das Ziel der Kompetenzentwicklung innerhalb der Sekundarstufe I. Eine weitere Abstimmung ist auch mit Blick auf den Übergang von der Primar- zur Sekundarstufe erforderlich. So ist das mathematische Modellieren auch eine Kompetenz der KMK-Bildungsstandards im Fach Mathematik für den Primarbereich (vgl. Kultusministerkonferenz [KMK], 2005, S. 7f). Zu diskutieren ist nun, inwieweit das unmittelbare Modellieren Gegenstand im Primarbereich sein kann oder sogar bereits ist.

Die bisher genannten Diskussionspunkte haben somit gewissermaßen eine Justierung der kumulativen Förderung von Modellierungskompetenzen im Blick. Dies ist notwendig, da die langfristige Förderung in der Sekundarstufe I an dem Kompetenzniveau aus dem Primarbereich anschließen und in Richtung des Kompetenzziels verlaufen soll.

Für eine konkrete Implementierung in die Unterrichtspraxis muss des Weiteren Lernmaterial zusammengestellt bzw. entwickelt werden. Die Beispielaufgaben, die in dieser Arbeit zusammengestellt wurden, können eine Anregung liefern, sind jedoch sicher nicht ausreichend, um eine tatsächliche Kompetenzförderung zu realisieren. Liegen auf Grundlage dieser Arbeit entwickelte Lernumgebungen vor, ist eine anschließende Erprobung und Evaluation notwendig und sinnvoll. Dabei sind zwei Gegenstände der Evaluation relevant. Zum einen ist zu prüfen, ob die entwickelten Materialen geeignet sind, das zugrunde liegende Konzept in der Unterrichtspraxis umzusetzen. Ist dies der Fall, können zum anderen das entwickelte Konzept und die zugrunde liegenden Überlegungen zum Gegenstand der Forschung werden.

Somit sind vielfältige Entwicklungs-, Erprobungs- und Forschungsaktivitäten im Sinne von Design Science oder auch im Sinne von Design Based Research im Anschluss an diese Arbeit lohnenswert. Einen orientierenden Rahmen für solche Forschungsaktivitäten liefert das ILD-Framework (vgl. Bannan-Ritland, 2003). Interessante Forschungsfragen anschließender Projekte mit dem Einsatz konzeptkonformer Materialien sind beispielsweise:

- Ist eine Orientierung an den theoretisch entwickelten Stufen realisierbar, so dass die stufenspezifischen Anforderungen als holistische Anforderungen bewältigt werden können, ohne die Lernenden zu überfordern?
- Ist das vorgeschlagene Konzept tatsächlich geeignet, disponible Kenntnissysteme zur flexiblen und situationsangemessenen Bearbeitung zur Verfügung zu stellen, oder kann auch bei einem Vorgehen nach dem vorgeschlagenen Konzept das Phänomen des trägen Wissens bzw. der trägen Kompetenzen festgestellt werden?
- Falls die Entwicklung disponibler Kenntnissysteme und eine entsprechende Förderung von Modellierungskompetenzen nachhaltig gelingt, wie groß ist dann der Bedarf an Lernzeit, um diese Ziele zu erreichen?
- Ergibt sich aus der vorgeschlagenen Ausbildung von Mathematisierungsmustern ein Transfereffekt auf andere allgemeine mathematische Kompetenzen? Transfereffekte sind insbesondere denkbar hinsichtlich der Kompetenzen (K2) Probleme mathematisch lösen und (K4) mathematische Darstellungen verwenden (vgl. KMK, 2004, S. 8).

Auch die Frage, ob und wie die im Rahmen der Arbeit entwickelten Modellvorstellungen zur empirischen Überprüfung operationalisiert werden können, ist sehr interessant. Andererseits eröffnet auch die Modellvorstellung neue Perspektiven zur Erfassung von Modellierungskompetenzen. Mit Blick auf Mathematisierungsmuster ist es wohl eine zentrale Voraussetzung für die erfolgreiche Bewältigung von Modellierungsanforderungen, dass notwendige mathematische Mittel in vielfältigen Situationen angemessen angewendet werden können. Die auf Van Dooren et al. (2011, S. 49) zurückgehende Aufgabenklassifikation könnte ein geeignetes Format sein, um diese Fähigkeit zu überprüfen.

Mit Blick auf das idealisierende Modellbilden scheint es ein weiterer bedeutender Aspekt zu sein, dass für eine erfolgreiche Modellbildung eine Passung zwischen außermathematischem Problem und mathematischem Modell erarbeitet werden kann. Mit Blick auf die von Borromeo Ferri (2011, S. 118-121) beschriebene Bearbeitung der Beispielaufgabe Leuchtturm durch Michi, scheint es möglich zu sein, zumindest in qualitativen Studien die Bemühungen zur Erarbeitung einer Passung rekonstruieren zu können. Im Augenblick erscheint es in jedem Fall lohnenswert, darüber nachzudenken, ob und inwieweit es möglich ist, die Fähigkeit zum Modellbilden über das Bestreben und die Fähigkeit zur Herstellung einer Passung erfassen zu können. Dabei sei an dieser Stelle noch einmal daran erinnert, dass das Suchen und Herstellen einer Passung ein Prozess ist, der vermutlich sowohl das Strukturieren als auch das Idealisieren erfordert.

Auch diese Hypothese, dass für das idealisierende Modellbilden sowohl ein Strukturieren der außermathematischen Situation auf der Grundlage lebensweltlichen Wissens als auch das Idealisieren auf Grund von Mathematisierungsmustern notwendig ist, stellt einen interessanten Gegenstand für weitere Untersuchungen dar.

Zur empirischen Erfassung von Modellierungskompetenzen kann es auch interessant sein, zu prüfen, ob die im Rahmen der Arbeit differenzierten Arten der Modellbildung auch in einem Kompetenzstufenmodell festgestellt werden können.

Es zeigt sich also, dass es eine Reihe interessanter Forschungsaktivitäten gibt, die an der Arbeit anknüpfen können. Dabei liefert die in der Arbeit entwickelte Modellvorstellung über den Prozess des Modellbildens auch neue Ideen zur Operationalisierung von Modellierungskompetenzen. Bei all diesen Aktivitäten ist es jedoch der Wunsch des Autors, im Sinne des übergeordneten Motivs einer als Design Science verstandenen Fachdidaktik immer die Weiterentwicklung des Mathematikunterrichts im Blick zu haben.

Literaturverzeichnis

Apostel, L. (1961). Towards the formal study of models in the non-formal sciences. In H. Freudenthal (Hrsg.), *The concept and the role of the model in mathematics and natural and social sciences* (S. 1-37). Dordrecht: Reidel.

Artigue, M. (1994). Didactical engineering as a framework for the conception of teaching products. In R. Biehler, R. W. Scholz, R. Sträßer & B. Winkelmann (Hrsg.), *Didactics of Mathematics as a Scientifc Discipline* (S. 27-39). Dordrecht: Kluwer Academic Publishers.

Aumann, G. (2006). *Euklids Erben: Ein Streifzug durch die Geometrie und ihre Geschichte.* Darmstadt: WBG.

Baden-Württemberg: Ministerium für Kultus, Jugend und Sport. (2004). Bildungsstandards für Mathematik. In *Allgemein bildendes Gymnasium* (S. 91-102). Stuttgart: Baden-Württemberg. Zugriff am 06.08.2010 auf http://www.bildung-staerkt-menschen.de/service/downloads/Bildungsstandards/Gym/Gym_M_bs.pdf

Bannan-Ritland, B. (2003). The role of design in research: The integrative learning design framework. *Educational Researcher, 32* (1), 21–24. doi: 10.3102/0013189X032001021

Barbosa, J. C. (2006). Mathematical Modelling in classroom: a socio-critical and discursive perspective. *ZDM, 38* (3), 294-301.

Baruk, S. (1989). *Wie alt ist der Kapitän?: Über den Irrtum in der Mathematik.* Berlin: Birkhäuser.

Büchter, A. & Henn, H.-W. (2007). *Elementare Stochastik – Eine Einführung in die Mathematik der Daten und des Zufalls.* Berlin: Springer.

Büchter, A., Herget, W., Leuders, T. & Müller, J. (2007). *Die Fermi-Box.* Seelze/Velber: Friedrich.

Bell, A., Burkhardt, H., Crust, R., Pead, D. & Swan, M. (2004). Strategies for Problem Solving and Proof. In B. Clarke et al. (Hrsg.), *International Perspectives on Learning and Teaching Mathematics* (S. 129-143). Göteborg: NCM.

Böhm, U. (2009). Ein Online-Lehrerfortbildungskurs zum mathematischen Modellieren. In *Beiträge zum Mathematikunterricht 2009* (S. 479-482). Münster: WTM-Verlag.

Böhm, U. (2010). "Aller Anfang ist schwer, Modellieren lernen umso mehr!" - Erste Schritte auf dem Weg zur langfristigen Förderung von Modellierungskompetenzen im Mathematikunterricht. In R. Bruder & A. Eichler (Hrsg.), *Materialien für einen realitätsbezogenen Mathematikunterricht* (Bd. 15, S. 1-14). Hildesheim: Franzbecker.

Biehler, R. & Leiss, D. (2010). Empirical research on mathematical modelling. *Journal für Mathematik-Didaktik, 31*, 5-8. (10.1007/s13138-010-0004-0)

Blomhøj, M. & Jensen, T. H. (2003). Developing mathematical modelling competence: conceptual clarification and educational planning. *Teaching mathematics and its applications, 22* (3), 123-139.

Blomhøj, M. & Jensen, T. H. (2007). What's all the fuss about competencies? In W. Blum, P. L. Galbraith, H.-W. Henn & M. Niss (Hrsg.), *Modelling and Applications in Mathematics Education - The 14th ICMI Study* (S. 45-56). New York: Springer.

Blum, W. (1985). Anwendungsorientierter Mathematikunterricht in der didaktischen Diskussion. *Mathematische Semesterberichte, 32*, 195-232.

Blum, W. (1995). Applications and Modelling in Mathematics Teaching and Mathematics Education - Some Important Aspects of Practice and of Research. In C. Sloyer, W. Blum & I. Huntley (Hrsg.), *Advances and Perspectives in the Teaching of Mathematical Modelling and Applications* (S. 1-20). Yorklyn: Water Street Mathematics.

Blum, W. (1996). Anwendungsbezüge im Mathematikunterricht - Trends und Perspektiven. In *Trends und Perspektiven* (S. 15-38). Wien: Hölder-Pichler-Tempsky.

Blum, W. (2006a). Die Bildungsstandards Mathematik. In W. Blum, C. Drüke-Noe, R. Hartung & O. Köller (Hrsg.), *Bildungsstandards Mathematik: konkret* (S. 14-32). Berlin: Cornelsen Scriptor.

Blum, W. (2006b). Modellierungsaufgaben im Mathematikunterricht - Herausforderung für Schüler und Lehrer. In A. Büchter, H. Humenberger, S. Hußmann & S. Prediger (Hrsg.), *Realitätsnaher Mathematikunterricht - vom Fach aus und für die Praxis* (S. 8-23). Hildesheim: Franzbecker.

Blum, W. (2007). Mathematisches Modellieren - zu schwer für Schüler und Lehrer? In *Beiträge zum Mathematikunterricht 2007.* Hildesheim: Franzbecker.

Blum, W. (2008). *Fortbildungshandreichung zu den Bildungsstandards Mathematik : Sekundarstufe I inklusive Arbeitsmaterialien und Unterrichtsvideos auf DVD* (1. Aufl.; H. Kultusministerium, Hrsg.). Fuldatal: Amt für Lehrerbildung.

Blum, W. (2011). Can Modelling Be Taught and Learnt? Some Answers from Empirical Research. In G. Kaiser, W. Blum, R. Borromeo Ferri & G. Stillman (Hrsg.), *Trends in Teaching and Learning of Mathematical Modelling* (S. 15-30). Dordrecht: Springer.

Blum, W. (o.J.). *Kompetenzmodellierung für Mathematik in der Sekundarstufe.* Zugriff am 17.05.2011 auf http://www.telekom-stiftung.de/dtag/cms/contentblob/Telekom-Stiftung/de/1258428/blobBinary/Kompetenzmodellierung.pdf

Blum, W. & Kaiser, G. (1997). *Vergleichende empirische Untersuchungen zu mathematischen Anwendungsfähigkeiten von englischen und deutschen Lernenden.* (Unveröffentlichter Antrag bei der DFG)

Blum, W. & Leiß, D. (2005). Modellieren im Unterricht mit der "Tanken"-Aufgabe. *mathematik lehren, 128*, 18-21.

Blum, W. & Leiß, D. (2006). "Filling up" - The problem of independence-preserving teacher interventions in lessons with demanding modelling tasks. In M. Bosch (Hrsg.), *Proceedings of the Fourth Congress of the European Society for Research in Mathematics Education* (S. 1623-1633). Sant Feliu de Guixols: FUNDEMI IQS. Zugriff am 27.07.2011 auf http://ermeweb.free.fr/CERME4/

Blum, W., Neubrand, M., Ehmke, T., Senkbeil, M., Jordanand, A., Ulfig, F. & Carstensen, C. (2004). Mathematische Kompetenz. In *PISA 2003: Der Bildungsstand der Jugendlichen in Deutschland - Ergebnisse des zweiten internationalen Vergleichs* (S. 47-92). Münster: Waxmann.

Blum, W. & Niss, M. (1991). Applied mathematical problem solving, modelling, applications, and links to other subjects - state, trends and issues in mathematikcs instruction. *Educational Studies in Mathematics, 22* (1), 37-68.

Blum, W. & vom Hofe, R. (2003). Welche Grundvorstellungen stecken in der Aufgabe? *mathematik lehren, 118*, S. 14 - 18.

Blum, W., vom Hofe, R., Jordan, A. & Klein, M. (2004). Grundvorstellungen als aufgabenanalytisches und diagnostisches Instrument bei PISA. In M. Neubrand (Hrsg.), *Mathematische Kompetenzen von Schülerinnen und Schülern in Deutschland - Vertiefende Analyse im Rahmen von PISA 2000.* Wiesbaden: VS Verlag für Sozialwissenschaften.

Borromeo Ferri, R. (2010). On the influence of mathematical thinking styles on learners' modeling behavior. *Journal für Mathematik-Didaktik, 31* (1), 99-118. doi: 10.1007/s13138-010-0009-8

Borromeo Ferri, R. (2011). *Wege zur Innenwelt des mathematischen Modellierens: Kognitive Analysen zu Modellierungsprozessen im Mathematikunterricht.* Wiesbaden: Vieweg+Teubner.

Borromeo Ferri, R. (2007). Personal experiences and extra-mathematical knowledge as an influence factor on modelling routes of pupils. In *Proceedings of the fifth congress of the european society for research in mathematics education.* Cyprus: Department of Education - University of Cyprus. Zugriff am 25.05.2009 auf `http://ermeweb.free.fr/CERME5b/WG13.pdf`

Borromeo Ferri, R. & Kaiser, G. (2008). Aktuelle Ansätze und Perspektiven zum Modellieren in der nationalen und internationalen Diskussion. In A. Eichler & F. Förster (Hrsg.), *Materialien für einen realitätsbezogenen Mathematikunterricht* (Bd. 12, S. 1-10). Hildesheim: Franzbecker.

Brand, W., Hofmeister, W. & Tramm, T. (2005). Auf dem Weg zu einem Kompetenzstufenmodell für die berufliche Bildung - Erfahrungen aus dem Projekt ULME. *bwp@, 8,* 1-21. Zugriff am 20.05.2011 auf `http://www.bwpat.de/ausgabe8/brand_etal_bwpat8.pdf`

Bruder, R. (1981). Zur quantitativen Bestimmung und zum Vergleich objektiver Anforderungsstrukturen von Bestimmungsaufgaben im Mathematikunterricht. *Wissenschaftliche Zeitschrift der PH Potsdam, 1,* 173-178.

Bruder, R. (1989). Zur Begriffsbestimmung der komplexen Schülerhandlung "mathematisches Modellieren" und zu deren schrittweise Ausbildung beim Arbeiten mit Aufgaben. In H. Elfers (Hrsg.), *Die Schüler zum mathematischen Modellieren Befähigen* (S. 65-67). Karl-Marx-Stadt: Der Rektor der Technischen Universität Karl-Marx-Stadt.

Bruder, R. (2002). Lernen, geeignete Fragen zu stellen. Heuristik im Mathematikunterricht. *mathematik lehren, 115,* 4-8.

Bruder, R. (2005). Ein aufgabenbasiertes anwendungsorientiertes Konzept für einen nachhaltigen Mathematikunterricht - am Beispiel des Themas "Mittelwerte". In *Mathematikunterricht im Spannungsfeld von Evolution und Evaluation* (S. 241-250). Hildesheim: Franzbecker.

Bruder, R. (2006). Langfristiger Kompetenzaufbau. In W. Blum, C. Drücke-Noe, R. Hartung & O. Köller (Hrsg.), *Bildungsstandards Mathematik: konkret* (S. S. 135-151). Berlin: Cornelsen Scriptor.

Bruder, R. (2008a). Üben mit Konzept. *mathematik lehren, 147,* 4-11.

Bruder, R. (2008b). Vielseitig mit Aufgaben arbeiten - Mathematische Kompetenzen nachhaltig entwickeln und sichern. In R. Bruder, T. Leuders & A. Büchter (Hrsg.), *Mathematikunterricht entwickeln - Bausteine für kompetenzorientiertes Unterrichten* (S. 18-52). Berlin: Cornelsen Scriptor.

Bruder, R. (2010). Lernaufgaben im Mathematikunterricht. In H. Kiper, W. Meints, S. Peter, S. Schlump & S. Schmit (Hrsg.), *Lernaufgaben und Lernmaterialien im kompetenzorientierten Unterricht* (S. 114-124). Stuttgart: Kohlhammer.

Bruder, R. & Collet, C. (2011). *Problemlösen lernen im Mathematikunterricht.* Berlin: Cornelsen Scriptor.

Bruder, R., Leuders, T. & Büchter, A. (2008). Auf das Können kommt es an - Unterricht an Kompetenzen orientieren. In *Mathematikunterricht entwickeln: Bausteine für kompetenzorientiertes Unterrichten.* Berlin: Cornelsen Verlag Scriptor.

Bruder, R. & Weiskirch, W. (Hrsg.). (2007a). *CAliMERO - Computer-Algebra im Mathematikunterricht. Band 1: Arbeitsmaterialien für Schülerinnen und Schüler.* Münster: Westfälische Wilhelms-Universität, Zentrum für Lehrerbildung.

Bruder, R. & Weiskirch, W. (Hrsg.). (2007b). *CAliMERO - Computer-Algebra im Mathematikunterricht. Band 1: Methodische und Didaktische Handeichung.* Münster: Westfälische Wilhelms-Universität, Zentrum für Lehrerbildung.

Burkhardt, H. (1981). *The real world and mathematics.* Glasgow: Blackie and Son Limited.

Burkhardt, H. (2006a). From design research to large-scale impact. Engineering research in education. In J. van den Akker, K. Gravemeijer, S. McKenney & N. Nieveen (Hrsg.), *Educational Design Research* (S. 121-150). London: Routledge.

Burkhardt, H. (2006b). Modelling in mathematics classrooms: reflections on past developments and the future. *ZDM, 38* (2), 178-195.

Busse, A. (2005). Individual ways of dealing with the context of realistic tasks - first steps towards a typology. *ZDM, 37* (5), 354–360.

Carpenter, T. P., Lindquist, M. M., Matthews, W. & Silver, E. A. (1983). Results of the Third NAEP Mathematics Assessment: Secondary School. *Mathematics Teacher, 76* (9), 652-659.

Cohors-Fresenborg, E., Sjuts, J. & Sommer, N. (2004). Komplexität von Denkvorgängen und Formalisierung von Wissen. In M. Neubrand

(Hrsg.), *Mathematische Kompetenzen von Schülerinnen und Schülern in Deutschland - Vertiefende Analyse im Rahmen von PISA 2000.* Wiesbaden: VS Verlag für Sozialwissenschaften.

De Bock, D., Van Dooren, W. & Janssens, D. (2007). Studying and remedying students' modelling competencies: Routine behaviour or adaptive expertise. In W. Blum, P. L. Galbraith, H.-W. Henn & M. Niss (Hrsg.), *Modelling and Applications in Mathematics Education - The 14th ICMI Study* (S. 241-248). New York: Springer.

Dietrich, K., Dürrwächter, G. & Schaller, H. (2007). *Die großen Spiele.* Aachen: Meyer & Meyer.

Drieschner, E. (2009). *Bildungsstandards praktisch.* Wiesbaden: VS Verlag für Sozialwissenschaften.

Drüke-Noe, C. & Leiß, D. (2004). *Standard-Mathematik von der Basis bis zur Spitze – Grundbildungsorientierte Aufgaben für den Mathematikunterricht.* Frankfurt am Main: Hessisches Landesinstitut für Pädagogik.

Ehmke, T., Leiß, D., Blum, W. & Prenzel, M. (2006). Entwicklung von Testverfahren für die Bildungsstandards Mathematik: Rahmenkonzeption, Aufgabenentwicklung, Feld- und Haupttest. *Unterrichtswissenschaft, 3,* 220-239.

Eichler, A. & Vogel, M. (2009). *Leitidee Daten und Zufall: Von konkreten Beispielen zur Didaktik der Stochastik.* Wiesbaden: Vieweg+Teubner.

Engel, J. (2000). Die NCTM-Standards – Anstöße für den Mathematikunterricht nach TIMSS. *ZDM, 32* (3), 71-76.

Engel, J. (2010). *Anwendungsorientierte Mathematik: Von Daten zur Funktion - Eine Einführung in die mathematische Modellbildung für Lehramtsstudierende.* Berlin: Springer.

Fertigkeiten. (2001).
In *Lexikon der Psychologie: in fünf Bänden* (Bd. 2, S. 34). Heidelberg: Spektrum Akademischer Verlag.

Filler, A. (2009). Modellierung in der Mathematik und in der Informatik: Wie müssen die Aufzüge fahren, damit das Chaos aufhört? In A. Brinkmann & R. Oldenburg (Hrsg.), *Materialien für einen realitätsbezogenen Mathematikunterricht* (Bd. 14, S. 1 - 12). Hildesheim: Franzbecker.

Fischer, R. (2001). *Höhere Allgemeinbildung.* Zugriff am 18.05.2011 auf http://imst3plus.uni-klu.ac.at/materialien/2001/fischer 190901.pdf

Fischer, R. & Malle, G. (1989). *Mensch und Mathematik.* Mannheim: BI-Wissensch. Verl.

Franke, M. (2003). *Didaktik des Sachrechnens.* Heidelberg: Spektrum Akademischer Verlag.

Freie und Hansestadt Hamburg, Behörde für Schule und Berufsbildung (Hrsg.). (2009). *Rahmenplan Mathematik: Bildungsplan gymnasiale Oberstufe.* Hamburg: Landesinstitut für Lehrerbildung und Schulentwicklung.

Freudenthal, H. (1991). *Revisiting Mathematics Education. China Lectures.* Dordrecht: Kluwer.

Frey, A. (2006). Strukturierung und Methoden zur Erfassung von Kompetenzen. *Bildung und Erziehung, 59*, 125-145.

Förster, F. (2000). Anwenden, Mathematisieren, Modellbilden. In U.-P. Tietze, M. Klika & H. Wolpers (Hrsg.), *Mathematik in der Sekundarstufe II (Band 1), Fachdidaktische Grundfragen - Didaktik der Analysis* (S. 121-150). Braunschweig: Vieweg.

Fügenschuh, A. & Martin, A. (2005). Was haben Schüler und Großbanken gemeinsam? *mathematik lehren, 129*, 50–54.

Galbraith, P. (2007). Dreaming a 'possible dream': More windmills to conquer. In C. Haines, P. Galbraith, W. Blum & S. Khan (Hrsg.), *Mathematical Modelling (ICTMA 12): Education, Engineering and Economics* (S. 44-62). Chichester: Horwood Publishing.

Galbraith, P. & Stillman, G. (2006). A framework for identifying student blockages during transitions in the modelling process. *ZDM, 38* (2), 143-162.

Galperin, P. J. (1967). Die Entwicklung der Untersuchungen über die Bildung geistiger Operationen. In H. Hiebsch (Hrsg.), *Ergebnisse der sowjetischen Psychologie* (S. 367-405). Berlin: Akademie-Verlag.

Galperin, P. J. (1973). Die Psychologie des Denkens und die Lehre von der etappenweisen Ausbildung geistiger Handlungen. In *Untersuchungen des Denkens in der sowjetischen Psychologie* (S. 81-119). Berlin: deb.

Gellert, U. & Jablonka, E. (2009). "I am not talking about reality". In L. Verschaffel, B. Greer, W. Van Dooren & S. Mukhopadhyay (Hrsg.), *Words and Worlds: Modelling Verbal Descriptions of Situations* (S. 39-53). Rotterdam: Sense Publishers.

Gellert, U., Jablonka, E. & Keitel, C. (2001). Mathematical Literacy and Common Sense in Mathematics Education. In B. Atweh, H. Forgasz & B. Nebres (Hrsg.), *Sociocultural research on mathematics education: An international perspective* (S. 57-73). Mahwah: Lawrence Erlbaum Associates.

Giest, H. & Lompscher, J. (2006). *Lerntätigkeit - Lernen aus kultur-historischer Perspektive: ein Beitrag zur Entwicklung einer neuen Lernkultur im Unterricht.* Berlin: Lehmanns Media.

Goldstein, B. R. (1984). Eratosthenes on the "Measurement" of the Earth. *Historia Mathematica, 11,* 411-416.

Gravemeijer, K. (1994). Educational Development and Developmental Research in Mathematics Education. *Journal for Research in Mathematics Education, 25* (5), 443-471.

Greefrath, G. (2010). *Didaktik des Sachrechnens in der Sekundarstufe.* Heidelberg: Spektrum Akademischer Verlag.

Greefrath, G. (2011). Using Technologies: New Possible Ways of Learning and Teaching Modelling - Overview. In G. Kaiser, W. Blum, R. Borromeo Ferri & G. Stillman (Hrsg.), *Trends in Teaching and Learning of Mathematical Modelling* (S. 301-304). New York: Springer.

Greefrath, G., Siller, H.-S. & Weitendorf, J. (2011). Using Technologies: New Possible Ways of Learning and Teaching Modelling - Overview. In G. Kaiser, W. Blum, R. Borromeo Ferri & G. Stillman (Hrsg.), *Trends in Teaching and Learning of Mathematical Modelling* (S. 315-329). New York: Springer.

Greer, B. (1997). Modelling reality in mathematics classrooms: the case of word problems. *Learning and Instruction, 7* (4), 293-307.

Greer, B. & Verschaffel, L. (2007). Modelling competencies - overview. In W. Blum, P. L. Galbraith, H.-W. Henn & M. Niss (Hrsg.), *Modelling and Applications in Mathematics Education - The 14th ICMI Study* (S. 219-224). New York: Springer.

Greer, B., Verschaffel, L. & Mukhopadhyay, S. (2007). Modelling for life: Mathematics and children's experience. In W. Blum, P. L. Galbraith, H.-W. Henn & M. Niss (Hrsg.), *Modelling and Applications in Mathematics Education - The 14th ICMI Study* (S. 89-98). New York: Springer.

Greer, B., Verschaffel, L., van Dooren, W. & Mukhopadhyay, S. (2009). Introduction - making sense of word problems: Past, present, and future. In *Words and worlds - modelling verbal descriptions of situations* (S. xi-xxviii). Rotterdam: Sense Publichers.

Griesel, H., Postel, H. & Suhr, F. (Hrsg.). (2007). *Elemente der Mathematik 7.* Braunschweig: Schroedel.

Hasselhorn, M. (2010). Metakognition. In *Handwörterbuch pädagogische Psychologie* (S. 541-547). Weinheim: Beltz.

Häcker, H. O. (2009). Fähigkeit. In H. O. Häcker & K.-H. Stapf (Hrsg.), *Dorsch Psychologisches Wörterbuch* (S. 307). Bern: Huber.

Henn, H.-W. (2000). Warum manchmal Katzen vom Himmel fallen ... oder ... von guten und schlechten Modellen. In H. Hischer (Hrsg.), *Modellbildung, Computer und Mathematikunterricht* (S. 9-17). Hildesheim: Franzbecker.

Henn, H.-W. (2002). Mathematik und der Rest der Welt. *mathematik lehren, 113*, 4-7.

Henn, H.-W. & Kaiser, G. (2005). Würdigung des Werkes von Werner Blum. In H.-W. Henn & G. Kaiser (Hrsg.), *Mathematikunterricht im Spannungsfeld von Evolution und Evaluation: Festschrift für Werner Blum* (S. 3-6). Hildesheim: Franzbecker.

Henning, H. & Keune, M. (2006). Levels of modelling competence. In *Proceedings of the fourth congress of the european society for research in mathematics education* (S. 1666-1674). Sant Feliu de Guixols: FUNDEMI IQS. Zugriff am 29.03.2011 auf http://ermeweb.free.fr/CERME4/ CERME4_WG13.pdf

Henning, H. & Keune, M. (2007). Levels of modelling competencies. In W. Blum, P. L. Galbraith, H.-W. Henn & M. Niss (Hrsg.), *Modelling and Applications in Mathematics Education - The 14th ICMI Study* (S. 225-232). New York: Springer.

Herget, W. (2001). Mehr überlegen, weniger rechnen - eine Frage, viele Wege, viele Antworten. In W. Herget, T. Jahnke & W. Kroll (Hrsg.), *Produktive Aufgaben für den Mathematikunterricht in der Sekundarstufe I*. Berlin: Cornelsen.

Hessisches Kultusministerium (Hrsg.). (2011). *Bildungsstandards und Inhaltsfelder: Das neue Kerncurriculum für Hessen, Sekundarstufe I - Gymnasium: Mathematik*. Wiesbaden: Hessisches Kultusministerium. Zugriff am 07.11.2011 auf http://www.kultusministerium.hessen.de/ irj/servlet/prt/portal/prtroot/slimp.CMReader/HKM_15/ IQ_Internet/med/b63/b6335d0c-f86a-821f-012f-31e2389e4818 ,2222222-2222-2222-2222-222222222222

Heuer, H. (2009). Fertigkeit. In H. O. Häcker & K.-H. Stapf (Hrsg.), *Dorsch Psychologisches Wörterbuch* (S. 327-328). Bern: Huber.

Heymann, H. W. (1996). *Mathematik und Allgemeinbildung*. Weinheim: Beltz.

Hilbert, T., Renkl, A. & Holzäpfel, L. (2008). Ach so geht das! Üben mit Lösungsbeispielen. *mathematik lehren, 147*, 47-49.

Huckle, T. & Schneider, S. (2006). *Numerische Methoden*. Berlin: Springer.

Humenberger, H. (1995). Über- und unterbestimmte Aufgaben im Mathematikunterricht. *Praxis der Mathematik, 37* (1), 1-7.

Humenberger, H. (2003). Dreisatz einmal anders: Aufgaben mit überflüssigen bzw. fehlenden Angaben. In *Materialien für einen realitätsbezogenen Mathematikunterricht* (Bd. 8). Hildesheim: Franzbecker.

Humenberger, J. & Reichel, H.-C. (1995). *Fundamentale Ideen der angewandten Mathematik und ihre Umsetzung im Unterricht.* Mannheim: BI-Wissenschaftsverlag.

Ingelmann, M. (2009a). *Evaluation einer Unterrichtskonzeption für einen CAS-gestützten Mathematikunterricht in der Sekundarstufe I.* Berlin: Logos.

Ingelmann, M. (2009b). Evaluation einer Unterrichtskonzeption für einen CAS-gestützten Mathematikunterricht in der Sekundarstufe I. In *Beiträge zum Mathematikunterricht 2009* (S. 667-670). Münster: WTM-Verlag.

Jablonka, E. (1996). *Meta-Analyse von Zugängen zur mathematischen Modellbildung und Konsequenzen für den Unterricht.* Berlin: transparent.

Jahnke, T. (2005). Zur Authentizität von Mathematikaufgaben. In G. Graumann (Hrsg.), *Beiträge zum Mathematikunterricht 2005* (Bd. 39, S. 271-274). Hildesheim: Franzbecker. Zugriff am 20.05.2010 auf http://www.mathematik.uni-dortmund.de/didaktik/BzMU/ BzMU2005/Beitraege/jahnke2-gdm05.pdf

Jank, W. & Meyer, H. (1997). *Didaktische Modelle.* Berlin: Cornelsen Scriptor.

Kaiser, G. (1995). Realitätsbezüge im Mathematikunterricht - Ein Überblick über die aktuelle und historische Diskussion. *Materialien für einen realitätsbezogenen Mathematikunterricht, 2,* 66-95.

Kaiser, G. (2006). Introduction to the working group "Applications and modelling". In M. Bosch (Hrsg.), *Proceedings of the Fourth Congress of the European Society for Research in Mathematics Education* (S. 1613-1622). Sant Feliu de Guixols: FUNDEMI IQS. Zugriff am 27.07.2011 auf http://ermeweb.free.fr/CERME4/

Kaiser, G. & Schwarz, B. (2006). Mathematical modelling as bridge between school and university. *ZDM, 38* (2), 196-208.

Kaiser, G. & Schwarz, B. (2010). Authentic Modelling Problems in Mathematics Education – Examples and Experiences. *Journal für Mathematik-Didaktik, 31,* 51-76. doi: 10.1007/s13138-010-0001-3

Kaiser, G., Schwarz, B. & Buchholtz, N. (2011). Authentic modelling problems in mathematics education. In G. Kaiser, W. Blum, R. Borromeo Ferri & G. Stillman (Hrsg.), *Trends in Teaching and Learning of Mathematical Modelling* (S. 591-601). Dordrecht: Springer.

Kaiser, G. & Sriraman, B. (2006). A global survey of international perpectives on modelling in mathematics education. *ZDM, 38* (3), 302-310.

Kaiser-Meßmer, G. (1986). *Anwendungen im Mathematikunterricht.* Bad Salzdetfurth: Franzbecker.

Keiser, W. (1977). Entwicklung von Fertigkeiten und Gewohnheiten. In A. Kossakowski, H. Kühn, J. Lompscher & G. Rosenfeld (Hrsg.), *Psychologische Grundlagen der Persönlichkeitsentwicklung im pädagogischen Prozess* (1. Aufl., S. 251-263). Berlin: Volk u. Wissen.

Keune, M. (2004a). Niveaustufenorientierte Herausbildung von Modellbildungskompetenzen. In A. Heinze (Hrsg.), *Beiträge zum Mathematikunterricht* (S. 289-292). Hildesheim: Franzbecker.

Keune, M. (2004b). Niveaustufenorientierte Herausbildung von Modellierungskompetenzen. In C. Hartfeldt, H. Henning & M. Keune (Hrsg.), *Niveaustufenorientierte Herausbildung von Modellierungskompetenzen im Mathematikunterricht.* Magdeburg: Fakultät für Mathematik, Universität Magdeburg. Zugriff am 30.03.2011 auf http://www.math.uni -magdeburg.de/reports/2004/modellbildung.pdf

Kühn, H. (2005). Entwicklungspsychologie in der DDR - Bleibendes und Vergängliches. *Geschichte der Psychologie, 44,* 6-31. Zugriff am 16.03.2011 auf http://journals.zpid.de/index.php/GdP/ article/viewFile/387/422

Kiehl, M. (o.J.). *Einführung in die Mathematische Modellierung - Vorlesungsskript zur Vorlesung im Sommersemester 2008 an der TU Darmstadt.* (unveröffentlicht)

Klieme, E., Avenarius, H., Blum, W., Döbrich, P., Gruber, H., Prenzel, M., ... Vollmer, H. J. (2003). Zur Entwicklung nationaler Bildungsstandards: Eine Expertise. In B. für Bildung und Forschung (BMBF) (Hrsg.), *Zur Entwicklung nationaler Bildungsstandards* (S. 7–174). Berlin: BMBF. Zugriff am 27.07.2010 auf http://www.bmbf.de/pub/zur_entwicklung _nationaler_bildungsstandards.pdf

Klika, M. (2003). Zentrale Ideen - echte Hilfen. *mathematik lehren, 119,* 4-7.

Konzag, I. & Konzag, G. (1980). Anforderungen an die kognitiven Funktionen in der psychischen Regulation sportlicher Spielhandlungen. *Theorie und Praxis der Körperkultur, 29,* 20-31.

Kossakowski, A., Bathke, G.-W., Gerth, W., Kislat, G., Kühn, H., Metz, E., ... Wagner, J. (1987). *Psychische Entwicklung der Persönlichkeit im Kindes- und Jugendalter.* Berlin: Volk u. Wissen.

Kossakowski, A. & Lompscher, J. (1977). Teilfunktionen und Komponenten der psychischen Regulation der Tätigkeit. In A. Kossakowski, H. Kühn, J. Lompscher & G. Rosenfeld (Hrsg.), *Psychologische Grundlagen der Persönlichkeitsentwicklung im pädagogischen Prozess* (1. Aufl., S. 107-148). Berlin: Volk u. Wissen.

Kossakowski, A. & Otto, K. (1977). Persönlichkeit - Tätigkeit - psychische Entwicklung. In A. Kossakowski, H. Kühn, J. Lompscher & G. Rosenfeld (Hrsg.), *Psychologische Grundlagen der Persönlichkeitsentwicklung im pädagogischen Prozess* (1. Aufl., S. 15-63). Berlin: Volk u. Wissen.

Krapp, A. & Weidenmann, B. (Hrsg.). (2006). *Pädagogische Psychologie*. Weinheim: Beltz.

Körner, H. (2003). Modellbildung mit Exponentialfunktionen. In H.-W. Henn & K. Maaß (Hrsg.), *Materialien für einen realitätsbezogenen Mathematikunterricht* (Bd. 8, S. 155-177). Hildesheim: Franzbecker.

Kuhlmann, D. (2003). Wie führt man Spiele ein? In Bielefelder Sportpädagogen (Hrsg.), *Methoden im Sportunterricht* (S. 135-147). Schorndorf: Karl Hofmann.

Kultusministerkonferenz. (2004). *Bildungsstandards im Fach Mathematik für den Mittleren Schulabschluss*. München: Luchterhand. Zugriff am 27.07.2010 auf http://www.kmk.org/fileadm in/veroeffentlichungen_beschluesse/2003/2003_12_04-Bildun gsstandards-Mathe-Mittleren-SA.pdf

Kultusministerkonferenz. (2005). *Bildungsstandards im Fach Mathematik für den Primarbereich*. München: Luchterhand. Zugriff am 27.11.2011 auf http://www.kmk.org/fileadmin/veroeffentlichungen_besch luesse/2004/2004_10_15-Bildungsstandards-Mathe-Primar.pdf

Kuntze, S. (2010). Zur Beschreibung von Kompetenzen des mathematischen Modellierens konkretisiert an inhaltlichen Leitideen. *Der Mathematikunterricht, 4*, 4-19.

Lange, B. (2006). Bildungsstandards und Praxis der Lehrerausbildung. *Perspektiven, 71*, 15-20.

Leiß, D. & Blum, W. (2006). Beschreibung zentraler mathematischer Kompetenzen. In W. Blum, C. Drücke-Noe, R. Hartung & O. Köller (Hrsg.), *Bildungsstandards Mathematik: konkret* (S. 33-50). Berlin: Cornelsen Scriptor.

Leiß, D., Möller, V. & Schukajlow, S. (2006). Bier für den Regenwald - Diagnostizieren und Fördern mit Modellierungsaufgaben. *Friedich Jahresheft, XXIV*, 89-91.

Leiss, D. (2007). *"Hilf mir es selbst zu tun" - Lehrerinterventionen beim mathematischen Modellieren.* Hildesheim: Franzbecker.

Lengnink, K. (2005). Mathematik reflektieren und beurteilen: Ein diskursiver Prozess zur mathematischen Mündigkeit. In K. Lengnink & F. Siebel (Hrsg.), *Mathematik präsentieren, reflektieren, beurteilen.* Mühltal: Verlag Allg. Wiss.

Lesh, R. & Doerr, H. M. (2003). Foundations of a Models and Modeling Perspective on Mathematics Teaching, Learning, and Problem Solving. In R. Lesh & H. M. Doerr (Hrsg.), *Beyond Constructivism: Models and Modeling Perspectives on Mathematics Problem Solving, Learning, and Teaching* (S. 3-33). Mahwah: Lawrence Erlbaum Associates.

Lesh, R., Hoover, M., Hole, B., Kelly, A. & Post, T. (2000). Principles for Developing Thought-Revealing Activities for Students and Teachers. In A. E. Kelly & R. A. Lesh (Hrsg.), *Handbook of Research Design in Mathematics and Science Education* (S. 591 - 645). Mahwah: Routledge.

Lesh, R. & Lehrer, R. (2000). Iterative Refinement Cycles for Videotype Analyses of Conceptual Change. In A. E. Kelly & R. A. Lesh (Hrsg.), *Handbook of Research Design in Mathematics and Science Education* (S. 665 - 708). Mahwah: Routledge.

Lesh, R. & Sriraman, B. (2005). Mathematics education as a design science. *ZDM, 37* (6), 490–505. doi: 10.1007/BF02655858

Lompscher, J. (1985a). Die Ausbildung von Lernhandlungen. In J. Lompscher (Hrsg.), *Persönlichkeitsentwicklung in der Lerntätigkeit* (S. 53-78). Berlin: Volk u. Wissen.

Lompscher, J. (1985b). Die Lerntätigkeit als dominierende Tätigkeit des jüngeren Schulkindes. In J. Lompscher (Hrsg.), *Persönlichkeitsentwicklung in der Lerntätigkeit* (S. 23-52). Berlin: Volk u. Wissen.

Lompscher, J. & Gullasch, R. (1977). Die Entwicklung von Fähigkeiten. In A. Kossakowski, H. Kühn, J. Lompscher & G. Rosenfeld (Hrsg.), *Psychologische Grundlagen der Persönlichkeitsentwicklung im pädagogischen Prozess* (1. Aufl., S. 199-249). Berlin: Volk u. Wissen.

Ludwig, M. (o. J.). *Die Vermessung des Erdumfangs.* Zugriff am 27.07.2010 auf http://mathematik.ph-weingarten.de/~ludwig/Vorlesungen/SS2004/vermessen/vermessung%20des%20Erdumfangs.pdf

Ludwig, M. & Xu, B. (2010, März). A comparative study of modelling compe-
    tencies among chinese and german students. *Journal für Mathematik-
    Didaktik, 31* (1), 77-97. doi: 10.1007/s13138-010-0005-z

Maaß, J. (2007). Ethik im Mathematikunterricht? Modellierung reflektieren! In
    J. Maaß & G. Greefrath (Hrsg.), *Materialien für einen realitätsbezogenen
    Mathematikunterricht* (Bd. 11, S. 54-61). Hildesheim: Franzbecker.

Maaß, K. (2004). *Mathematisches Modellieren im Unterricht.* Hildesheim:
    Franzbecker.

Maaß, K. (2005). Modellieren im Mathematikunterricht der Sekundarstufe I.
    Journal für Mathematik-Didaktik, 26, 114-142.

Maaß, K. (2006). What are modelling competencies? *ZDM, 38*, 113-142.

Maaß, K. (2007). *Mathematisches Modellieren.* Berlin: Cornelsen Scriptor.

Maaß, K. (2010). Classification Scheme for Modelling Tasks. *Journal für
    Mathematik-Didaktik, 31*, 285-311. doi: 10.1007/s13138-010-0010-2

Maaß, K. & Mischo, C. (2010). *Projekt STRATUM.* Zugriff am 25.08.2011 auf
    http://www.stratum-projekt.de

Maaß, K. & Mischo, C. (2011). Implementing Modelling into Day-to-Day Tea-
    ching Practice – The Project STRATUM and its Framework. *Journal für
    Mathematik-Didaktik, 32*, 103-131. doi: 10.1007/s13138-010-0015-x

Malle, G. (1993). *Didaktische Probleme der elementaren Algebra.* Wiesbaden:
    Vieweg.

Marxer, M. (2005). Validieren lernen. *Praxis der Mathematik in der Schule, 3*,
    25-31.

Marxer, M. & Wittmann, G. (2009). Normative Modellierungen - Mit Mathema-
    tik Realität(en) gestalten. *mathematik lehren, 153*, 10-15.

Meyer, H. (1993). *Leitfaden zur Unterrichtvorbereitung.* Berlin: Cornelsen
    Scriptor.

Mietzel, G. (2007). *Pädagogische Psychologie des Lernens und Lehrens.*
    Göttingen: Hogrefe.

Ministerium für Schule, Jugend und Kinder des Landes Nordrhein-
    Westfalen. (2004a). *Mathematik Aufgabenheft A1 für Schü-
    lerinnen und Schüler.* Düsseldorf. Zugriff am 07.12.2010 auf
    http://www.standardsicherung.schulministerium.nrw.de/
    lernstand8/upload/download/Testaufgaben/mathe-version-A1
    -schueler_04.pdf

Ministerium für Schule, Jugend und Kinder des Landes Nordrhein-Westfalen.
    (2004b). *Mathematik Zentrale Lernstandserhebungen in der Jahrgangs-
    stufe 9 Nordrhein-Westfalen 2004 Auswertungsanleitung A1/A2.* Düs-

seldorf. Zugriff am 07.12.2010 auf http://www.standardsicherung .schulministerium.nrw.de/lernstand8/upload/download/ Testaufgaben/mathe-version-A-lehrer_04.pdf

Müller, J. (2002). Unterricht planen: eine Checkliste. *Grundschule, 11*, 45-48.

National Council of Teachers of Mathematics. (2000). *Principles and standards for school mathematics.* Reston: NCTM.

Neubrand, M., Biehler, R., Blum, W., Cohors-Fresenborg, E., Flade, L., Koche, N., ... Wynands, A. (2001). Grundlagen der Ergänzung des internationalen PISA-Mathematik-Tests in der deutschen Zusatzerhebung. *ZDM, 33*, 45-59.

Niederdrenk-Felgner, C. (2000). Algebra oder Abrakadabra? *mathematik lehren, 99*, 4-9.

Niss, M. (2003a). Mathematical competencies and the learning of mathematics: The Danish KOM project. In A. Gagatsis & S. Papastavridis (Hrsg.), *3rd Mediterranean Conference on Mathematical Education* (S. 116-124). Athens: Hellenic Mathematical Society. Zugriff am 2010.05.20 auf http://www7.nationalacademies.org/mseb/Mathematical _Competencies_and_the_Learning_of_Mathematics.pdf

Niss, M. (2003b). Quantitative literacy and mathematical competencies. In B. Madison & L. Steen (Hrsg.), *Quantitative literacy: why numeracy matters for schools and colleges* (S. 215-220). Princeton: National Council on Education and the Disciplines. Zugriff am 13.08.2010 auf http://www.maa.org/ql/pgs215_220.pdf

Niss, M. (2010). Modeling a Crucial Aspect of Students' Mathematical Modeling. In R. Lesh, P. L. Galbraith, C. R. Haines & A. Hurford (Hrsg.), *Modeling Students' Mathematical Modeling Competencies* (S. 43-59). New York: Springer.

Niss, M., Blum, W. & Galbraith, P. (2007). Introduction. In W. Blum, P. L. Galbraith, H.-W. Henn & M. Niss (Hrsg.), *Modelling and Applications in Mathematics Education - The 14th ICMI Study* (S. 3-32). New York: Springer.

Nitsch, J. R. (2006). Handlungstheoretische Grundlagen. In M. Tietjens & B. Strauß (Hrsg.), *Handbuch Sportpsychologie* (S. 24-34). Schorndorf: Hofmann.

OECD. (2003a). *Assessing Scientific, Reading and Mathematical Literacy - A Framework for PISA 2006.* Paris: OECD Publishing.

OECD. (2003b). *PISA - the PISA 2003 assessment framework: Mathematics, reading, science and problem solving knowledge and skills.* Paris: OECD Publishing.

Palm, T. (2007). Features and impact of the authenticity of applied mathematical school tasks. In W. Blum, P. L. Galbraith, H.-W. Henn & M. Niss (Hrsg.), *Modelling and Applications in Mathematics Education - The 14th ICMI Study* (S. 201-208). New York: Springer.

Palm, T. (2009). Theory of authentic task situations. In L. Verschaffel, B. Greer, W. Van Dooren & S. Mukhopadhyay (Hrsg.), *Words and worlds: Modelling verbal descriptions of situations* (S. 3-19). Rotterdam: Sense Publishers.

Pinkernell, G. (2009a). Konsequente Technologieorientierung am Beispiel Funktionalen Denkens. In *Beiträge zum Mathematikunterricht 2009* (S. 795-798). Münster: WTM-Verlag.

Pinkernell, G. (2009b). "Wir müssen das anders machen" - mit CAS funktionales Denken entwickeln. *MU, 4,* 37-44.

Pinkernell, G. (2010). Qualitatives Modellieren mit der Funktionenbox und anderen schwarzen Kästen. *Computeralgebra-Rundbrief, 46,* 13-17.

Pollak, H. (1977). The Interaction between Mathematics and Other School Subjects (Including Integrated Courses). In H. Athen (Hrsg.), *Proceedings of the Third International Congress on Mathematical Education.* Karlsruhe: Zentralblatt für Didaktik der Mathematik.

Pollak, H. (2007). Mathematical modelling - A conversation with Henry Pollak. In W. Blum, P. L. Galbraith, H.-W. Henn & M. Niss (Hrsg.), *Modelling and Applications in Mathematics Education - The 14th ICMI Study* (S. 109-120). New York: Springer.

Prediger, S. (2010). Über das Verhältnis von Theorien und wissenschaftlichen Praktiken - am Beispiel von Schwierigkeiten mit Textaufgaben. *Journal für Mathematik-Didaktik, 31* (2), 167-195. doi: 10.1007/s13138-010-0011-1

Raab, M. & Henning, P. (2006). Urteilen, Entscheiden und Problemlösen. In M. Tietjens & B. Strauß (Hrsg.), *Handbuch Sportpsychologie* (S. 71-78). Schorndorf: Hofmann.

Reimann, P. & Rapp, A. (2008). Expertiseerwerb. In A. Renkl (Hrsg.), *Lehrbuch Pädagogische Psychologie* (S. 155-203). Bern: Huber.

Reiss, K. (2009). Erwerb mathematischer Kompetenzen in der Sekundarstufe: Zusammenfassung und Forschungsdesiderata. In A. Heinze & M. Grüßing (Hrsg.), *Mathematiklernen vom Kindergarten bis zum Studi-*

um: *Kontinuität und Kohärenz als Herausforderung für den Mathematik-unterricht* (S. 199-202). Münster: Waxmann.

Renkl, A. (1996). Träges Wissen: Wenn Erlerntes nicht genutzt wird. *Psychologische Rundschau, 47*, 78-92.

Renkl, A. (2008). Lehren und Lernen im Kontext der Schule. In A. Renkl (Hrsg.), *Lehrbuch Pädagogische Psychologie* (S. 109-153). Bern: Huber.

Renkl, A. & Nückles, M. (2006). Träge Kompetenzen? - Gründe für die Kontextgebundenheit von beruflichen Handlungskompetenzen. *Bildung und Erziehung, 59*, 179-191.

Reusser, K. & Stebler, R. (1997). Every word problem has a solution - the social rationality of mathematical modeling in schools. *Learning and Instruction, 7* (4), 309-327.

Ruf, U. & Gallin, P. (2003). *Dialogisches Lernen in Sprache und Mathematik: Band 1: Austausch unter Ungleichen.* Seelze-Velber: Kallmeyer.

Schecker, H. & Parchmann, I. (2006). Modellierung naturwissenschaftlicher Kompetenz. *Zeitschrift für Didaktik der Naturwissenschaften, 12*, 45-66.

Schneider, I. (Hrsg.). (1988). *Die Entwicklung der Wahrscheinlichkeitstheorie von den Anfängen bis 1933.* Darmstadt: Wissenschaftliche Buchgesellschaft.

Schoenfeld, A. H. (1987). What's All the Fuss About Metacognition? In *Cognitive science and mathematics education* (S. 189-215). Hillsdale: Lawrence Erlbaum Associates.

Schoenfeld, A. H. (1991). On mathematics as sense-making: An informal attack on the unfortunate divorce of formal and informal mathematics. In J. F. Voss, D. N. Perkins & J. W. Segal (Hrsg.), *Informal reasoning and education* (S. 311-343). Hillsdale: Erlbaum.

Schubert, S. & Schwill, A. (2004). *Didaktik der Informatik.* Heidelberg: Spektrum Akademischer Verlag.

Schukajlow, S., Krämer, J., Blum, W., Besser, M., Brode, R., Leiss, D. & Messner, R. (2010). Lösungsplan in Schülerhand: zusätzliche Hürde oder Schlüssel zum Erfolg? In *Beiträge zum Mathematikunterricht* (S. 771-774). Münster: WTM-Verlag.

Schukajlow-Wasjutinski, S. (2010). *Schüler-Schwierigkeiten und Schüler-Strategien beim Bearbeiten von Modellierungsaufgaben als Bausteine einer lernprozessorientierten Didaktik.* Unveröffentlichte Dissertation, Universität Kassel. Zugriff am 11.04.2011 auf http://kobra .bibliothek.uni-kassel.de/bitstream/urn:nbn:de:hebis: 34-2010081133992/7/DissertationSchukajlowWasjutinski.pdf

Schupp, H. (1988). Anwendungsorientierter Mathematikunterricht in der Sekundarstufe I zwischen Tradition und neuen Impulsen. *Der Mathematikunterricht, 34* (6), 5-16.

Schupp, H. (1994). Anwendungsorientierter Mathematikunterricht in der Sekundarstufe I. In *Materialien für einen realitätsbezogenen Mathematikunterricht.* Hildesheim: Verlag Franzbecker.

Schwarzkopf, R. (2006). Elementares Modellieren in der Grundschule. In A. Büchter, H. Humenberger, S. Hußmann & S. Prediger (Hrsg.), *Realitätsnaher Mathematikunterricht - vom Fach aus und für die Praxis* (S. 95-105). Hildesheim: Franzbecker.

Schwarzkopf, R. (2007). Elementary modelling in mathematics lessons: The interplay between "real-world" knowledge and "mathematical structures". In W. Blum, P. L. Galbraith, H.-W. Henn & M. Niss (Hrsg.), *Modelling and applications in mathematics education* (Bd. 10, S. 209-216). New York: Springer US. doi: 10.1007/978-0-387-29822-1_21

Selter, C. (1994). Jede Aufgabe hat eine Lösung. *Die Grundschule, 3,* 20-22.

Selter, C. (2001). 1/2 Busse heißt: ein halbvoller Bus! - Zu Vorgehensweisen von Grundschülern bei einer Textaufgabe mit Rest. In C. Selter & G. Walther (Hrsg.), *Mathematik lernen und gesunder Menschenverstand* (S. 162-173). Leipzig: Klett.

Selter, C. (2009). Stimulating reflection on word problems by means of students' own productions. In L. Verschaffel, B. Greer, W. Van Dooren & S. Mukhopadhyay (Hrsg.), *Words and worlds: Modelling verbal descriptions of situations* (S. 315-331). Rotterdam: Sense Publishers.

Sjuts, J. (2003). Metakognition per didaktisch-sozialem Vertrag. *Journal für Mathematik-Didaktik, 24* (1), 18-40.

Sonntag, K. (2001). Fähigkeiten. In *Lexikon der Psychologie: in fünf Bänden* (Bd. 2, S. 34). Heidelberg: Spektrum Akademischer Verlag.

Stachowiak, H. (1973). *Allgemeine Modelltheorie.* Wien: Springer.

Steiner, G. (2006). Lernen und Wissenserwerb. In A. Krapp & B. Weidenmann (Hrsg.), *Pädagogische Psychologie* (S. 137-202). Weinheim: Beltz.

Suwelack, W. (2010). Lehren und Lernen im kompetenzorientierten Unterricht. *MNU, 3*, 176-182.

Treilibs, V. (1979). *Formulation process in mathematical modelling*. Nottingham: Shell Center for mathematical education.

Usiskin, Z. (2007). The arithmetic operations as mathematical models. In W. Blum, P. L. Galbraith, H.-W. Henn & M. Niss (Hrsg.), *Modelling and Applications in Mathematics Education - The 14th ICMI Study* (S. 257-264). New York: Springer.

van den Akker, J., Gravemeijer, K., McKenney, S. & Nieveen, N. (Hrsg.). (2006a). *Educational Design Research*. London: Routledge.

van den Akker, J., Gravemeijer, K., McKenney, S. & Nieveen, N. (2006b). Introducing educational design research. In J. van den Akker, K. Gravemeijer, S. McKenney & N. Nieveen (Hrsg.), *Educational Design Research* (S. 3-7). London: Routledge.

van den Heuvel-Panhuizen, M. (2003). The Didactical Use of Models in Realistic Mathematics Education: An Example from a Longitudinal Trajectory on Percentage. *Educational Studies in Mathematics, 54*, 9-35.

Van Dooren, W., de Bock, D., Vleugels, K. & Verschaffel, L. (2011). Word problem classification: A promising modelling task at the elementary level. In G. Kaiser, W. Blum, R. Borromeo Ferri & G. Stillman (Hrsg.), *Trends in Teaching and Learning of Mathematical Modelling* (S. 47-55). Dordrecht: Springer.

Verschaffel, L. & De Corte, E. (1997). Teaching Realistic Mathematical Modeling in the Elementary School: A Teaching Experiment with Fifth Graders. *Journal for Research in Mathematics Education, 28*, 577-601.

Verschaffel, L., De Corte, E. & Lasure, S. (1994). Realistic considerations in mathematical modeling of school arithmetic word problems. *Learning and Instruction, 4*, 273-294.

Verschaffel, L., Greer, B. & De Corte, E. (2000). *Making sense of word problems*. Lisse: Swets & Zeitlinger.

Verschaffel, L., Van Dooren, W., Greer, B. & Mukhopadhyay, S. (2010). Reconceptualising word problems as exercises in mathematical modelling. *Journal für Mathematik-Didaktik, 31* (1), 9-29. doi: 10.1007/s13138-010-0007-x

Vohns, A. (2007). *Grundlegende Ideen und Mathematikunterricht - Entwicklung und Perspektiven eines fachdidaktischen Prinzips*. Norderstedt: Books on Demand.

vom Hofe, R. (1996). Grundvorstellungen - Basis für inhaltliches Denken. *mathematik lehren*, *78*, 4-8.

vom Hofe, R., Hafner, T., Blum, W. & Pekrun, R. (2009). Die Entwicklung mathematischer Kompetenzen in der Sekundarstufe - Ergebnisse der Längsschnittstudie PALMA. In A. Heinze & M. Grüßing (Hrsg.), *Mathematiklernen vom Kindergarten bis zum Studium: Kontinuität und Kohärenz als Herausforderung für den Mathematikunterricht* (S. 125-146). Münster: Waxmann.

vom Hofe, R., Kleine, M., Blum, W. & Pekrun, R. (2006). The effect of mental models ("Grundvorstellungen") for the development of mathematical competencies. First results of the longitudinal study PALMA. In M. Bosch (Hrsg.), *Proceedings of the CERME 4* (S. 142-151). Barcelona: FUNDEMI IQS - Universitat Ramon Llull. Zugriff am 01.10.2011 auf http://ermeweb.free.fr/CERME4/CERME4_WG1.pdf

Wartha, S. (2009). Zur Entwicklung des Bruchzahlbegriffs - Didaktische Analyse und empirische Befunde. *Journal für Mathematik-Didaktik*, *30*, 55-79.

Wartha, S. & vom Hofe, R. (2005). Probleme bei Anwendungsaufgaben in der Bruchrechnung. *mathematik lehren*, *128*, 10-15.

Weinert, F. E. (1999). Die fünf Irrtümer der Schulreformer. *Psychologie Heute*, *7*, 28-34.

Weinert, F. E. (2001). Vergleichende Leistungsmessung in Schulen - eine umstrittene Selbstverständlichkeit. In F. E. Weinert (Hrsg.), *Leistungsmessungen in Schulen* (S. 17-32). Weinheim: Beltz.

Wittmann, E. C. (1974). Didaktik der Mathematik als Ingenieurwissenschaft. *ZDM*, *3*, 119-121.

Wittmann, E. C. (1995). Mathematics Education as a 'Design Science'. *Educational Studies in Mathematics*, *29* (4), 355-374.

Wittmann, E. C. (1998). Design und Erforschung von Lernumgebungen als Kern der Mathematikdidaktik. *Beiträge zur Lehrerbildung*, *16* (3), 329-342.

WWF Deutschland. (2008). *WWF-Projekt Dzanga Sangha*. Frankfurt am Main. Zugriff am 13.04.2011 auf http://www.wwf.de/fileadmin/fm-wwf/pdf_neu/WWF_PB_Dzanga.pdf

Zawojewski, J. (2010). Problem Solving Versus Modeling. In R. Lesh, P. L. Galbraith, C. R. Haines & A. Hurford (Hrsg.), *Modeling Students' Mathematical Modeling Competencies* (S. 237-243). New York: Springer.

Ziener, G. (2008). *Bildungsstandards in der Praxis: Kompetenzorientiert unterrichten.* Seelze-Velber: Kallmeyer in Verbindung mit Klett.

Zöttl, L. & Reiss, K. (2010). Heuristische Lösungsbeispiele: Eine Lerngelegenheit für den anfänglichen Erwerb von Modellierungskompetenzen. *Der Mathematikunterricht, 4,* 20-27.

Zöttl, L., Ufer, S. & Reiss, K. (2010). Modelling with Heuristic Worked Examples in the KOMMA Learning Environment. *Journal für Mathematik-Didaktik, 31* (1), 143-165. doi: 10.1007/s13138-010-0008-9

Springer Spektrum   **springer-spektrum.de**

Springer Spektrum Research
Forschung, die sich sehen lässt

Ausgezeichnete
Wissenschaft

Werden Sie AutorIn!

Sie möchten
die Ergebnisse
Ihrer Forschung
in Buchform
veröffentlichen?

Seien Sie es sich wert. Publizieren Sie Ihre Forschungsergebnisse bei Springer Spektrum, dem führenden Verlag für klassische und digitale Lehr- und Fachmedien im Bereich Naturwissenschaft I Mathematik im deutschsprachigen Raum.
Unser Programm Springer Spektrum Research steht für exzellente Abschlussarbeiten sowie ausgezeichnete Dissertationen und Habilitationsschriften rund um die Themen Astronomie, Biologie, Chemie, Geowissenschaften, Mathematik und Physik.
Renommierte HerausgeberInnen namhafter Schriftenreihen bürgen für die Qualität unserer Publikationen. Profitieren Sie von der Reputation eines ausgezeichneten Verlagsprogramms und nutzen Sie die Vertriebsleistungen einer internationalen Verlagsgruppe für Wissenschafts- und Fachliteratur.

Ihre Vorteile:

Lektorat:
- Auswahl und Begutachtung der Manuskripte
- Beratung in Fragen der Textgestaltung
- Sorgfältige Durchsicht vor Drucklegung
- Beratung bei Titelformulierung und Umschlagtexten

Marketing:
- Modernes und markantes Layout
- E-Mail Newsletter, Flyer, Kataloge, Rezensionsversand, Präsenz des Verlags auf Tagungen
- Digital Visibility, hohe Zugriffszahlen und E-Book Verfügbarkeit weltweit

Herstellung und Vertrieb:
- Kurze Produktionszyklen
- Integration Ihres Werkes in SpringerLink
- Datenaufbereitung für alle digitalen Vertriebswege von Springer Science+Business Media

**Sie möchten mehr über Ihre Publikation bei
Springer Spektrum Research wissen? Kontaktieren Sie uns.**

Marta Grabowski
Springer Spektrum | Springer Fachmedien
Wiesbaden GmbH
Lektorin Research
Tel. +49 (0)611.7878-237
marta.grabowski@springer.com

Springer Spektrum I Springer Fachmedien Wiesbaden GmbH